"十三五"国家重点出版物出版规划项目
"十二五"普通高等教育本科国家级规划教材
普通高等教育"十一五"国家级规划教材

21世纪工业工程专业系列教材

人因工程学

第 2 版

U0217025

主　编　郭　伏　钱省三
副主编　李兴东　薛　伟
参　编　叶　锋　付雅琴　王殊轶
　　　　曲德强　崔建昆　刘敏娟
主　审　杨学涵　张　力

机械工业出版社

本书从生产（或服务）和管理系统优化角度阐述了有关人因工程学的思想、理论和方法。突出阐述了系统设计中人的因素的重要性。对人的生理、心理特点，作业能力、认知能力、行为方式等方面进行了详细介绍。并以人的工作优化（高效、安全、健康、舒适）为目标，讨论了与人有关的环境、工具、设备、任务、系统、作业空间的合理设计问题。本书主要内容包括：人因工程学概述、人的因素、微气候环境、照明环境、色彩环境、噪声及振动环境、空气环境、体力工作负荷、人的信息处理系统、脑力工作负荷、人体测量、作业空间设计、人机系统、人机界面设计、劳动安全与事故预防。

本书可作为高等院校工业工程、工业设计、工商管理、安全工程、艺术设计类等本科及工业工程学科工程硕士教材，也可作为各行业工程技术人员进行产品设计、系统设计及管理工作优化的参考书，特别是可供从事人因工程相关工作的人员参考。

本书是"十三五"国家重点出版物出版规划项目 现代机械工程系列精品教材。

图书在版编目（CIP）数据

人因工程学/郭伏，钱省三主编 . —2 版 . —北京：机械工业出版社，2018.2（2024.7 重印）

普通高等教育"十一五"国家级规划教材 21 世纪工业工程专业系列教材 "十三五"国家重点出版物出版规划项目 "十二五"普通高等教育本科国家级规划教材

ISBN 978-7-111-59062-0

Ⅰ.①人… Ⅱ.①郭… ②钱… Ⅲ.①人因工程-高等学校-教材

Ⅳ.①TB18

中国版本图书馆 CIP 数据核字（2018）第 021118 号

机械工业出版社（北京市百万庄大街 22 号 邮政编码 100037）
策划编辑：裴 泱 责任编辑：裴 泱 朱琳琳 商红云
责任校对：刘雅娜 封面设计：张 静
责任印制：常天培
三河市航远印刷有限公司印刷
2024 年 7 月第 2 版第 13 次印刷
184mm×260mm・23.25 印张・562 千字
标准书号：ISBN 978-7-111-59062-0
定价：69.80 元

电话服务　　　　　　　　网络服务
客服电话：010-88361066　　机 工 官 网：www.cmpbook.com
　　　　　010-88379833　　机 工 官 博：weibo.com/cmp1952
　　　　　010-68326294　　金 书 网：www.golden-book.com
封底无防伪标均为盗版　　机工教育服务网：www.cmpedu.com

序

　　每一个国家的经济发展都有自己特有的规律，而每一个国家的高等教育也都有自己独特的发展轨迹。

　　自从工业工程（Industrial Engineering，IE）学科于 20 世纪初在美国诞生以来，在世界各国得到了较快的发展。工业化强国在第一、二次世界大战中都受益于工业工程。特别是在第二次世界大战后的经济恢复期，日本、德国等国均在工业企业中大力推广工业工程的应用，培养工业工程人才，并获得了良好的效果。美国著名企业家、美国福特汽车公司和克莱斯勒汽车公司前总裁李·艾柯卡先生就是毕业于美国里海大学工业工程专业。日本丰田生产方式从 20 世纪 80 年代创建以来，至今仍风靡世界各国，其创始人大野耐一的接班人——原日本丰田汽车公司生产调查部部长中山清孝说：“所谓丰田生产方式就是美国的工业工程在日本企业的应用。”工业工程高水平人才的培养，对国内外经济发展和社会进步起到了重要的推动作用。

　　1990 年 6 月，中国机械工程学会工业工程研究会（现已更名为工业工程分会）正式成立并举办了首届全国工业工程学术会议，这标志着我国工业工程学科步入了一个崭新的发展阶段。人们逐渐认识到工业工程对中国管理现代化和经济现代化的重要性，并在全国范围内掀起了学习、研究和推广工业工程的热潮。更重要的是，1992 年国家教育委员会批准天津大学、西安交通大学试办工业工程专业，随后重庆大学也获批试办该专业，1993 年，这三所高校一起招收了首批本科生，由此开创了我国工业工程学科的先河。而后上海交通大学等一批高校也先后开设了工业工程专业。时至今日，全国开设工业工程专业的院校增至 257 所。我在 2000 年 9 月应邀赴美讲学，2003 年应韩国工业工程学会邀请赴韩讲学，其题目均为“中国工业工程与高等教育发展概况”。他们均对中国的工业工程学科发展给予了高度评价，并表达了与我们保持长期交流与往来的意愿。

　　虽然我国工业工程专业教育自 1993 年就已开始，但教材建设却发展缓慢。最初，相关院校都使用由北京机械工程师进修学院组织编写的“自学考试”系列教材。1998 年，中国机械工程学会工业工程分会与中国科学技术出版社合作出版了一套工业工程专业教材，并请西安交通大学汪应洛教授任编审委员会主任。这套教材的出版有效地缓解了当时工业工程专业教材短缺的压力，对我国工业工程专业高等教育的发展起到了重要的推动作用。2004年，中国机械工程学会工业工程分会与机械工业出版社合作，组织国内工业工程专家、学者编写出版了“21 世纪工业工程专业系列教材”。这套教材由国内工业工程领域的一线专家领衔主编，联合多所院校共同编写而成，既保持了较高的学术水平，又具有广泛的适应性，全面、系统、准确地阐述了工业工程学科的基本理论、基础知识、基本方法和学术体系。这套教材的出版，从根本上解决了工业工程专业教材短缺、系统性不强、水平参差不齐的问题，满足了普通高等院校工业工程专业的教学需求。这套教材出版后，被国内开设工业工程专业的高校广泛采用，也被富士康、一汽等企业作为培训教材，有多本教材先后被教育部评为"普通高等教育'十一五'国家级规划教材""'十二五'普通高等教育本科国家级规划教材"，入选国家新闻出版广电总局'十三五'国家重点出版物出版规划项目"，得到了教育管理部门、高校、企业的一致认可，对推动工业工程学科发展、人才培养和实践应用发挥了积极的作用。

随着中国特色社会主义进入新时代，我国高等教育也进入了新的历史发展阶段，对高等教育人才培养也提出了新的要求。同时，近年来我国工业工程学科发展十分迅猛，开设工业工程专业的高校数量直线上升，教育部也不断出台新的政策，对工业工程的学科建设、办学思想、办学水平等进行规范和评估。为了适应新时代对人才培养和教学改革的要求，满足全国普通高等院校工业工程专业教学的需要，中国机械工程学会工业工程分会和机械工业出版社组织专家对"21世纪工业工程专业系列教材"进行了修订。新版系列教材力求反映经济社会和科技发展对工业工程人才培养提出的最新要求，反映工业工程学科的最新发展，反映工业工程学科教学和科研的最新进展。除此之外，新版教材还在以下几方面进行了探索和尝试：

1）探索将课程思政与专业教材建设有机融合，坚持马克思主义指导地位，践行社会主义核心价值观。

2）努力把"双一流"建设和"金课"建设的成果融入教材中，体现高阶性、创新性和挑战度，注重培养学生解决复杂问题的综合能力和高级思维。

3）遵循教育教学规律和人才培养规律，注重创新创业能力的培养和素质的提高，努力做到将价值塑造、知识传授和能力培养三者融为一体。

4）探索现代信息技术与教育教学深度融合，创新教材呈现方式，将纸质教材升级为"互联网＋教材"的形式，以现代信息技术提升学生的学习效果和阅读体验。

尽管各位专家付出了极大的努力，但由于工业工程学科在不断发展变化，加上我们的学术水平和知识有限，教材中难免存在各种不足，恳请国内外同仁多加批评指正。

中国机械工程学会工业工程分会　主任委员

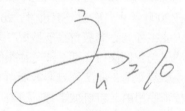

于天津

前　言

　　人因工程学主要研究人—机—环境三者之间的相互关系，研究目标在于设计和改进人—机—环境系统，使系统在获得较高效率和效益的同时，保证人的健康、安全和舒适。随着技术的进步和社会的发展，系统设计中越来越重视人的因素，人因工程学的应用领域也越来越广。在人因工程学的教育上，许多国家把人因工程学作为工程和管理类学科的基础课或专业课。我国部分高校的工商管理、机械工程等专业于20世纪80年代开设了相关课程。20世纪90年代后，随着工业工程、工业设计专业的设立，人因工程学得到了广泛的重视。目前，人因工程学课程是《工业工程类教学质量国家标准》规定的工业工程本科专业的核心课之一，也是工业工程专业学生进行人机系统设计优化必须掌握的知识和技能，在工业工程专业人才培养中具有重要地位。

　　本书以生产（或服务）和管理系统为研究对象，以习近平新时代中国特色社会主义思想的世界观和方法论为指导，考虑现代人机系统发展特点，把系统中的人作为着眼点，围绕人、机、环境三者之间的关系，全面系统地介绍了人因工程学的有关思想、理论与方法，编写教材思政案例。本书的主要特色如下：

课程的主要内容

　　1. 思想性。本书内容体现了人—机—环境系统设计要符合人的生理心理特点，突出以人为本的设计理念，在关注效率和效益的同时，重视人的职业健康安全。教材将唯物辩证法作为人因工程研究方法的方法论基础，引导学生形成实事求是的科学态度，提高辩证思维能力。结合人因工程学课程章节内容，恰当选择与教材内容匹配的思政元素，编写教材思政案例，润物细无声地培养学生的科学精神、劳动精神、爱国主义精神和以人为本的意识，树立正确的世界观和方法论。

　　2. 科学性。教材内容体现了先进性、系统性、准确性。本书在保留人因工程学经典内容基础上，吸收了国内外人因工程领域的最新研究成果、最新研究方法和最新标准。体系结构合理，准确阐述了人因工程学的基本概念、原则、原理和方法，逻辑严谨，理论联系实际。

　　3. 创新性。①系统梳理并完善了其他教材人因工程学概述部分存在的不足，补充和完善了人因工程学成长和发展阶段中人因工程的研究与应用内容，对我国人因工程学科的发展进行了详细的梳理和阐述；②考虑现代人机系统发展特点，在传统的体力工作效能研究基础上，加入了人的信息处理系统、脑力工作负荷的测量与预测，人与计算机交互设计等内容；③在相应章节引入眼动追踪技术、脑电ERP/EEG系统等人因工程的新研究方法；④体系结构上，按照从感性到理性，从具体到抽象，由浅入深的认识规律，同时考虑各章知识的连续性及实验配合来安排内容体系。

4. 实践性。本书编者围绕教材内容进行了大量调研，使得教材内容具有实际应用背景和实践基础，有较强的应用性。此外，对难度较大的章节安排应用案例，如，噪声治理、作业疲劳测定、人机系统评价等案例，通过案例教学提升学生解决企业实际人因问题的能力。

本书是在第 1 版基础上，依据《工业工程类教学质量国家标准》的人才培养目标要求，人因工程学的研究进展与企业实际需求，以及本书使用者的意见反馈进行修订的。与第 1 版相比，第 2 版在保持原书结构大体不变的基础上对章节内容进行了较大程度的更新。包括：①对本书中采用的标准进行了全部更新，包括《高温作业分级》（GB/T 4200—2008）、《建筑照明设计标准》（GB 50034—2013）、《工业企业设计卫生标准》（GBZ 1—2010）等多个人因工程国家标准，保证本书中使用的标准为现行最新标准。②更新和增加了新的内容。对第一章人因工程学的成长、发展两个阶段中人因工程的研究和应用内容进行了仔细的梳理，补充了相应的研究内容资料，对我国人因工程近些年的发展历程也进行了资料补充。细化了第二章中"人的心理因素"一节中"能力及其分类"一部分的内容。重新修订了第三章中有效温度的概念。在第五章中补充了色彩调节在作业空间设计、厂房及生产设备施色、目视管理等各方面的应用。在第六章中完善了响度、响度级换算方式，补充了隔声屏在交通噪声控制中的应用，明确了国家标准中对特殊工作环境下电磁辐射限值的相关规定。第七章对空气中粉尘的划分及其危害进行了详细介绍，增加了空气质量指数及其分级；补充了机械通风系统的组成部分。在第八章中增加了典型人工物料搬运作业的极限值，介绍了常用的睡眠评价方法以及心电、脑电EEG、表面肌电等疲劳测定方法，补充了常见的轮班制度，并将第十四章第五节中"累积损伤疾病与工具的设计"整合到第八章第六节"体力疲劳及其消除"中。对第九章中工作记忆的信息提取方式进行了完善。在第十章中更新了 SWAT 量表，介绍了其改进方法，增加了瞳孔直径、脑电 EEG 等脑力负荷测定方法，将"单调作业及单调感觉"整合到"脑力疲劳的产生与积累"中，增加了脑力疲劳的消除方法，并将"避免单调的措施"整合至其中。结合人体测量的相关先进技术，在第十一章"人体测量方法"中新增了三维人体测量技术。结合学者对人机系统的相关研究，在第十三章中细化了人机功能分配的原则，增加了系统仿真评价法。结合计算机、手机、iPad 等设备的交互设计研究前沿，在第十四章中增加了可交互式屏幕的界面设计。对第十五章中事故的分类进一步明确，结合最新事故案例，进一步完善事故危害的阐述。③在应用案例方面，增加了噪声治理、作业疲劳测定、座椅设计、人机系统设计、人机系统评价、人机交互界面设计评价等案例。④增加了教材思政内容，编写了 14 个思政案例。

本书由东北大学工业工程系主任郭伏教授、上海理工大学工业工程研究所所长钱省三教授任主编，山东科技大学的李兴东教授、温州大学的薛伟教授任副主编，东北大学的杨学涵教授和湖南工学院的张力教授担任主审。第 1 版编写分工如下：第一、二、八、九、十章由郭伏编写，第十一、十四章由薛伟编写，第十三、十五章由李兴东编写，第十二章由叶锋编写，第三～七章由上海理工大学的钱省三、付雅琴、王殊轶、曲德强、崔建昆、刘敏娟编写，其中，第三章由钱省三、付雅琴编写，第四章由王殊轶编写，第五章由曲德强编写，第六章由崔建昆、刘敏娟、钱省三编写，第七章由钱省三编写。全书由郭伏统稿。

在第 2 版修订过程中，第一、二、八、九、十章由郭伏修订，第三～七章由钱省三和郭伏修订，第十一、十四章由薛伟和郭伏修订，第十三、十五章由李兴东和郭伏修订，第十二章由叶锋修订。全书由郭伏统稿，东北大学教师金海哲、冯国奇、屈庆星，安徽工业大学教师李明明，安徽工程大学教师吕伟，厦门大学教师叶国全等参与了本书的思政案例、教学案例编写和整理、标准收集及图文处理工作。

本书在编写过程中参考了许多中外专家学者的著作、教材和研究成果。部分案例选自公开发表的文献，更新的标准为相关部门推出的现行国家标准。在此，谨对原作者和研究者表示最诚挚的谢意！

由于编者理论与实践水平有限，虽然反复修改，仍难免有各种不足，热忱欢迎读者批评指正。

编　者

目　　录

第一章
人因工程学概述

 ## 第一节 人因工程学的命名及定义

人因工程学（Human Factors Engineering）是研究人—机—环境三者之间相互关系的学科，是近几十年发展起来的一门边缘性应用学科。该学科在发展过程中有机地融合了生理学、心理学、医学、卫生学、人体测量学、劳动科学、系统工程学、社会学和管理学等学科的知识和成果，形成自身的理论体系、研究方法、标准和规范，研究和应用范围广泛并具有综合性。该学科的研究目的在于设计和改进人—机—环境系统，使系统获得较高的效率和效益，同时保证人的安全、健康和舒适。

目前，该学科在国内外还没有统一的名称。由于该学科研究和应用范围广泛，各学科、领域的专家和学者都试图从自身角度进行学科命名和定义。

例如，该学科在美国称为"Human Factors Engineering"（人的因素工程学）或"Human Engineering"（人类工程学），西欧国家称为"Ergonomics"（人类工效学），"Ergonomics"是希腊文，意为"工作法则"。由于该词比较全面地反映了学科本质，词意比较中立，因此，目前许多国家采用希腊文"Ergonomics"作为该学科的命名。日本采用该词的音译，称为人间工学。近年来美国和英国一些学者有将Human Factors与Ergonomics两者融合的意向，称之为人因工效学（Human Factors and Ergonomics）。

我国关于该学科的命名已经出现多种，如人机工程学、人体工程学、工程心理学、人因工程学、人类工效学、人类工程学、人的因素等。近几年使用人因工程学和人类工效学命名的较多，本书旨在强调重视人的因素的作用，故使用人因工程学这一名称。

由于该学科在各国的发展过程不同，实际应用的侧重点不同，所以各学者所概括的定义也不尽相同。

国际人类工效学学会（International Ergonomics Association，IEA）将该学科定义为：研究人在某种工作环境中的解剖学、生理学和心理学等方面的因素；研究人和机器及环境的相互作用；研究在工作中、生活中和休假时怎样统一考虑工作效率、人的健康、安全和舒适等问题。

《中国企业管理百科全书》将其定义为：研究人和机器、环境的相互作用及其合理结合，使设计的机器和环境系统适合人的生理、心理等特征，达到在生产中提高效率、安全、健康和舒适的目的。

综上所述，人因工程学就是按照人的特性设计和改进人—机—环境系统的科学。人—机—环境系统是指由共处于同一时间和空间的人与其所操纵的机器以及它们所处的周围环境所构成的系统，也可以简称为人—机系统。在上述系统中，人是处于主体地位的决策者，也是操纵者或使用者；机是指人所操纵或使用的一切物的总称，它可以是机器，也可以是设施、工具或用具等；环境是人、机所处的物质和社会环境。人、机、环境在其构成的综合系统中，相互依存、相互制约和相互作用，完成特定的工作过程。

为了实现人、机、环境之间的最佳匹配，人因工程学把人的工作优化问题作为追求的重要目标。其标志是使处于不同条件下的人能高效、安全、健康、舒适地工作和生活。高效是指在保证高质量的同时，具有较高的工作效率；安全是指减少或消除差错和事故；健康是指设计和创造有利于人体健康的环境因素；舒适是指作业者对工作有满意感或舒适感，它也关系到工作效率和安全，是对工作优化的更高要求。能同时满足上述条件要求的工作，无疑是高度优化的工作。但实际上同时实现这四方面要求是很困难的。在实际工作中，应根据不同情况，在执行好有关人因工程学标准的前提下允许有轻重之别。随着社会的进步，人的价值日益受到尊重，安全、健康、舒适等因素在工作系统设计和评价中必将受到更广泛的重视。

第二节 人因工程学的起源与发展

英国是世界上开展人因工程研究最早的国家，但本学科的奠基性工作实际上是在美国完成的。可以说本学科起源于欧洲，形成于美国。虽然学科起源可追溯到 20 世纪初期，但作为一门独立的学科，其诞生日期可认为是 1949 年 7 月 12 日。当时，在英国海军成立了一个交叉学科研究组，专门研究如何提高人的工作效率问题。后来在 1950 年 2 月的一次会议上，通过了用"Ergonomics"这一术语表述人因工程学，一门独立的新学科从此诞生了。人因工程学科诞生前后，经历了以下几个发展阶段：

一、人因工程学的萌芽时期

自古以来，为了生存和提高自身能力，人类一直在不断研制和使用各种设备、工具、机器、用具等。但人们很少注意所使用的设备及工作方法对人工作效率及自身安全的影响，直到 19 世纪末期，才开始进行这方面的研究。

20 世纪初，美国人泰勒（F. W. Taylor，科学管理的创始人）在伯利恒钢铁公司进行了著名的铁铲实验，研究铁铲的尺寸、形状与日工作量之间的关系。当每铲铲煤 9.5kg 时，日产量达到最大（47t），使工作效率成倍提高（原来为 12.5t）。他还对工人的操作进行了时间研究，改进操作方法，制定标准时间，在不增加劳动强度的条件下提高了工作效率。与泰勒同一时期的吉尔布雷斯（F. B. Gilbreth）夫妇开展了动作研究，创立了通过动素分析改进操作动作的方法。他们还进行了作业疲劳研究、工作站设计以及为残疾人设计合适的工具。之后，科学管理内容不断丰富，方法研究、工具设计、设施规划等都涉及人和机器、人和环境的关系问题，而且都与如何提高生产率有关。

在这一时期，德国心理学家闵斯特伯格（H. Munsterberg）倡导将心理学应用于生产实践，其代表作是《心理学与工业效率》，提出了心理学对人在工作中的适应与提高效率的重要性。并将心理学研究成果与泰勒的科学管理有机结合，在人员选拔、培训、改善工作条件、减轻疲劳等方面进行了有意义的尝试。此外，还开展了职业健康及工业卫生方面的研究。20世纪初，虽然已孕育着人因工程学的思想萌芽，但人机关系总的特点是以机器为中心，通过选拔和培训使人去适应机器。由于机器进步很快，使人难以适应，因此存在大量的伤害人身心的问题。

二、人因工程学的兴起时期

该时期为第一次世界大战初期至第二次世界大战之前。第一次世界大战为工作效率研究提供了重要背景。该时期主要研究如何减轻疲劳及人对机器的适应问题。由于战争的需要，工厂雇用了大部分妇女和非熟练劳动力进行生产，生产任务的紧迫性使企业经常延长工作时间，增加了劳动强度，加剧了工人疲劳，达不到提高工作效率的目的。当时参战国都很重视研究发挥人力在战争和后勤生产中的作用问题，如英国设立了疲劳研究所，研究减轻工作疲劳的对策。德国开始重视对工人施以与工作有关的科学训练。研究内容包括工作研究、工作评估、工作压力、工作心理、工业卫生与职业生理（工作环境、肌肉负荷、生理测量与医学评估等）。美国为了合理使用兵力资源，进行大规模智力测验。此外，在战争中已使用了现代化装备，如飞机、潜艇和无线电通信等。新装备的出现对人员的素质提出了更高的要求。选拔、训练兵员或生产工人，都是为了使人适应机器装备的要求，在一定程度上改善了人机匹配，使工作效率有所提高。第一次世界大战后，人员选拔和训练工作在工业生产中受到重视而得到应用。心理学的作用普遍受到关注，许多国家成立了各种工业心理学研究机构。

自1924年开始，在美国芝加哥西方电气公司的霍桑工厂进行了长达8年的"霍桑实验"，这是对人的工作效率研究中的一个重要里程碑。这项研究的最初目的是想找出工作条件（如照明等）对工作效率的影响，以寻求提高效率的途径。通过一系列实验研究，最后得到的结论是工作效率不仅受物理的、生理的因素影响，而且还受组织因素、工作气氛和人际关系等因素的影响。从此研究提高工作效率时，开始重视情绪、动机等社会因素的作用。

三、人因工程学的成长时期

该时期从第二次世界大战开始至20世纪60年代。随着人机系统越来越复杂，人机界面也随之多样而复杂，人的能力特性就显得越来越重要。第二次世界大战期间，许多国家大力发展效能高、威力大的新式武器和装备。但由于片面注重新式武器和装备的功能研究，忽视了人的能力限度，导致人机不能很好匹配，经常发生机毁人亡和误击目标的事故。据美国军方统计，第二次世界大战期间，22个月内，超过400架战机，在遭遇战争或紧急状况下坠毁，但这些坠毁的战机并非被敌方炮火击中，而是在紧张状态之下，飞行员对显示信息做出了错误判断解读，或错误操作控制器所致。战斗机中座舱及仪表位置设计不当，造成飞行员误读仪表和误用控制器而导致意外事故；或由于操作系统复杂、不灵活及不符合人的生理、心理特征而造成命中率低的现象经常发生。失败的教训使人们认识到，只有当武器装备适应操作者的生理、心理特征和人的能力限度时，才能发挥其高性能。人的因素是设计中不能忽视的一个重要条件。因此，在第二次世界大战期间，首先在军事领域开始了与设计相关学科的综合研究与应用。从此，人机关系的研究，从使人适应机器转入到使机器适应人的新阶段，为人因工程学的诞生奠定了基础。

1945年，第二次世界大战结束时，本学科的研究与应用逐渐从军事领域向工业等领域发展，并逐步应用军事领域的研究成果来解决工业与工程设计中的问题。1945年，在国家医药研究委员会、科学与工业研究部的鼓励下，英国诞生了人因工程职业，并于1949年成立了工效学学会。同年，恰帕尼斯（A. Chapanis）等人出版了《应用实验心理学——工程设计中人的因素》一书，系统论述了新学科的基本理论和方法。后来，研究领域不断扩大，研究队伍中除心理学家外，还有医学、生理学、人体测量学及工程技术等各方面学者专家，因而有人把这一学科称为"人的因素"或"人的因素工程学"。随后有关人因工程方面的著作相继出版，一些大学开设课程，建立相关研究部门和实验室，一些顾问公司陆续出现。

1957年是人因工程学科发展比较重要的一年，该年英国的《Ergonomics》学报创刊，该期刊目前是人因工程领域最重要的学术期刊。同年美国的人因工程学会正式创立，美国心理学会也成立第21支部——工程心理学会。1958年美国人因工程学会创立《Human Factors》杂志。为了加强国与国之间的交流，1959年正式成立了国际人类工效学联合会（IEA），将世界各国的人因工程学会联合起来，共同为推进人因工程的研究和应用而携手合作。

此后，陆续有一些国家成立了人因工程学会，日本人间工学会成立于1964年10月，并于次年发行了《人间工学》期刊（《Ningen Kogaku》），加入了国际人因工程学会联合会，并设立了许多地方性的研究团体。荷兰1962年正式成立人因工程学会，促进了成员间对人因工程的研究和交流。法语系国家于1963年成立人因工程学会，其组织成员来自20个不同的国家。北欧人因工程学会成立于1969年4月18日，该学会由丹麦、瑞典、挪威及芬兰人因工程学会组成。澳大利亚和新西兰于1964年联合成立人因工程学会，1986年分开，各自独立。

从以上例子可以看出，这个时期，人因工程学术组织不断发展，美、日及欧洲一些国家对人因工程投入较早，加上学者们的不断研究及各方面的配合，使得这些国家的人因工程研究和应用有较快的发展。

四、人因工程学的发展时期

20世纪60年代以后，人因工程学进入了一个新的发展时期。这个时期人因工程学的发展有三大基本趋向。

（1）研究领域不断扩大　随着技术、经济和社会的进步，人因工程学的研究领域已不限于人机界面匹配问题，而是把人—机—环境系统优化的基本思想、原理和方法，应用于更广泛领域的研究，如人与工程设施、人与生产制造、人与技术工艺、人与方法标准、人与生活服务、人与组织管理等要素的相互协调适应上。随着人机系统的发展，操作者在人机系统中承担的体力劳动越来越少，相应的，脑力负荷越来越大。因此，研究人在人机系统中的表现和脑力负荷对人机系统效率的影响有重要作用。20世纪60年代后期至70年代，美国空军采用主观评价方法评价新式飞机操作的难易程度取得了很大成功。20世纪70年代，北大西洋公约组织国家的一些科学家通过专题会议方式探讨脑力负荷的理论及测量方法。之后，脑力负荷的测量与预测方法不断推出，特别是近些年生理信号采集、脑电技术发展为脑力负荷测量提供了更加客观、动态的数据。脑力负荷研究在航空航天领域常用于飞行员、航天员驾驶室的人机交互系统设计评价，脑力负荷预测方法如时间压力模型可用于研究模拟飞机在航母着陆，以及模拟发射导弹、空中加油、空中拦截等任务中飞行员对时间压力的反应，而这个指标对飞行任务的完成具有重要作用。在其他领域，随着技术发展和脑电 ERP/EEG 系统的普及，办公室人员的脑力劳动评价、生产系统中人机交互界面设计评价，以及网站、应用软件等产品设计评价都会涉及脑力负荷问题。20 世纪 80 年代，计算机技术的迅速发展使人因工程学的研究面临新的挑战，如何设计界面友好的软件，新的控制设备、屏幕显示的信息输出都是人机界面设计面临的新的问题。互联网的出现及快速发展使信息产业成为战略新兴产业，电子商务成为重要的经营模式，网站、应用软件、游戏产品等的设计都涉及如何能使用户保持良好的用户体验。因此，人与互联网交互，以及未来的人与机器人的交互设计问题都将都成为人因工程学新的研究领域。

20 世纪 80 年代以来，人类经历了多次大规模的技术性灾难。1979 年三里岛核电站的事故，差点导致核泄漏的严重后果。1984 年印度博帕尔一家碳化物农药厂发生的有毒化学物质泄漏，造成近 4000 人死亡。1986 年，苏联切尔诺贝利核电站的爆炸和大火，导致 300 余人死亡，大量的人员遭到有害射线的辐射，上百万平方公里的土地被放射性物质所污染。三年以后，又一场大爆炸席卷了得克萨斯州的一家塑料工厂，23 人死亡，100 多人受伤。20 世纪 90 年代至今，也有多次大的事故发生，2001 年震惊世界的"9·11"事件使美国受到了前所未有的打击，2011 年 3 月 11 日，日本福岛核事故对居民健康、海洋、大气带来巨大损失。近些年，交通领域、医疗领域安全事故频繁发生。这些事件的主要原因是人因失误。所以，从人的因素角度研究如何保证重大系统的安全和可靠性成为人因工程学研究的又一重要领域。

在产品设计领域，20 世纪 90 年代，由日本提出的感性工学理论为基于用户情感需求的产品优化设计提供了新的视角和方法，对提升产品市场竞争力有重要作用。该理论主要从用户对产品的情感体验角度，研究产品造型、色彩、材质等外观设计优化问题，为产品设计人员提供产品感性测量方法、情感设计要素识别方法，以及情感与产品设计要素关系模型的建立方法。日本、德国、韩国、我国的台湾地区，以及我国部分高校都开展了相关研究。有关产品情感设计的研究最初主要针对实体产品，后续从用户体验角度研究面向网站、应用软件、游戏界面等虚拟产品的界面设计优化问题。

职业健康安全一直是人因工程学关注的重点内容。职业健康安全一方面研究包括作业环境对人的健康安全的影响，以及不同作业性质、作业姿势、承担的负荷、使用的工具等多个因素对人的健康安全的影响。作业环境研究中，研究包括空气污染、噪声、微气候环境、照明、操作者工作地表面材料等对人的健康影响，对企业而言重点是按照相应标准对生产系统进行改善，以保护现场操作人员的身体健康。职业健康安全研究的另一个方面是从生物力学角度开展的研究，包括手动工具设计与人手的局部疲劳、坐姿作业人的压力分布及疲劳、长途汽车司机腰部及颈椎疲劳、生产线作业工人作业疲劳规律、物料搬运工人体力疲劳、驾驶疲劳等方面的研究。在研究方法上，从单一的通过问卷进行的主观疲劳调查，发展到目前通过表面肌电、压力测试、脑电 EEG 系统、动作捕捉系统、虚拟现实系统等多种研究手段，可动态测量体力和精神疲劳。

（2）应用的范围越来越广泛　人因工程学的应用扩展到社会的各行各业，几乎渗入到与人有关的一切方面，包括人类生活的各个领域，如衣、食、住、行、学习、工作、文化、体育、休息等各种设施用具的科学化、宜人化。由于不同行业应用人因工程学的内容和侧重点不同，因此出现了学科的各种分支，如航空、航天、机械电子、交通、建筑、能源、通信、农林、服装、环境、卫生、安全、管理、服务等。20 世纪 90 年代以后，人因工程学越来越多地应用于计算机和信息技术（计算机界面、人机交互、互联网等）及空间技术之中。例如，网站交互界面设计、手机 APP（应用软件）可用性研究等，近几年随着机器人技术的发展，人因工程的理念和相关原则也应用到人与机器人交互设计系统开发中。总之，人因工程学还将随着人类工作和生活的丰富化，应用领域不断充实和发展。

（3）在高技术领域中发挥特殊作用　随着微电子及计算机技术的迅速发展以及自动化水平的提高，人的工作性质、作用和方式发生了很大变化。以往许多由人直接参与的作业，现已由自动化系统所代替，人的作用由操作者变为监控者或监视者，人的体力作业减少，而脑力或脑体结合的作业增多。今后，将有越来越多的智能化机器装备代替人的某些工作，人类社会生活必将发生很大的改变。面对新的改变，人与系统的协同和配合会产生新的人因问题，而这些都需要人因工程学科发挥相应的作用。例如，数字化核电站的建立改变了人在系统中的作用，人的主要工作为监控和管理，人机交互模式也发生了改变，由传统的显示器、控制器发展到计算机界面，新的交互方式及角色的改变带来的最大问题是系统的可靠性问题，因此，数字化核电站系统人因失误可靠性分析以及团队协调与沟通研究就是人因工程研究的重要问题。此外，人机协同是未来发展趋势，在航天恶劣的环境中机器人不仅可以协助人摆放物品等空间操作，还能与人协同执行复杂的故障判断任务，这就需要从认知和行为层面，从相互理解和学习角度，研究人机协同问题。高新技术与人类社会有时会产生不协调的问题，只有综合应用包括人因工程在内的交叉学科理论和技术，才能使高新技术与固有技术的长处很好结合，协调人的多种价值目标，有效处理高新技术领域的各种问题。

五、我国人因工程学科的发展

我国最早开展工作效率研究的是心理学家。20 世纪 30 年代，清华大学开设了工业心理学课程，1935 年，陈立先生出版了《工业心理学概观》，这是我国最早系统介绍工业心理学的著作。陈立先生还在北京及无锡的工厂里开展工作环境及选拔工人等研究。新中国成立后，中国科学院心理研究所和杭州大学的心理学家开展了操作合理化、技术革新、事故分析、职工培训等劳动心理学研究。虽然这些研究对提高工作效率和促进生产发展起到了积极作用，但还是侧重于使人适应机器的研究。20 世纪 60 年代初，各种装备由仿照向自行设计制造转化，需要提供人机匹配数据。一部分心理学工作者转向光信号显示、电站控制室信号显示、仪表盘设计、航空照明和座舱仪表显示等工程心理学研究，取得了可喜的成果。"文化大革命"使许多研究陷于停顿。20 世纪 70 年代后期，我国进入现代化建设的新时期，工业心理学的研究获得较快的发展。一些研究单位和大学，成立了工效学或工程心理学研究机构。改革开放，使我们了解到更多国外人因工程学的研究应用成果和发展态势，到 20 世纪 80 年代，人因工程学得到迅速发展。

1980 年 5 月国家标准局和中国心理学会联合召开会议，同时成立了中国人类工效学标准化技术委员会和中国心理学会工业心理学专业委员会。标准化技术委员会负责研究制定有关标准化工作的方针、政策；规划组织我国民用方面的人类工效学国家标准及专业标准的制定、修订工作。由于军用标准的特殊要求，1984 年国防科工委还成立了军用人—机—环境系统工程标准化技术委员会。在上述两个委员会的规划和推动下，我国已制定了 100 多个有关民用和军用的人类工效学的基础性和专业性的技术标准。这些标准及其研究工作对我国人因工程学科的发展起着有力的推动作用。

20 世纪 80 年代末，我国已有几十所高等学校和研究单位开展了人因工程学研究和人才培养工作，许多大学在应用性学科开设了有关人因工程学方面的课程。例如，东北大学管理工程系于 1980 年为管理工程专业学生开设管理工效学课程，并建立国内最早的工效学实验室。20 世纪 90 年代后，一些大学相继开设了工业工程专业，到目前为止已经有 200 多所。教育部工业工程类教学指导委员会将人因工程学定为工业工程专业的核心课，有更多的教师从事人因工程学的教学、科研工作，人因工程学的研究队伍不断发展壮大。

为了把全国有关的工作者组织起来，共同推进学科的发展，1989 年 6 月 29～30 日在上海同济大学召开了全国性学科成立大会，定名为中国人类工效学学会。目前，学会下设人机工程专业委员会、认知工效专业委员会、生物力学专业委员会、管理工效学专业委员会、安全与环境专业委员会、工效学标准化专业委员会、交通工效学专业委员会和职业工效学专业委员会八个专业委员会。另外，中国心理学会、中国航空学会、中国系统工程学会、中国机械工程学会等在自己的学会中分别成立了工业心理学专业委员会，航空人体工效、航医、救生专业委员会，人—机—环境系统工程专业委员会，人机工程专业委员会等有关人因工程学的专业学术团体。这些学会组织推动着我国人因工程学不断向前发展。特别值得一提的是，中国人类工效学学会和安徽三联事故预防研究所主办了国内唯一的工效学学术刊物——《人类工效学》。这是国内唯一一本专门发表人因工程领域研究成果的学术期刊。在学术交流方面，中国人类工效学学会和各专业委员会定期举办学术会议，2009 年 8 月 9～14 日，由国际人类工效学联合会主办，中国人类工效学学会承办的第十七届国际工效学大会（IEA 2009）在北京九华山庄胜利召开，本次大会以"变化、机遇、挑战"为主题，关注在国际金融危机条件下工效学的研究与实践如何从以人为本的角度，改进安全生产环境、调整产业结构，促进生产率提高，从而提高人的劳动生活质量。本次大会有来自世界各地 60 多个国家和地区的近 1000 名代表参加会议，其中中国的代表约 300 名。会议围绕着 40 个工效学专题进行学术交流，有 1200 多篇学术论文以不同的形式发表。在人因工程师资队伍培养方面，教育部高等学校工业工程类专业教学指导委员会曾多次举办人因工程课程教学培训。在科研能力培养方面，中国人类工效学学会近 2 年在人因工程领域青年学者科研能力培养方面做了很多工作，先后在北京、厦门等地组织了 4 期人因工程青年学者科研能力培训班，邀请人因工程领域知名学者介绍学科前沿，以及如何选择研究方向和研究方法等，培训对象来自 100 多所学校和科研单位，大部分为工业工程、工业设计、安全管理等专业领域从事人因工程教学和研究的青年学者。

在科学研究方面，20 世纪 90 年代至今，我国学者在人因工程学领域开展了一系列研究，研究领域可分为：人的职业和素质研究、工作环境研究、产品设计与评价、人误与安全、工作负荷与疲劳 、作业方法与场所设计改善、认知工效、人机系统、组织和管理中人因问题、先进技术中的人因工程及人体研究 11 个方向，发表的人因工程领域论文数量逐年递增。从承担的国家自然科学基金项目而言，人因工程方向的基金项目分散在不同的学部，其中在管理学部管理科学与工程学科工业工程与管理领域申请的人因工程方向项目数量比较多，据统计，自 2002～2016 年 14 年间，工业工程与管理领域人因工程方向各类基金项目约 40 项，随着申请项目人数增加，获得批准的项目数量也逐年增加。国家自然科学基金项目研究内容包括核电站人因可靠性、老年产品设计、产品情感设计、职业健康安全、残疾人体力作业行为建模、人机交互设计、数字化人体建模、驾驶安全、安全标志感知机制、用户体验、班组沟通与协作、脑力负荷、视觉搜索、人与机器人协同研究等。国家自然科学基金项目研究推动我国人因工程研究水平的提升,研究成果促进了人因工程在企业的应用。

 第三节　人因工程学的研究内容与应用领域

一、研究内容

人因工程学的研究包括理论研究和应用研究两个方面,但学科研究的总趋势还是侧重应用研究。虽然各国工业基础及学科发展程度不同,学科研究的主体方向及侧重点也不同,但根本研究方向都是通过揭示人—机—环境之间相互关系的规律,以达到确保人—机—环境系统总体的最优化。其主要内容可概括为以下几个方面:

(1) 研究人的生理与心理特性　人的生理、心理特性和能力限度是人—机—环境系统优化的基础。人因工程学从学科的研究对象和目标出发,系统地研究人体特性,如人的感知特性、信息加工能力、传递反应特性,人的工作负荷与效能、疲劳,人体尺寸、人体力量、人体活动范围,人的决策过程、影响效率和人为失误的因素等。这些研究为人—机—环境系统设计和改善,以及制定有关标准提供科学依据,使设计的工作系统及机器、作业、环境都更好地适应于人,创造高效、安全、健康和舒适的工作条件。

(2) 研究人机系统总体设计　人机系统的效能取决于它的总体设计。系统设计的基本问题是人与机器之间的分工以及人与机器之间如何有效地进行信息交流等问题。从人与机器的分工上考虑,要研究系统中人与机器的特点和能力限度,在系统设计时,应考虑充分发挥各自的特长,合理分配人与机器的功能,使其相互补充、取长补短、有机结合,以保证系统的整体功能最优。从人与机器的信息交流考虑,要研究人在特定系统中的作用,使设计的机器、环境等要素适应人的特性。同时,还要考虑劳动者个体差异及可塑性,研究人员选拔及培训方式,以提高人的身心素质和技能,这样整体效率才能充分发挥。另外,手控、机控和监控的人机系统特点不同,人的作用也不一样。自动化降低了人的工作负荷,导致人的唤醒水平降低,会影响到系统的安全性。因此,无论自动化程度多高的系统,都必须适当配置人员对系统进行监控和管理。

(3) 研究人机界面设计　在人机系统中,人与机相互作用的过程,就是利用人机界面上的显示器与控制器,实现人与机的信息交换的过程。显示器是向人传递信息的装置,控制器则是接收人发出去的信息的装置。显示器设计研究包括视觉、听觉、触觉等各种类型显示器的设计研究,同时还要研究显示器的布置和组合问题,使其与人的感觉器官特性相适应。控制器设计研究包括各种操纵装置的形状、大小、位置以及作用力等在人体解剖学、生物力学和心理学等方面的问题,使其与人的运动器官特性相适应。保证人与机之间的信息交换迅速、准确,从而实现系统优化。此外,人与计算机的交互界面设计是近些年人机界面设计的重要方面,网站、智能手机界面、应用软件界面等设计都涉及人机界面设计问题。在这些研究内容中,用户体验、可用性、用户情感都是交互界面设计质量的衡量指标。

开发研制任何供人使用的产品(包括硬件和软件),都存在着人机界面设计问题。研究人机界面的组成并使其优化匹配,产品就会在功能、质量、可靠性、造型等方面得到改进和提高，也会增加产品的技术含量和附加值。

（4）研究工作场所设计和改善 工作场所设计的合理性，对人的工作效率有直接影响。工作场所设计包括工作场所总体布置、工作台或操纵台与座椅设计、工作条件设计等。研究设计工作场所时，应从生理学、心理学、生物力学、人体测量学和社会学等方面保证符合人的特性和要求。使人的工作条件合理，工作范围适宜，工作姿势正确，达到工作时不易疲劳、方便舒适、安全可靠和提高效率的目的。研究工作场所设计也是保护和有效利用人力资源，发挥人的潜能的需要。

（5）研究工作环境及其改善 任何人机系统都处于一定的环境之中，因此人机系统的功能不能不受环境因素影响，人与机相比，人受影响的程度更大。作业环境包括一般工作环境，如照明、颜色、噪声、振动、温度、湿度、空气粉尘和有害气体等，也包括高空、深水、地下、加速、减速、高温、低温及辐射等特殊工作环境。人因工程学主要研究在各种环境下人的生理、心理反应，对工作和生活的影响；研究以人为中心的环境质量评价准则；研究控制、改善和预防不良环境的措施，使之适应人的要求。其目的是为人创造安全、健康、舒适的作业环境，提高人的工作、生活质量，保证人—机—环境系统的高效率。除以上的物理环境因素外，还要注意研究社会环境因素对人工作效率的影响。

（6）研究作业方法及其改善 作业是人机关系的主要表现形式，也是人机系统的工作过程，只有通过作业才能产生系统的成果。人因工程学主要研究人从事体力作业、技能作业和脑力作业时的生理与心理反应、工作能力及信息处理特点；研究作业时合理的负荷及能量消耗、工作与休息制度、作业条件、作业程序和方法；研究适宜作业的人机界面。除硬件机器外，还包括软件，如规则、标准、制度、技法、程序、说明书、图样、网页等，都要与作业者的特性相适应。软件设计除考虑生理、心理因素外，还要重视管理、文化、价值体系、经验和组织行为等因素的影响。以上研究的目的是寻求经济、省力、安全、有效的作业方法，消除无效劳动，减轻疲劳，合理利用人力和设备，提高系统效率。

（7）研究系统的安全性和可靠性 人机系统已向高度精密、复杂和快速化发展。而这种系统的失效将可能产生重大损失和严重后果。实践表明，系统的事故绝大多数是由人因失误造成的，而人因失误则是由人的不注意引起的。因此，人因工程要研究人因失误的特征和规律，人的可靠性和安全性，找出导致人因失误的各种因素，以改进人—机—环境系统，通过主观和客观因素的相互补充和协调，克服不安全因素，搞好系统安全管理工作。

（8）研究组织与管理的效率 人—机—环境系统的研究应与组织、管理、文化和社会相适应。因此，人因工程学要研究人的决策行为模式；研究如何改进生产或服务流程；研究使复杂的管理综合化、系统化，形成人与各种要素相互协调的信息流、物流等管理体系和方式；研究特殊人才的选拔、训练和能力开发，改进对员工的绩效评定管理；研究组织形式与组织界面，便于员工参与管理和决策，使员工行为与组织目标相适应。

二、应用领域

人因工程学的应用涉及非常广泛的领域。与人直接有关的应用领域概括为机具、作业、环境和管理等几大类。在机具类中按对象又分为机械、器具、设备与设施、被服等几种，具体研究人机匹配与人机界面的设计和改进。表1-1列出了人因工程学的应用领域及示例。

表 1-1　人因工程学的应用领域及示例

设计与改进的范围	对象	示例
机具	机械	机床、汽车、火车、飞机、宇宙飞船、船舶、起重机、农用机械、工作机械、计算机、仪器仪表、医疗器械、家用电器、运动与健身器械、摩托车、自行车、售货机、取款机、检票机等
	器具	工具、电话、电传、办公用具、软件、家具、清扫工具、卫生用具、厨房用具、防护用具、文具、玩具、书刊、广告、媒体、标志、标牌、包装用品、说明书等
	设备与设施	工厂、车间、成套设备、监控中心、军事系统、机场、码头、车站、道路系统、城市设施、住宅设施、无障碍设施、旅游与休闲设施、安全与防火设施、核能设施、场馆等
	被服	服装、鞋、帽、被物、工作服、安全帽、工作靴等
作业	作业条件、作业方法、作业量、作业姿势、工具选择与放置等	生产作业、服务作业、驾驶作业、检验作业、监视作业、维修作业、计算机操作、办公室作业、体力作业、技能作业、脑力劳动、危险作业、女工作业、高龄人与残疾人作业，以及学习、训练、运动、康复等活动
环境	照明、颜色、音响、噪声、微气候、空气污染等	工厂、车间、控制中心、计算室、操纵室、驾驶室、检验室、办公室、车厢、船舱、机舱、住宅、医院、学校、商店、地铁、候车室、会议室、业务与交易厅、餐厅、各种场馆及公共场所等
管理	人与组织、设备、信息、技术、职能、模式等	业务流程再造、生产与服务过程优化、组织结构与部门界面管理、管理运作模式、决策行为模式、参与管理制度、企业文化建设、管理信息系统、计算机集成制造系统（CIMS）、企业网络、模拟企业、程序与标准、沟通方式、人事制度、激励机制、人员选拔与培训、安全管理、技术创新、CI策划（企业形象策划）等

第四节　人因工程学的研究方法和步骤

一、人因工程学研究的方法论基础

　　研究方法在科学发展中具有重要作用，只有掌握科学的研究方法才会使研究工作取得预期的结果。唯物辩证法是所有科学研究的方法论基础。人因工程学的研究只有以此方法论为指导，才能正确地制定技术路线，采取科学合理的具体研究方法，并对研究结果做出客观的科学结论。根据方法论基础及人因工程学科自身特点，在研究中要特别注意客观性和系统性。

　　客观性是指研究者在工作中应坚持实事求是的科学态度，根据客观事实的本来面目去揭示事物内在的规律性，不能以个人主观臆断解释客观事实。这就要求研究人员要以科研和生产实际需要选择研究课题；在研究过程中，要全面、真实、具体地记录情境条件和研究对象的各种反应；在分析结果时，一定从客观事实出发得出结论。

　　系统性是指把研究对象放到系统中加以研究和认识。20 世纪 40 年代以来发展起来的系统论、信息论和控制论等系统科学理论为人因工程学科的研究提供了新思想、新观点。人因工程学的主要研究对象是人—机—环境系统。系统中人、机器、环境这三大要素之间存在着相互制约和相互协同的关系，整个系统的性能不同于各要素性能的简单相加，同时，人、机器、环境各自构成了自己的系统。用系统观点研究人—机—环境系统时，必须从系统的整体出发去分析各子系统的性能及其相互关系，再通过对各部分相互作用的分析来认识系统整体。在研究设计和改进系统功能的过程中，要寻求各要素之间的最合理的配合，以取得最好的效果。

二、主要研究方法

人因工程学是由多学科交叉形成的，应用领域非常广泛，因此其研究方法也很多。下面简要介绍几种主要研究方法：

（一）调查法

调查法是获取有关研究对象资料的一种基本方法。它具体包括访谈法、考察法和问卷法。

（1）访谈法　它是研究者通过询问交谈来收集有关资料的方法。访谈可以是有严密计划的，也可以是随意的。无论采取哪种方式，都要求做到与被调查者进行良好的沟通和配合，引导谈话话题围绕主题展开，并尽量客观真实。

（2）考察法　它是研究实际问题时常用的方法。通过实地考察，发现现实的人—机—环境系统中存在的问题，为进一步开展分析、实验和模拟提供背景资料。实地考察还能客观地反映研究成果的质量及实际应用价值。为了做好实地考察，要求研究者熟悉实际情况，并有实际经验，善于在人、机、环境各因素的复杂关系中发现问题和解决问题。

（3）问卷法　它是研究者根据研究目的编制一系列问题和项目，以问卷或量表的形式收集被调查者的答案并进行分析的一种方法。例如，通过问卷调查某一种职业的工作疲劳特点和程度，让作业者根据自己的主观感受填写问卷调查表，研究者经过对问卷回答结果的整理分析，可以在一定程度上了解这种职业的工作疲劳主要表征和疲劳程度等。这种方法有效应用的关键在于问卷或量表的设计是否能满足信度、效度的要求。所谓信度即可靠性；效度即有效性，是指研究结果要真实地反映所评价的内容。问卷提问用语要通俗易懂，回答应力求简洁明了，容易被调查者掌握。

（二）观测法

观测法是研究者通过观察、测定和记录自然情境下发生的现象来认识研究对象的一种方法。这种方法是在不影响事件的情况下进行的，观测者不介入研究对象的活动中，因此能避免对研究对象的影响，可以保证研究的自然性和真实性。例如，观测生产现场的照度、噪声情况，作业的时间消耗，流水线生产节奏是否合理，工作日的时间利用情况等，进行这类研究，需要借助仪器设备，如照度计、噪声测量仪、秒表、录像机等。

应用观测法时，研究者要事先确定观测目的并制订具体计划，避免发生误观测和漏观测的现象。为了保证能够正确全面地感知客观事物，研究者不但要坚持客观性、系统性原则，还需要认真细微地做好观测的准备工作。

（三）实验法

实验法是在人为控制的条件下，排除无关因素的影响，系统地改变一定变量因素，以引起研究对象相应变化来进行因果推论和变化预测的一种研究方法。在人因工程学研究中这是一种很重要的方法。它的特点是可以系统控制变量，使所研究的现象重复发生，反复观察，不必像观测法那样等待事件自然发生，使研究结果容易验证，并且可对各种无关因素进行控制。

实验法分为两种，实验室实验和自然实验。实验室实验是借助专门的实验设备，在对实验条件严加控制的情况下进行的。由于对实验条件严格控制，该种方法有助于发现事件的因果关系，并允许人们对实验结果进行反复验证。缺点是主试严格控制实验条件，使实验情境带有极大的人为性质，被试意识到正在接受实验，可能干扰实验结果的客观性。

自然实验也称为现场实验，在某种程度上克服了实验室实验的缺点。自然实验虽然也对实验条件进行适当控制，但由于实验是在正常的情境中进行的，因此实验结果比较符合实际。但是，由于实验条件控制不够严格，有时很难得到精密的实验结果。

实验中存在的变量有自变量、因变量和干扰变量三种。自变量是研究者能够控制的变量，它是引起因变量变化的原因。自变量因研究目的和内容而不同，如因照度、声压级、标志大小、仪表刻度、控制器布置、作业负荷等的不同而不同。自变量的变化范围应在被试的正常感知范围之内，并能全面反映对被试的影响。

因变量应能稳定、精确地反映自变量引起的效应，具有可操作性；能充分代表研究的对象性质，具有有效性。同时尽可能要求指标客观、灵敏和定量描述。鉴于以上要求，实验法中一般采用三类指标：①操作者绩效指标，如反应时间、失误率、质量和效率等。②生理指标，如心率、呼吸数、血压等生理指标随劳动强度的变化情况。③主观评价，是指操作者的主观感受，如监控作业，操作者的精神负荷产生的效应远大于体力负荷的效应。主观评价比绩效更能反映作业时机体的状态。因变量根据研究的性质和条件，可选取多项指标进行测量和分析，这样可避免采用单一指标的局限性。

干扰变量按其来源可分为个体差异、环境条件干扰及实验污染三个因素。个体差异因素是指被试在实验中随时间推移而产生身心变化或选择的被试不符合取样标准而使样本出现偏差等；环境条件干扰是指环境条件对实验的影响，如听觉测试中噪声的干扰、测试仪器的系统误差等；实验污染是指由于多次对被试施加处理和反复测试而形成的交互作用影响研究结果的准确性。

实验中应采取实验控制法使干扰变量减小到最低限度。主要控制方法包括：让被试在已经适应的环境下进行实验；实验中使环境干扰因素保持恒定；采用随机或抵消等方法消除被试差异和测试顺序产生的干扰效应；设立实验组和控制组，两组除控制的自变量不同外其他条件完全相同。这样两组因变量的差异可反映自变量的效应。

（四）心理测量法

人因工程的研究中，除了要测量光、声、温湿度、空气污染物等客观对象的量值外，还必须对人的主观感觉进行度量。心理测量法（也称为感觉评价法）是运用人的主观感受对系统的质量、性质等进行评价和判定的一种方法，即人对事物客观量做出主观感觉评价。客观量与主观量存在着一定差别。在实际的人—机—环境系统中，直接决定操作者行为反应的是他对客观刺激产生的主观感觉。因此，对人有直接关系的人—机—环境系统设计和改进时，测量人的主观感觉非常重要。

心理测量对象可分为两类，一类（A）是对产品或系统的特定质量、性质进行评价，如对声压级、照明的照度及亮度、空气的干湿程度、长度、重量、表面状况等进行评价；另一类（B）是对产品或系统的整体进行综合评价，如对舒适性、使用性、居住性、工作性、满意度、爱好、兴趣、情绪、感觉、购物动机、消费者态度等进行评价。前者可借助计测仪器或部分借助计测仪器进行评价；而后者只能由人来评价。感觉评价的主要目的包括：按一定标准将各个对象分成不同的类别和等级；评定各对象的大小和优劣；按某种标准度量对象大小和优劣的顺序等。

（五）心理测验法

在操作人员素质测试、人员选拔和培训中，广泛使用心理测验方法。心理测验法是以心理学中有关个体差异理论为基础，将操作者个体在某种心理测验中的成绩与常模做比较，用以分析被试心理素质特点。

心理测验按测试方式分为团体测验和个体测验。前者可在同一时间内测量大量人员，比较节省时间和费用，适合时间紧、待测人数较多的场合；后者则个别进行，能获得更全面和更具体的信息，但时间较长。心理测验按测试内容分为能力测验、智力测验和个性测验。

无论何种测验，都必须满足以下两个条件：第一，必须建立常模。常模是某个标准化的样本在测验上的平均得分。它是解释个体测验结果时参照的标准。只有把个人的测验结果与常模做比较，才能表现出被试的特点。第二，测验必须具备一定的信度和效度，即准确而可靠地反映所测验的心理特性。人的能力素质并非是恒常的，所以不能把测验结果看成是绝对不变的。

（六）图示模型法

图示模型法是采用图形对系统进行描述，直观地反映各要素之间的关系，从而揭示系统本质的一种方法。这种方法多用于机具、作业与环境的设计和改进，特别适合于分析人机之间的关系。

在图示模型法中，应用较多的是三要素图示模型。这是一种静态图示模型，把人和机的功能都概括为三个基本要素。人的三要素是中枢神经系统、感觉器官和运动器官；机具的三要素是机器本体、显示器和控制器。图1-1a所示为三要素图示模型形式；图1-1b所示为驾驶

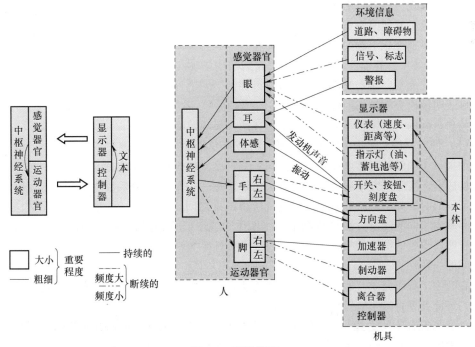

图1-1 图示模型

a）基本模型 b）驾驶员—汽车模型

员—汽车图示模型示例。图中方框的大小和要素之间连线的粗细均表示重要程度。通过这种图示模型，可以清楚表明各个要素之间如何连接并构成系统的。同理可以绘出各种机具，如家电、计算机、售货机、工具、作业的图示模型，从而清楚地了解人体与机具各部位的对应关系。

此外，动态图示模型有方框图和流程图等。这些模型主要以时间顺序这一动态特性为中心，对系统进行描述，用于表现人机系统的结构和时间动态特征。这些模型都可以通过数学或计算机模拟来求得系统的动态特性，如汽车、飞机与驾驶员构成的系统动态特性。人因工程的研究方法还有很多，如工作研究（方法研究和作业测定）、模拟法、使用频率分析、设备关联性分析、系统分析评价法，以及相关学科的研究方法。

三、研究方法的效度与信度

在人—机—环境系统中，人的行为受很多因素影响，所以不容易测试。而人因工程学的研究成果大多直接或间接地应用于生产和生活实际，其研究质量将对实践产生显著的影响。因此，要准确地揭示人—机—环境系统的规律性，必须使所用的研究方法具有可靠性（信度）和有效性（效度）。研究方法的效度、信度是评价研究方法科学性的重要标准。在开展研究的同时，要注意所选研究方法的信度和效度，并对研究结果进行总结、评价和改进。

（1）效度　效度是指研究结果能真实地反映所评价的内容。可从不同角度研究效度，应用比较广泛的是内部效度和外部效度。

1）内部效度。内部效度是指研究中各变量间确实存在着一定的因果关系。譬如在研究中，研究者发现，随着目标亮度的增大，观察者的效绩（反应时间、判读正确率等）也在提高，并且排除了其他因素作用的可能性。这种研究就具有内部效度，即其效绩的改变的确是由于照明水平的变化引起的，两者之间存在着因果关系。

2）外部效度。外部效度是指某一研究的结论能够在多大程度上推广和普及到其他的人和背景中去。例如，在实验室条件下研究得到的学习曲线是否能应用于实际生产作业中，若是，则表明该研究有较高的外部效度。

一项良好的人因工程学研究应满足上述两方面的效度要求。

（2）信度　信度是指研究方法和研究结果的可靠性，即多次测量的结果保持一致性的程度。如果一个测验的可靠度高，那么，同一个人多次接受这个测验时，就应得到相同或大致相同的成绩。实际研究中通常用三种方法估计信度。一是稳定性系数法，它是指用同样的方法在不同的时间先后对研究对象进行测量所得结果之间的一致性。二是等值性系数法，它是用两种基本相同的测量方法（指测量内容性质相似，形式相同），在极短的时间内对研究对象进行测量得到的结果的一致性。三是内部一致性系数法，它是指一次测量中各部分测量结果之间的一致性。

在人因工程研究中，通常采用抽样的方法进行观察和测量。因此，样本的选择及对测量结果的统计处理直接影响研究的效度和信度。

（1）研究样本的选择　在人因工程学研究中，通常要求选择的研究对象满足研究问题所需要的素质。除此之外，要保证样本数量能代表所要研究的对象的全体。当研究对象的总体很大，或观察值较为分散时，通常把样本选得大一些，例如，工程人体测量研究就常采用大样本。当研究的问题比较简单、个体间差异不太大时，如在有关感觉、知觉、记忆等研究中，一般可选用较少的研究对象做多次的反应来进行研究。

抽样的具体方式包括随机抽样和非随机抽样。随机抽样方法又包括分层抽样、简单随机抽样、系统抽样、整群抽样、多级抽样等。人因工程研究中常用到分层抽样方法。它是从一个可以分成不同子总体（或称为层）的总体中，按规定的比例从不同层中随机抽取样本（个体）的方法。例如，人体尺寸测量，采用分层抽样的方式，可以根据年龄、性别、地域等变量将总体划分成不同层，然后从不同的层中按比例随机抽取样本，这样就可以从样本的测量结果来推断总体的人体尺寸数据。

（2）统计分析的正确性。统计分析的正确性取决于良好的数据质量和所选择的统计方法的正确性。人因工程学研究中常需要对测量的结果进行统计分析，需要不同的分析方法。有对数据进行组织和概括的描述性统计方法，如表示数据集中程度的平均数、中位数和众数，以及表示数据离散趋势的方差、标准差等。也包括在数据分析的基础上做出统计推论的推断统计方法，如 T 检验，F 检验和 χ^2 检验等。不同的统计方法适用于特定的研究设计。它们对数据的质量也有一定要求，所以，研究者在进行数据分析时，应根据具体的研究要求选择正确的统计方法。

四、人因工程学的研究步骤

人因工程学的研究，除对学科的理论进行基础研究外，大量的研究还是对与人直接相关的机具、作业、环境和管理等进行设计和改进。虽然所设计和改进的内容不同，但都应用人—机—环境系统整体优化的处理程序和方法。下面介绍人因工程学的研究步骤：

（一）机具的研究步骤

机具类包括机械、器具、设备设施等，见表 1-1。被服尽管与上述机具不同，但也是人类的一种用具，在研究步骤与方法上有相同之处。机具的设计与改进的一般步骤如下：

（1）确定目的及功能 首先确定设计和改进机具的目的，然后找出实现目的的手段，即赋予机具一定的功能。实现目的的方案越多，选择余地越大，在一定的限制条件下，容易得到更优的方案。因此，应将目的定得高一些，从广阔的视野设想出多种方案。

图 1-2 所示为目的与功能关系图。由图可见，实现目的的功能有多种，用 a，b，c…表示。为了实现功能 a，b，c…，又必须设想出功能 a_1，a_2，a_3；b_1，b_2，b_3；c_1，c_2，c_3…作为实现的手段。如果最初目的作为大目的，则功能 a，b，c…就是中目的，依此类推，更具体的功能 a_1，a_2，a_3…就是小目的，a_{11}，a_{12}，a_{13}…就是更小目的。该图表述了由上至下的目的与功能构成的系统。在功能展开过程中，由目的求功能时考虑"怎么办"，由功能求目的时考虑"为什么"。

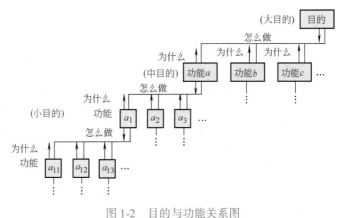

图 1-2 目的与功能关系图

（2）人与机具的功能分配 整个系统的功能确定后，就要考虑在人与机具之间如何进行功能分配。为此，必须对人和机具的能力特性进行比较，以充分发挥各自的特长。简言之，人的能力特长是具有智能、感觉、综合判断能力、随机应变能力、对各种情况的决策和处理能力等；而机械则是作用力强、速度快、连续作业能力和耐久性能好等。根据实现目的的要求，对人与机器的能力进行具体分析，合理地进行功能分配。有时人分担的功能减少，机器的功能就相应增加；人分担的功能增加，机器的功能就相应减少。例如，汽车的手动变速实现了自动化，照相机的光圈和对焦实现了自动化，从而减少了人分担的功能。衣服上多些口袋来携带工具等，就会扩大手的功能。在大规模系统、运输系统以及安全、防灾设备中，应纠正单纯追求机械化、自动化的倾向，必须考虑充分发挥人的功能。

（3）模型描述　人机功能分配确定后，接着用模型对系统进行具体的描述，以揭示系统的本质。模型描述一般分为语言（逻辑）模型描述、图示模型描述和数学模型描述等，它们可单独或组合使用。语言模型可描述任何一种系统，但不够具体；数学模型很具体，便于分析和设计，但在表现实际系统时受到限制，多用于描述整个系统中的一部分；图示模型应用广泛，而且在其中可以加入语言模型和数学模型进行说明。另外，图示模型便于表示各要素之间的相互关系，特别是人机之间的关系。因此，实际上多使用含有语言或数学式的图示模型。

（4）分析　在用模型对系统进行描述的基础上，再对人的特性、机具的特性和系统的特性进行分析。人的特性除包括基本特性，如形态特性、功能特性外，还包括复杂特性，如人因失误和情绪等，在分析时要进行必要的计测和数据处理。机具的特性包括性能、标准和经济性等。整个系统的特性包括功能、制造容易、使用简单、维修方便、安全性和社会效益等。

（5）模型的实验　如果需要更详细的设计或改进数据时，可以在上述分析数据的基础上制作出机具的模型，再由人使用该机具模型，反复实验研究。这样可以取得更具体的数据资料或从多个方案中选择最优方案。模型可分为实物大小模型和缩小模型。缩小模型不但经济而且易于操作。模型实验可根据实际需要采用变量不同的模型，如有单件的机具和被服的模型；有核电站控制中心整体人机界面关系以及船舶设备配置与乘员之间关系这样的大规模实验模型。此外，还有把实验的重点放在关键功能上而省略其他方面的模型。

（6）机具的设计与改进　最后是确定机具的最优方案，并进行具体的设计和改进。最优方案是根据上述分析实验结果进行评价确定的。设计和改进完成后，甚至试制品出来后，还要继续进行评价和改进，以求更加完善。其中特别重要的是机具与人的功能配合是否合理的评价，因此经常应用由人直接参与的感觉评价法。

（二）作业的研究步骤

为了获得最佳作业，需要不断研究、设计和改进作业方法、作业量、作业姿势和作业机具及其布置等。所谓最佳作业是指最适合于人的各种特性，疲劳程度最小，人因失误最少，安全可靠，使人感到舒适而效率高的作业。设计和改善作业方法的步骤如下：

1）确定作业的目的和实现该目的的功能。

2）确定作业中人员和机具的功能分配。

3）用作业模型表示作业对象的作业顺序、时间、使用的机具和材料等。作业模型主要用语言模型和图示模型。例如，各种工序分析图就属于图示模型。

4）对作业人员的特性进行计测、数据处理和分析，对作业特性进行实验研究。

5）提出各种方案，并对这些方案进行作业研究和评价，以确定最佳的作业方案。

6）实施最佳作业方案，并对实施效果进行评价。

（三）环境的研究步骤

人类为了追求最佳环境，不断地对照明、颜色、声音、微气候、粉尘等进行研究，使周围的环境适于工作和生活。所谓最佳环境，是指最适宜人的各种特性，使人类能够高效率工作和舒适生活的环境。设计和改进环境的方法与机具的研究有类似之处，可采取以下步骤：

1）确定目的，明确研究环境的重点因素，如照明、噪声、微气候等。

2）通过实验和理论研究分析环境因素对人的影响，这些影响可用图示模型和数学模型来描述。

3）提出多种方案，在分析评价的基础上，确定最佳方案，有时还需进行小规模实验。

4）实施环境改善方案，并不断完善。

此外，组织与管理方面的研究步骤与上述几方面也大体相似，主要包括：寻找问题，确定目的；明确各相关要素的功能；提出方案，分析、评价、选优；系统设计和改进；实施、总结和完善。以上概括的研究步骤对新系统的设计和现有系统的改进都是适用的。

第五节　人因工程学的相关学科

人因工程学有自身的理论体系，同时又从许多学科中吸取了丰富的理论知识和研究手段，使它具有多学科、交叉性和边缘性的特点。该学科的根本目的是通过揭示人、机、环境三要素之间相互关系的规律，确保人—机—环境系统总体性能的最优化。从研究目的来看，人因工程学的形成吸取了"人体科学""技术科学""环境科学"等学科的研究成果、思想、原理、准则、数据和方法。

一、人因工程学与人体科学的关系

人体生理学、心理学、人体测量学、解剖学、生物力学、医学等，是人因工程的重要基础学科。其中心理学、人体测量学、生理学与人因工程学的关系更为密切。

医学与生理学对人因工程的作用是很明显的。许多人因工程学的问题，若要深入探究其原理与机制，就需要从人体解剖特点和人体生理过程进行分析。例如，要确定人的最佳工作姿势，就需要对各种工作姿势从人体生物力学、能量消耗、基础代谢、肌肉疲劳和易受损伤性等方面进行分析和比较。在职业病研究中，涉及工作环境、劳动强度、工作制度、机器设计等方面的问题，而这些问题的深入探讨都会从医学与生理学方面去分析。因而研究人、机、环境关系问题，需要有卫生学与病理学的知识。许多人因工程学标准中就包含着医学、卫生学的要求。

心理学也是人因工程学的主要基础学科之一。它与人因工程的研究对象、内容和方法存在着很多共通性。心理学关于人的信息加工研究的成果，可为人因工程学中有关系统设计和评价提供科学原理和设计参数。人的任何工作和行为都离不开心理活动。人的信息接收、加工与反应动作，人的行为与工作效率，学习过程与技能形成等都是设计和改进人—机—环境系统的重要依据。心理学包括实验心理学、应用心理学和工业心理学。工业心理学中的重要分支——工程心理学的研究对象也是人—机—环境之间的关系，它与人因工程学的研究内容有很多重叠的地方。两者的差别只是在于工程心理学着重于研究人—机—环境系统中有关人的工作效能与行为特点，偏重于应用基础研究，而人因工程学则侧重于有关人因数据在系统设计中的应用。

人体测量学主要研究静态结构性人体测量尺寸数据和动态功能性人体测量数据。人体测量数据是人—机—环境系统设计的重要依据。人体测量数据，在不同种族、不同性别、不同民族和不同地区之间有很大的差异。因此，在进行机具、作业空间、产品、环境等方面的设计时，必须按照使用者身体尺寸进行设计。

生物力学主要研究人体运动及受力情况，人与机器、工具间受力关系。它包括力学特性、运动特点、不同体位与姿势下的力学问题以及致疾致伤原因等。它是优化机器、工具设计、改进作业方法、制定相关标准的重要依据。

二、人因工程学与工程科学的关系

人因工程学的研究目的体现了本学科是人体科学和环境科学不断向工程科学渗透和交叉的产物。工程科学包括工程设计、安全工程、系统工程以及管理工程等学科。

工程设计是人因工程研究的主要目的，它与人因工程学科之间自然存在着密切的关系。例如，研究航空人因工程学问题，应具有一定的航空工程学和航空飞行的知识；从事机械设计研究，应具有一定的机械工程学知识；研究人—计算机相互作用，应具有一定的计算机硬、软件知识。计算机不仅是人因工程学研究的对象，而且已成为人因工程学者研究各类人因工程学问题的最有用的工具。在人因工程研究中，计算机不仅被用来进行数据处理和控制人机匹配实验，而且许多人—机—环境关系问题可以利用计算机进行模拟研究。

系统工程是研究复杂系统优化设计和应用的工程学。构成系统的要素主要有机械、设备、信息和人等。而人因工程学就是研究人与物构成的系统，因此在研究对象、方法与解决实际问题方面这两个学科有密切关系。现在人—机—环境系统工程已成为系统工程学科的一个重要分支。由于人的因素在系统中处于重要地位，因此社会学和管理学又是系统工程的重要相关学科。

管理工程学科是把由人、组织、设备、信息、技术等要素构成的综合系统的管理与生产（或服务）系统的优化作为研究对象。管理与生产系统优化是人因工程学的重要应用领域，同时人因工程学的研究也应用管理学科的知识和方法，如平面布置分析、工作设计、组织设计、行为科学、人力资源管理、决策管理、生产控制、现场管理等。

安全工程是研究生产（或服务）过程中事故发生的原因、分析方法、安全技术和安全管理的科学。人因工程主要研究人因失误导致事故的分析和预防方法，既要应用安全工程的原理和方法，又为安全工程提供重要依据，两者关系密切。

三、人因工程学与环境科学的关系

环境科学包括环境保护学、环境医学、环境卫生学、环境心理学及环境监测学等。这些学科主要研究环境指标的测量、分析和评价，环境对人的生理及心理影响，恶劣环境下职业病的形成机理及控制措施，环境的设计与改善等。在人因工程学中，人与环境的优化是重要研究内容，上述学科的研究内容为人因工程学进行环境设计和改善，创造适宜的劳动环境和条件提供了方法和标准。

除上述学科外，人因工程学还需要社会学、统计学、信息技术、控制技术等学科的有关理论和方法。在应用时注意以人因工程学的理论方法为主体，融合其他学科知识来解决实际问题。

复习思考题

1. 简述人因工程学的定义。
2. 人因工程学的发展经历了哪几个阶段？
3. 人因工程学的研究内容是什么？
4. 人因工程学有哪些研究方法？
5. 实验室实验和自然实验各有何特点？
6. 什么是效度？什么是信度？人因工程研究方法为什么要保证效度和信度要求？
7. 机具的研究步骤有哪些？
8. 简述人因工程学与人体科学的关系。

思政案例

第1章　人因工程在我国载人航天事业发展中的成就

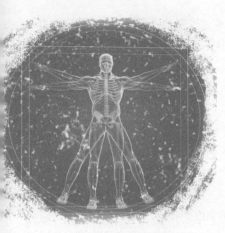

第二章
人的因素

人的因素是人—机—环境系统设计的重要考虑因素，无论是设备、工具设计，作业环境设计，还是作业量及作业方式的安排都要考虑人的生理与心理特征。生理学、心理学、医学是人因工程学科的基础学科，为了更好地学习后续课程，本章将介绍与人因工程关系密切的有关生理学与心理方面的知识，包括人的神经系统与感觉系统、肌肉、骨骼与供能系统、呼吸系统、消化系统、循环系统，并对人的心理因素构成进行分析。

 ## 第一节 神经系统与感觉系统

一、神经系统

神经系统是人体的主导系统，全身各器官、系统均在神经系统的统一控制和调节下互相影响、互相协调，以保证人体的统一及其与外界环境的相对平衡。在此过程中，首先是借助于感受器接收体内外环境的各种信息，并把刺激能量转化为神经冲动，然后经传入神经传至中枢神经系统，经过中枢神经系统的分析综合作用，将信息沿传出神经传至效应器，以控制和调节各器官的活动，从而使机体得以适应多变的外环境，同时也调节着机体内环境的平衡。下面简要介绍神经系统的构成及其各部分的作用：

（一）神经组织

神经组织主要由神经细胞（神经元）和神经胶质构成，两者在形态结构和生理机能上是两种迥然不同的成分。

（1）神经元　神经元是一种特殊类型的细胞，在形态上与其他组织细胞很不相同，是具有突起的细胞，由细胞体和突起组成，如图2-1所示。胞体的结构与一般的细胞相似，由细胞核和细胞质组成。其形状和大小不一，直径为 4~150mm，种类很多，位于脑、脊髓的灰质、神经节及其他器官的神经组织中。从细胞质中伸出的长短不等的突起，按其形状分为树突（呈树枝状的短突）和轴突（细长突起）两种，一个神经元一般可有数个

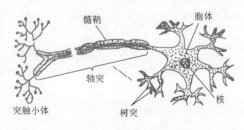

图 2-1　神经元

树突和一个轴突。轴突长短不一，延长的轴突构成神经纤维。神经纤维的末端有许多分支，称为神经末梢。

神经元根据其特性，可分为传入神经元（又称为感觉神经元）、中间神经元（又称为联络神经元）及传出神经元（又称为运动神经元），此外，还可按神经元是引起后继单位兴奋还是抑制而分为兴奋神经元和抑制神经元。

神经胶质是神经元的辅助成分，主要由胶质细胞组成。它们从各个方向包绕神经细胞体及其突起，神经元之间的空间除突触接触处以外，都为胶质细胞所占领。神经胶质构成网状支架，对神经元起支持、绝缘、营养、防御等作用。

神经元具有接受刺激、传递信息和整合信息的功能。它通过树突及胞体接收从其他神经元传来的信息，并进行整合，然后通过轴突将信息传递给另一个神经元或效应器。所以神经细胞既是神经系统的结构单位，又是神经系统的机能单位，因此，把神经细胞称为神经元。

（2）突触传递 神经元之间的连接处称为突触。它是一个神经元轴突末梢与别的神经元的细胞体或树突相接触的地方。图2-1中的轴突终端分成许多分支，每个分支的末梢端形成小泡，称为突触小体。神经元之间通过突触形成一个庞大的、复杂的神经网络系统。

图2-2所示为突触结构示意图。突触两端各自有两层约70Å（1Å = 0.1nm）厚的膜，称为突触前膜和突触后膜。两膜间有200Å左右的突触间隙。一个神经元的神经冲动必须通过这个间隙才能传递到另一个神经元。由于突触前后神经元之间无原生质联系，信息传递是通过化学递质转变为电位完成的。神经元轴突末梢的突触小体储存着神经递质。当神经冲动传到轴突末梢时，突触小体中的神经递质就透过突触前膜释放到

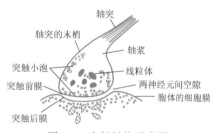

图2-2 突触结构示意图

突触间隙中，引起突触后膜的去极化（膜内外电位正、负反转，膜内为正，膜外为负），从而在去极化的这个神经元中引出兴奋性突触后电位，由此产生的神经冲动继续向前传导。

在神经元的突触中还可以产生与兴奋性突触后电位相反的抑制性突触后电位。其电位变化与兴奋性突触后电位方向相反。

（二）神经系统的基本结构

神经系统是由包括脑和脊髓的中枢神经以及遍布全身各处的周围神经所组成的。

（1）中枢神经系统 中枢神经系统包括脑和脊髓。脊髓是中枢神经的初级部分，位于脊柱的脊椎管内，其上端进入颅腔扩展为大脑的一部分——延髓。脊髓有两个功能：一是通过上行和下行神经束，把来自外周感受器的冲动传至脑，同时把脑发出的冲动传到周围神经；二是实现一些基本的躯体反射和内脏反射活动，如血管张力反射等。

脑又分为延髓、脑桥、中脑、间脑、小脑和大脑半球等部分。大脑半球包括大脑皮层与皮层下灰质。间脑包括丘脑、下丘脑、底间脑等。脑干自下而上由延髓、脑桥、中脑三部分组成。

1）延髓。延髓下接脊髓上连脑桥。来自头部、躯体与内脏的大部分感受器的神经冲动都经由延髓传至大脑。它同时又是调节循环、呼吸、肠胃蠕动、唾液与汗腺分泌等活动的中枢。它的前庭核是躯体运动反射调节的重要中枢。

2）脑桥、中脑、小脑。脑桥也有上行下行的传输通路。它是角膜反射的中枢。中脑是上行下行神经传导主要通路的集中处，它的四叠体是光、声探究反射的中枢所在。瞳孔、眼球肌肉、虹膜、睫状肌的调节和控制中枢均在中脑。小脑位于脑桥后面，它与脑干有双向纤维

相连。小脑的主要功能是调节肌肉紧张度、躯体运动和维持躯体姿势与平衡。小脑受损会引起运动失调，使随意运动发生障碍。

3）间脑。间脑位于大脑两半球之间，主要包括丘脑和下丘脑。丘脑是很重要的感觉中枢。除嗅觉外，各种感觉传入都需在丘脑进行初步加工后再传入大脑皮层的感觉投射区。下丘脑控制植物性神经系统的活动。它的主要功能是调节内脏和内分泌系统，是饥、渴、性活动的中枢，也是情绪反应的中枢。

4）大脑半球。大脑从外形上分左右两个半球，故称大脑半球。左右半球以纵裂沟为界，两者由胼胝体连接。大脑表面有许多深浅不一的皱褶，凹陷部位称为沟或裂，隆起部位称为回。三条主要沟裂将大脑分为额叶、顶叶、颞叶和枕叶四叶，如图2-3所示。

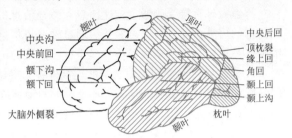

图2-3 大脑半球背外侧面

大脑表面被覆2～5mm厚的灰质细胞层，称为大脑皮层。人的大脑皮层约有140亿个神经元，各种神经元在皮层中的分布具有严格的层次。半球内侧的古皮层分为三层，半球外侧面的新皮层分为六层。不同皮层区域中的各层，在厚度、神经元的形状和大小方面不完全相同。

大脑皮层按其基本功能，可分成不同功能区域，包括：①体表感觉区（指皮肤上的触、压、冷、温、痛等感觉在大脑皮层上的投射区）。②运动感觉和位置感觉区（肌肉、关节运动和位置的感觉投射区）。③视觉区。④听觉区。⑤嗅觉、味觉区。⑥联合区（对来自不同感觉区的信息具有整合作用）。大脑感觉区和运动区的分布如图2-4所示。

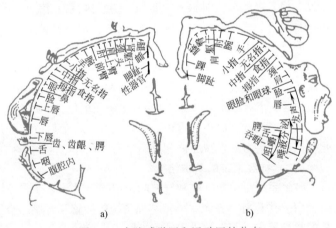

图2-4 大脑感觉区和运动区的分布
a）感觉区 b）运动区

人的大脑两半球，形态相似，相互对称。但是两者在结构和功能上仍存在一定差别。例如，左右两半球对躯体左右侧的感官与运动的投射均有交叉对应性，即左侧感官及运动的功能由右半球实现，右侧感官及运动的功能由左半球实现。两半球的大小也有一定差异。左半球比右半球略大。从功能上看，一般把左半球称为优势半球。语言、抽象逻辑思维和数学计算等主要是左半球功能。右半球对空间的感知及对形象的加工能力优于左半球。但划分不是绝对的，两者也可以互相替代。

两半球的统一性体现在两半球互相影响、协调活动上。两个半球通过胼胝体连接起来，结构上是相通的，功能上是统一的。一个正常的人，通过左侧或右侧器官（手、眼、耳等）学会的认知或技能活动，另一侧器官一般就会不学而能。但若割断胼胝体，这种现象就不可能发生。这说明左右大脑的两半球的统一协调只能通过胼胝体的连接才能实现。

（2）周围神经系统　周围神经系统是指脑和脊髓以外的神经系统。它包括脊神经和脑神经。脑神经发自脑干，共12对，其中包括躯体和内脏的感觉神经纤维，以及支配骨骼和肌肉的运动神经纤维。脊神经发自脊髓，共31对。每一脊神经中包含有感觉与运动两种神经纤维。感觉神经纤维传导来自躯体和内脏的神经冲动，运动神经纤维则传导控制骨骼肌、平滑肌、心肌和腺体等活动的神经冲动。

人体各部位的功能可分为两类，即躯体性功能和内脏性功能。躯体性功能是指躯体骨骼肌功能和感官活动功能。内脏性功能是指内脏活动功能。与此两类功能相应，神经系统也可分为两类，即躯体性神经系统与植物性神经系统（与内脏性功能对应）。躯体性神经系统主要分布于躯干、四肢、感官、面部等处，包括感觉传入神经与运动传出神经。运动传出神经纤维自脑、脊髓发出后直接到达效应器，支配着骨骼肌的活动，是随意运动的神经传导通路。植物性神经系统分布于内脏、心血管、腺体，支配着平滑肌、心肌和腺体的活动。植物性神经系统一般是指支配内脏腺体等的传出神经，但实际上它含有感觉传入和运动传出两类神经纤维，使受支配器官的活动能得到适度的控制与调节。

二、感觉系统

感觉系统也称为感官系统，是人体接受外界刺激产生感觉的机构。感觉系统又分为视、听、触、动、味、嗅等系统。每种感觉系统主要由三部分构成：一是直接接受刺激的部分，如眼、耳、鼻、舌、皮肤、肌腱、关节等；二是传入神经，又称为感觉神经；三是神经中枢，特别是大脑皮层感觉区。人受到体内外刺激时，只有经过这三部分的活动才能产生感觉。下面主要介绍人因工程中应用较多的几种感官系统的结构与功能特点。

（一）视觉

外部世界80%以上的信息是通过人的视觉获得的。视觉是由眼、视神经和视觉中枢的共同活动完成的。眼是视觉系统的外周感受器，是以光波为适宜刺激的特殊器官。外界物体发光，透过眼的透明组织发生折射，在眼底视网膜上形成物像；视网膜感受光的刺激，并把光能转变成神经冲动，再通过视神经将冲动传入视觉中枢，从而产生视觉。所以眼睛具有折光成像和感光换能两种作用。

眼睛的构造与功能和照相机有些相似，包括折光部分和感光部分。折光部分包括眼球最前面的透明组织——角膜和白色不透明的巩膜。角膜凭借其弯曲的形状实现眼球的折光功能。巩膜主要起巩固和保护眼球的作用。

虹膜位于角膜和晶状体之间，中央是瞳孔。瞳孔的大小由虹膜的扩瞳肌和缩瞳肌的拮抗活动来控制。瞳孔的主要功能是调节进入眼内的光量。光弱时瞳孔增大，增加进入眼内的光量。在强光下，瞳孔缩小，以减少进入眼球的光量，使视网膜免遭强光刺激而受损伤。

瞳孔后面是晶状体。晶状体起着对远近不同物体聚焦的调节作用。这种调节通过改变其曲率半径来实现。晶状体起着类似于透镜的作用，保证来自外界物像的光线在网膜上聚焦，并形成清晰的倒像。

视网膜是眼睛的感光部分，内有两种感光细胞——杆状细胞和锥状细胞。两者的功能有明显的差别。杆状细胞对光的感受性比锥状细胞约强500倍，主要在暗视觉条件下起作用，但它不具备锥状细胞分辨物体细节、辨认颜色的能力及较高的视觉敏感性。锥状细胞密集在视网膜中央，离中央越远，数量越少，而杆状细胞的密度急剧增加。视网膜上感光细胞的分布直接决定着该部分网膜的感光特性。中央处具有最敏锐的物体细节和颜色辨别能力。离中央越远，视敏度和辨色能力越低。弱光条件下，主要由网膜边缘的杆状细胞起作用，故也称为边缘视觉。

视网膜的感光细胞将接受到的光刺激转化为神经冲动。神经冲动沿视神经传导。视神经由四级神经元组成。一、二、三级神经元位于视网膜内，第四级神经元在外侧膝状体接收来自前神经元的神经冲动并上传到视觉中枢。

人眼所能感受的光线的波长为 380～780nm，波长大于 780nm 的红外线等，或波长小于 380nm 的紫外线等都不能引起视觉的反应，人能感觉到不同的颜色，是眼睛接受不同波长光的结果。

视觉是所有感觉中神经数量最多的感觉器，其优点是：可在短时间内获取大量信息；可利用颜色和形状传递性质不同的信息；对信息敏感，反应速度快；感觉范围广，分辨率高；不容易残留以前刺激的影响。但也存在容易发生错视、错觉和容易疲劳等缺点。

（二）听觉

听觉是人耳接受 16～20000Hz 的机械振动波，即声波刺激所引起的感觉。听觉系统是人获得外部世界信息的又一个重要感官系统。它主要包括耳、传导神经与大脑皮层听区三个部分。听觉器官可分为外耳、中耳、内耳三部分，如图 2-5 所示。

外耳，包括耳廓和外耳道。中耳包括鼓膜、听小骨以及与其相连的肌肉，还有一条通向咽部的咽鼓管。内耳包括耳蜗、前庭和三个半规管三部分，也称为内耳迷路。内耳中与听觉有关的是耳蜗，至于前庭和三个半规管则与人的平衡感觉有关。

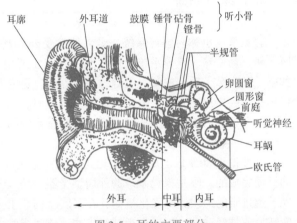

图 2-5　耳的主要部分

耳蜗内充满淋巴液，耳蜗的螺旋器上的毛细胞是听觉的感受器。人接受声音刺激时，声音先要经过听觉器官的传音装置（外耳和中耳），再传到感音装置（内耳螺旋器）。这时，毛细胞受到刺激而兴奋，于是产生神经冲动，该冲动通过第八对脑神经（位听神经）到达听中枢，在大脑产生听觉。

由上述听觉的产生过程可以看到，内耳中螺旋器毛细胞的换能作用（将振动机械能转换为神经冲动的电能）在产生听觉的过程中起着重要作用。外耳、中耳在听觉的产生过程中则发挥着集音、传音的辅助作用。

声音的声压必须超过某一最小值，才能使人产生听觉。因此，能引起有声音感觉的最小声压级称为听阈。不同频率的声音听阈不同，如图 2-6 所示，2000～5000Hz 范围的听阈最小，频率大于或小于这个范围，听阈都增高。例如，在 1000Hz 时 4dB 的声音人耳就可以察听，而在 100Hz 时只有达到 30dB 以上人耳才能听

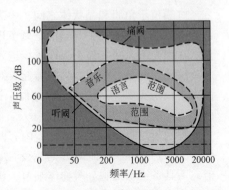

图 2-6　听觉范围

到。当声压级增大到使人感觉很不舒服、刺耳和有头痛感，这时的声压级称为痛阈。听阈与痛阈的声压级分别为0dB与120～130dB。听阈也存在个体差异。人耳对高频声比较敏感，对低频声不敏感，这一特征对听觉避免被低频声干扰是有益的。人耳最佳的可听频率范围是500～6000Hz，处于接受语言和音乐频率范围的中段。人类的可听频率范围为20～20000Hz，在高频区，随着年龄的增长，听觉逐渐下降。

（三）平衡觉

人对自身姿势和空间位置变化的感觉称为平衡觉。它的外周感觉器官是前庭器官。前庭器官由椭圆囊、球囊与三个半规管组成。机体在进行直线运动或旋转运动时，速度的变化会引起前庭器官中感受器的兴奋。这类感受器的兴奋对于机体运动的调节以及平衡的维持具有特殊作用。机体静止时，也同样通过这类感受器来感受机体，特别是头部的空间位置。虽然前庭感觉直接关系到机体的空间位置感觉和运动感觉并进而反射地维持机体的平衡，但它必须与视觉、深部感觉及皮肤感觉等其他感觉器官协同作用来共同维持机体平衡。

影响平衡觉并导致失去平衡的原因有：酒精、年龄、恐惧、突然的运动、热压、异常姿势等。了解上述现象，可使管理人员更好地进行作业安排，减少安全事故。

（四）味觉

味觉是溶解性物质刺激口腔内味蕾而发生的感觉。味觉的感受器是味蕾，分布于口腔黏膜内，主要分布于舌的背面，特别是舌尖部和舌的侧面。儿童的味蕾较成年人分布广泛，老年人的味蕾数量，由于萎缩而减少。味蕾是由味觉细胞和支持细胞组成的。味觉细胞受到刺激时引起神经冲动，味觉信息由这些神经传送到延髓，再传到间脑，最后进入大脑皮层的味觉区，引起味觉。

味觉有甜、酸、苦、咸四种，称为四原味。其他味觉都是由这四种原味相互配合而产生的。不同味觉的产生一方面取决于味蕾兴奋时在时间和空间上发放冲动的形式不同，另一方面可能与味觉中枢细胞的感受性的差别有关。味觉的反应速度很慢，恢复原状也需要时间。当一种有味物质进入口腔后，需要1s才能有感觉，而恢复原状则需要10s～1min以上，甚至更长。这一特征给品尝工作造成很大困难。味觉灵敏度往往受食物或其他刺激物温度的影响，在20～30℃时味觉最灵敏。另外味觉的辨别能力和对某种食物的选择，要受血液中化学成分的影响。

（五）嗅觉

鼻腔上端的嗅黏膜是嗅觉感受器，其上分布着嗅觉细胞。嗅觉细胞受到刺激时，产生神经冲动，上传到嗅觉中枢而引起嗅觉。人的嗅觉灵敏度用嗅觉阈表示，即能引起嗅觉的气体物质的最小浓度。正常人的嗅觉很灵敏，因此嗅觉有时用于传递告警信息。但是嗅觉很容易产生适应，并且个体差异较大，因此利用嗅觉感知信息要特别谨慎。

（六）肤觉

皮肤感觉系统的外周感受器存在于皮肤表层。这些感受器受到刺激时引起神经冲动，经过传入神经到达大脑皮层的相应区域，而产生各种肤觉，包括触、压、振、温和痛等感觉。肤觉在认识外部事物和环境中具有重要作用，可以在一定程度上补充或代替视、听觉的功能。

人体不同体表部位对触、压觉的敏感度有明显差别，鼻、唇、舌尖的灵敏度最高，腹部比背部敏感。人能辨别出两点受触、压的最小距离称为触觉两点辨别阈，两点辨别阈越小，皮肤触觉分辨力越高。

人体能引起振动觉的频率为15～1000Hz，而对200Hz左右的振动最为敏感。皮肤表面有些点对冷的刺激敏感，另一些点对热的刺激敏感。人体的皮肤对温度的感受灵敏度因受刺激皮肤表面的大小而不同，受刺激面积大，温觉或冷觉的灵敏度高。刺激温度超过45℃，就会产生热甚至烫的感觉。人体的皮肤痛觉可由多种刺激引起，过强的机械刺激、化学刺激或过冷、过热都可能引起痛觉。痛觉刺激会反射性地引起植物性神经系统的一系列反应。若刺激过强还会导致中枢神经系统调节活动的严重障碍。此外，触压觉和痛觉的适应现象显著，连续刺激会减弱或失去知觉。

 ## 第二节　肌肉、骨骼与供能系统

一、肌肉组织及其工作特征

肌肉是人体四种组织中数量最多的组织。肌肉又有横纹肌、平滑肌和心肌的区别。参与人体运动的肌肉都是横纹肌。横纹肌附着于骨骼，因而又称为骨骼肌。人体骨骼肌相当发达，约有600余块，每块肌肉均跨越一个或数个关节，其两端附着在两块或两块以上的骨上。人做任何动作，都要依靠肌肉的收缩与舒展。

肌肉收缩有向心收缩、离心收缩、等长收缩等形式。前两种收缩是实现人体各种运动所必需的，它们是动力性的，总称为动力性收缩。等长收缩则是静力性收缩。

（1）向心收缩（又称为缩短收缩）　当肌肉收缩产生的张力大于外加阻力时，肌肉缩短并牵拉着骨杠杆做向心运动，故称向心收缩。向心收缩当其张力达到足以克服外加阻力后，就保持等张力状态，故又称此种收缩为等张收缩。它是人体发生屈肘、提腿、挥臂等基本动作的基础。

（2）离心收缩（又称为拉长收缩）　当肌肉收缩时产生的张力小于外力时，肌肉被拉长。例如，当慢慢放下提举的重物或制止运动及克服阻力时的肌肉收缩状态就是离心收缩。肌肉的离心收缩也是实现躯体运动所不可缺少的。很多体育运动或操作活动，需要通过肌肉的向心与离心两种收缩形式的协调配合才能完成。

（3）等长收缩　肌肉收缩产生张力但长度保持不变时的收缩形式称为等长收缩。肌肉做等长收缩时，躯体相应部位处于静止状态，因此是一种静力性收缩。人体依靠肌肉等长收缩，才能保持固定不变的姿势。等长收缩虽然表现为静止状态，但有时可能产生很大张力，消耗很大能量。例如，体操的吊环运动中做人体悬空静态平衡动作时，肌肉的等长收缩张力往往要比做许多动态动作时所需要的肌肉向心收缩张力大得多。

肌肉收缩的速度与肌肉收缩的张力有关。肌肉收缩的张力大小又同肌肉收缩前的长度（又称为初长度）有关。初长度短于静息长度时，收缩时的张力随肌肉初长度的增长而线性地增大。当肌肉收缩初长度达到约相当于静息长度时，张力达到最大，此时的初长度称为最适初长度。肌肉长度若超过这个最适初长度，收缩张力便迅速下降。

另外，肌肉收缩时的张力与收缩速度之间也存在着有规律的关系。增加肌肉的负荷时，肌肉收缩张力增大，但肌肉收缩的速度减慢，肌肉缩短的长度减小。当负荷张力增大到一定限度后，肌肉不能再缩短，收缩的速度为零。若负荷减小，肌肉收缩的速度与缩短的长度又增大。

二、骨骼系统

（1）骨及骨骼　人体内有 206 块骨，其中有 177 块直接参与人体运动。按结构形态和功能，人体骨骼系统可分成颅骨、躯干骨、四肢骨 3 大部分。图 2-7 所示为人体骨骼系统结构图。颅骨包括 8 块脑颅骨和 15 块面颅骨。脑颅骨构成颅腔，脑髓位于其中，它起着脑髓保护壳的作用。面颅骨构成眼眶、鼻腔、口腔。躯干骨包括椎骨、胸骨和肋骨。椎骨构成脊柱，支持和保护脊髓组织。胸骨和肋骨形成胸廓，对肺、心、肝、胆等内脏具有支持与保护作用。四肢骨分为上肢骨和下肢骨。在人体骨骼系统中，脊柱与四肢骨对操作活动有特别密切的关系。

（2）关节　人体四肢骨之间普遍由关节连结。上肢骨间的连结大多为活动灵活度大的典型关节，如肩关节、肘关节、桡腕关节等。下肢骨间的连结关节有髋关节、膝关节、踝关节以及足部各种关节等。关节的功用主要在于它可使人的肢体有可能做屈伸、环绕和旋转等运动。假使肢体不能做这几种运动，那么，即使最简单的运动（如走步、握物等动作）也是不可能实现的。

在关节中有四类神经末梢，主要功能是向中枢提供关节位置变化的信息、关节活动速度的信息、关节实际位置的信息及感受痛觉的信息。关节中各类神经末梢产生的神经冲动传入大脑皮层的投射区，经大脑加工后又

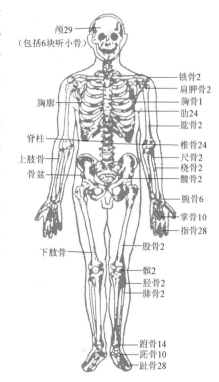

图 2-7　人体骨骼系统结构图

以神经冲动形式传向肌肉，引起肌肉收缩，肌肉收缩引起肌肉所附的骨及相应关节的活动。关节中的各类感觉神经末梢再把关节活动的信息传向大脑，经大脑分析综合后又发出神经冲动调节肌肉及关节的活动。如此不断反复，直至达到目的。

三、人体活动能源

各种人体活动都需要能量。能量的供给通过体内能源物质（糖、糖原、脂肪、蛋白质）的氧化或酵解来实现。通常将能源物质转化为热或机械功的过程称为能量代谢。能量代谢是人体活动最基本的特征之一。

（一）人体活动的直接能源

人的肌肉、神经元和其他细胞活动的能源直接来自细胞中的贮能元——三磷酸腺苷（ATP）。肌肉活动时，肌细胞中的 ATP 与水结合，在 ATP 酶的催化下迅速分解成二磷酸腺苷（ADP）和无机磷（Pi），并释放能量。

$$ATP + H_2O \xrightarrow{\text{ATP 酶}} ADP + Pi + 29.3 kJ/mol$$

由于肌细胞中的 ATP 含量有限，必须及时补充 ATP。实际上，ATP 是一边分解，又一边合成的，因此它能不断地向肌肉或其他身体组织提供活动能量。

（二）人体活动的供能系统

人体补充 ATP 的过程称为产能或供能。人体有三个供能系统，即磷酸原（ATP—CP）系统、乳酸能系统和有氧氧化系统。

（1）磷酸原（ATP—CP）系统　ATP—CP 系统又称为非乳酸能系统。肌肉细胞中的 ATP 由细胞内的二磷酸腺苷（ADP）和磷酸肌酸（CP）这两种高能磷化物合成。每 1mol 的 CP 分解时可合成 1mol ATP。它们通过下面的可逆反应过程取得平衡，即

$$CP + ADP \xrightleftharpoons{\text{磷酸肌酸激酶}} C_r + ATP$$

上述反应的方向受磷酸肌酸激酶（CPK）控制。当 CPK 的 pH 值为 $6.9 \sim 7.0$ 时，上述反应式向有利于生成 ATP 方向变化；当 CPK 的 pH 值为 $8.8 \sim 9.0$ 时，促使反应式向生成 CP 方向变化。在安静状态时肌肉中的高能磷化物以 CP 形式存在，其含量约为 ATP 的 $3 \sim 5$ 倍。但这仍然很有限，即使全部分解，也不足以维持 10s 以上的剧烈活动。ATP—CP 系统供能是一种无氧产能，其供能速度快、时间短，是短时爆发式活动能量的主要来源。

（2）乳酸能系统　该系统的能量来自糖原的酵解。糖原酵解时产生的能量供应给 ADP，再合成 ATP。其表达式为

$$糖原 \xrightarrow{\text{磷酸果糖激酶}} ATP + 乳酸$$

当人体进行剧烈活动达 10s 以上，ATP—CP 系统无力继续供能时，继续活动所需的能量主要依靠乳酸能系统提供。乳酸能系统供能也是无氧供能，供能速度较快，但容量有限。只能维持人体剧烈活动几十秒时间。另外，糖原酵解产生乳酸。1mol 的糖原酵解后可以产生 3mol 的 ATP 和 2mol 的乳酸。体内乳酸聚积，会使人体内环境中酸碱度稳态遭到破坏。当肌肉和血液中乳酸积累过高时，会使肌肉发生暂时性疲劳，导致活动能力下降。

（3）有氧氧化系统　有氧氧化供能系统是指糖或脂肪在氧的参与下分解为二氧化碳和水，同时产生能量，使 ADP 再合成 ATP 后向肌肉或其他细胞提供活动能量。其反应式为

$$葡萄糖或脂肪 + 氧 \xrightarrow{\text{氧化磷酸化}} ATP$$

该系统产生的能量比前面两种供能系统大得多。例如，1mol 糖原产生的葡萄糖，能产生 39mol ATP，为无氧糖酵解的 13 倍。人体内的糖和脂肪都可以通过食物不断得到补充，因此该系统是人体活动能量最大和最主要的供应源。安静状态时，大多数人每分钟约耗氧 $200 \sim 300mL$。若增加活动量，则需要提供更多的氧量。该系统的优点是能量大、持续时间长，缺点是供能速度慢。因此，它适合中等强度作业的供能需求。

综上所述可知，三种能量系统产能过程各有特点，它们在人体活动中也有不同的作用。表 2-1 列出了对三种能量系统供能特点的比较。

表 2-1　三种能量系统供能特点的比较

项　　目	磷酸原系统	乳酸能系统	有氧氧化系统
能量产生方式	无氧代谢	无氧代谢	有氧代谢
能源物质	ATP—CP	糖原	糖原、脂肪、蛋白质
供能速度	很快	快	缓慢
供能数量	很少	少	大量
对人体疲劳影响	容易疲劳	容易疲劳	不易疲劳
适用场合	短暂剧烈活动	短时（$1 \sim 2min$）强度大的活动	长时间的耐力活动

第三节 呼吸、消化和循环系统

人体活动所需能量在体内生成，但其原料成分来自体外。消化系统、呼吸系统、循环系统等都是供输氧和养料的系统。了解这些系统的特点，对设计和组织人体活动和提高体力工作效能具有重要意义。

一、呼吸系统

呼吸系统是从鼻经气管到肺部器官的总称。呼吸系统的功能是使空气中的氧进入肺，并在肺部与血液之间进行氧和二氧化碳的交换，再将血液中的二氧化碳排放到空气中。血液中的血红蛋白在肺部与氧相结合，形成氧化血红蛋白，再由循环系统带到身体各个部位。氧化血红蛋白碰上消耗氧的组织细胞后，置换出氧，再还原成血红蛋白回到肺部，二氧化碳也从各组织细胞溶解到血液中再带到肺部，然后排放到空气中。

肺是呼吸系统中的重要器官，主要功能是通气和换气。肺通气量是衡量肺功能的重要生理指标，是指单位时间内吸入（或呼出）的气体量。时间一般以分计算，称为每分通气量（L/min）。可用人体每次呼吸中进入或排出肺部的气体量乘以每分钟的呼吸频率计算。

人体活动时，肺通气量随活动负荷增加而增大。安静休息时，肺通气量约为 6 ~ 7L/min，剧烈活动时可达安静时的 10 ~ 20 倍。训练有素的男运动员在剧烈运动时可达 150L/min。

一般来说，肺通气量与人体吸氧或耗氧量有密切关系，吸氧量增加时肺通气量也随之增加。肺通气量的大小与年龄有关，15 岁以前，肺通气量随年龄增大而急剧增加，20 岁达到最大，而后随年龄增大而下降。

二、消化系统

人体在进行新陈代谢过程中，不仅需要从外界摄取氧气，还要从外界不断地摄取各种营养物质。主要营养物质如蛋白质、脂肪和糖类，都是分子结构复杂的有机物，不能直接为人体利用，必须先在消化道内经过分解，变成结构简单的小分子物质，才能透过消化道黏膜的上皮细胞进入血液循环，供人体组织利用。消化系统包括口腔、食道、胃、十二指肠、小肠和大肠等消化器官，以及消化过程所必需的分泌酶的唾液腺、肝脏、胰腺等器官。消化系统对食物的消化有两种方式，一种是通过消化道肌肉的收缩活动，将食物磨碎，并使食物与消化液充分混合，以及将食物不断向消化道下方推送。另一种是通过消化腺分泌的消化液完成的。消化液中含有消化酶，可使食物变成可吸收的小分子物质。唾液分泌于口腔，肝脏、胰腺的消化液由胆管向十二指肠分泌。消化系统的功能是从各种食物中摄取养分，并输送给血管作为全身维持运动的能量。另外，消化系统还是水分的供给源泉。

三、循环系统

循环系统由心脏和密布全身的血管组成。心脏分为左右心房和左右心室四个腔室。血管分为动脉血管、静脉血管和连接它们的毛细血管三大部分。

循环系统的运行，可分为小循环（肺循环系统）和大循环（体循环系统）。小循环是由心脏向肺输送低氧血液，再从肺部吸收高氧血液的系统。大循环是将高氧血液带到全身，再将低氧血液收集到肺部的系统。循环系统的模式如图 2-8 所示，从全身收集的血液，通过大静脉经右心房进入右心室，在心脏作用下，由肺动脉送至肺部。血液在肺部补充足够的氧以后，再经肺静脉，从左心房进入左心室，再在心脏的作用下，经过大动脉送至全身。动脉越分越细，最后是毛细血管，在这里进行血流与组织间氧气与二氧化碳的交换。毛细血管与小静脉相连，渐渐汇集变粗，最后通过大静脉回到心脏。

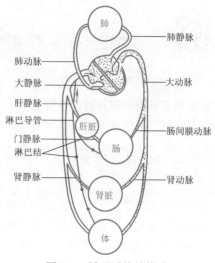

图 2-8　循环系统的模式

内分泌系统分泌激素，承担着人体的生长、发育、性别、血糖等内部状态的调节任务。激素主要通过血液在全身循环被运送到将要发挥作用的部位。

第四节　人的心理因素

从事同一项工作的人，由于心理因素（精神状态）不同，工作效率有明显差异。精神状态好则工作效率高；精神状态不好则工作效率低，并且会出现差错和事故。人的心理因素分为下列五个方面。

一、性格

性格是指一个人在生活过程中所形成的对现实比较稳定的态度和与之相适应的习惯行为方式。例如，认真、马虎、负责、敷衍、细心、粗心、热情、冷漠、诚实、虚伪、勇敢、胆怯等就是人的性格的具体表现。性格是一个人个性中最重要、最显著的心理特征。它是一个人区别于他人的主要差异标志。人的性格构成十分复杂，概括起来主要有两个方面，一是对现实的态度，二是活动方式及行为的自我调节。对现实的态度又分为对社会、集体和他人的态度；对自己的态度；对劳动、工作和学习的态度；对利益的态度；对新的事物的态度等。行为的自我调节属于性格的意志特征。

性格可分为先天性格和后天性格。先天性格由遗传基因决定，后天性格是在成长过程中通过个体与环境的相互作用形成的。因此必须重视性格的可塑性，以前人们认为性格是与生俱来的，是不可变的，现在则普遍认为性格是可变的。这个观点对人因工程学特别重要，如能通过各种途径注意培养人的优良品格，摒弃与要求不相适应的性格特征，将会为社会、为发挥人自身的潜能带来巨大的裨益。

二、能力

（一）能力及其分类

能力是指一个人能够顺利完成某种活动并直接影响活动效率所必须具备的心理特征。它包含实际能力和潜在能力。实际能力是指目前表现出来的能力或已达到的某种熟练程度；潜在能力是指尚未表现出来，但通过学习或训练后可能具有的能力或可能达到的某种熟练程度。能力多种多样，可以按不同标准对能力进行划分。

1）按能力作用的活动领域不同，可将能力划分为一般能力和特殊能力。一般能力是指个体从事各种活动中共同需要的能力，是指共有的基本能力。一般能力和认识活动密切联系，如观察、记忆、理解以及问题解决能力等都属于一般能力。心理学上把具有稳定性、预见性和多样性特征的观察力、注意力、记忆力、思维力、想象力综合称为智力。特殊能力是指在某种特殊活动范围内发生作用的能力，它是顺利完成某种专业活动的心理条件，如操作能力、节奏感、对空间比例的识别力、对颜色的鉴别力等。一般能力和特殊能力是有机联系的，一般能力是特殊能力的重要组成部分。例如，人的一般听觉能力既存在人的音乐能力中，也存在人的语言能力中。一般能力越是发展，就越为特殊能力的发展创造有利条件；反之，特殊能力的发展同样也促进一般能力的发展。平时所说的智力就是指一般能力。美国心理学家瑟斯顿认为，人的智力由计算能力、词语理解能力、语音流畅程度、空间能力、记忆能力、知觉速度及推断能力组成。

2）按能力表现形态不同，可把能力划分为认知能力、操作能力和社交能力。认知能力是人脑进行信息加工、存储和提取的能力，如观察力、记忆力、注意力、思维力和想象力等。人们认识客观世界，获得各种知识主要依赖于人的认知能力。操作能力是指人操纵自己的身体完成各项活动的能力，如劳动能力、艺术表现能力、体育运动能力、实验操作能力等。操作能力与认知能力关系密切，通过认知能力积累的知识和经验是操作能力形成和发展的基础；反之，操作能力的发展也促进了认知能力的发展。社交能力是人们在社交活动中表现出的能力，如语言感染能力、沟通能力以及交际能力、组织管理能力等。这种能力对促进人际交往和信息沟通具有重要作用。

3）按能力参与的活动性质不同，可把能力划分为模仿能力和创造能力。模仿能力是指通过观察别人的行为、活动来学习各种知识，然后以相同的方式做出反应的能力。模仿是人类一种重要的学习能力。创造能力是指产生新的思想或新发现，和创造新事物的能力。有创造能力的人往往会超脱具体的知觉情景、思维定式、传统观念束缚，在习以为常的事物和现象中发现新的联系，提出新思想。

模仿能力和创造能力的区别体现在模仿能力只是按现成的方式去解决，而创造能力能提供解决问题的新思路和新途径。模仿能力和创造能力又有密切联系，人们经常是先模仿，然后再进行创造。在某种意义上，模仿可以说是创造的前提。人的模仿能力和创造能力具有明显的个体差异，这一点对人才选拔和使用具有现实意义。

（二）能力的影响因素

作业者的能力是有差异的，能力的形成与发展依赖于多种因素的相互作用，主要表现为身体素质、知识、教育、环境和实践活动、人的主观努力程度等因素。

（1）身体素质 身体素质又称为天赋，是个体与生俱来的解剖生理特点。它包括感觉器官、运动器官、身体的结构与机能以及神经系统的解剖生理特点。遗传对能力的影响主要表现在身体素质上。

（2）知识 人类知识是人脑对客观事物的主观表征，是活动实践经验的总结和概括。知识有不同的形式，一种是陈述性知识，即"是什么"的知识；另一种是程序性知识，即"如何做"的知识，如计算机数据输入的知识等。人一旦有了知识，就会运用这些知识指导自己的活动。从这个意义上来说，知识是活动的自我调节机制中一个不可缺少的构成要素，也是能力基本结构中的一个不可缺少的组成成分。

能力是在掌握知识的过程中形成和发展的，离开对知识的不断学习和掌握，就难以发展能力。能力与知识的发展也不是完全一致的，往往能力的形成和发展远较知识的获得要慢。

（3）教育 能力不同于知识、技能，但又与知识、技能有密切关系。人的发展能力与系统学习和掌握知识技能是分不开的，良好的教育和训练是能力发展的基础。一般能力较强的作业者往往受过良好的教育和训练，良好的教育和训练使作业者知识和能力趋于同步增长。

（4）环境 环境包括自然环境和社会环境两个方面。实验研究表明，丰富的环境刺激有利于能力的发展。自然环境优越，有利于形成和发展作业者的能力，社会环境同样影响作业者能力的形成和发展。

（5）实践活动 人的各种能力是在社会实践活动过程中最终形成的。离开了实践活动，即使有良好的素质、环境和教育程度，能力也难以形成和发展。实践活动是积累经验的过程，因此对能力的形成和发展起着决定性作用。教育和环境只是能力发展的外部条件，人的能力必须通过主体的实践活动才能得到发展。人的能力随实践活动的性质、活动的广度和深度不同而不同。只要坚持不懈地坚持实践活动，能力就会相应地得到提高。

（6）主观努力程度 能力提高离不开人的主观努力。一个人积极向上、刻苦努力，具有强烈的求知欲和广泛的兴趣，能力就会得到发展。相反，工作无要求，事业无大志，对周围事物冷淡、无兴趣的人，在工作中缺少自觉性，局限于完成规定的任务，能力不可能得到很好的发展。

三、动机

（1）动机的含义及功能 动机是由目标或对象引导、激发和维持个体活动的一种内在心理过程或内部动力。动机是一种内部的心理过程，不能直接观察，但可通过任务选择、努力程度、对活动的坚持性和言语表达等外部行为间接推断出来。通过任务选择可以判断动机的方向和目标，通过努力程度和坚持性判断动机强度大小。动机必须有目标，目标引导个体行为方向，并且提供原动力。

从动机和行为的关系分析，动机具有激发、调节、维持和停止行为的功能。即动机能推动个体产生某种行为，并使行为指向一定对象或目标；同时，动机也具有维持作用，表现为行为的坚持性。个体活动能否坚持下去，受动机的调节和支配。

（2）动机与需要 需要是有机体内部的一种不平衡状态，它表现为有机体对内部环境或外部环境条件的一种稳定的需求，并成为机体活动的源泉。人的某种需要得到满足后，不平衡会暂时得到解除，当出现新的不平衡时，新的需要又会产生。关于需要结构，马斯洛（A. H. Maslow）提出了比较著名的需要层次理论。他把人的需要分为生理需要、安全需要、归属和爱的需要、尊重需要和自我实现需要五个需要层次。这些需要是人的基本需求，需要的层次越低，力量越强，潜力越大。当低级需要满足之后，就会表现出高级需要。另外，个体对需要的追求也表现出不同的情况，有的人对自尊的需要超过了对爱的需要和归属感的需要。

人的动机是在需要的基础上产生的。当某种需要没有得到满足时，就会推动人们去寻找满足需要的对象，从而产生活动动机。当需要推动人们的活动指向一个目标时，需要就成为人的动机。需要作为人的积极性的重要源泉，是激发人们进行各种活动的内部动力。

（3）动机与工作效率　动机与工作效率的关系主要表现为动机强度与工作效率的关系上。人们普遍认为，动机强度越大，效率越高；反之，动机强度越低，效率越低。但心理学研究表明，中等强度的动机有利于任务的完成，工作效率最高，一旦动机超过这个水平，对行为反而产生一定的阻碍作用。例如，动机太强，急于求成，会产生紧张焦虑心理，使效率下降，错误率提高。

心理学领域专家耶克斯和道德森（Yerkes & Dodson，1908）的研究表明，各种活动都存在一个最佳的动机水平。动机不足或过分强烈，都会使工作效率下降。研究还发现，动机的最佳水平随任务性质的不同而不同。在比较容易的任务中，工作效率随动机的提高而上升；随着任务难度的增加，动机的最佳水平有逐渐下降的趋势，即在难度较大的任务中，较低的动机水平有利于任务的完成，如图2-9所示。

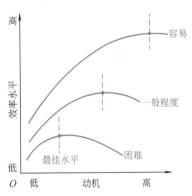

图 2-9　动机强度、任务难度与
工作效率的关系

人们对工作所持的动机是多种多样的，由于动机的不同，工作态度和效率是千差万别的，因此，在因素分析中，要把动机看成是影响工作结果的重要因素之一。

随着行为科学的发展，所创立的激励动机的学说很多。经常被引用的主要有：

（1）赫兹伯格（F. Herzberg）的双因素理论　其中保健因素相当于"需要层次理论"的前三个阶段的需要，激励因素相当于后两个阶段的需要。保健因素只能防止不满意，而起不到激励效率的作用。

（2）利克特（R. Likert）的集体参与理论　他认为员工受到信赖，得到鼓励，参与管理和决策才能激励效率。

（3）弗鲁姆（V. H. Vroom）的期望理论　他认为人的行为是对目标追求的结果，这个过程不是简单的情绪表现，而是理性的决策。人的需要是多种多样的，既包括经济动机，也包括非经济动机。

四、情绪

情绪是人对客观事物的态度体验及相应的行为反应，它是以个体的愿望和需要为中介的一种心理活动。当客观事物或情境符合主体的需要和愿望时，就能引起满意、愉快、热情等积极的、肯定的情绪，如渴求知识的人得到了一本好书会感到满意。当客观事物或情境不符合主体的需要和愿望时，就会产生不满意、郁闷、悲伤等消极、否定的情绪，如工作失误会出现内疚和苦恼等。由此可见，情绪是个体与环境之间某种关系的维持或改变［坎波斯

（Campos），1970]。

情绪是由独特的主观体验、外部表现和生理唤醒三种成分组成的。主观体验是个体对不同情绪和情感状态的自我感受。人的主观体验与外部反应存在着某种相应的关系，即某种主观体验是和相应的表情模式联系在一起的，如愉快的体验必然伴随着欢快的面容或手舞足蹈的外显行为。情绪与情感的外部表现，通常被称为表情。它是在情绪和情感状态发生时身体各部分的动作量化形式，包括面部表情、姿态表情和语调表情。面部表情模式能精细地表达不同性质的情绪和情感，因此是鉴别情绪的主要标志。姿态表情是指面部表情以外的身体其他部分的表情动作，包括手势、身体姿势等，如愤怒时的摩拳擦掌行为。生理唤醒是指情绪产生时的生理反应，是一种生理激活水平。不同情绪时生理激活水平不同，如愤怒时心跳加速、血压增高等。

人的典型情绪状态可分为心境、激情和应激三种。

（1）心境　心境是一种持久的、微弱的、影响人的整个精神活动的情绪状态。一种心境的持续时间依赖于引起心境的客观刺激的性质，也与人的气质、性格有一定的关系。例如，一个人取得了重大的成就，在一段时期内会使人处于积极、愉快的心境中；同一事件对某些人的心境影响较小，而对另一些人的影响则较大；性格开朗的人往往事过境迁，而性格内向的人则容易耿耿于怀。

心境产生的原因是多方面的。生活中的顺境和逆境、工作中的成功与失败、人们之间的关系是否融洽、个人的健康状况、自然环境的变化等，都可能成为引起某种心境的原因。

心境对人的生活、工作、学习、健康有很大的影响。积极向上、乐观的心境，可以提高人的活动效率，增强信心，对未来充满希望，有益于健康；消极悲观的心境，会降低认知活动效率，使人丧失信心和希望，经常处于焦虑状态，有损于健康。人的世界观、理想和信念决定着心境的基本倾向，对心境有着重要的调节作用。

（2）激情　激情是一种强烈的、短暂的，而且是爆发式的情绪状态。这种情绪状态通常是由对个人有重大意义的事件引起的。重大成功之后的狂喜、惨遭失败后的绝望、突如其来的危险所带来的异常恐惧等，都是激情状态。激情状态往往伴随着生理变化和明显的外部行为表现，人在激情状态下往往出现"意识狭窄"现象，即认识活动的范围缩小，理智分析能力受到抑制，自我控制能力减弱，进而使人的行为失去控制，甚至做出一些鲁莽的行为或动作。

人能够意识到自己的激情状态，也能够有意识地调节和控制它。因此，要善于控制自己的消极激情，做自己情绪的主人。实际工作中，可通过培养坚强的意志品质、提高自我控制能力来达到控制激情状态下失控行为的目的。

（3）应激　应激是指人对某种意外的环境刺激所做出的适应性反应。例如，人们遇到某种意外危险或面临某种突然事变时，必须集中自己的智慧和经验，动员自己的全部力量，迅速做出选择，采取有效行动，此时人的身心处于高度紧张状态，即为应激状态。

应激状态的产生与人面临的情景及人对自己能力的估计有关。当情景对一个人提出要求，而他意识到自己无力应付当前情景的过高要求时，就会体验到紧张而处于应激状态。

人在应激状态下，会引起机体的一系列生理性反应，如肌肉紧张度、血压、心率、呼吸以及腺体活动都会出现明显的变化。这些变化有助于适应急剧变化的环境刺激，维护机体功能的完整性。但是，如果引起紧张的刺激持续存在，而人体必需的适应能力已经用尽，机体会被其自身的防御力量所损害，结果导致适应性疾病。可见，应激状态是在某些情况下可能导致疾病的机制之一。

情绪对人们的工作效率、工作质量有重要的影响，关系到人的能力的发挥及身心健康。因此，应当特别关注影响情绪的因素（社会的、工作的、人际的以及家庭的和自身的），进行相关研究并加以改善。

五、意志

意志是人自觉地确定目的，并支配和调节行为，克服困难以实现目的的心理过程。也可以说是一种规范自己的行为，抵制外部影响，战胜身体失调和精神紊乱的抵抗能力。意志在一个人的性格特征中具有十分重要的地位，性格的坚强和懦弱等常以意志特征为转移。良好的意志特征包括坚定的目的性、自觉性、果断性、坚韧性和自制性。意志品质的形成是与一个人的素质、教育、实践及社会影响分不开的。为了出色地完成各种工作，人们应当重视个人意志力的培养和锻炼。

人的行为内部交织着各种复杂的心理因素。因此，在分析某个行为的时候，应分别对各种心理因素进行分析，在分析集体的行为的时候，应尽可能收集各种因素所具备的条件。否则由于行为结果因人而异，最后可能作为个体差异处理。个体差异是指在因素条件相同的情况下，人与人之间的差别。

复习思考题

1. 简述神经系统的构成与主要功能。
2. 简述中枢神经系统的协调功能。
3. 简述感觉系统的分类及构成。
4. 简述脑力劳动与神经紧张型作业的生理变化特点。
5. 人的心理因素（精神状态）可分为几个方面？
6. 什么是能力？影响作业者能力的因素是什么？
7. 什么是产能？人体补充 ATP 的过程有哪几种方式？
8. 何谓动机？简述动机与需要、动机与工作效率的关系。
9. 简述行为科学中主要的"激励动机学说"。
10. 什么是情绪？人的典型情绪状态可分为哪几种？

第三章
微气候环境

第一节　微气候要素及其相互关系

　　微气候是指工作（或生活）场所所处的局部气候条件，主要包括空气温度（气温）、空气湿度、气流速度（风速）以及热辐射条件四个参数。有的文献还增加一个参数：周围表面温度。这个参数与热辐射具有相同的物理本质，有时可以合为一个参数，如辐射热，但有时可以分开来考虑。例如，车间的热辐射源刚起动时，周围器具、建筑物的表面温度还比较低，局部环境的气候状况要另行考虑。微气候环境直接影响人的情绪、疲劳程度、健康、舒适感觉和工作效率，不良的微气候环境条件会增加人的疲劳感，降低劳动效率，影响人的健康。

　　本章主要研究上述微气候的几个要素独立、组合及共同作用对人体健康、工作效率、生活质量及安全的影响。

一、空气温度（气温）

　　空气的冷热程度称为气温。人们生产或生活所处局部环境的气温除受大气温度的影响外，还受现场设备、产品、加工零件和原材料等冷热源和人体散热的影响。气温通常由干球温度计（寒暑表）测定，它们指示的温度称为干球温度。气温的标度分摄氏温标（℃）和华氏温标（℉）。我国法定采用摄氏温标（℃），而美国则常采用华氏温标（℉），两种温标的换算关系为

$$t(℃) = \frac{5}{9}[t(℉) - 32] \tag{3-1}$$

$$t(℉) = \frac{9}{5}t(℃) + 32 \tag{3-2}$$

二、空气湿度

　　空气的干湿程度称为湿度。湿度可分为绝对湿度和相对湿度两种。绝对湿度是指每立方

米（m³）空气内所含的水汽质量（g）。由于人们对空气干湿程度的感受与空气中水汽的绝对数量不直接相关，而与空气中水汽的饱和程度直接相关。因此，人们定义某气温、压力条件下空气的水汽压强与相同温度、压力条件下饱和水汽压强的百分比为该温度、压力条件下的相对湿度。生产与生活环境场所的湿度常用相对湿度表示。相对湿度在70%以上称为高气湿，低于30%称为低气湿。在一定的气温下，相对湿度小，水分蒸发快，人感到凉爽。而高温条件下，高湿使人感到闷热；低温条件下，高湿使人感到阴冷。相对湿度可用通风干湿表或干湿球温度计测量。在干湿球温度计中，湿球温度计指示的温度称为湿球温度，湿球温度略低于干球温度。人们根据干球、湿球温度可以从相应的表格中找到相应的相对湿度。这种湿度测试仪器价格比较便宜，但必须人工操作、记录，不太方便。

　　单片机的广泛应用和半导体存储器件技术的发展促进了智能湿度测量技术的发展。便携式实时测量系统已经得到广泛使用，如便携式温湿度计（见图3-1）、智能湿度测量仪和单片机测湿系统。它们都无须人工干预，实时性强，可以处理较多的数据，如可测量温度、湿度、露点和焓等。有的还可配多种探头以适应不同测量要求，实现在线数据记录、图形记录等。同时，配备报警功能以视觉、听觉接收方式发出报警信号。

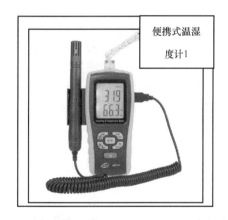

图 3-1　便携式温湿度计

三、气流速度（风速）

　　空气的流动速度称为气流速度（m/s）。人类作业或生活起居场所中的气流速度除受外界风力影响外，主要是由于冷热空气对流所致。冷热温差越大，产生的气流也越大。气流速度的大小会对人体散热速度产生直接影响，因此它是评价微气候条件的主要因素之一。测定室内气流速度一般用热球微风仪，这是一种测量低风速（测量范围：0.05～1m/s）的仪器。现在各种便携式电子（热球）微风仪（见图3-2、图3-3）、手持式风向风速仪（见图3-4）和智能热风式风速仪都已经诞生，大大方便了测试工作。

图 3-2　便携式电子（热球）微风仪

图 3-3   便携式风速仪

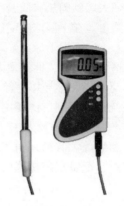

图 3-4   手持式风向风速仪

四、热辐射

物体在绝对温度大于 0K 时的辐射能量，称为热辐射。热辐射是一种红外线，它不能加热气体，但能被周围物体所吸收而转变成热能，从而使物体升温，成为二次辐射源。人体也向外界辐射热量。当周围物体表面温度超过人体表面温度时，周围物体向人体辐射热能使人体受热，称为正辐射；反之，称为负辐射。太阳及生产环境中各种熔炉、开放的火焰、熔化的金属，生活环境中的煤气炉等热源均可产生大量的热辐射。

热辐射体单位时间、单位面积上所辐射出的热量称为物体的热辐射强度 $[J/(cm^2 \cdot min)]$。测量热辐射可用黑球温度计。黑球温度计是一种球形温度计，如图 3-5 所示。它是在直径为 15.7mm 的铜制球形表面涂上黑颜色（为无光泽黑球），球内插一支水银温度计制成的。

图 3-5   黑球温度计

其平均辐射系数为 0.95，铜球越薄越好。其测量范围为 20～120℃，精度为 ±1℃。打开热辐射源，黑球温度上升，关闭热辐射源，黑球温度下降，其差值为实际辐射温度。

五、微气候各要素之间的相互关系

在人类作业或起居环境中，气温、湿度、热辐射和气流速度对人体的影响是可以相互替代的。某一参数的变化对人体的影响，可以由另一参数的相互变化所补偿。例如，人体受热辐射获得的热量可被低气温所抵消；又如，当气温增高时，若相应增大气流速度，会使人感到不是很热。有人曾证明，当室内气流速度在 0.6m/s 以下时，气流速度每增加 0.1m/s，就相当于气温下降 0.3℃；当气流速度在 0.6～1.0m/s 之间时，气流速度每增加 0.1m/s，相当于气温降低 0.15℃。

低温、高湿使人体散热量增加，导致冻伤；高温、高湿使人体丧失热蒸发机能，导致热疲劳。因此，微气候对人体的影响是由其构成因素共同作用产生的，所以必须综合评价微气候条件。

我们把微气候参数以及对冷热感觉有显著影响的微气候参数的各种组合的综合指标，称为微气候指标。其中重要的组合有：空气温度和周围表面温度；空气温度、周围表面温度和气流速度；空气温度、周围表面温度、气流速度和相对湿度；空气温度、气流速度和相对湿度；空气温度和相对湿度等。袁旭东等（2001）曾对空气温度和周围表面温度，空气温度、周围表面温度和气流速度，以及空气温度、周围表面温度、气流速度和相对湿度三种主要的微气候参数组合情况下的人体热感觉温度进行了专门研究。

第二节 人体的热交换与平衡

人体是一个开放的复杂的巨系统，人体和外界环境存在着各种复杂的关系。从工程的观点看，人体可以看作一个热机，人体的功能就是把食物的化学能转化为功和热量。人体活动和做功的程度越大，产生的热量就越多，人体的各种生理活动都必须在体内温度相对稳定的条件下进行，即人体必须同周围环境之间处于相对稳定的热平衡，人才能进行正常的生理和行为活动，周围环境的温湿度对人体的皮肤温度和核心温度都有较大的影响。为了保证正常的生理活动和良好的人机工效，人体在进行自身的生理调节（通过新陈代谢产生大量的附加热，其中有一小部分用于生理活动和肌肉做功，以维持生命或从事劳动）之外，要维持人体热平衡必须控制周围温度环境，保证人体产生的热量能够及时散发到周围环境中，从而达到维持人体热平衡，保持适当的体温的目的。因此，人体可以看成是一个能够基本保持恒温（36.5℃）的温度自动调节器。

一、人体的基本热平衡方程式

影响人体热平衡的因素包括由机体自身新陈代谢产生的热量，以及人在外界温度环境下的得热或散热。在正常情况下，只有体内的产热或得热与对环境的散热量取得相对平衡时，人体才能保持体温的恒定，否则人会感到不舒服，甚至生病。

人体单位时间向外散发的热量，取决于人体外表面与周围环境的四种热交换方式，即辐射热交换、对流热交换、蒸发热交换和传导热交换。

由此，人体的热平衡方程为

$$Q_s = Q_m - W \pm Q_c \pm Q_r - Q_e \pm Q_k \tag{3-3}$$

式中，Q_s 是人体的热积蓄或热债变化率 $[J/(m^2 \cdot h)]$；Q_m 是人体的新陈代谢产热率 $[J/(m^2 \cdot h)]$；W 是人体为维持生理活动及肌肉活动所做的功 $[J/(m^2 \cdot h)]$；Q_c 是人体外表面与周围环境的对流换热率 $[J/(m^2 \cdot h)]$；Q_r 是人体外表面向周围环境的传导换热率 $[J/(m^2 \cdot h)]$；

Q_e是人体汗液蒸发和呼出水蒸气的蒸发热传递率 $[J/(m^2 \cdot h)]$；Q_k是人体外表面向周围环境的辐射热传递率 $[J/(m^2 \cdot h)]$；"＋"表示人体得热，"－"表示人体散热。

当 $Q_s = 0$ 时，人处于热平衡状态，此时，人体皮肤温度在 36.5℃ 左右，人感到舒适；当 $Q_s > 0$ 时，人感到热；当 $Q_s < 0$ 时，人感到冷；由于人体时时刻刻在进行新陈代谢并与环境发生各种形式的热交换，所以人体的热平衡是动态的。

人体单位时间对流热交换量，取决于气流速度、皮肤表面积、对流传热系数、服装热阻值、气温及皮肤温度等。

人体单位时间传导热交换量，取决于皮肤与环境（包括所接触的物体、空气等）的温差以及所接触物体的面积大小及其导热系数。不知不觉的散热可能对人体产生有害影响。在北方的严冬天气下，赤裸的人手会被户外的钢铁工具粘掉皮肤，就是这个原因。

人体单位时间辐射热交换量，取决于热辐射强度、面积、服装热阻值、反射率、平均环境温度和皮肤温度等。

人体单位时间蒸发热交换量，取决于皮肤表面积、服装热阻值、蒸发散热系数及相对湿度等。

蒸发散热主要是指从皮肤表面出汗和由肺部排出水分的蒸发作用带走热量。在热环境中，增加气流速度，降低湿度，可加快汗水蒸发，达到散热目的。

当环境的微气候不能保证人体的热平衡时，往往要采取各种办法来加以补救。人们最常用的是穿衣服来御寒或防热。这主要是依靠衣服在人体外形成的微气候。所谓衣内微气候，是指衣服与皮肤之间微小空间的温度、湿度和风速的总称。根据穿着试验的研究成果得出，穿衣时所感到的湿润和湿冷感是与衣内微气候密切相关的。舒适的衣内微气候的范围并不宽，一般是指温度 32℃，湿度 (50±10)%，风速 (25±15)cm/s。理想的衣服一般是指根据外界环境条件和人体活动状态不同，能挡住或转移水分和热，具有使衣服内微气候经常保持在舒适范围内的调节功能的衣服。如果衣服内的温度和湿度急剧上升，那么就有闷热感。温度与湿度越高，闷热感越大。影响衣内微气候的因素有很多，比如衣服的款式、厚度和面料的特性等。纺织品材料的相应特性对不同环境条件具有重要意义。对于人体无感出汗（潜汗）情况下，织物的吸湿性和放湿性能够显著影响衣内微气候的状态。织物纤维若能更多吸湿，更快放湿，将使其衣内湿度保持在较低水平。对于人体有感出汗（显汗）时，纤维材料的吸水性和吸湿性则同样重要。

微气候冷却系统是在高温高湿环境下的工作人员穿着的密闭式防护服中必备的服装系统，其主要功能是吸收人体的热负荷，维持体心温度的恒定，减少热损伤，以提高人在高热环境中的工作效率，延长工作时间。

二、人体对微气候环境的主观感受

人体对微气候环境的主观感觉，即心理上是否感到满意、舒适，是进行微气候环境评价的重要指标之一。一般认为，"舒适"有两种含义：一种是指人主观感到的舒适度；另一种是指人体生理上的适宜度。比较常用的是以人的主观感觉作为标准的舒适度，它往往会影响到工作效率。

（1）舒适温度及其影响因素　从主观条件看，体质、年龄、性别、服装、劳动强度、热习服（人长期在高温下生活和工作，相应习惯热环境）等均对舒适温度有重要影响。因此，在实践中，所谓舒适温度是对某一温度范围而言的。生理学上常用的规定是：人坐着休息，穿着薄衣服，无强迫热对流，未经热习服的人所感到的舒适温度。按照这一标准测定的温度一般是（21±3）℃。影响舒适温度的因素很多，主要有：

1）季节。舒适温度在夏季偏高，冬季偏低。

2）劳动条件。不同劳动条件下的舒适温度也不同。表3-1所列为在室内湿度为50%，某些劳动的舒适温度指标。

表3-1　不同劳动条件下的舒适温度指标

作业姿势	作业性质	工作举例	舒适温度/℃
坐姿	脑力劳动	办公室、调度台	18~24
坐姿	轻体力劳动	操纵，小零件分类	18~23
站姿	轻体力劳动	车工、铣工	17~22
站姿	重体力劳动	沉重零件安装	15~21
站姿	很重体力劳动	伐木	14~20

3）衣服。穿厚衣服对环境舒适温度的要求较低。

4）地域。人由于在不同地区的冷热环境中长期生活和工作，对环境温度习服不同。习服条件不同的人，对舒适温度的要求也不同。

5）性别、年龄等。女子的舒适温度比男子高0.55℃；40岁以上的人比青年人约高0.55℃。

（2）舒适湿度　舒适的湿度一般为40%~60%。在不同的空气湿度下，人的感觉不同，特别是高温、高湿环境对人的感觉和工作效率的消极影响极大。

（3）舒适的风速　在工作人数不多的房间里，空气的最佳速度为0.3m/s；而在拥挤的房间里为0.4m/s。室内温度和湿度很高时，空气流速最好是1~2m/s。《工业建筑供暖通风和空调设计规范》（GB 50019—2015）中规定了设置系统式局部送风时，工作地点的温度和平均风速，见表3-2。

表3-2　工作地点的温度和平均风速

热辐射照度 （W/m²）	冬 季		夏 季	
	温度/℃	风速/(m/s)	温度/℃	风速/(m/s)
350~700	20~25	1~2	26~31	1.5~3
701~1000	20~25	1~3	26~30	2~4
1001~2100	18~22	2~3	25~29	3~5
2101~2800	18~22	3~4	24~28	4~6

注：1. 轻劳动时，温度宜采用表中较高值，风速宜采用较低值；重劳动时，温度宜采用较低值，风速宜采用较高值；中劳动时，其数据可按插入法确定。

　　2. 表中夏季工作地点的温度，对于夏热冬冷或夏热冬暖地区可提高2℃；对于累年最热月平均温度小于25℃的地区可降低2℃。

三、微气候环境的综合评价

研究微气候环境对人体的影响，不能仅考虑其中某个因素，因为人进入作业或生活、活动场所时，要受温度、湿度、风速和热辐射等多种因素的综合影响。因此，要综合评价微气候环境。这里主要介绍三种综合评价微气候环境的方法或指标。

（1）不舒适指数 以人体对温度和湿度的感觉为例，舒伯特（S. W. Shepperd）和希尔（U. Hill）经过大量研究证明，最合适的湿度 $[H, (\%)]$ 与气温（t, ℃）的关系为

$$H = 188 - 7.2t \qquad (12.2℃ < t < 26℃) \tag{3-4}$$

例如，室温 $t = 20℃$ 时，湿度最好是 $H = 188 - 7.2 \times 20 = 44$，即 44%。

针对这个情况，博森（J. E. Bosen）提出了用不舒适指数（Discomfort Index，DI）来综合表征人体对温度、湿度环境的感觉，即

$$DI = (t_d + t_w) \times 0.72 + 40.6 \tag{3-5}$$

式中，t_d 是干球温度（℃）；t_w 是湿球温度（℃）。

通过计算各种作业场所、办公室及公共场所的不舒适指数，就可以掌握其环境特点及对人的影响。不舒适指数的不足之处是没有考虑风速对人的影响。

据实验研究表明，生活在不同国家、不同地区的人们感到舒适的气候条件也有所区别，当不适指数在 70 附近时，人感觉比较舒适。表 3-3 所列为美国人和日本人对不同的不舒适指数的不适主诉率。

表 3-3　不同国家对不舒适指数的不适主诉率

不舒适指数	不适主诉率（%）	
	美　国　人	日　本　人
70	10	35
75	50	36
79	100	70
86	难以忍受	100

（2）有效温度（感觉温度） 为了综合反映人体对气温、湿度、气流速度的感觉，美国采暖通风工程师协会研究提出了有效温度的概念。有效温度是指根据人体在微气候环境下，具有同等主诉温热感觉的最低气流速度和气温的等效温标。它是根据人的主诉温度感受所制定的经验性温度指标。雅格鲁（C. P. Yaglou）以干球温度、湿球温度、气流速度为参数，进行了大量实验，绘制成有效温度图。只要测出干球温度、湿球温度和气流速度，就可以求出有效温度。图 3-6 所示为穿正常衣服进行轻劳动时的有效温度图。例如，测得空调大楼某实验室的干球温度为 30℃，湿球温度为 25℃，风速为 0.5m/s，求在该环境中从事轻劳动的有效温度。则可在图 3-6 上，分别找出干球温度30℃和湿球温度25℃点，通过连接这两点间虚线，得到与风速为 0.5m/s 曲线的交点，并以该

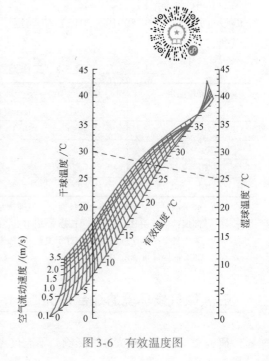

图 3-6　有效温度图

交点为起点向风速为 0.1m/s 的线做平行于两侧竖线的直线，查交点对应的数值，即可求出有效温度 26.6℃。

有效温度对人的感觉及工作效率具有较大的影响。图 3-6 的中央部分表示使人感到舒适的温度带，冬季偏下，夏季偏上。如其有效温度在舒适带内，则为良好状态，反之则为不良，应对造成不良感觉的诸因素进行综合改进。有效温度高时，人的判断力减退，如图 3-7 所示。当有效温度超过 32℃ 时，作业者读取误差增加，到 35℃ 左右时，误差会增加 3 倍以上。表 3-4 介绍了有效温度对人体热感觉的影响。

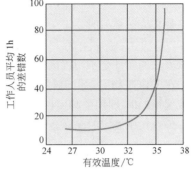

图 3-7　操作误差与有效温度

表 3-4　有效温度对人体热感觉的影响

有效温度值/℃	热感觉	生 理 学 作 用	机 体 反 应
40～41	很热	强烈的热应力影响出汗和血液循环	受到极大的热打击①，严重妨碍心脏血管的血液循环
35	热		
30	暖和	以出汗方式进行正常的温度调节	
25	舒适	靠肌肉的血液循环来调节	正常
20	凉快	利用衣服加强显热散热调节作用	正常
15	冷	鼻子和手的血管收缩	黏膜、皮肤干燥
10	很冷		肌肉疼痛，妨碍表皮的血液循环

① 热打击（出现威胁生命的突发事件，身体本身不能充分凉下来）。

夏秋季节人体感觉舒适的微气候条件也不同。美国暖房换气学会经过大量实验研究总结出，夏秋与冬季人们感觉舒适的环境也不同。这方面的资料可以参看其他参考文献。

人体对微气候环境的主观感觉，除与上述环境条件有关外还与人体的着装、作业性质等因素有关。表 3-5 所列为不同作业种类的有效温度。

表 3-5　不同作业种类的有效温度

作 业 种 类	脑 力 作 业	轻体力作业	重体力作业
舒适温度/℃	15.5～18.3	12.7～18.9	10～16.9
不舒适温度/℃	26.7	23.9	21.1～23.9

（3）三球温度指数（WBGT）　三球温度指数也称为湿球黑球温度（Wet Bulb Globe Temperature Index，WBGT），是综合考虑了干球温度、相对湿度、平均辐射温度和风速四个环境因素的综合温标。也是综合评价人体接触作业环境热负荷的一个基本参量。这里热负荷（Heat Stress）是指人体在热环境中作业时的受热程度，取决于体力劳动的产热量和环境与人体间热交换的特性。

WBGT 指数计算要考虑不同的气候条件。室内外无太阳辐射时，采用自然湿球温度（WB）和黑球温度（GT）计算，室外有太阳辐射时要把干球温度（DT）考虑进去。其计算公式如下

室内外无太阳辐射时（室内、阴天或夜间）

$$WBGT = 0.7WB + 0.3GT \qquad (3-6)$$

室外有太阳辐射时

$$WBGT = 0.7WB + 0.2GT + 0.1DT \qquad (3-7)$$

该方法的特征是不用直接测量气流速度（其值已在自然湿球温度上反映了）。应该注意的是，在WBGT相同，但辐射热、湿度和空气流速不同时，人的生理反应不同。当湿度很高、空气流速很低时，使用WBGT方法较差。表3-6列出了国家标准《高温作业分级》（GB/T 4200—2008）中规定的允许接触高温的时间限值。

表3-6 允许接触高温的时间限值 （单位：min）

工作地点温度/℃	轻 劳 动	中 等 劳 动	重 劳 动
30 ~ 32	80	70	60
>32	70	60	50
>34	60	50	40
>36	50	40	30
>38	40	30	20
>40	30	20	15
>40 ~ 44	20	10	10

注：1. 持续接触热后必要休息时间不得少于15min，休息时应该脱离高温作业环境。

2. 凡高温作业工作地点空气湿度大于75%时，空气湿度每增10%，允许持续接触热时间相应降低一个档次，即采用高于工作地点温度2℃的时间限值。

目前，我国也制定了运用WBGT指数对作业人员热负荷进行评价的标准（GB/T 17244—1998）。该标准由中国国家技术监督局于1998年3月10日批准，1998年10月1日正式实施。该标准以工人8h工作日平均能量代谢率［单位：$kJ/(min \cdot m^2)$］为基础进行劳动强度的等级划分，然后给出了不同劳动强度下，人体各种感觉状态（好，中、差、很差）的WBGT指数值。具体请参阅标准。

（4）卡他度 卡他度是指由被加热到36.5℃时的卡他温度计的液球，在单位时间、单位面积上所散发的热量，单位为$mcal/(cm^2 \cdot s)$。卡他度一般用来评价劳动条件舒适程度。

卡他度H可通过测定卡他温度计的液柱由38℃降到35℃时所经过的时间T而求得，即

$$H = F/T \qquad (3-8)$$

式中，H是卡他度［$mcal/(cm^2 \cdot s)$］；F是卡他计常数；T是由38℃降至35℃所经过的时间（s）。

卡他度分为干卡他度和湿卡他度两种。干卡他度包括对流和辐射的散热效应。湿卡他度则包括对流、辐射和蒸发三者综合的散热效果。一般H值越大，散热条件越好。工作时感到比较舒适的卡他度见表3-7和表3-8。

表3-7 较舒适的卡他度 ［单位：$mcal/(cm^2 \cdot s)$］

劳动状况 卡他度	轻 劳 动	中 等 劳 动	重 劳 动
干卡他度	>6	>8	>10
湿卡他度	>18	>25	>30

表 3-8 不同卡他度下的人的感觉 [单位：mcal/(cm² · s)]

热感觉	卡他度	
	干 式	湿 式
很热	3	10
热	3 ~ 4	10 ~ 12
令人愉快	4 ~ 6	12 ~ 18
凉爽	8 ~ 9.5	18 ~ 20
冷	>9.5	>20

第三节 微气候对人的影响

微气候会对人的生理有很大的影响，特别是在温度、湿度及空气对流异常的气候条件下，会对人产生很大影响。本节将就人体在冷热环境中的各种生理和病理反应及其对作业的影响做一介绍。

一、高温作业环境对人的影响

(一) 高温作业环境的定义及其分类

一般将热源散热量大于 84kJ/(m² · h) 的环境称为高温作业环境。高温作业环境有三种基本类型：一是高温、强热辐射作业，其特点为气温高，热辐射强度大，相对湿度较低；二是高温、高湿作业，其特点为气温高、湿度大，如果通风不良就会形成湿热环境；三是夏季露天作业，如农民耕作、建筑施工等露天作业。

(二) 高温作业环境条件下人体的生理特征

在高温作业环境条件下，人体通过呼吸、出汗及体表血管的扩张向外散热，当人体产热量仍大于散热量时，人体产生热积累，促进呼吸和心跳加快，皮肤表面血管的血流量剧烈增加，有时可达正常值 7 倍之多，以实现体温调节，这种现象称为热应激效应。持续的高温环境会使心脏负担加重，脉搏加速，导致热循环机能失调，造成急性中暑或热衰竭。热衰竭是由热疲劳引起的全身倦怠，食欲不振，体重减轻，头痛、失眠、无力等症状。长期接触高温的工人，其血压比一般高温作业及非高温作业的工人高。

在高温作业环境条件下，人体耐受度与人体"核心"温度有关。"核心"温度低于 38℃，一般不会引起热疲劳。通常用直肠温度表示人体的"核心"温度。据研究，直肠温度 = 人脑温度 = 肝脏温度 = 右心房温度 + 0.6℃ = 口腔温度 + 0.4℃。

在一定的温度范围内，人体"核心"温度能够保持一定的热平衡机能，而且其"核心"温度取决于作业的负荷（劳动强度）。"核心"温度 t_R 与作业负荷 M 的关系式为

$$t_R = 37.0 + 0.0019M \tag{3-9}$$

式中，t_R 是核心温度（℃）；M 是作业负荷（W）。

(三) 高温作业环境对人体的生理影响

(1) 对消化系统具有抑制作用 人在高温下，体内血液重新分配，引起消化道相对贫血，由于出汗排出大量氯化物以及大量饮水，致使胃液酸度下降。在热环境中消化液分泌量

减少，消化吸收能力得到不同程度的增加。因而引起食欲不振、消化不良和胃肠疾病的增多。

（2）对中枢神经系统具有抑制作用　在高温热环境下，大脑皮层兴奋过程减弱，条件反射的潜伏期延长，注意力不易集中。严重时，会出现头晕、头痛、恶心、疲劳乃至虚脱等症状。

（3）人的水分和盐分大量丧失　在高温下进行重体力劳动时，平均每小时出汗量为0.75～2.0L，一个工作日可达5～10L。人体长时间持续受热，可使下丘脑体温调节功能发生障碍。由于出汗，大量水分丢失，以至水盐代谢失衡，血容量减少，机体热负荷过大，加重了心血管负荷，引起心肌疲劳，数年后可出现高血压、心肌受损及其他方面的慢性热致疾患。

（4）高温及噪声联合作用损伤人的听力　有文献对此进行专门研究，高温本身对人体语言听阈和高频听阈没有影响，但高温与噪声的联合作用不仅能加重噪声对人耳高频听阈的损害，也能提高人耳语频听阈。因此，降低高温环境温度可减轻噪声对工人听力的危害。

（四）高温作业环境对工作效率、事故的影响

高温环境影响效率，人在27～32℃下工作，其肌肉用力的工作效率下降，并且促使用力工作的疲劳加速。当温度高达32℃以上时，需要较大注意力的工作及精密工作的效率也开始受影响。高温作业环境条件下不仅引起人体不适，影响身体健康，而且还使生产率降低。随着温度提高和气流速度降低，作业效率明显降低。

在工业生产方面，人们早就发现一年四季气温变化与生产量的升降有密切关系。曾有学者研究美国金属制品厂、棉纺厂、卷烟厂等工人的工作效率，发现每年隆冬与盛夏时生产量降低。又据英国方面研究发现，夏季里装有通风设备的工厂，生产量较之春秋季降低3%，但缺少通风设备的同类工厂，在夏季生产量降低13%。

脑力劳动对温度的反应更敏感，当有效温度达到29.5℃时，脑力劳动的效率就开始降低，许多学者的实验都表明，有效温度越高，持续作业的时间越短。

另外，事故发生率与温度有关。据研究，意外事故率最低的温度为20℃左右；温度高于28℃或降到10℃以下时，意外事故增加30%。

为此，我国于1997年正式实施了《高温作业分级》（GB/T 4200—1997）标准，并于2008年重新修订（GB/T 4200—2008），具体分级见表3-9。

表3-9　高温作业分级

接触高温作业时间/min	WBGT指数/℃									
	25～26	27～28	29～30	31～32	33～34	35～36	37～38	39～40	41～42	≥43
≤120	I	I	I	I	II	II	II	III	III	III
121～240	I	I	II	II	III	III	IV	IV	—	—
241～360	II	II	III	III	IV	IV	—	—	—	—
>360	III	III	IV	IV	—	—	—	—	—	—

二、低温环境条件对人的影响

（一）低温环境下人的生理反应

人体温度在低于皮肤温度时，皮肤血管收缩，体表温度降低，使其辐射和对流散热达到最低程度。当外界温度进一步下降，肌肉会因寒冷而剧烈收缩抖动，以增加产热量，维持体温恒定的现象，称为冷应激效应。人体在严重的冷暴露中，皮肤血管处于极度的收缩状态，

流至体表的血流量显著下降或完全停滞，当局部温度降至组织冰点（-5℃）以下时，组织就发生冻结，造成局部冻伤。

人体对低温的适应能力远低于热适应能力。低温会导致神经兴奋性与传导能力减弱，出现痛觉迟钝和嗜睡状态，很多人就是在这种不知不觉的睡眠中被冻死的。在低温作业环境下人体会经历低温适应初期和不能适应低温环境的两个阶段：在低温适应初期，人体代谢率增高，心率加快，心脏搏出量增加；当人体核心温度降低之后，心率也随之减慢，心脏搏出量减少。这实际上是人体已经不能适应低温环境的信号。人体长期处于低温条件，还会导致循环血量、白细胞、血小板减少，血糖降低，血管痉挛，营养障碍等症状。

（二）低温作业环境对人体的影响

低温环境对人体的影响，不仅取决于温度，还取决于湿度、气流速度。在低温高湿条件下，由于湿度的增加，衣服的热阻降低，使衣服起不到御寒作用，会引起人体肌肉痛、发炎、神经痛、神经炎、腰痛、风湿痛等各种疾患。而随着气流速度增加，人体通过空气对流散热量增加，而且温度越低，气流速度影响越大，有效温度降低量越大。

在低温环境条件下，首先影响人体四肢的灵活性，最常见的是肢体麻木。特别是影响手的精细运动灵巧度和双手的协调动作。手的操作效率和手部皮肤温度及手温有密切关系。手的触觉敏感性的临界皮肤温度是10℃左右，操作灵巧度的临界皮肤温度是12~16℃之间，长时间暴露于10℃以下的环境中，手的操作效率会明显降低。

表3-10记录了防空兵某型高炮作业者在不同环境温度及持续时间下，装填炮弹工作中进行精细作业的平均操作次数。表3-11所列为每分钟不同操作次数的错误率（%）。

表3-10　不同低温环境不同持续时间段每分钟平均操作次数（单位：次/min）

低温持续时间/min	实验环境温度		
	15~16℃	12~13℃	7~8℃
0	15.12	12.31	11.78
10	14.77	11.16	9.97
20	14.81	9.89	8.53
30	14.67	9.47	7.25
40	14.93	9.52	7.18
50	14.89	9.41	7.85

表3-11　不同操作次数及实验时间下操作错误率

每分钟操作次数	实验时间/min									
	1	2	3	4	5	6	7	8	9	10
20	12.40%	14.25%	16.37%	18.21%	20.54%	20.62%	19.64%	19.78%	20.01%	20.62%
30	20.13%	23.42%	26.21%	27.32%	27.37%	27.42%	27.47%	27.50%	27.43%	26.58%

由表3-10可以看出，作业时间越长、实验环境温度越低，作业者的每分钟平均操作次数就越少；由表3-11看出，每分钟操作次数一定，实验时间越长，人的准确性越差；相同实验时间情况下，操作次数越多，错误率越高。例如，在实验时间为2min的情况下，操作次数为20的错误率为14.25%，而操作次数为30的错误率为23.42%。从表3-10也可以看出，到了一定的时间，各种作业工效下降程度不大，甚至出现某种程度的改善，这与适应环境和学习进步有关。

三、衣着的温度效应

增加衣服的热阻值，改善人体表面的微气候状况是人体在低温环境下抵御寒冷的重要手段。服装具有的保温值或总热阻称为保温力。服装材料的结构、服装款式、环境温度、风速等的变化都会引起上述一系列热阻的变化，从而影响服装的保温力。服装在特定条件下的保温力，或条件改变后保温力提高或抵御降低的能力（或效力）称为保温功效。保温功效可通过服装材料自身保温力、环境条件的影响力，如防风效力、耐低温效力及空气层热阻效力等来表征。

服装的保温作用可用服装热阻描述。热阻（传热系数的倒数）的常用单位为克罗（clo）。1clo 定义为：一个静坐者在空气温度为 21℃，空气流速不超过 0.05m/s，相对湿度不超过 50% 的环境中感到舒适所需要的服装热阻。

人们还采用着衣指数来表示为了使人的体表温度保持恒定或使人体保持舒适状态所需的衣服的厚度，其单位也为 clo。1clo 热阻的衣服相当于 1 件西服，4clo 热阻的衣服相当于 1 件不太厚的棉衣。着衣指数共分为 10 级。当指数为负时表示使用电扇、空调等降温措施。它可按不同年龄（如老年人和婴幼儿、中年、青少年）分别给出指标，也可以按不同状态（如休息、办公、活动或劳动）分别给出指标。表 3-12 给出的级别划分暂按成人的不同状态给出指标，其中休息状态的着衣指数相当于老年人和婴幼儿的日常一般状态。

表 3-12　着衣指数的级别划分表

等 级	指数范围/clo	对 策 建 议
-2	≤ -0.3	夏装：着浅色轻薄透气的短装，需使用空调降温
-1	-0.3 ~ 0.0	夏装：着浅色轻薄透气的短装，可使用风扇或空调调节
0	0.0 ~ 0.5	夏装：着短装如短袖上衣、短裤、短裙、短袖薄 T 恤，可使用风扇调节
1	0.5 ~ 1.0	夏装：如衬衣、T 恤、裙装；或春秋装如西服或夹克，内着薄衬衣
2	1.0 ~ 1.5	春秋装：如西服、夹克内着衬衣
3	1.5 ~ 2.3	春秋装：如西服、夹克、夹衣、外套，内着针织长袖衫或衬衣加毛衣
4	2.3 ~ 3.0	早春/晚秋装：如毛衣、外套、西服、夹克、夹衣，内着棉毛衫或羊毛衫
5	3.0 ~ 3.5	初冬装：如厚外套、大衣、皮夹克，内着毛衣加棉毛衫
6	3.5 ~ 4.5	冬装：如棉衣、厚大衣、皮夹克，内着毛衣加棉毛衫
7	>4.5	冬装：如厚棉衣、呢大衣、皮夹克，内着毛衣加棉毛衫

美国堪萨斯州立大学通过实验得到人的自我感觉舒适区，适用于服装热阻为 0.6 ~ 0.8clo 坐着的人。

当衣服太厚时，也会增加人体的不灵活程度，这对于某些作业是不允许的。因此，要采取一些高科技手段来改善人体在低温环境下的微气候条件。例如，航天员的舱外航天服热控系统通过升高或降低液冷服入口的水温来调节航天服内的微气候条件以使人体处于热舒适状态。

　第四节　改善微气候环境的措施　

一、人居的微气候环境的改善

利用微气候知识，人们进行了不懈的努力来改造自己的人居环境和工作环境，如改进建筑结构及其周边环境来改善人居的微气候环境，表3-13列出了气候对于建筑的影响，从气候系统分类可以看出，微气候对建筑的影响范围是最为集中的。现在已经有采用最先进的结构（如大跨度巨型结构）、设备（如 PVC 光电板）、材料（如透明热阻材料）和智能控制系统（如生物光全光谱系统和照明节能系统）等高新技术来设计和建造能够具有生态温控、湿控和通风调控的健康、舒适的室内微气候的生态建筑。

表 3-13　气候对于建筑的影响

气候系统	气候特征对建筑影响范围的尺度/km		时间范围
	水 平 范 围	竖 向 范 围	
全球性气候	2000	3 ~ 10	1 ~ 6 个月
地区性气候	500 ~ 1000	1 ~ 10	1 ~ 6 个月
局地（地形）气候	1 ~ 10	0.01 ~ 1	1 ~ 24h
微气候	0.1 ~ 1	0.1	24h

二、高温作业环境的改善

高温作业环境的改善应从生产工艺和技术、保健措施、生产组织措施等几个方面入手加以改善。

（一）生产工艺和技术措施

（1）合理设计生产工艺过程　工程技术人员和管理者在进行生产工艺设计时，要切实考虑到作业人员舒适问题，应尽可能将热源布置在车间外部，使作业人员远离热源，否则热源应设置在天窗下或夏季主导风向的下风口，或在热源周围设置挡板，防止热量扩散。

（2）屏蔽热源　在有大量热辐射的车间，应采用屏蔽辐射热的措施。屏蔽方法有三种：直接在热辐射源表面铺上泡沫类物质；在人与热源之间设置屏风；给作业者穿上热反射服装。

（3）降低湿度　人体对高温环境的不舒适反应，在很大程度上受湿度的影响，当相对湿度超过50%时，人体通过蒸发散热的功能显著降低。工作场所控制湿度的常用方法是在通风口安装去湿器。

（4）增加气流速度　高温车间通风条件差，影响工作效率。气温越高，影响越大。此时，如果增加工作场所的气流速度，可以提高人体的对流散热量和蒸发散热量。高温车间通常采用自然通风和机械通风措施以保证室内一定的风速。自然通风是指通过门窗和缝隙进行自然通风换气，但对于高温车间仅靠这种方式是远远不够的。机械通风可采用局部或全面机械通风或强制送入冷风来降低作业环境温度，或在高温作业厂房修建隔离操作室，向室内送冷风或安装空调。高温环境下，气流速度的增加与人体散热量的关系是非线性的，在中等以上工作负荷，气流速度大于2m/s时，增加气流速度，对人体散热几乎没有影响。因此，盲目地增加气流速度是无益的。

（二）保健措施

（1）合理供给饮料和补充营养　高温作业时作业者出汗量大，应及时补充与出汗量相等的水分和盐分，否则会引起脱水和盐代谢紊乱。一般每人每天需补充水 3 ~ 5kg，盐20g。另外还要注意补充适量的蛋白质和维生素 A、B_1、B_2、C 和钙等元素。

（2）合理使用劳保用品　高温作业的工作服，应具有耐热、导热系数小、透气性好的特点。

（3）进行职工适应性检查　因为人的热适应能力有差别，有的人对高温条件反应敏感，有的人反应不敏感。因此，在就业前应进行职业适应性检查。凡有心血管器质性病变的人，以及有高血压，溃疡病，肺、肝、肾等病患的人都不适合从事高温作业。

（三）生产组织措施

1）降低作业速度或增加休息次数，以此来减少人体产热量。作业负荷越重，持续作业时间越短。因此，在高温作业条件下，不应采取强制生产节拍，应适当减轻工人负荷，合理安排作息时间，以减少工人在高温条件下的体力消耗。

2）合理安排休息场所。作业者在高温作业时身体积热，需要离开高温环境到休息室休息，恢复热平衡机能。为高温作业者提供的休息室中的气流速度不能过高，温度不能过低，否则会破坏皮肤的汗腺机能。温度在20～30℃之间最适合高温作业环境下身体积热后的休息。

3）职业适应。对于离开高温作业环境较长时间又重新从事高温作业者，应给予更长的休息时间，使其逐步适应高温环境。高温作业应采取集体作业，以及时发现热昏迷。

三、低温作业环境的改善

低温作业环境的改善，应做好以下工作：

（1）做好采暖和保暖工作　应按照《工业企业设计卫生标准》和《工业建筑供暖通风与空气调节设计规范》的规定，设置必要的采暖设备。调节后的温度要均匀恒定。有的作业需要和外界发生联系，外界的冷风吹在作业者身上很不舒适，应设置挡风板，减缓冷风的作用。

（2）增加作业负荷　增加作业负荷，可以使作业者降低寒冷感。但由于作业时出汗，使衣服的热阻值降低，在休息时更感到寒冷。因此工作负荷的增加，应以不使作业者出汗为限。

（3）个体保护　低温作业车间或冬季室外作业者，应穿御寒服装，御寒服装应采用热阻值大、吸汗和透气性强的衣料。

（4）采用热辐射取暖　室外作业，若用提高外界温度方法消除寒冷是不可能的；若采用个体防护方法，厚厚的衣服又影响作业者操作的灵活性，而且有些部位又不能被保护起来，还是采用热辐射的方法御寒最为有效。

复习思考题

1. 简述微气候的构成要素及其相互关系。
2. 简述人体基本热平衡方程式。
3. 人对微气候条件的主观感受有哪些？如何评价？
4. 为什么必须综合评价微气候条件？
5. 微气候环境的评价方法有哪些？各自有何特点？
6. 什么是高温作业环境？高温作业环境分为几类？
7. 高温作业环境对人体有什么影响？如何改善？
8. 低温作业环境对人体有什么影响？如何改善？

思政案例

第3章　改善不良微气候环境，保障员工的健康和安全

第四章
照 明 环 境

一、光的物理性质

光的波动性理论认为，光是一种电磁辐射波。电磁波的波谱范围极其广泛，其中人眼所能感受到的电磁波长为380~780nm，这个范围的光称为可见光。在可见光中，不同波长的光所呈现的色彩依次是：红、橙、黄、绿、青、蓝、紫。只含单一波长成分的光称为单色光，包含两种以上成分的光称为复合光。复合光给人眼的刺激呈混合色，所有可见波长混合起来则产生白色。

发光物体，由其所辐射的光谱成分引起眼睛的色彩视觉，不发光物体，在一定光谱成分的光源照射下，因反射某些成分的光谱并吸收其余部分的光谱，同样引起眼睛的色彩视觉。自然界中的不同景物，在日光照射下，由于自身发光或反射了可见光谱中的不同成分而吸收其余部分，从而引起眼睛的不同色彩视觉。可见，色彩视觉取决于眼睛对可见光谱中的不同成分有不同视觉效果的功能，又取决于光源所含的光谱成分。总之，眼睛的色彩视觉是在主观（眼睛的视觉功能）和客观（物体属性与照明条件的综合效果）相结合的系统中所发生的生理物理过程。

二、光的度量

（一）光通量

光通量是最基本的光度量，它可定义为单位时间内通过的光量，是用国际照明组织规定的标准人眼视觉特性（光谱光效率函数）来评价的辐射通量，单位为流明（lm）。利用光电管可测量光通量。

（二）发光强度

发光强度简称光强，是指光源发出并包含在给定方向上单位立体角内的光通量，常用来描述点光源的发光特性。光强与光通量之间的关系用下式表示

$$I = \frac{\Phi}{\Omega} \tag{4-1}$$

式中，I 是光强（坎德拉，cd）；Φ 是光通量（lm）；Ω 是立体角（弧度，rad）。

（三）亮度

亮度是指发光面在指定方向的发光强度与发光面在垂直于所取方向的平面上的投影面积之比，亮度的单位为［坎德拉/每平方米］（cd/m²），亮度的定义式为

$$L = \frac{I}{S\cos\theta} \tag{4-2}$$

式中，L 是亮度（cd/m²）；S 是发光面面积（m²）；I 是取定方向光强（cd）；θ 是取定方向与发光面法线方向的夹角。

亮度表示发光面的明亮程度。在取定方向上的发光强度越大，而在该方向看到的发光面积越小，则看到的明亮程度越高，即亮度越大。这里的发光面可以是直接辐射的面光源，也可以是被光照射的反射面或透射面。亮度可用亮度计直接测量。

（四）照度

照度是被照面单位面积上所接受的光通量，单位为勒克司（lx）。照度的定义式为

$$E = \frac{\Phi}{S} \tag{4-3}$$

式中，E 是照度（lx）；Φ 是光通量（lm）；S 是受照物体表面面积（m²）。

当一点光源照射到某一物体表面时，该表面的照度可用下式计算

$$E = \frac{I\cos\theta}{d^2} \tag{4-4}$$

式中，E 是照度（lx）；θ 是受照物体表面法线与点光源照明方向的夹角；d 是受照面与点光源之间的距离（m）；I 是点光源发光强度（cd）。

式（4-4）表明，受点光源照明的物体垂直面上的照度与光源和受照面之间的距离的平方成反比，与光源的发光强度成正比。由此可知，增加或减少点光源的光强度、改变受照物体与光源的距离、调整光源与受照体之间的夹角，均是改善受照物体表面照度的有效途径。

测定工作场所的照度，可以使用光电池照度计。工作场所内部空间的照度受人工照明、自然采光以及设备布置、反射系数等多方面因素的影响，因此应该考虑选择什么地方作为测定位置。一般站立工作的场所取地面上方85cm，坐位工作时取40cm高处进行测定。

为了了解照度的分布情况，应求等照度曲线，即表示照度相等处的连线。测定方法有两种：一是连续移动照度计，测定出某一照度值的等照度点，然后将其连线；二是任意选择许多点测定，由其照度求出等照度曲线。无论哪种方法，都必须考虑测定时刻和测定时天气的状况。

 第二节　视　觉　特　性

一、明暗视觉与色彩视觉

人的眼睛具有明暗视觉和色彩视觉。色彩视觉是明视觉过程，它产生于锥状细胞的红敏

细胞、绿敏细胞和蓝敏细胞，大脑根据三种光敏细胞的光通量的比例决定人眼的色彩视觉。

二、明适应与暗适应

适应是视觉适应周围环境光线条件的能力。当外界光线亮度发生变化时，人眼的感受性也随之变化，这种感受性对刺激发生顺应性的变化称为适应。适应分为暗适应和明适应。

人从明亮环境进入黑暗环境时，视觉逐步适应黑暗环境的过程称为暗适应。在这种情况下，人眼的感受性是随时间慢慢增高的。在黑暗中停留近 10min，适应能力能达到一个稳定水平；停留 25min 后，能达到完全适应的 80%；完全适应大约需要经过 35～50min。当完全适应时，人的视觉敏锐度有极大的增强。

明适应发生在由黑暗环境进入明亮环境的时候。刚开始时人眼不能辨别物体，要经过几十秒的时间才能看清物体，这个过程称为明适应。明适应的过程是人眼感受性随时间慢慢降低的过程。开始几秒钟内感受性迅速降低，大约 30s 以后降低变得缓慢，完全适应大约需经过 60s 以后。

图 4-1 所示为用白色试标在短时间内达到能看清程度所需的最低亮度界限曲线，即引起人眼光感觉的最小亮度随暗适应时间而变化的曲线。暗适应曲线主要表示人眼视网膜上参加工作的视锥细胞与视杆细胞数量的转变过程，即转入工作的视杆细胞逐渐增加的过程。由于视杆细胞转入工作状态的过程较慢，因而整个暗适应过程大约需要 30min 才能趋于完成。而明适应时，视杆细胞退出工作，视锥细胞数量迅速增加。由于视锥细胞的转换较快，因而明适应时间较短，大约 1 min 即趋于完成。

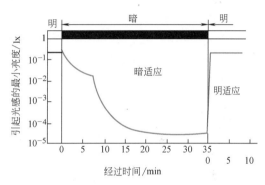

图 4-1 暗适应与明适应过渡曲线

急剧和频繁的适应会增加眼睛的疲劳，使视力迅速下降，故室内照明要求均匀而稳定。最常见的照度不均匀现象是工厂的机床工作面和它的周围环境。由于机床上附设的小灯在工作面上形成高照度，而在其他地方仅由车间上空的照明灯作一般照明，两者在照度上相差悬殊，工作时操作者不仅要注视加工零件，还需转视他处，这就出现了适应现象。工作面和它周围环境的照度差越大，影响视力越厉害，越易造成视疲劳，并影响到工作效率、工作质量和安全。因此，在改善照明时必须考虑这一视觉特性。此外，出入口的照明和道路的照明管理，也必须注意到视觉的适应性。

三、调节

调节是视觉适应观察距离的能力。眼睛不动时，对准的物体在眼前 1～2m 的地方，由这个位置射入的光束大体处于视网膜的中央部位。当观察距离更近的物体时，要求睫状肌收缩，使晶状体有更大曲率。在对准很远的某一点时，调节是借助于晶状体曲率的缩小来达到的。从远处向近处瞄准目标时，需 0.5～1.5s。对频繁改变观察距离，不断变换瞄准目标的作业，改善照明条件有助于扩大调节范围，提高调节的准确性，增加照明能够提高不同距离上的辨认速度，并且能使作业者减少疲劳。对视觉紧张作业，常从近处向远处瞄准，也会减轻视疲劳。

由于晶状体曲率可以在一定范围内调节，在看得清楚的目标不断向近处移动时，开始感到不清楚的位置称为调节近点。注视目标越接近这一点，越易引起视疲劳。因此，视觉工作距离不应小于3/2调节近点。

四、视野

视野是指头部和眼球不动时，眼睛观看正前方所能看到的空间范围。常以视角来表示。眼睛观看物体可分为静视野、注视野和动视野三种状态。静视野是在头部固定、眼球静止不动的状态下自然可见的范围；注视野是指头部固定而转动眼球注视某中心点时所见的范围；动视野是头部固定而自由转动眼球时的可见范围。图4-2所示为正常人的双眼静视野范围，正常人双眼的综合视野在垂直方向约为130°（视水平线上方60°，下方70°），在水平方向约为180°（两眼内侧视野重合约60°，外侧各90°），在垂直方向6°和水平方向8°范围内的物体，映像将落在视网膜的最敏感部分——黄斑上，而在垂直和水平方向均为1.5°范围内的物体，映像将落在黄斑中央——中央凹部分，映像落在黄斑上的物体，看得最为清晰，因此，该区域称为最优视野。尽管最优视野范围很小，但实际观看大的物体时，由于眼球和头部都可转动，因而被看对象的各部分能轮流处于最优视野区，快速转动的眼球将使人得以看清整个物体的形象。

静视野、注视野和动视野的数值范围，以注视野为最小，静视野和动视野则比较接近。视野范围狭小会直接影响工作效率甚至发生安全事故。许多作业要求保证作业者的视野范围，如各类驾驶员的选拔就应检查视野范围。照明条件与视野范围有密切关系，照明充分，周边视网膜才能辨认清楚物体，从而能够扩大视野。光线微弱，则视野变得狭小。在人因工程学中，通常以人眼的静视野为依据设计有关部件，以减轻人眼的疲劳。

不同颜色对人眼的刺激有所不同，所以视野也不同。图4-3所示为垂直和水平方向的几种色觉视野范围。由图4-3可知，白色视野最大，其次为黄、蓝色，绿色视野最小。色觉视野的大小还同被看物体的颜色与其背景衬色的对比情况有关。表4-1列出了黑色背景上的色觉视野。

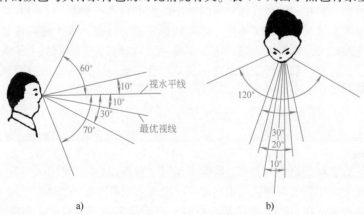

a)   b)

图4-2　双眼静视野
a）垂直面内视野　b）水平面内视野

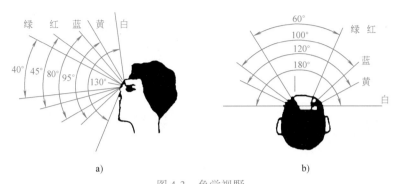

图 4-3 色觉视野
a）垂直面内视野 b）水平面内视野

表 4-1 黑色背景上的色觉视野

视野方向	视野（°）			
	白色	蓝色	红色	绿色
从中心向外侧（水平方向）	90	80	65	48
从中心向内侧（水平方向）	60	50	35	25
从中心向下方（垂直方向）	75	60	42	28
从中心向上方（垂直方向）	50	40	25	15

五、视度

物体具有一定的亮度，才能在视网膜上成像，引起视觉感觉。这种视觉感觉的清楚程度称为视度。为了改善视觉条件，需要考虑影响视度的因素。

（一）适当的亮度

物体具有一定亮度，是在视网膜上成像引起视觉的基本条件。人眼感觉到的主观亮度与刺激物的亮度的对数成正比，故物体亮度越大，视网膜上像的照度越高，感到物体越亮，看得越清楚，疲劳感越少。实验表明，物体亮度为 $1/\pi \times 10^{-5}\,\mathrm{cd/m^2}$ 时人眼就能感觉到；当亮度增加到 $1/\pi \times 10^{4}\,\mathrm{cd/m^2}$ 时达到最大灵敏度，即可看到最小的东西。亮度超过 $1/\pi \times 10^{4}\,\mathrm{cd/m^2}$ 值，由于刺激眼睛，灵敏度反而下降。

（二）物体的尺寸

视力是评价眼睛分辨细小物体的能力。同样大小的物体，距眼睛近时容易看得清楚。距离眼睛同样远时，物体越大看得就越清楚。人们用视角来代表物体的大小和远近。物体的视角越大，看得越清楚，这是因为此物体在视网膜上所形成的像越大。能够分辨两点的最小视角的倒数称为视力，即 $1/\alpha_{\min}$。这就是日常衡量眼睛视力的标准。在一定距离上要求人们看清的目标，一定要保证必要的目标尺寸。

（三）物体和背景的亮度对比

眼睛能够辨别背景上的对象，必须具备下列两个条件之一，即或者对象与背景颜色不同，或者在亮度上有一定的差别，也就是有一定的亮度对比。人能辨别对象与背景的最小亮度差称为临界亮度差，它与背景亮度之比称为临界对比，视力较好的人临界对比约为 0.01。临界对比的倒数称为对比灵敏度。对比灵敏度大的人能辨别越小的亮度对比。对象与背景的对比与临界对比相差越大，视度越高。例如，物体较亮，背景稍暗，视力最好；反之，若背景比物体亮，则视力会显著下降。

照明很差，尤其是缺乏阴影或亮度差，可能引起虚假的视觉现象，可能歪曲被感知的物体，对于判断重要信息产生不良影响。工作场地适当的照明会促进正确的知觉，有助于避免工作中的错误。

 第三节　照明对作业的影响

一、照明与疲劳

照明对工作的影响，尤其表现在照明不好的情况下，人会很快地疲劳，工作效率低、效果差。照明不好，由于反复努力辨认，造成视觉疲劳。眼睛疲劳的自觉症状有：眼睛乏累、怕光、眼痛、视力模糊、眼充血、出眼屎、流泪等。眼睛疲劳还会引起视力下降、眼胀、头疼以及其他疾病，影响健康。视觉疲劳可以通过闪光融合值、光反应时间、视力和眨眼次数等方法间接测定。不同照度下，看书后眼睛疲劳程度可以通过眨眼次数的变化来说明，见图 4-4 和表 4-2。

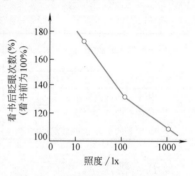

图 4-4　视觉疲劳与照度的关系

表 4-2　视觉疲劳与照度的关系

照度/lx	10	100	1000
最初 5min 阅读眨眼次数	35	35	36
最后 5min 阅读眨眼次数	60	46	39
最后 5min 眨眼次数增加百分数（%）	71.5	31.4	8.3

二、照明与工作效率

改善照明条件不仅可以减少视觉疲劳，而且也会提高工作效率。因为提高照度值可以提高识别速度和主体视觉，从而提高工作效率和准确度，达到增加产量、减少差错、提高产品质量的效果。图 4-5 所示为良好光环境的作用。

图 4-6 表示了生产率、视觉疲劳与照度的关系。图示为一精密加工车间，随着照度值由 370lx 逐渐增加，劳动生产率随之增长，视觉疲劳逐渐下降，这种趋势在 1200lx 以下较明显。例如，日本的一家纺织公司，原来用白炽灯照明，其照度为 60lx，改为荧光灯后，在耗电相同的情况下获得 150lx 的照度，结果产量增加 10%。创造舒适的光线条件，不仅在从事手工劳动时，而且在从事要求紧张的记忆、逻辑思维的脑力劳动时，都有助于提高工作效率。

有人研究了不同年龄组的人在不同照度下注意力的集中情况，结果表明，由于照明的改进，各年龄组劳动生产率的提高都是同样的。如果从事视觉特别紧张的工作，年纪大的人，其工作效率比青年人更加依赖照明。工作越是依赖视觉，对照明提出的要求就越高。

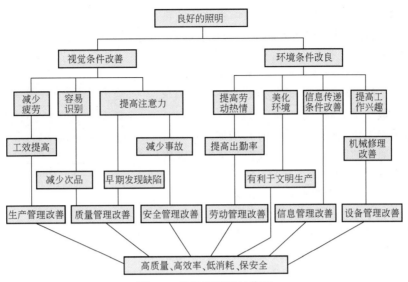

图 4-5　良好光环境的作用

关于照明对工作的影响有过许多研究，一般认为在临界照度值以下，随着照度值增加，工作效率迅速提高，效果十分明显；在临界照度值以上，增加照度对工作效率的提高影响很小，或根本无所改善；当照度值提高到使人产生眩光时，会降低工作效率。图 4-7 所示为不同的被试人员对各种照度的满意程度。由图示可知，2000lx 是较理想的照度，当照度提高到 5000lx 时，因过分明亮导致满意程度下降。美国许多工厂照明水平改变前后的记录表明，产量和质量都有明显的改善。据报道，产量可提高 4% ~ 35%。当然，必须慎重地对待这类数据，因为影响工作效率的因素是复杂的。

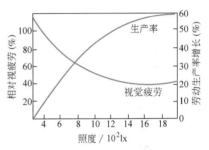

图 4-6　生产率、视觉疲劳与照度的关系

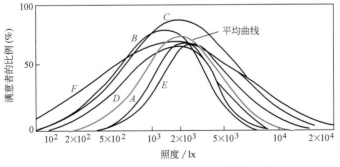

图 4-7　被试人员对各种照度的满意程度

三、照明与事故

事故的数量与工作环境的照明条件有关。在适当的照度下，可以增加眼睛的辨色能力，

从而降低识别物体色彩的错误率；可以增强物体的轮廓立体视觉，有利于辨认物体的高低、深浅、前后、远近及相对位置，使工作失误率降低；还可以扩大视野，防止错误和工伤事故的发生。虽然事故产生的原因是多方面的，但照度不足则是主要原因之一。图4-8所示为事故次数与季节的关系。由于11月、12月、1月的白天很短，工作场所人工照明时间增加，和天然光相比，人工照明的照度值较低，故在冬季事故次数最高。据英国调查，在机械、造船、铸造、建筑、纺织等工业部门，人工照明的事故比天然采光情况下增加25%。其中由于跌倒引起的事故增加74%。根据美国统计，照明差是大约5%的企业发生人身事故的直接原因，而且是20%人身事故的间接原因。

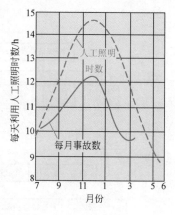

图4-8　事故次数与季节的关系

四、照明与情绪

据生理和心理方面的研究表明，照明会影响人的情绪，影响人的一般兴奋性和积极性，从而也影响工作效率。例如，昼夜光线条件的变化，在很大程度上决定着24h内的生物周期。一般认为，明亮的房间是令人愉快的，如果让被试者在不同照度的房间中选择工作场所的话，一般都选择比较明亮的地方。在做无须很大视觉努力的工作时，改善照明也可以提高劳动生产率。炫目的光线使人感到不愉快，被试者都尽量避免眩光和反射光。许多人还喜欢光从左侧投射。表4-3列出了人们对阅读照度的选择。

表4-3　人们对阅读照度的选择

照度/lx	100	200	500	1000	2000	5000	10000
人数百分比（%）	11	18	32	20	17	1	1

总之，改善工作环境的照明，可以改善视觉条件，节省工作时间；提高工作质量，减少废品；保护视力，减轻疲劳，提高工作效率；减少差错，避免或减少事故，有助于提高工作兴趣，改进工作环境。

第四节　工作场所照明

一、照明方式

环境照明设计，在任何时候都应遵循工效学原则。自然光是任何人工光源所不能比拟的，在设计时应最大限度地利用自然光，尽量防止眩光，增加照度的稳定性和分布的均匀性、协调性等。

工业企业的建筑物照明，通常采用三种形式，即自然照明、人工照明和两者同时并用的混合照明。人工照明按灯光照射范围和效果，又分为一般照明、局部照明、综合照明和特殊照明。照明方式影响照明质量，且关系到投资及费用支出。选用何种照明方式，与工作性质及工作点分布疏密有关。

（1）一般照明　一般照明又称为全面照明，它是指不考虑特殊的局部需要，为照亮整个被照面积而设置的照明。它适用于对光线投射方向没有特殊要求、工作点较密集或者作业时工作地点不固定的场所。采用这种照明方式，使作业者的视野亮度一样，视力条件好，工作时感到愉快。该种照明方式的缺点是耗电量较多。

（2）局部照明　局部照明是指为增加某一指定地点的照度而设置的照明。由于它靠近工作面，可少耗电，获得较高的照度。但要注意直接眩光和使周围变暗的影响。使用轻便移动式的照明器具，可以随时将其调整到最有效的位置。

一般对工作面照度要求不超过 30 ~ 40lx 时，可不必采用局部照明。

（3）综合照明　综合照明是指工作面上照度由一般照明和局部照明共同构成的照明。一般照明与局部照明对比过强使人感到不舒适，对作业效率有影响，其比例 1∶5 为好。较小的工作场所，一般照明的比例可适当提高。综合照明是一种最经济的照明方式，常用于要求照度高，或有一定的投光方向，或固定工作点分布较稀疏的场所。

（4）特殊照明　特殊照明是指应用于特殊用途，有特殊效果的各种照明。例如，方向照明、透过照明、不可见光照明、对微细对象检查照明、运动对象检查照明、色彩检查照明、彩色照明等。

照明配光方式按照光源发光方向可分为直接、半直接、全面扩散、半间接、间接照明五种，见表 4-4。

表 4-4　照明配光方式

国际分类		直接照明	半直接照明	全面扩散照明	半间接照明	间接照明	
光线比例（%）	向上	0	10	40	60	90	100
	向下	100	90	60	40	10	0
配光	配光曲线						
	电灯或汞灯	埋入式 / 金属反射伞 / 金属伞	玻璃灯罩	玻璃灯罩	半透明反射	不透明反射	
	荧光灯	埋入反射伞 / 金属反射伞		玻璃灯罩		间接遮光式	

二、光源选择

室内自然照明是通过天窗和侧窗接受户外的光线。作为光源，自然光最理想。因为自然光明亮柔和，人眼感到舒适，人们习惯于太阳光谱，而且光谱中的紫外线对人体生理机能有良好影响。因此在设计照明时，应始终考虑最大限度地利用自然光。但是自然照明受不同时间、不同季节和不同条件的影响，因此在作业环境内常常要用人工光源作补充照明。采用人工照明可使工作场所保持稳定光量。

人工照明应选择接近自然光的人工光源。在人工照明中荧光灯优于白炽灯，因其光谱近似太阳光，发热量小，发光效率高、光线柔和，可使视野的照度均匀，且较为经济。通常同一个颜色样品在不同的光源下可能使人眼产生不同的色彩感觉，而在日光下物体显现的颜色是最准确的。因此，可以用日光标准（参照光源），将白炽灯、荧光灯、钠灯等人工光源（待测光源）与其比较，观察不同光源的显色能力。光源的显色性是指由光源所表现的物体的性质。国家标准 GB/T 5702—2003《光源显色性评价方法》中规定当被测光源色温低于5000K 时，采用普朗克辐射体作为参考光源，当被测光源温度高于 5000K 时，采用组合昼光作为参考光源。为了检验物体在待测光源下所显现的颜色与在参照光源下所显现的颜色相符的程度，采用"一般显色性指数"作为定量评价指标。

一般显色指数 R_a 是从光谱分布计算求出来的。在显色性的比较中，一般是以日光或接近日光的人工光源作为标准光源，其显色性最优，将其一般显色指数 R_a 用 100 表示，其余光源的一般显色指数均小于 100。

显色性指数表示物体在待测光源下"变色"和"失真"的程度。例如，在日光下观察一幅画，然后拿到高压汞灯下观察，就会发现，某些颜色已变了色，如粉色变成了紫色，蓝色变成了蓝紫色。因此，在高压汞灯下，物体失去了"真实"颜色，如果在黄色光的低压钠灯底下来观察，则蓝色会变成黑色，颜色失真更厉害，显色指数更低。光源的显色性是由光源的光谱能量分布决定的。日光、白炽灯具有连续光谱，连续光谱的光源均有较好的显色性。所以照明不宜使用有色光源。在有色光照射下，视力效能降低，白光下视力效能为 100%，黄光下为 99%，蓝光下为 92%，红光下为 90%。各种光源的一般显色指数见表 4-5。

表 4-5　各种光源的一般显色指数

光　源	一般显色指数 R_a	光　源	一般显色指数 R_a
白色荧光灯	66	荧光汞灯	44
日光色荧光灯	77	金属卤化物灯	65
暖白色荧光灯	59	高显色金属卤化物灯	92
高显色荧光灯	92	高压钠灯	29
汞灯	32	氙灯	94

一般显色指数对有些工作来说，是照明设计的重要指标。例如，有人研究表明：质量检验人员的工作质量不仅与照度值及照度的分布均匀性有关，而且还与光线的显色性大小有关。通过改革照明灯具，用高显色金属卤化物灯（250W，一般显色指数为 90～95，漫散色光，工作台面照度 720～1080lx）代替荧光灯（一般显色指数为 60～80，工作台面照度为 230～1040lx）后，检验工自我感觉良好，效率大幅度提高，漏检率从 51% 降到 20%。

按光源与被照物的关系，光源可分为直射光源、反射光源及透射光源三种。直射光源的光线直射在加工物件上，故物件向光部分明亮，背光部分黑暗，照度分布不均。反射光源的光线经反射物漫射到工作场所或加工物件表面。透射光源的光线经散光的透明材料使光线转为漫射。漫射光线可减轻阴影和眩光，使照度分布均匀。

三、眩光及其防控措施

当视野内出现过高的亮度或过大的亮度对比时，人们就会感到刺眼，影响视度。这种刺眼的光线称为眩光。如晴天的午间看太阳，会感到不能睁眼，这就是由于亮度过高所形成的眩光使眼睛无法适应。

眩光按产生的原因可分为直射眩光、反射眩光和对比眩光三种。直射眩光是由眩光源直接照射引起的，直射眩光与光源位置有关，如图4-9所示。反射眩光是由视野中光泽表面的反射所引起的。对比眩光是物体与背景明暗相差太大所致。

眩光的视觉效应主要是使暗适应破坏，产生视觉后像，使工作区的视觉效率降低，产生视觉不舒适感和分散注意力，易造成视觉疲劳，长期下去，会损害视力。有研究表明，做精细工作时，眩光在20min之内就会使差错明显增加，工作效率显著降低。

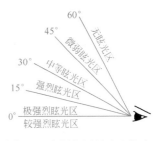

图4-9　光源位置的眩光效应

图4-10表明，眩光源对视效的影响程度与视线和光源的相对位置有关。

防止和控制眩光的措施主要有：

1）限制光源亮度。当光源亮度大于$16 \times 10^4 \mathrm{cd/m^2}$时，无论亮度对比如何，都会产生严重眩光现象。对眩光源应考虑用半透明或不透明材料，以减少其亮度或遮住直射光线。

2）合理分布光源。应尽可能将眩光源布置在视线外的微弱刺激区，采用适当的悬挂高度和必要的保护角。光源在视线45°范围以上眩光就不明显了。另一办法是采用不透明材料将光源挡住，使灯罩边沿至灯丝连线和水平线构成一定角度，这个角度最好为45°，至少也不应低于30°，这个角度称为保护角。

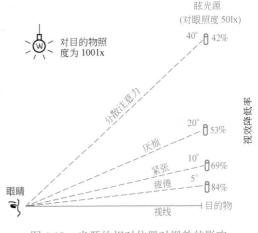

图4-10　光源的相对位置对视效的影响

3）光线转为散射。光线经灯罩或天花板及墙壁漫射到工作场所。

4）避免反射眩光。通过变换光源的位置或工作面的位置，使反射光不处于视线内。此外，还可以通过选择材质和涂色来降低反射系数。

5）适当提高环境亮度，减小亮度对比。

眩光也可加以利用。例如，用很多支白炽灯组成枝形灯或冕形灯在空间作闪闪发光的照明，以创造富丽堂皇的环境；用亮度高的光源照射在金碧辉煌的建筑饰物或其他饰物上，能辉映出金波银浪似的闪耀，给人以愉快、兴奋之感。

四、照度分布

对于单独采用一般照明的工作场所，如果工作表面照度很不均匀，则眼睛从一个表面移到另一个表面时要发生适应过程。在适应过程中，不仅使人感到不舒适，而且眼的视觉能力还要降低。如果长时间频繁交替适应，将对视力造成影响。

为此，被照空间的照度应均匀或比较均匀，照度均匀的标志是：场内最大、最小照度分别与平均照度之差小于等于平均照度的1/3。

照度均匀主要从灯具的布置上来解决。另外注意边行灯至场边的距离保持在 $l/3 \sim l/2$（l 为灯具的间距）。如果场内，特别是墙面反光系数太低，还可将灯至场边距离减小到 $l/3$ 以下。对于室外照明，照度均匀度可以放宽要求。

对于一般工作来说，有效工作面大体为 30cm×40cm，在这个有效工作面范围内，照度的差异应不大于10%。

五、亮度分布

照明环境不但要使人能看清对象，而且应给人以舒适的感觉。这种舒适感并不是一种享受，而是提高视力和保持视力的必要因素。在视野内存在不同亮度，就迫使眼睛去适应它，如果这种亮度差别很大，眼睛很快就会疲劳。从工作方面看，亮度分布比较均匀的环境，使人感到愉快，动作变得活跃。如果只是工作面明亮而周围较暗时，动作变得稳定、缓慢。四周很昏暗时，在心理上会造成不愉快的感觉，容易引起视觉疲劳。但是亮度过于均匀也不必要，亮度有差异，就有反差存在。通常有足够的反差，就可以分辨前后、深浅、高低和远近，能够大大增强工作的典型性。工作面和周围环境存在着明暗对比的反差、柔和的阴影，心理上也会感到格外满意。如果所有区间都是一样的亮度，将会产生一种单调、一律和漫不经心的感觉。因此要求视野内有合适的亮度分布，既有利于正确评定信息，又可使工作环境不单调和有愉快的气氛。

室内亮度比最大允许值见表4-6。视野内的观察对象、工作面和周围环境之间最好的亮度比为 5:2:1，最大允许亮度比为 10:3:1。如果房间照度水平不高，如不超过 150 ~ 300lx 时，视野内的亮度差别对视觉工作的影响比较小。

表4-6 室内亮度比最大允许值

条　　件	办公室、学校	工　　厂
观察对象与工作面之间（如书与桌子）	3:1	5:1
观察对象与周围环境之间	10:1	20:1
光源与背景之间	20:1	40:1
一般视野内各表面之间	40:1	80:1

此外，提高照明质量还应考虑照度稳定。在设计上保证使用过程中照度不低于标准值，既要考虑光源老化、房间和灯具污染等因素，适当增加光源功率，也要注意使用中的维护。

 第五节　照明标准

照明标准是照明设计和管理的重要依据，本节将介绍我国于 2013 年 11 月颁布的《建筑照明设计标准》（GB 50034—2013）中各类房间或场所的照度标准。

一、国家照度标准

我国的照度标准是采用间接法制定的，即从保证一定的视觉功能来选择最低照度值，同时进行了大量的调查、实测，并且考虑了我国当前的电力生产和消费水平。而直接法则是主要根据劳动生产率及单位产品成本选择照度标准。照度标准值应按 0.5lx、1lx、3lx、5lx、10lx、15lx、20lx、30lx、50lx、75lx、100lx、150lx、200lx、300lx、500lx、750lx、1000lx、1500lx、2000lx、3000lx、5000lx 分级。标准规定的照度值均为作业面或参考平面上的维持平均照度值。各类房间或场所的维持平均照度值应符合本节第二部分给出的照明标准值。

1）生产车间作业面上的最低照度值，见表4-7。使用表4-7时，符合下列条件之一及以上时，作业面或参考平面的照度，可按照度标准值分级提高一级。

① 视觉要求高的精细作业场所，眼睛至识别对象的距离大于 500mm 时。

② 连续长时间紧张的视觉作业，对视觉器官有不良影响时。

③ 识别移动对象，要求识别时间短促而辨认困难时。

④ 视觉作业对操作安全有重要影响时。

⑤ 识别对象亮度对比小于 0.3 时。

⑥ 作业精度要求较高，且产生差错会造成很大损失时。

⑦ 视觉能力低于正常能力时。

⑧ 建筑等级和功能要求高时。

2）符合下列条件之一及以上时，作业面或参考平面的照度，可按照度标准值分级降低一级。

① 进行很短时间的作业时。

② 作业精度或速度无关紧要时。

③ 建筑等级和功能要求较低时。

3）作业面邻近周围的照度值可低于作业面照度，但不宜低于表4-7 中的数值。

表 4-7　作业面上的最低照度值及作业面邻近周围的照度值

作业面上的最低照度值/lx	作业面邻近周围照度值/lx
≥750	500
500	300
300	200
≤200	与作业面照度相同

注：邻近周围指作业面外 0.5m 范围之内。

二、照明标准值推荐

近几年来，许多国家趋向于采用高的照度标准，这是由于许多研究者认为，提高照度水平后，从劳动生产率和产品质量的提高中得到的经济利益大于照明装置的投资。特别是出现高效率的经济光源以后，照明装置的投资并不随采用较高的照度标准而过分增加。但是普遍选择高照度水平后，照明电耗无疑是很大的。

居住建筑与公共场所的一般照明标准值见表4-8 和表4-9。

表 4-8　居住建筑的一般照明标准值

房间或场所		参考平面及其高度	照度标准值/lx	R_a
起居室	一般活动	0.75m 水平面	100	80
	书写、阅读		300①	
卧室	一般活动	0.75m 水平面	75	80
	床头、阅读		150①	
餐厅		0.75m 餐桌面	150	80
厨房	一般活动	0.75m 水平面	100	80
	操作台	台面	150①	
卫生间		0.75m 水平面	100	80

① 宜用混合照明。

表 4-9　公共场所的一般照明标准值

房间或场所		参考平面及其高度	照度标准值/lx	R_a
门厅	普通	地面	100	60
	高档	地面	200	80
走廊、流动区域、楼梯间	普通	地面	50	60
	高档	地面	100	80
自动扶梯		地面	150	60
厕所、盥洗室、浴室	普通	地面	75	60
	高档	地面	150	80
电梯前厅	普通	地面	100	60
	高档	地面	150	80
休息室		地面	100	80
储藏室		地面	100	60
公共车库		地面	50	60
公共车库检修间		地面	200	80

工业建筑与公共建筑的一般照明标准值分别见表 4-10 和表 4-11。

表 4-10　工业建筑的一般照明标准值

房间或场所		参考平面及其高度	照度标准值/lx	R_a	备　注
1. 通用房间或场所					
实验室	一般	0.75m 水平面	300	80	可另加局部照明
	精细	0.75m 水平面	500	80	可另加局部照明
检验	一般	0.75m 水平面	300	80	可另加局部照明
	精细，有颜色要求	0.75m 水平面	750	80	可另加局部照明
计量室、测量室		0.75m 水平面	500	80	可另加局部照明
变、配电站	配电装置室	0.75m 水平面	200	80	
	变压器室	地面	100	60	
电源设备室、发电机室		地面	200	80	

（续）

房间或场所		参考平面及其高度	照度标准值/lx	R_a	备　注
控制室	一般控制室	0.75m 水平面	300	80	
	主控制室	0.75m 水平面	500	80	
电话站、网络中心		0.75m 水平面	500	80	
计算机站		0.75m 水平面	500	80	防光幕反射
动力站	风机房、空调机房	地面	100	60	
	泵房	地面	100	60	
	冷冻站	地面	150	60	
	压缩空气站	地面	150	60	
	锅炉房、煤气站的操作层	地面	100	60	锅炉水位表照度不小于50lx
仓库	大库件（如钢坯、钢材、大成品、气瓶）	1.0m 水平面	50	20	
	一般库件	1.0m 水平面	100	60	
	精细库件（如工具、小零件）	1.0m 水平面	200	80	货架垂直照度不小于50lx
	车辆加油站	地面	100	60	油表表面照度不小于50lx
2. 机、电工业					
机械加工	粗加工	0.75m 水平面	200	60	可另加局部照明
	一般加工公差≥0.1mm	0.75m 水平面	300	60	应另加局部照明
	精密加工公差＜0.1mm	0.75m 水平面	500	60	应另加局部照明
机电仪表装配	大件	0.75m 水平面	200	80	可另加局部照明
	一般件	0.75m 水平面	300	80	可另加局部照明
	精密	0.75m 水平面	500	80	应另加局部照明
	特精密	0.75m 水平面	750	80	应另加局部照明
电线、电缆制造		0.75m 水平面	300	60	
线圈绕制	大线圈	0.75m 水平面	300	80	
	中等线圈	0.75m 水平面	500	80	可另加局部照明
	精细线圈	0.75m 水平面	750	80	应另加局部照明
线圈浇注		0.75m 水平面	300	80	
焊接	一般	0.75m 水平面	200	60	
	精密	0.75m 水平面	300	60	
钣金		0.75m 水平面	300	60	
热处理		地面至0.5m 水平面	200	20	
铸造	熔化、浇注	地面至0.5m 水平面	200	20	
	造型	地面至0.5m 水平面	300	60	
精密铸造的制模、脱壳		地面至0.5m 水平面	500	60	
锻工		地面至0.5m 水平面	200	20	
电镀		0.75m 水平面	300	80	
喷漆	一般	0.75m 水平面	300	80	
	精细	0.75m 水平面	500	80	
酸洗、腐蚀、清洗		0.75m 水平面	300	80	

（续）

	房间或场所	参考平面及其高度	照度标准值/lx	R_a	备 注
抛光	一般装饰性	0.75m 水平面	300	80	防频闪
	精细	0.75m 水平面	500	80	防频闪
复合材料加工、铺叠、装饰		0.75m 水平面	500	80	
机电修理	一般	0.75m 水平面	200	60	可另加局部照明
	精密	0.75m 水平面	300	60	可另加局部照明

3. 电子工业

	房间或场所	参考平面及其高度	照度标准值/lx	R_a	备 注
整机类	整机厂	0.75m 水平面	300	80	
	装配厂房	0.75m 水平面	300	80	应另加局部照明
元器件类	微电子产品及集成电路	0.75m 水平面	500	80	
	显示器件	0.75m 水平面	500	80	可根据工艺要求降低照度值
	印制线路板	0.75m 水平面	500	80	
	光伏组件	0.75m 水平面	300	80	
	电真空器件、机电组件等	0.75m 水平面	500	80	
电子材料类	半导体材料	0.75m 水平面	300	80	
	光纤、光缆	0.75m 水平面	300	80	
酸、碱、药液及粉配置		0.75m 水平面	300	80	

4. 纺织、化纤工业

	房间或场所	参考平面及其高度	照度标准值/lx	R_a	备 注
纺织	选毛	0.75m 水平面	300	80	应另加局部照明
	精棉、和毛、梳毛	0.75m 水平面	150	80	
	前纺：梳棉、并条、粗纺	0.75m 水平面	200	80	
	纺纱	0.75m 水平面	300	80	
	织布	0.75m 水平面	300	80	
织袜	穿综箱、缝纫、量呢、检验	0.75m 水平面	300	80	可另加局部照明
	修补、剪毛、染色、印花、裁剪、熨烫	0.75m 水平面	300	80	可另加局部照明
化纤	投料	0.75m 水平面	100	80	
	纺丝	0.75m 水平面	150	80	
	卷绕	0.75m 水平面	200	80	
	平衡间、中间储存、干燥间、废丝间、油剂高位槽间	0.75m 水平面	75	60	
	集束间、后加工间、打包间、油剂调配间	0.75m 水平面	100	60	
	组件清洗间	0.75m 水平面	150	60	
	拉伸、变形、分级包装	0.75m 水平面	150	80	操作面可另加局部照明
	化验、检验	0.75m 水平面	200	80	可另加局部照明

（续）

房间或场所	参考平面及其高度	照度标准值/lx	R_a	备 注
5. 制药工业				
制药生产：配制、清洗灭菌、超滤、制粒、压片、均匀、烘干、灌装、轧盖等	0.75m 水平面	300	80	
制药生产流转通道	地面	200	80	
6. 电力工业				
火电厂锅炉房	地面	100	60	
发电机房	地面	200	60	
主控室	0.75m 水平面	500	80	

表 4-11 公共建筑的一般照明标准值

房间或场所	参考平面及其高度	照度标准值/lx	R_a
1. 图书馆建筑照明			
一般阅览室、开放式阅览室	0.75m 水平面	300	80
老年阅览室	0.75m 水平面	500	80
珍善本、舆图阅览室	0.75m 水平面	500	80
陈列室、目录厅（室）、出纳厅	0.75m 水平面	300	80
书库、书架	0.25m 垂直面	50	80
工作间	0.75m 水平面	300	80
2. 办公建筑照明			
普通办公室	0.75m 水平面	300	80
高档办公室	0.75m 水平面	500	80
会议室	0.75m 水平面	300	80
视频会议室	0.75m 水平面	750	80
接待室、前台	0.75m 水平面	200	80
服务大厅、营业厅	0.75m 水平面	300	80
设计室	实际工作面	500	80
文件整理、复印、发行室	0.75m 水平面	300	80
资料、档案存放室	0.75m 水平面	200	80
3. 医疗建筑照明			
治疗室、检查室	0.75m 水平面	300	80
化验室	0.75m 水平面	500	80
手术室	0.75m 水平面	750	90
诊室	0.75m 水平面	300	80
候诊室、挂号厅	0.75m 水平面	200	80
病房	地面	100	80
走道	地面	100	80
护士站	0.75m 水平面	300	80
药房	0.75m 水平面	500	80
重症监护室	0.75m 水平面	300	90

（续）

房间或场所	参考平面及其高度	照度标准值/lx	R_a
4. 教育建筑照明			
教室、阅览室	课桌面	300	80
实验室	实验桌面	300	80
美术教室	桌面	500	90
多媒体教室	0.75m 水平面	300	80
教室黑板	黑板面	500	80

第六节　照明环境的设计、改善和评价

一、照明设计

工作场所的照明设计包括光源设计与布置，利用或防止表面反射、降低眩光的方法，以及选择执行任务所需的照明标准等。

（一）自然光

设计照明系统时，千万不可疏忽由窗或天窗入射的日光，正确采用自然光，不仅可以节约能源，还可给人以舒适的感觉。窗的大小、位置与玻璃的镶嵌也必须考虑，以免光线直接射至主要工作表面，如桌面、台面，工作人员避免面对窗户，以降低明视比，其他如使用低透光与低导热玻璃窗、使用可调整型的百叶窗帘等，也可降低自然光所造成的亮度。

（二）灯具

直接照明比间接照射节省能源，但会产生眩光、阴影与明显的亮度对比，因此办公与工业场所多采用间接照明或直、间接结合的方式。荧光灯所产生的热、眩光比电热灯丝少，光线较为扩散，普遍为办公与工业场所使用。

办公室内，荧光灯整齐地排列在天花板上，每个灯具含 2~4 支灯管，灯具与灯具之间的距离相等。工厂中荧光灯具则悬挂于天花板之下，灯具之间的距离约等于天花板到灯具间的距离，如果天花板或屋顶太高时，则可减少灯具之间的距离为 3/5 灯具至天花板的距离，或使用电灯或汞灯辅助照明效果。

天花板与墙壁的颜色宜为淡色，以增加亮度并降低亮度对比，工作场所如有微量可燃性气体的存在时，必须使用防爆灯管。

图 4-11 所示为办公室内家具与其他表面的适当反射比，墙壁颜色宜为淡白色或米色，深褐、原木色桌面与家具虽可表现室内布置的高雅，但会降低室内的照明亮度。

灯具安排的基本原则如下：

1）灯具不应出现在执行任务的工作人员的视野内。

2）所有的灯具应安置阴影或眩光屏遮装置，以避免光源亮度超过 200cd/m²。

3）光源至眼睛与平面所产生的角度应大于 30°，如果无法改善时，灯光必须适当遮蔽。

4）荧光灯灯管的排列方向宜与视线成直角。

5）尽可能使用较多低功率的灯具，取代较少高功率的灯具。

6）避免在设备、操作机器、工作台、控制盘的表面涂装反射性的颜色或材料。

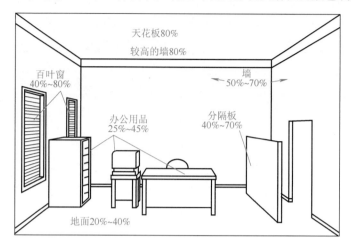

图 4-11 办公室内家具与其他表面的适当反射比

二、照明环境的综合评价

从人因工程学对光环境的要求来看，不仅需要对光环境的各个单项影响因素进行评价，而且更需要进行光环境的综合定量评价。目前，对光环境综合定量评价方法尚未形成统一标准，此处介绍的是光环境指数综合评价法。

（一）评价方法

本方法考虑了光环境中多项影响人的工作效率与心理舒适的因素，通过问卷法获得主观判断所确定的各评价项目所处的条件状态，利用评价系统计算各项评分及总的光环境指数，以确定光环境所属的质量等级。

评价项目及可能状态的问卷形式见表 4-12，其评价项目包括光环境中 10 项影响人的工作效率与心理舒适的因素，其中，每项包括四种可能状态，评价人员经过观察与判断，从每个项目的各种可能状态中选出一种最符合自己观察与感受的状态进行答卷。

表 4-12 评价项目及可能状态的问卷形式

项目编号 n	评价项目	状态编号 m	可 能 状 态	选择（√）	注释说明
1	第一印象	1	好		
		2	一般		
		3	不好		
		4	很不好		
2	照明水平	1	满意		
		2	尚可		
		3	不合适，令人不舒服		
		4	非常不合适，作业有困难		

（续）

项目编号 n	评价项目	状态编号 m	可 能 状 态	选择(√)	注释说明
3	眩光感觉	1	毫无感觉		
		2	稍有感觉		
		3	感觉明显，令人分心或令人不舒服		
		4	感觉严重，作业有困难		
4	亮度分布	1	满意		
		2	尚可		
		3	不合适，令人分心或令人不舒服		
		4	非常不合适，影响正常工作		
5	光影	1	满意		
		2	尚可		
		3	不合适，令人不舒服		
		4	非常不合适，影响正常工作		
6	颜色显现	1	满意		
		2	尚可		
		3	显色不自然，令人不舒服		
		4	显色不正确，影响辨色作业		
7	光色	1	满意		
		2	尚可		
		3	不合适，令人不舒服		
		4	非常不合适，影响正常作业		
8	表面装修与色彩	1	外观满意		
		2	外观尚可		
		3	外观不满意，令人不舒服		
		4	外观非常不满意，影响正常工作		
9	室内结构与陈设	1	外观满意		
		2	外观尚可		
		3	外观不满意，令人不舒服		
		4	外观非常不满意，影响正常工作		
10	同室外的视觉联系	1	满意		
		2	尚可		
		3	不满意，令人分心或令人不舒服		
		4	非常不满意，有严重干扰感，或有严重隔离感		

（二）评分系统

对评价项目的各种可能状态，按照它们对人的工作效率与心理舒适影响的严重程度赋予逐级增大的分值，用以计算各个项目评分。对问卷的各个评价项目，根据它们在决定光环境质量上具有的相对重要性赋予相应的权重，用以计算总的光环境指数。各个项目的权重及各种状态的分值可列入表4-13。表中各项目状态划分相同，同种状态分值相等，权重可根据具体情况确定。由于篇幅有限，表4-13中只列出表头及某个项目评分系统，各个项目可按照表中要求逐次添人即可。

表 4-13 各个项目的权重及各种状态的分值

项目 编号 n	项目 权重 $W(n)$	状态 编号 m	状态 分值 $P(m)$	所得 票数 $V(n,m)$	项目 评分 $S(n)$	计权后的项目评分 $S(n)\ W(n)/\Sigma W(n)$	光环 境指数 S
			0				
			10				
			50				
			100				

（三）项目评分及光环境指数计算

（1）项目评分计算 第 n 个项目的评分按下式计算

$$S(n) = \frac{\sum_{m=1}^{4} P(m) V(n,m)}{\sum_{m=1}^{4} V(n,m)}$$

式中，$S(n)$ 是第 n 个评价项目的评分，$0 \leqslant S(n) \leqslant 100$；$P(m)$ 是第 m 个状态的分值；$V(n,m)$ 是第 n 个评价项目的第 m 个状态所得票数。

（2）总的光环境指数计算 总的光环境指数可用下式计算

$$S = \frac{\sum_{n=1}^{10} S(n) W(n)}{\sum_{n=1}^{10} W(n)}$$

式中，S 是光环境指数，$0 \leqslant S \leqslant 100$；$S(n)$ 是第 n 个评价项目的评分；$W(n)$ 是第 n 个评价项目的权重。

（四）评价结果与质量等级

项目评分和光环境指数的计算结果，分别表示光环境各评价项目特征及总的质量水平。各项目评分及光环境质量指数越大，表示光环境存在的问题越大，即其质量越差。

为了便于分析和确定评价结果，该方法中将光环境质量按光环境指数的范围分为四个质量等级，其质量等级的划分及其含义见表4-14。

表 4-14 质量等级的划分及其含义

光环境指数 S	$S=0$	$0<S\leqslant10$	$10<S\leqslant50$	$S>50$
质量等级	1	2	3	4
含义	毫无问题	稍有问题	问题较大	问题很大

复习思考题

1. 为什么说人眼的色彩视觉是生理物理过程？

2. 某工作间面积为 $10m^2$，均分成 10 格，测得各方格中心点的照度为：175lx、125lx、115lx、100lx、115lx、345lx、360lx、255lx、400lx、400lx。求平均照度，并判断照度是否均匀。

3. 照明条件与作业效率和视觉疲劳有何关系？是否照度值越高，作业效率越高？

4. 照度与事故有何关系？

5. 工业企业建筑物的照明有几种形式？人工照明按灯光和照射效果是怎样分类的？如何选择照明方式？

6. 按光源与被照物的关系，光源分为几种？

7. 什么是眩光？眩光是如何产生的？眩光有何危害？怎样防止和控制眩光？

8. 亮度分布有何要求？是否作业间的亮度分布越平均越好？

9. 如何对照明环境进行综合评价？

思 政 案 例

第4章　考虑现场作业人员效率及健康安全的照明环境改善

第五章
色 彩 环 境

色彩在人类生产生活中起着极为重要的作用，色彩不仅是生存的手段，还是思考和丰富生活的工具。生产生活中的环境色彩变化和刺激有助于操作者保持感情和心理平衡以及正常的知觉和意识，而生产中的机器、实体设备、各类工具和操作对象的恰当的色彩设计则能使其外观美化，让操作者心情舒畅、愉快，视觉良好，有利于提高工作效率。若色彩不恰当，则可能破坏机器设备的造型形象，引起操作者的视觉疲劳，心理上的反感、压抑，从而降低工作效率。但要实现这样的目标，就必须充分地研究和认识色彩规律和色彩功能。

 第一节　色彩的含义和构成

一、色彩的含义

色彩与人的视觉生理机能有着密切的关系。在人的眼睛中，有专门感受色光的细胞，称为感色细胞。当感色细胞受到不同程度的色光刺激后，会引起神经纤维的兴奋，而每种神经纤维的兴奋会引起某种色彩的感觉。因此，自然界的各种色彩之所以能被人察觉，主要是光照在物体上，通过物体表面对色光的吸收和反射，再作用于视觉器官而形成了人们对色彩的感觉。光线是形成色彩的条件，人的视觉生理作用是色彩感觉的必需。因此，色彩是光与视觉生理共同作用的结果。

17世纪下半叶英国物理学家牛顿（Newton，1643～1727），通过实验发现一束阳光经三棱镜折射后发生色散现象，并分解成了红、橙、黄、绿、青、蓝、紫七种彩色光谱。这些色光混合的光线照射在物体表面时，由于物体表面都具备有选择地吸收投射到它表面的光线而将其余部分反射出去的特性。因此，这些光线会部分或全部反射、部分或全部吸收。被全部反射的某种色光就是该物体的颜色。被反射出去的某种色光越多，则该物体的这种色光的颜色越深。所有的色光被全部反射出去，物体表面呈白色。所有的色光被全部吸收，物体表面呈黑色。

前面讲到的只是一个完全的漫反射表面才能真正表现出该物质所固有的光学特性而呈现出的固有色。另外物体表面色彩还受其加工特性的影响。一件打磨光亮如镜的物体表面或电镀表面几乎是全部反射光源投射光，所以物体几乎丧失其固有色。而对于一般物体的表面总是介于这两种情况之间，在高光的部分更多地出现镜面反射的成分，更多地反射出光源色；中间灰的部分则更多反映出物体的固有色。

影响物体表面色彩的还有一个与物体本身无关的因素，也就是光源色。在有色光源的照射下，物体表面便在一定程度上染上该光源的色彩，这种现象称为光源染色性。

二、色彩的构成

物体表面的颜色来源于投射光线，而光线是由各种色光混合而成的。色光与颜色在物态本质上不同，色光是电磁波的一种，是具有一定质量、能量和动量的粒子组成的粒子流，而颜色则是各种有机或无机物质的色光反映，对有机颜料来说（颜料、染料、涂料等），颜色是由固态微粒在水或溶剂中的光反射形成的。因此，它们在色彩构成形式与物理现象上也不同。例如：色光的三原色是红、绿、蓝，它们的混合是越混合越亮，其三原色等量相加得到白色光；而颜色的三原色则是黄、青、品红，它们的混合是越混合越暗，三原色等量相加得到的颜色接近于黑色（详见第二节）。因此，色彩有色光与颜色之分。

色彩可分为无彩色和有彩色。无彩色是指黑色、白色和深浅变化不同的灰色所组成的黑白系列中没有纯度的各种色彩。在这个系列中，无彩色的变化代表着物体反射率的变化，在视觉上称为明度变化。如果把从白到黑的系列分成视觉上明度差距相等的 12 个等级，则各等级反射比的变化见表 5-1。

表 5-1　无彩色系列明度等级与反射比的关系

色级	0（黑）	1	2	3	4	5	6	7	8	9	9.5	10（白）
反射比	0	0.01	0.03	0.06	0.12	0.19	0.29	0.42	0.58	0.77	0.88	1.00

彩色系列是指除去黑白系列之外的有纯度的各种颜色，如红、橙、黄、绿、蓝、紫色等。尽管世界上的色彩千千万万，各不相同，但是，任何一个色彩（除无彩色只有明度特性外）都有色调、明度和纯度三个方面的性质。即任何一个色彩都有它特定的色调、明度和纯度三个基本要素，色彩三要素是鉴别、分析、比较颜色的基本因素。

（一）色调

色调（Hue）又称色泽、色相，是色光光谱上各种不同波长的可见光在视觉上的表现，是区别色彩种类的名称。一个颜色的名称就代表了这种颜色的相貌，如红、红橙、黄、青蓝、紫等，每种颜色都有与其他颜色不同的特征相貌和名称。

（二）明度

明度（Value）是指色彩的明暗程度，又称光亮度、鲜明度，是全部色彩都具有的属性，与物体表面色彩的反射率有关。

当照度一定时，反射率的大小与表面色彩的明度大小成正比。对颜料来说，在色调和纯度相同的颜料中，白颜料反射率最高，在其他颜料中混入白色，可以提高混合色的反射率，也就是提高了混合色的明度，混入白色越多，明度越高；而黑颜料却恰恰相反，混入黑色越多，明度越低。

在纯度相同而色调不同的颜色之间，其明度不同，如黄色明度高，看起来很亮；紫色明度低，看起来很暗；橙、红、绿、蓝等介于之间，见表 5-2。

表 5-2 色彩明度

色调	白色	黄色	黄橙色	棕色	黄绿色	绿色	红橙色
明度	100.00	78.90	69.85	69.85	30.33	30.33	27.73
色调	青绿色	纯红色	青色	暗红色	青紫色	紫色	黑色
明度	11.00	4.93	4.93	0.80	0.36	0.13	0.00

同一色调有不同的明度，如红色有深红、红、浅红，蓝色有深蓝、蓝、浅蓝等，有深浅之分，这就是明度的不同。

不同色调在不同光照强度下，会使色彩明度发生变化，从而改变原有的色调。例如，红色在光照强度逐渐增强的光线照射下，将由红色变为橙色—黄色—白色。而在逐渐减弱的光线下，将由红色变成暗红—黑色。

（三）纯度

纯度（Chroma）是指色彩的纯净程度，即颜色色素的凝聚程度，又称色度、彩度、鲜艳度、饱和度等。

纯度表示了颜色是否鲜明和含有颜色多少的程度，它取决于表面反射光波波长范围的大小，即光波的纯度。达到饱和状态的颜色纯度最高，其色泽鲜艳、饱满。光谱上的各种颜色是最饱和的颜色。在饱和颜色的基础上加入黑、白、灰色，其纯度都会降低，加入的越多，纯度就越低。在光谱中七种标准色中，红色纯度最高，黄绿色纯度最低，其他色纯度居中。黑、白、灰色是无彩色，纯度为零。

第二节　色彩混合与色彩表示方法

一、色彩混合

在一种色中掺入其他色，从而得到各种与原来颜色不同的色，称为色彩的混合。色彩混合一般分为加光混合、减光混合和中性混合。

（一）加光混合

加光混合就是将光谱中几种不同的色光进行混合，而得到新的色光，又称为色光混合。色光的三原色为红、绿、蓝，其他任何颜色的光都可由三原色以一定比例混合而成。所谓同色异谱现象就是说明这个道理。色光混合遵循加法法则。图 5-1 所示为相加混色的两种图示，反映了色光混合结果。在色三角形中，三个顶点代表色光的三原色，每个边的中心点代表该边上两个顶点颜色的混合色。即红色 + 绿色 = 黄色；红色 + 蓝色 = 紫色；蓝色 + 绿色 = 青色；红色 + 绿色 + 蓝色 = 白色。另外，从图 5-1 中还可以看出，光谱中的每种色光，与另一种色光按比例混合可得到白光，如红色 + 青色 = 白色；蓝色 + 黄色 = 白色；绿色 + 紫色 = 白色。

当两种色光以适当的比例混合产生白色或灰色的颜色时，就称这两种颜色为互补色。牛顿将光谱色按照它们自然的秩序在圆周上排列，在红与紫的两端之间留一个弧度给非光谱色的绛色，再回到光谱中的红色，这样就排成一个色圈（见图 5-1）。圆周上直径相对的两种颜色为互补色。可以通过色轮转动来实现互补色光的混合。

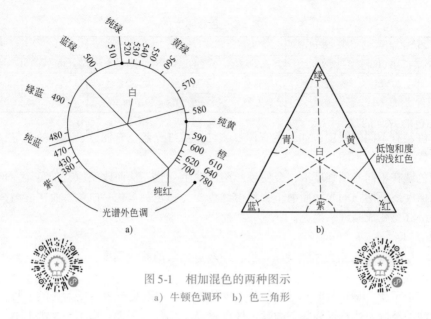

图 5-1　相加混色的两种图示
a）牛顿色调环　b）色三角形

青、紫、黄分别为红、绿、蓝三原色的补色。两个非互补的颜色混合产生介于这两种颜色之间的中间色。例如，红色与黄色混合可得到橙色。中间色的色彩取决于两者的比例，若红与绿混合，按混合的比例不同，可以得到橙、黄、黄绿等各种颜色。

色光混合后的明度等于参加混合的各色光明度之和，混合的色光越多，其明度越高，如果把各种色光全部混合在一起则成为白色光。

（二）减光混合

减光混合又称为颜色混合。就是将不同颜料、涂料、染料等物质以不同比例混合在一起，从而得到新的颜色。颜色的三原色是青、紫、黄，它们是加色法三原色的补色。彩色电视主要是应用加色法，即彩色光在显像管光屏上组合是相加混合的结果。而彩色电影的画面则由黄、青、品红三种影片染料按减色法处理构成。颜料混合规律如下：

$$黄色 = 白色 - 蓝色；紫色 = 白色 - 绿色；青色 = 白色 - 红色$$
$$黄色 + 紫色 = 白色 - 蓝色 - 绿色 = 红色$$
$$紫色 + 青色 = 白色 - 绿色 - 红色 = 蓝色$$
$$黄色 + 青色 = 白色 - 蓝色 - 红色 = 绿色$$

式中"－"号表示光被吸收。例如，黄色表示白光照到颜料后，蓝光成分被吸收后反射红光和绿光混合光的结果。图 5-2 所示为相减混色。

颜料混合与色光混合不同，色光混合后产生的颜色其明度是增加的，等于其投射的光束的明度的总和；而在颜料混合（减色法）中，混合后得出的颜色明度是减少的。三种原色混合呈现灰黑色，两种间色混合而成的颜色称为复色，复色纯度更低，为灰性色。颜色混合的成分、次数越多，被吸收的光线就越多，明度和纯度就会越低，颜色越灰越暗，直至接近重浊的黑灰色。

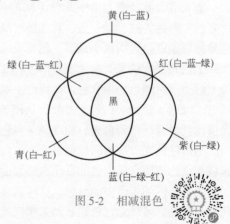

图 5-2　相减混色

（三）中性混合

中性混合虽然也是颜料等物质的混合，但同时又有加光混合的一些特征，中性混合并不是在调色板上将色料进行充分的混合，而是以小点、小面或细线的形式将未调和的色彩在画面上并置，利用人的视觉合色能力，当人的视线离开一定距离时将融合成新的色彩，混合后的色彩明度是各被混合色的平均值，而且纯度保持不变，因此又称为平均混合或空间混合。

这种色彩并置的视觉融合方法，在现代三色版印刷中得到重大应用。

二、色彩表示方法

为了直观方便地表示和区别各种不同的颜色，将色调、明度、纯度三个基本要素用字母或数码形式构成表示色彩的空间立体模型，称为色彩体系（或称色立体）。目前国际上已有多个色彩体系，如日本色彩研究所的 PCCS（Practical Color – ordinate System）体系、德国的奥斯特瓦德色彩体系和美国的孟塞尔色彩体系。其中，孟塞尔（A. F. Munsell，1858 ~ 1918）色彩体系在一些国家的工业部门和研究机构已被采用。该体系（孟塞尔颜色图谱）1915 年在美国出版，美国国家标准局和美国光学协会在 1943 年完成了对孟塞尔色彩体系的全面修订。修订后的孟塞尔颜色图谱包括 2 套样品（分别含有 1450 块和 1150 块颜色样品）。

孟塞尔色彩体系采用颜色立体的架构来表示，如图 5-3 所示。立体的中央轴坐标对应于明度，以符号 V 表示。反射率为零的黑色明度最低，所以设定明度轴坐标底端值为零。明度最高的为白色（反射率为 100%），明度轴坐标顶端值为10。在明度坐标的 0 与 10 之间按视觉的等明度差均分为 10 段，构成等距坐标。包括 0 与 10 在内共有 11个等明度级，依次标为 0 ~ 10，它们对应于灰色系列。

孟塞尔色彩体系的径向坐标（垂直于中心轴）对应于纯度，以符号 C 表示。中心轴的灰色系列纯度为 0，离中心轴越远纯度越高，最远为各色调的纯色，个别可达到20。各纯度轴是基于心理上色彩鲜艳程度等差排列的。

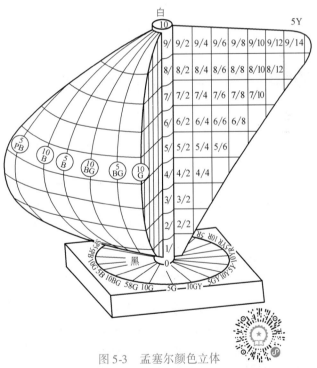

图 5-3　孟塞尔颜色立体

孟塞尔色彩体系的圆周角坐标对应于色调，以符号 H 来表示。全部色调构成一色环，按视觉等距分为 5 等份，各等分点为五个基本色，分别命名为 R（红）、Y（黄）、G（绿）、B（蓝）、P（紫）。在五个基本色调正中间插入五个中间色调，分别命名为 YR（橙）、GY（黄绿）、BG（蓝绿）、PB（蓝紫）、RP（红紫），成为十个色调，排列顺序为顺时针。同时将各相邻色调间的间隔分为 10 等份，分别标上 1 ~ 10 的数字，以各色调中央第 5 号为各色代表，全色环共 100 个等分点。例如，5R 为红、5YR 为橙、5Y 为黄等，如图 5-4 所示。

颜色立体空间区域内的任何一点，都对应于现实世界的一种色彩。同时，现实世界中的所有物体色都能在这一空间区域中找到与之相对应的位置，具体可用坐标来表示：有彩色标为 HV/C，即 H（色调）、V（明度）、C（纯度）。例如，5R4/14 即色调 H 为 5R（红色调 5 号），明度 V 为 4，纯度 C 为 14。无彩色因无色调和纯度特征，只剩下明度 V。因此标为：V/或 NV/，如明度为 5 的灰色，标为5/或 N5/。

下面是孟塞尔色调环上的十种主要色调最高纯度时的明度情况：红 5R4/14、黄5Y8/12、绿 5G5/8、蓝 5B4/8、紫 5P4/12、橙 5YR6/12、黄绿 5GY7/10、蓝绿5BG5/6、蓝紫 5PB3/12、红紫 5RP4/12。

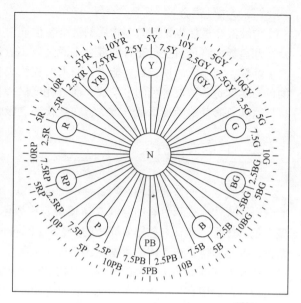

图 5-4　孟塞尔色调环

第三节　色彩对人的影响

色彩对人的影响，是客观存在的。色彩的辨别力、视认性、明视性，色彩的象征和情感等都是色彩心理学上的重要问题。本节着重介绍色彩对人心理、生理的影响。

人们对色彩的感觉是一种复杂的现象，人们会对色彩产生感觉，是由于可见光波段的电磁波作用于视觉器官的视网膜从而产生特有的响应，当这些响应投射到大脑枕叶横纹区后，就在那里形成色彩感觉。同样的一个色彩，会因为人的性别、年龄、个性、生理状况、心情、生活环境、风俗习惯的不同而产生不同的个别或群体的差异。

一、温度感

温暖和寒冷这两个词，表面上看似乎与色彩没什么关系，但是，从人对色彩的感觉来看，红色使人联想到火红的太阳、红红的篝火，使人有一种温暖的感觉；蓝色使人想到海水，会有一种寒冷感。因此，将红、橙、黄色称为暖色，橙红色为极暖色。青、绿、蓝色称为冷色，青色为极冷色。在圆形色环中以橙色为中心的半个色环上的色彩都在相对程度上显得暖些，靠近橙色越近，感觉越暖，这一系列色彩称为暖色系；而以青色为中心的半个色环上的色彩相对显得冷些，靠近青色越近，感觉越冷，这一系列色彩称为冷色系。另外，部分介于中间的色彩，置于大面积冷色调中会显得暖些，而放在大面积暖色调中会显得冷些。紫色相对于红色显得冷，而相对于蓝色却显得暖。

色彩的温度感，是人类长期在生产、生活经验中形成的条件反射。当一个人观察暖色时，心理上会明显出现兴奋与积极进取的情绪；而当观察冷色时，心理上会明显出现压抑与消极退缩的情绪。关于色彩的温度感对人的生理影响，有关专家曾做过实验，让被测试者分别独居在内部涂装成红色和蓝色的小房间内，结果发现：处于红色房间的被测试者很快出现了体温升高、脉搏加快、内分泌增强等生理兴奋状况，并很快出现了生理疲劳。相反，处于蓝色房间的被测试者，则出现了体温下降、脉搏减缓、内分泌减弱等生理抑制状况。

二、轻重感

色彩的轻重感是物体色与人的视觉经验共同形成的重量感作用于人的心理的结果。深浅不同的色彩会使人联想起轻重不同的物体。通常，浅色会使人联想到白云、棉花等轻质物体，深色则会使人联想到煤块、钢铁等重质的东西。因此，决定色彩轻重感的主要因素是明度，明度越高显得越轻，明度越低显得越重。另外，色彩的轻重感还会受到色彩样态的影响。有光泽、质感细密、坚硬的表面色样态给人以稍重的感觉，而无光泽、质感粗松、柔软的表面色样态给人以稍轻的感觉。例如，在工业生产中，高大的重型机器下部多采用深色，上部多采用亮色，可给人以稳定、安全的感觉，否则会使人感觉有倒下来的危险。

三、硬度感

色彩的硬度感是指色彩给人以柔软和坚硬的感觉，它和色彩的轻重感很相似，与色彩的明度和纯度有关。明度高的色彩感觉软，明度低的色彩感觉硬。中等纯度的色彩感觉软，高纯度和低纯度的色彩感觉硬。一般常采用高明度和中等纯度的色彩来表现软色。在无彩色中的黑、白是硬色，灰色是软色。

四、胀缩感

色彩的胀缩感是指色彩在对比过程中，色彩的轮廓或面积给人以膨胀或收缩的感觉。色彩的轮廓、面积胀缩的感觉是通过色彩的对比作用产生出来的。通常，明度高的色和暖色有膨胀作用，该种色彩给人感觉比实际大，如黄色、红色、白色等。而明度低的色和冷色则有收缩作用，该种色彩给人感觉比实际小，如棕色、蓝色、黑色等。在色彩的视觉传达设计中，色彩的胀缩感常用于改变色彩面积关系上的视觉均衡，增加视觉舒适感，如红色与蓝色进行搭配时，红色的面积稍小，蓝色的面积稍大，可以获得两色在视觉上的协调感。

五、远近感

色彩的远近感是指在相同背景下进行配置时，某些色彩感觉比实际所处的距离显得近，而另一些色彩又感觉比实际所处的距离显得远，也就是前进或后退的距离感。这主要与色彩的色调、明度和纯度三要素有关。从色调和明度来说，冷色感觉远，暖色感觉近，如红色和蓝色在白色背景下，红色感觉比蓝色感觉近；明度低的色感觉远，明度高的色感觉近，如白色和黑色在灰背景下，白色感觉比黑色感觉近；而纯度则与明度不同，暖色且纯度越高感觉越近，冷色且纯度越高感觉越远，如在白色背景，高纯度的红色比低纯度的红色感觉近，高纯度的蓝色比低纯度的蓝色感觉远。

在实际应用中，可以利用色彩的远近感创造色彩的层次感，丰富色彩的变化，处理工业设备造型上的均衡感与稳定感以及突显某些重要的色彩信息。例如，在显示器与控制器的设计中，可以利用"近"色的前进、醒目感突显重要甚至警示作用的显控装置。而对于次要的和需要隐蔽的装置或部分则可利用"远"色达到后退、隐蔽的效果。

六、情绪感

色彩不仅能使人产生温度感、轻重感、硬度感、胀缩感、远近感等物理感觉，而且还能引起人的情绪变化，如能引起人的兴奋和沉静感、明快和忧郁感、华丽和朴素感。通过实验证明，令人赏心悦目的色彩，通过人的视觉器官传入色素细胞以后，对神经系统会产生良好的刺激，有利于人的心血管系统、消化系统，在此过程中使人体分泌出某种有益于健康的生理活性物质，可以调节血液的流量和神经的传导，使人保持朝气蓬勃的精神状态。反之，杂乱而刺目的色彩，会损坏人的健康和正常的心理情绪。不同颜色对人的影响不同，如红色有增加食欲的作用；蓝色有使高烧病人退烧和使人情绪稳定的作用；紫色有镇静的作用；褐色有升高血压的作用；明度较高而鲜艳的暖色，容易引起人疲劳；明度较低、柔和的冷色，使人有稳重和宁静的感觉；暖色系颜色给人以兴奋感，可以激发人的情感和情绪，使人兴奋激情，精力旺盛，但也易疲劳；冷色系颜色给人以沉静感，可以抑制人的情感和情绪，使人沉着冷静和宁静地休息。另外，明亮而鲜艳的暖色给人以轻快活泼的感觉；深暗而浑浊的冷色给人以忧郁沉闷的感觉。无彩色系列中的白色与纯色配合给人以明朗活泼的感觉，而黑色产生忧郁感觉，灰色则为中性。因此，在色彩视觉传达设计中，可以合理地应用色彩的情绪感觉，创造适应人的情绪要求的色彩环境。

第四节　色彩调节与应用

一、色彩调节的概念

色彩在知觉的不同水平上具有各种心理语义，如色彩的温度感、轻重感、硬度感、胀缩感、远近感以及色彩表现的开朗与阴郁、活泼与呆滞、松弛与紧张等，同时还与温度因素、空间因素、时间因素、光因素等多种环境因素相联系，并且会在人的生理方面产生类似作用。因此，利用色彩的这种作用可以在一定程度上对环境因素起到调节作用。

色彩调节的强度虽不及物理方式的调节强度，但色彩对环境因素的调节比物理调节更为广泛。因为类似于空气调节的物理调节需要配置高价实体设备、耗费大量能源、需要高额运行成本，并适用于封闭或基本封闭的空间。而利用色彩对环境因素进行调节则不需要继续追加运行成本，更不会消耗能源，并且它是直接作用于人的心理，只要人的视线所及，不论空间是何种类型都能发挥作用。因此，色彩调节在作业空间设计和工业设备的施色等方面具有广泛的应用。

二、色彩调节的目的

人类的各种活动可以归纳为生产劳动、工作学习和生活休息，而色彩调节的目的就是使环境色彩的设计更加适合于人在该环境中所进行的特定活动。因此，色彩调节的目的可分为三大类：① 提高作业者作业愿望和作业效率。② 改善作业环境、减轻或延缓作业疲劳。③ 提高生产的安全性，降低事故率。

其中，第一类调节适用于生产劳动和工作学习的环境，以提高作业者主观工作愿望和客观工作效率；第二类调节适用于人的各种特定活动，在客观上改善作业环境的氛围，主观上减少作业者的生理和心理疲劳；第三类调节适用于生产劳动现场，如生产车间厂房或户外工地现场，是为了排除作业者受到身体甚至于生命的危害，实际上这种调节并不能调节环境因素，而是改变了安全因素，因此称为安全色。

从上述色彩调节的目的出发，可以通过以下三个步骤来实现色彩调节：

第一步，归纳出委托人要实现环境调节应有的全部目标，对这些目标进行分析，确定最终应实现的调节目标。

第二步，根据色彩所具有的心理语义确定色调和配色，并概括语境确定调节方式。

第三步，确定在工程上施色的材料与工艺，实现环境的色彩调节。

三、色彩调节的应用

色彩调节在作业空间设计、厂房及生产设备的施色、目视管理等多方面具有广泛的应用。车间墙面、地面、空间构件的施色构成车间的主要色调，直接影响作业人员的视觉环境和照明效果。设备占有生产车间的主要空间，是车间色彩环境构成的重要内容，设备施色主要考虑对视觉的保护、与整体色彩环境的匹配。对机器设备的运动部分，为了避免安全事故发生，可通过选择比较醒目的暖色调与较高明度和彩度的色彩来进行施色。常见的企业设备施色有灰色、蓝色、绿色、黄绿色，设备运动部分常采用比较鲜艳的红色或黄色。此外，各种管线施色主要考虑相关标准及技术要求。在作业空间设计中色彩调节的应用主要体现在工作台表面、座椅、工位器具、车间运输车道及人行道的区域标志线等的施色。目视管理中色彩的应用比较普遍，如车间班组管理中运用的各种表格、图片，安东管理中各工位运行状态信息，利于垃圾分类的不同颜色垃圾桶，仪表盘不需要显示准确数据时正常范围和异常范围区域采用绿色和红色漆分开，LED 显示屏有关生产运行状态的动态显示信息、信息导引设计中的文字信息自身色彩和背景色彩的匹配等。

对于生产现场的色彩调节既要考虑环境色的调节，又要考虑安全色的施色要求。对它们实施色彩调节的施色可分为以下两类：

（一）安全色

安全色是传递安全信息含义的颜色。我国现行国家标准 GB 2893—2008《安全色》中对安全色的颜色表征规定包括红、蓝、黄、绿四种颜色。具体规定如下：

红色——表示禁止、停止、危险以及消防设备的意思。凡是禁止、停止、消防和有危险的器件或环境均应涂以红色的标记作为警示的信号。例如，机器设备上转动的轮子、消防设施、报警器、应急停止按钮等。

蓝色——表示指令，要求人们必须遵守的规定。

黄色——表示提醒人们注意。凡是警告人们注意的器件、设备及环境都应以黄色表示。

绿色——表示给人们提供允许、安全的信息。

使用安全色必须有很高的打动知觉的能力与很高的视认性，所表示的含义必须能被明确、迅速地区分与认知。因此，使用安全色必须考虑以下三方面：①危险的紧迫性越高，越应该使用打动知觉程度高的色彩。②危险可能波及的范围越广，越应使用视认性高的色彩。③应该制定约定俗成的色彩作为安全色标准，以防止对安全色含义的错误理解。

凡有特殊要求的零部件、机械、设备等的直接活动部分与管线的接头、栓等部件以及需要特别引起警惕的重要开关，特别的操纵手轮、把手，机床附设的起重装置，需要告诫人们不能随便靠近的危险装置等都必须施以安全色。对于调节部件，一般也应施以纯度高、明度大、对比强烈的色彩加以识别。

车间、工作场所色彩调节中的安全色的施色必须做到：①标识出直接的危险物。②标识出可用于应急措施的对象。③标识出安全救助设施。④标识出可能出现危险的区域或可能受害的对象。⑤标识出必须禁止操作或必须提醒注意的操作。

此外，在野外操作的工程机械，常常在没有任何特殊防护设施的环境下工作，为了防止行人靠近而造成伤害，必须采用橙色、朱红、明黄等色彩，以与环境中绿色的树木、棕褐色的土地或灰色的水泥地形成鲜明的对比。

（二）对比色

对比色是使安全色更加醒目的反衬色，包括黑、白两种颜色。安全色与对比色同时使用时，应按表5-3的规定搭配使用。

表5-3　安全色和对比色

安　全　色	对　比　色
红色	白色
蓝色	白色
黄色	黑色
绿色	白色

注：1. 白色用于安全标志中红、蓝、绿的背景色，也可用于安全标志的文字和图形符号。
　　2. 黑色用于安全标志的文字、图形符号和警告标志的几何边框。

（三）环境色

车间、厂房的空间构件，包括地面、墙壁、天花板以及机械设备中除了直接活动的部件与各种管线的接头、栓等部件外，都必须施以环境色。车间、厂房色彩调节中的环境色应满足以下要求：

1）应使环境色形成的反射光配合采光照明形成足够的明视性。

2）应像避免直接眩光一样，尽量避免施色涂层形成的高光对视觉的刺激。

3）应形成适合作业的中高明度的环境色背景。

4）应避免配色的对比度过强或过弱，保证适当的对比度。

5）应避免大面积纯度过高的环境色，以防视觉受到过度刺激而过早产生视觉疲劳。

6）应避免如视觉残像之类的虚幻形象出现，确保生产安全。

如在需要提高视认度的作业面内，尽可能在作业面的光照条件下增大直接工作面与工作对象间的明度对比。经有关专家实验统计，人们在黑色底上寻找黑线比在白色底上寻找同样的黑线所消耗的能量要多 2100 倍。为了减少视觉疲劳，必须降低与所处环境的明度对比。

　　例如，某钟表厂的装配车间将深色地板改换为明快的颜色后，生产率提高了 7.5％。这是因为精细的钟表零件需要较强的视认性。因此，其工作台面采用了白色，以形成较强的明度对比。但白色的桌面又与深色的地板形成了强烈反差，使操作者极易产生视觉疲劳。当将深色地板换成明快的浅色后，与白色桌面间的明度对比减弱，从而改善了操作者的视觉条件，生产率得到了提高。

　　同样在控制器中也应注意控制器色彩与控制面板间以及控制面板与周围环境之间色彩的对比，以改进视认性，提高作业的持久性。

复习思考题

　　1. 简述色光三原色和颜色三原色的组成。为什么说色光的混合为加光混合，而颜色的混合为减光混合？

　　2. 色彩有哪三个基本要素？它们各自的特点是什么？

　　3. 孟塞尔色彩体系中的三个独立属性在空间是如何配置的？

　　4. 试指出孟塞尔色环上哪些色彩属于暖色系，哪些属于冷色系。

　　5. 说明色彩的温度感对人能产生怎样的影响。

　　6. 什么是色彩的轻重感？什么是色彩的硬度感？它们之间有何异同？

　　7. 什么是色彩的涨缩感？什么是色彩的远近感？它们之间有何异同？

　　8. 什么是色彩的情绪感？它有什么实际应用意义？

　　9. 什么是色彩调节？这种调节有何特点？

　　10. 色彩调节有何目的？它与人类活动有怎样的关系？

　　11. 简述安全色的种类及其含义。

　　12. 车间或厂房色彩调节的主要目的是什么？施色有什么要求？

思 政 案 例

第 5 章　中国传统建筑的色彩设计

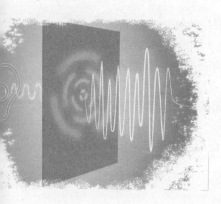

第六章
噪声及振动环境

第一节 声音及其度量

一、声音的基本概念

物体的振动产生声音，振动发声的物体称为声源。并非所有物体的振动都能被人耳听见，只有产生在一定频率范围内的振动，人耳才能听到，位于这一频率范围内的振动称为声振动，声振动属于机械振动。声音分为纯音和复合音。纯音是一种单一频率的声音，只有在严格控制的实验室条件下才能得到；一般的声音是由一些频率不同的纯音组合而成的，称为复合音，语言、音乐都是复合音。从物理学的观点讲，和谐的声音称为乐音，不和谐的声音则称为噪声。

声音的形成是由振动的发生与传播这两个环节组成的。没有振动就没有声音；同样，没有介质来传播振动，也就听不到声音。作为传播声音的中间介质，必须是具有惯性和弹性的物质，因为只有介质本身有惯性和弹性，才能不断地传递声源的振动。空气正是这样一种介质，人耳平时听到的声音大部分是通过空气传播的。

声音通常以波的形式在空气中传播，人耳通过感受空气的振动听到声音。频率、波长和声速是描述声音的三个重要物理量。

（一）频率

声源每秒振动的次数称为频率，以 f 表示，单位为赫兹（Hz）。对于人耳的感觉，声波的频率反映的是音调的高低，即所谓的"高音"和"低音"。

人耳能感受到的声波频率范围是 20～20000Hz，低于 20Hz 的声波称为次声波，超过 20000Hz 的声波称为超声波。次声和超声都是人耳所无法感觉到的，但是有些生物，如海豚和蝙蝠可以听到超声波。

在声频范围内，声波的频率越高，声音显得越尖锐；反之，显得低沉。通常将频率低于 300Hz 的声音称为低频声；300～1000Hz 的声音称为中频声；1000Hz 以上的声音称为高频声。

（二）波长

声波在一个波动周期内传播的距离称为波长，记作 λ，单位为 m。波长可以是从一个波谷到相邻波谷的距离，也可以是从一个波峰到另一个波峰的距离。

（三）声速

声波在媒介中传播的速度称为声速，用 c 表示。频率、波长和声速三个物理量之间的关系为

$$\lambda = \frac{c}{f} \tag{6-1}$$

式中，λ 是波长（m）；c 是声速（m/s）；f 是频率（Hz）。

在不同的介质中声速是不同的。在空气中，室温条件下的声速约为 340m/s；在水中的声速近似为 1450m/s；在钢铁中约为 5000m/s；在玻璃中约为 5000~6000m/s；在橡胶中约为 40~150m/s。同时，声音传播的速度还与温度有关。

二、声音的物理度量

（一）声压、声压级

声波在空气传播过程中，引起空气质点振动导致空气压强变化称为声压。声压是表示声音强弱的物理量，用 P 表示，单位是帕（Pa）。声音越强对应的声压越高。普通人谈话声的声压约为 $2 \times 10^{-2} \sim 7 \times 10^{-2}$ Pa，载货汽车行驶产生的声压约为 0.2~1Pa，凿岩机产生的声压约为 20Pa，而喷气飞机产生的声压约为 200~630Pa。

人耳的听觉范围很广，正常人耳刚刚能听到的最低声压称为听阈声压，使人耳产生疼痛感觉的声压称为痛阈声压。人耳的声压听觉范围非常宽，用声压的绝对值来衡量声音的强弱很不方便，所以通常用对数值来度量声压，称为声压级。声压级是声压与基准声压之比的以 10 为底的对数乘以 20，用符号 L_p 表示，单位是分贝（dB）。其表达式为

$$L_p = 20\lg \frac{P}{P_0} \tag{6-2}$$

式中，L_p 是声压级（dB）；P 是声压（Pa）；P_0 是基准声压（$P_0 = 2 \times 10^{-5}$ Pa）。

表 6-1 列出了各种典型环境下的声压和声压级。

表 6-1　各种典型环境下的声压和声压级

声压/Pa	声压级/dB	环境举例	声压/Pa	声压级/dB	环境举例
630	150	火箭发射	0.063	70	繁华大街上
200	140	喷气式飞机附近	0.020	60	普通说话
63	130	开坯锻锤，铆钉枪	0.0063	50	微型电动机工作时
20	120	大型球磨机	0.0020	40	安静房间内
6.3	110	大型鼓风机附近	0.00063	30	轻声谈话
2.0	100	纺织车间	0.00020	20	树叶落下的沙沙声
0.63	90	汽车喇叭声	0.000063	10	乡村安静夜晚
0.20	80	公共汽车上	0.000020	0	刚刚能听到的声音（听阈）

（二）声压级合成法则

在实际噪声环境中，往往有多个声源同时存在，几个不同的声源同时作用在声场中的同一点上，它们产生的总声压可以通过能量合成的原则进行计算。若在某点分别测得几个声源的声压为 P_1，P_2，$\cdots$，P_n，该点总声压 P_t 满足

$$P_t^2 = \sum_{i=1}^{n} P_i^2 \quad (i = 1, 2, \cdots, n)$$

代入式（6-2），则总声压级 L_{Pt} 为

$$L_{Pt} = 20\lg\left(\frac{P_t}{P_0}\right) = 10\lg\left(\frac{P_t}{P_0}\right)^2 = 10\lg\frac{\sum_{i=1}^{n} P_i^2}{P_0^2} = 10\lg\sum_{i=1}^{n}\left(\frac{P_i}{P_0}\right)^2 \quad (i = 1, 2, \cdots, n)$$

由声压级的定义可知

$$L_{Pi} = 10\lg\left(\frac{P_i}{P_0}\right)^2$$

故有

$$\left(\frac{P_i}{P_0}\right)^2 = 10^{0.1L_{Pi}}$$

因此，总声压级

$$L_{Pt} = 10\lg\left(\sum_{i=1}^{n} 10^{0.1L_{Pi}}\right) \quad (i = 1, 2, \cdots, n) \tag{6-3}$$

一般情况下，某一声源的声压 P_i，总是在一定的背景声源声压 P_b 下测得的。要准确地了解声源的声压级，必须从总声压中去除背景声源的影响，根据声压合成法则有

$$P_t^2 = P_i^2 + P_b^2$$

因此

$$\left(\frac{P_i}{P_0}\right)^2 = \left(\frac{P_t}{P_0}\right)^2 - \left(\frac{P_b}{P_0}\right)^2$$

故某声源声压级计算如下

$$L_{Pi} = 10\lg\left(10^{0.1L_{Pt}} - 10^{0.1L_{Pb}}\right) \tag{6-4}$$

求声源声压级的另一种方法是采用修正法，背景噪声对所测声源噪声的影响见表6-2。

表 6-2　排除背景噪声的修正值

所测声源噪声与背景噪声的差值/dB	3	4, 5	6, 7, 8, 9	>10
修正值/dB	-3	-2	-1	0

（三）频谱分析

各种声源发出的声音大多是由许多不同强度、不同频率的声音复合而成的。不同频率（或频段）成分的声波具有不同的强度，这种频率成分与声强分布的关系称为声的频谱。将声源发出的声音强度按频率顺序展开，使其成为频率的函数，并考察变化规律，称为频谱分析。

为了便于实际测量和分析，人为地把声频范围划分为几个小的频段，在每一个频段中，上限频率与下限频率之间的距离称为频程，它以上限频率 f_1 和下限频率 f_2 之比的对数表示，此对数通常以 2 为底，即

$$n = \log_2\frac{f_1}{f_2} \quad \text{或} \quad \frac{f_1}{f_2} = 2^n \tag{6-5}$$

式中，n 是倍频程数。在实际分析中，通常以倍频程或 1/3 倍频程进行分析。$n = 1$ 为 1 个倍频程，$n = 1/3$ 为 1/3 倍频。1 个倍频程表示上限频率为下限频率的 2 倍，倍频程通常用它的几何中心频率 f_0 代表，中心频率与上、下限频率之间的关系为

$$f_0 = \sqrt{f_1 f_2} \tag{6-6}$$

这里的 f_0 是一个频率，但它代表着一个倍频程的频率范围。目前，国际上对倍频程的划分方法已通用化了。通用的倍频程及每个频带所包括的频率范围见表 6-3，其中 10 个频程已把可闻声（20Hz ~ 20kHz）全部包括进来，因而使测量分析工作得到简化。若想得到更细的频谱，可以使用 1/3 倍频程。

表 6-3　倍频程的频率范围　　　　　　　（单位：Hz）

中心频率	31.5	63	125	250	500
频率范围	22.5 ~ 45	45 ~ 90	90 ~ 180	180 ~ 354	354 ~ 707
中心频率	1000	2000	4000	8000	16000
频率范围	707 ~ 1414	1414 ~ 2828	2828 ~ 5656	5656 ~ 11212	11212 ~ 22424

各频率成分与能量分布关系的图形称为频谱图。通常是先测定出该噪声的各频率成分与相应的声压级或声功率级，然后以频率为横坐标，以声压级（或声功率级）为纵坐标进行绘图，如图 6-1 所示。

通过频谱分析，可以清楚地了解噪声的成分和性质，有助于分析噪声的来源、特征、危害，以制定相应的解决措施。

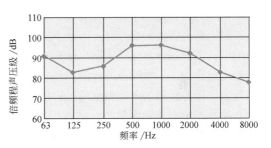

图 6-1　AK1300-III 汽轮鼓风机频谱图

三、人耳对声音的主观感觉

人耳对声音大小的主观感觉不仅与声压有关，而且与声音的频率有关，人耳对高频声音感觉比较灵敏，对低频声音感觉比较迟钝。声压或声压级只能表征声音在物理上的强弱，不能表征人对声音的主观感觉，即对于不同频率的声音，尽管声压级相同，但人耳的主观感觉是不一样的。因此，必须建立评价人耳对声音的主观量度的物理量。

（一）声音的响度级与响度

响度级是人们对噪声进行主观评价的一个基本量，用 L_N 表示，单位为方（phon）。选取 1000Hz 的纯音作为基准音，凡是听起来和该纯音一样响的声音，不论其声压级和频率是多少，它的响度级（方值）都等于该纯音的声压级数，即与该声音同样响的 1000Hz 纯音的声压级。运用与基准声音比较的方法，可以得到整个人耳可听声音范围内不同频率不同声强声音的响度级，并绘制出等响度曲线，如图 6-2 所示。

等响度曲线上的数字表示声音的响度级。从等响度曲线图可以看出，人耳对高频声，特别是 3000 ~ 4000Hz 的声音最敏感，而对 100Hz 以下的低频声很迟钝。图中最下方的一条等响度曲线是人耳可听见

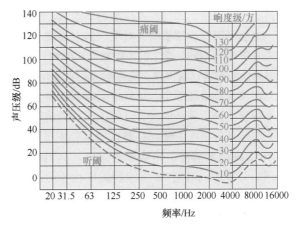

图 6-2　等响度曲线

的最小声音值，其响度级为 4.2 方，称为听域曲线；最上方的一条响度曲线是使人耳产生痛觉的声音曲线，其响度级为 120 方，称为痛域曲线。它表示各频率的纯音不能引起听觉，只能引起痛觉的临界声压级。在听阈和痛阈等响度曲线之间，是正常人耳可以听到的全部声音。在每一条等响度曲线上的各点，尽管声压级不同，频率不同，但响度却是相同的。例如，某噪声频率为 3000Hz、声压级为 90dB，从等响度曲线上得出这个噪声的响度级是 102 方。

声音的响度是人耳对声音强度所产生的主观感觉量，它与人对声音响亮程度的主观感觉成正比。响度以 N 表示，单位为宋（sone），并规定 1 宋为 40 方，响度与响度级的关系式为

$$N = 2^{0.1(L_N - 40)} \text{ 或 } L_N = 40 + 33.22 \lg N \tag{6-7}$$

响度与声音的频率和声强有关，当频率一定时，声压级越高，人耳感觉越响。

以上是纯音的响度计算。工业上碰到的噪声大多是含多种频率的复合音。对于复合音的总响度，美国科学家史蒂文斯（S. S. Stovens）提出了用倍频程声压级计算响度的方法。响度的确定过程如下：对噪声进行倍频程或 1/3 倍频程的分析，记下各倍频带或 1/3 倍频带的声压级；使用各频程的中心频率和对应的声压级，从频率、声压级的部分响度指数、响度、响度级换算表中查找响度指数，通过扫描图 6-3 中二维码可获取详细数据。再用下列公式计算出总响度

$$N = N_m + F(\sum N_t - N_m) \tag{6-8}$$

式中，N 是总响度指数（宋）；N_m 是各频带中响度指数最大者；$\sum N_t$ 是所有频带的响度指数之和；F 是倍频程选择系数。对倍频程，$F = 0.3$；对 1/3 倍频程，$F = 0.15$。

图 6-3 频率、声压级的部分响度指数、响度、响度级换算表

算出总响度 N 后，根据响度级计算公式，便可求出相应的响度级。

（二）计权声级

人耳对不同频率声音的敏感程度是不同的，对高频声敏感，对低频声不敏感。因此，在相同声压级的情况下，人耳的主观感觉是高频声比低频声响。因此，声压级只能反映声音强度对人响度感觉的影响，不能反映声音频率对响度感觉的影响。响度级和响度解决了这个问题，但是用它们来反映人们对声音的主观感觉过于复杂，于是人们又提出了声级，即计权声压级的概念。

为使噪声测量结果与人对噪声的主观感觉量一致，通常在声学测量仪器中，引入一种模拟人耳听觉在不同频率上的不同感受特性的计权网络，对被测噪声进行测量。通过计权网络测得的声压级称为计权声级，简称声级。它是在人耳可听范围内按特定频率计权而合成的声压级。

在声学测量仪器中，通常根据等响度曲线，设置一定的频率计权电网络，使接收的声音按不同程度进行频率滤波，以模拟人耳的响度感觉特性。人们不可能做无穷多个电网络来模拟无穷多条等响度曲线，一般设置 A、B 和 C 三种计权网络，其中 A 计权网络是模拟人耳对 40 方纯音的响度，当信号通过时，其低、中频段（1000Hz 以下）有较大的衰减；B 计权网络是模拟人耳对 70 方纯音的响度，它对信号的低频段有一定衰减；而 C 计权网络是模拟人耳对 100 方纯音的响度，在整个频率范围内有近乎平直的特性，使所有频率的声音近乎平直通过。

不同计权网络测量的结果，分别标以 dB（A）、dB（B）或 dB（C），称为 A 声级、B 声

级和 C 声级。原来规定 70dB 以下用 A 声级计，70～90dB 用 B 声级计，90dB 以上用 C 声级计。后来研究表明，无论声强多大，A 声级都能较好地反映人耳的响应特征，所以，如无特殊说明，基本都用 A 声级表示噪声评价指标。表 6-4 列出了几种常见声源的 A 声级。

表 6-4 几种常见声源的 A 声级

A 声级/dB	声　源
20～30	轻声耳语
40～60	普通办公室内
60～70	普通交谈声、小型空调机
80	大声交谈、收音机、较吵的街道
90	空压机站、泵房、嘈杂的街道
100～110	织布机、电锯、砂轮机、大鼓风机

（三）等效连续声级

A 声级较好地反映了人耳对噪声的频率特性和主观感觉，对于连续稳定的噪声是一种较好的评价指标，但人们经常遇到的是起伏的、不连续的噪声，为此引入了等效连续声级的概念。等效连续声级是指某一段时间内的 A 声级能量平均值，简称等效声级或平均声级，用符号 L_{eq} 表示，单位是 dB（A）。等效连续声级可用下式计算

$$L_{eq} = 10\lg\left[\frac{1}{T}\int_0^T 10^{0.1L_{PA}(t)}\,dt\right] \tag{6-9}$$

式中，$L_{PA}(t)$ 是瞬间 A 声级 ［dB（A）］；T 是总测量时间（s）。

等效连续声级可用积分声级计直接测量，也可用普通声级计测量不同 A 声级暴露时间，近似计算等效连续声级。

（四）统计声级

当环境噪声大小变化不规则且变动幅度大时，需要用不同的噪声 A 声级出现的概率或累积概率对噪声进行度量。统计声级的物理定义为达到或大于某一声级的概率，用符号 L_s 表示。如 $L_{10}=70dB$ 表示整个测量期间噪声大于等于 70dB 的概率为 10%，$L_{50}=60dB$ 表示噪声大于等于 60dB 的概率为 50%，$L_{90}=50dB$ 表示噪声大于等于 50dB 的概率为 90%。L_{10} 相当于峰值平均声级，L_{50} 相当于平均声级，L_{90} 相当于背景声级。统计声级可用统计声级计进行测量，可连续测量噪声，绘制噪声随时间变化的规律曲线，并计算主要的统计声级。

如果噪声的统计特征符合正态分布，则

$$L_{eq} = L_{50} + \frac{d^2}{60} \tag{6-10}$$

$$d = L_{10} - L_{90}$$

d 值越大，说明噪声起伏越大，分布越不集中。

 # 第二节　噪声及其对人的影响

一、噪声及其来源

声音在我们的生活和工作中起着非常重要的作用，很多信息的传递都要通过声音。但是，

有些声音却影响人们的学习、工作、休息甚至危及人们的健康。比如，大型鼓风机噪声、电锯声、高压排气放空噪声等，会使人心烦意乱，损害听力，并能诱发出多种疾病。噪声通常是指一切对人们生活和工作有妨碍的声音，或者说凡是使人烦恼的、讨厌的、不愉快的、不需要的声音都是噪声。

噪声按其来源可分为以下几种：

（一）工业噪声

工业噪声主要包括空气动力噪声、机械噪声和电磁噪声。

空气动力噪声是由气体振动产生的。例如，风机内叶片高速旋转或高速气流通过叶片会使叶片两侧的空气发生压力突变，激发声波。空压机、发动机燃气轮机和高炉排气等都可以产生空气动力噪声。风铲、大型鼓风机的噪声可达 130dB 以上。

机械噪声是由固体振动产生的。机械设备在运行过程中，其金属构件、轴承、齿轮等通过撞击、摩擦、交变机械应力等作用而产生机械噪声。例如，球磨机、发动机、机床等，其噪声一般在 80～120dB。

而电磁噪声是由电动机、发电机和变压器的交变磁场中交变力相互作用而产生的。

（二）交通噪声

随着城市化和交通事业的发展，城市道路交通噪声的污染，特别是机动车起动、刹车、喇叭等造成的噪声污染日趋严重，交通噪声在整个噪声污染中所占比重将越来越大，已成为影响城市声环境质量的主要问题之一，越来越受到城市居民的重视。

交通噪声主要是指机动车辆、火车、飞机和船舶的噪声。

道路交通噪声通常由车辆自身噪声和车辆运行噪声组成，其中车辆自身噪声包括发动机机械噪声、进排气噪声、发动机冷却风扇噪声和传动系统噪声。车辆运行噪声包括轮胎噪声及鸣笛噪声。以上影响较大的噪声是发动机噪声、轮胎噪声、排气噪声和鸣笛噪声。道路交通噪声具有流动性，是一种中等强度的随机非稳态噪声，并与道路车流量、车辆类型、行驶车速、道路状况等密切相关。

机动车辆噪声主要与车速有关，车速增加一倍，噪声声级大约增加 9dB。噪声声级的高低还与车型、车流量、路面条件等多种因素有关。城市机动车辆噪声大多数集中在 70～75dB 的范围内。火车噪声和城市地铁噪声是非常严重的，而且与其运行速度有关，噪声约为 100dB 以上。而飞机噪声主要指的是飞机起飞、航行和着陆时产生的噪声，当飞机在 300m 以上高空飞过时，产生的地面噪声大约为 85dB。

（三）建筑施工噪声

建筑施工噪声声音强度很高，又属于露天作业，因此污染也十分严重。有检测结果表明，建筑工地的打桩声能传到数公里以外。距离建筑施工机械设备 10m 处，打桩机的噪声强度约为 105dB，铆钉枪的噪声强度约为 91dB，风镐机的噪声强度约为 93dB，铺路机的噪声强度约为 88dB，推土机、刮土机的噪声强度约为 91dB，建筑施工噪声不但会给操作工人身体带来危害，而且严重地影响了附近居民的生活和休息。

（四）社会噪声

社会噪声主要是指社会活动和家庭生活所引起的噪声，如电视声、录音机声、家务活动声、走动声、门窗关闭的撞击声等，这类噪声虽然声级不高，但却往往给居民的宁静生活造成干扰。

二、噪声对听力的影响

噪声对人们正常生活的影响主要表现在：人们在工作和学习时，精力难以集中；情绪焦躁不安，产生心理不愉快感，影响睡眠质量；妨碍正常语言交流等。

持续性的强烈噪声会使人的听力受到损害。根据国际标准化组织的规定：暴露在强噪声环境下，对200Hz、1000Hz和2000Hz三个频率的平均听力损失超过25dB，称为噪声性耳聋。国际标准化组织在1971年提出的8h噪声暴露的听力保护标准为等效连续声级85~90dB（A）。若时间减半，则允许声级提高3dB（A）。

噪声性耳聋与噪声的强度、噪声的频率及接触的时间有关。噪声强度越大、接触时间越长，耳聋的发病率越高。噪声引起的听力损伤，主要是由内耳的接收器官受到损害而产生的。过量的噪声刺激可以造成感觉细胞和声音接收器官的损伤。靠近耳蜗顶端的区域对应于低频感觉，该区域的感觉细胞必须达到很大面积的损伤，才能反映出听阈的改变；而耳蜗底部对应于高频感觉，这一区域感觉细胞只要有很小面积的损伤，就会反映出听阈的改变。

三、噪声对其他生理机能的影响

（一）对神经系统的影响

噪声对神经系统的危害造成大脑皮层的兴奋和抑制平衡失调，导致条件反射异常，引起各种神经系统疾病，如患者常出现头痛、耳鸣、多梦、失眠、心慌、记忆力衰退等症状。噪声强度越大，对神经系统的影响越大。

（二）对内分泌和心血管系统的影响

在噪声刺激下，会导致人体甲状腺功能亢进，肾上腺皮质功能增强等症状。两耳长时间受到不平衡的噪声刺激时，会引起前庭反应、呕吐等现象发生；噪声对心血管系统功能的影响表现为心跳过速、心律不齐、心电图改变、高血压以及末梢血管收缩、供血减少等。

（三）对消化系统的影响

噪声作用于人的中枢神经系统时，会影响人的消化系统，导致肠胃机能阻滞、消化液分泌异常、胃酸度降低、胃收缩减退。造成消化不良、食欲不振、胃功能紊乱等症状。从而导致胃病及胃溃疡的发病率增高。

四、噪声对心理的影响

噪声对心理的影响主要是使人产生烦恼、焦急、讨厌、生气等不愉快的情绪。

烦恼是一种情绪表现，它是由客观现实引起的。噪声引起的烦恼与声强、频率及噪声的稳定性都有直接关系。噪声强度越大，引起烦恼的可能性越大。响度相同而频率高的噪声比频率低的噪声容易引起烦恼。噪声的稳定性对烦恼度也有影响，噪声强度或频率结构不断变化的场合，同正常相比，可以引起更加强烈不愉快的情绪。间断、脉冲和连续的混合噪声会使人产生较大的烦恼情绪。脉冲噪声比连续噪声的影响更甚，响度越大影响也越大。

五、噪声对语言交流的影响

噪声对人的语言信息传递影响很大，在一些工作场所，由于噪声过强，不能充分地进行语言交流，甚至根本不可能进行语言交流。

一个声音由于其他声音的干扰而使听觉发生困难，需要提高声音的强度才能产生听觉，这种现象称为声音的掩蔽效应。一个声音的听阈因另一声音的掩蔽作用而提高的现象称为掩蔽效应。电话通信的一般语言强度为60～70dB，在55dB的噪声环境下通话，通话清楚，感到满意；在65dB时，通话稍有困难；在85dB时，几乎不能通话。谈话的声音与语言干扰级比较，如果前者高出后者10dB，可以听清楚；如果两者接近或相等可以勉强听清；如果谈话声压级比语言干扰级低10dB，就完全听不清了。

噪声对信号的掩蔽作用，常给生产带来不良后果。有些危险信号常常采用声信号，由于噪声的掩蔽作用，使作业者对信号分辨不清，因此，很容易造成事故和工伤。

语言干扰级（SIL）是评价噪声对语言通信干扰程度的评价指标。人的语言的声能主要集中在以500Hz、1000Hz和2000Hz为中心的三个频率声音，4000Hz频带对语言干扰也有影响。所以，国际标准化组织（ISO）最新规定：把500Hz、1000Hz、2000Hz、4000Hz为中心频率的4个声压级的算术平均值定义为语言干扰级，单位是dB。

六、噪声对作业能力和工效的影响

噪声直接或间接地影响工作效率。在嘈杂的环境里，人们心情烦躁，容易疲劳，反应迟钝，注意力不易集中等都直接影响工作效率、质量和安全，尤其是对一些非重复性的劳动影响更为明显。通过许多实验得知，在高噪声下工作，心算速度降低，遗漏和错误增加，反应时间延长，总的效率降低。反之，降低噪声给人带来舒适感，精神轻松，工作失误减少，精确度提高。

噪声干扰对人的脑力劳动会有消极影响，使人的精力分散，工作效率下降。在从事需长时间保持高度注意的工作时，如检查作业、监视控制作业等，噪声干扰会大大降低工作效率。

 ## 第三节　噪声测量及评价标准

一、噪声的测量

（一）室内噪声的测量

图6-4所示为数字式声级计。测量室内噪声时，将声级计的传声器放在操作人员耳朵处或放在工作面附近，选择若干个测点，进行测量。若噪声有明显变化或出现间隙，则还应测量等效连续声级。

（二）机器设备噪声的测量

测量机器设备噪声时，将测点均匀地布置在所测机器的周围，测点的数目根据机器设备的大小和发声部位的多少来选择，一般为 4~8 个。为了在测量时避免其他噪声和反射声的影响，测点布置的高度一般在所测设备的中间处，且要求高于地面 0.5m。对于不同尺寸的机器设备的测点位置如下：

外形尺寸小于 30cm 的小型设备，测点距其表面 30cm 左右；外形尺寸为 30~100cm 的中型设备，测点距其表面 50cm 左右；外形尺寸大于 100cm 的较大型设备，测点距其表面 100cm 左右；大型或特大型设备，测点距其表面 100~500cm 左右。

（三）交通车辆噪声的测量

测量行驶中的车辆的噪声，应在平坦开阔的区间中进行工作。

测量行驶时车内的噪声，要求车窗紧闭，测点选择在车内中央且离地 1.2m 处或在司机、乘客的头部附近，分别记录加速、满载、惯性行驶及制动时的情况。

测量行驶时车外的噪声，测点取距离车体中心线 7.5m、距地面或轨道上方 1.2m 高处。

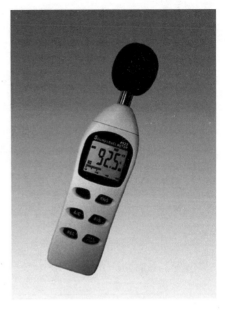

图 6-4　数字式声级计

二、噪声评价标准

噪声标准是噪声控制和保护环境的基本依据，控制标准分为三类：第一类是基于对作业者的听力保护提出的，以等效连续声级为指标；第二类是基于降低人们对环境噪声烦恼度而提出的，以等效连续声级、统计声级为指标；第三类是基于改善工作条件、提高效率而提出的，以语言干扰声级为指标。

（一）国外噪声标准

1）听力保护的噪声标准（A 声级）。表 6-5 所列为国际标准化组织、美国政府及美国工业卫生医师协会制定的听力保护的噪声标准。

2）环境噪声标准。1971 年 ISO 提出的 ISO 1996 环境噪声标准是：住宅区室外噪声标准为 35~45dB（A）。不同时间环境噪声标准应按表 6-6 修正，不同地区环境噪声标准按表 6-7 修正，室内噪声标准按表 6-8 修正。非住宅区室内噪声标准见表 6-9。

表 6-5　听力保护的噪声标准（A 声级）

每个工作日允许工作时间/h	允许噪声级/dB（A）ISO（1971 年）	允许噪声级/dB（A）美国政府（1969 年）	允许噪声级/dB（A）美国工业卫生医师协会（1977 年）
8	90	90	85
4	93	95	90
2	97	100	95
1	99	105	100
1/2	102	110	105
1/4	115（最高限）	115	110

表6-6 不同时间环境噪声标准修正表

时 间	修正值/dB（A）
白天	0
晚上	−5
深夜	−15 ~ −10

表6-7 不同地区环境噪声标准修正表

地 区	修正值/dB（A）
乡村住宅、医院疗养区	0
郊区住宅、小马路	+5
市区	+10
工商业和交通混合区	+15
城市中心	+20
工业地区	+25

表6-8 室内噪声标准修正表

窗 户 条 件	修正值/dB（A）
开 窗	−10
单层窗	−15
双层窗	−20

表6-9 非住宅区室内噪声标准

场 所	修正值/dB（A）
办公室、商店、小餐厅、会议室	35
大餐厅、带打字机的办公室、体育馆	45
大的打字机室	55
车间（根据不同用途）	45 ~ 75

（二）中国噪声标准

我国曾先后公布了多个重要的噪声标准，如《工业企业噪声卫生标准》《声环境质量标准》和《汽车加速行驶车外噪声限值及测量方法》等。

2010年经国家卫生和计划生育委员会正式修订颁布的《工业企业设计卫生标准》（GBZ 1—2010），标准中规定：产生噪声的车间与非噪声作业车间、高噪声车间与低噪声车间应分开布置；工业企业设计中的设备选择，宜将高噪声设备相对集中，并采取相应的隔声、吸声、消声、减震等措施。每周工作5天，每天工作8h，稳态噪声限制为85dB（A），非稳态噪声等效声级的限值为85dB（A）；每周工作5天，每天工作时间不等于8h，需计算8h等效声级，限值为85dB（A）；每周工作不是5天，需计算40h等效声级，限值为85dB（A），见表6-10。环境噪声限值见表6-11，汽车加速行驶车外噪声限值见表6-12。

表 6-10 工作场所噪声职业接触限值

接触时间	接触限值/dB (A)	备注
5d/w，=8h/d	85	非稳态噪声计算8h等效声级
5d/w，≠8h/d	85	计算8h声级
≠5d/w	85	计算40h等效声级

表 6-11 环境噪声限值（摘自 GB 3096—2008） ［单位：dB（A）］

声环境功能区类别		时 段	
		昼 间	夜 间
0 类		50	40
1 类		55	45
2 类		60	50
3 类		65	55
4 类	4a 类	70	55
	4b 类	70	60

注：按区域的使用功能特点和环境质量要求，声环境功能区分为以下五种类型：

0 类声环境功能区：指康复疗养区等需特别安静的区域。

1 类声环境功能区：指以居民住宅、医疗卫生、文化教育、行政办公为主要功能，需要保持安静的区域。

2 类声环境功能区：指以商业金融、集市贸易为主要功能，或者居住、商业、工业混杂，需要维护住宅安静的区域。

3 类声环境功能区：指以工业生产、仓储物流为主要功能，需要防止工业噪声对周围环境产生严重影响的区域。

4 类声环境功能区：指交通干线两侧一定距离内，需要防止交通噪声对周围环境产生严重影响的区域，包括4a 类和 4b 类两种类型。4a 类为高速公路、一级公路、二级公路、城市快速路、城市主干路、城市次干路、城市轨道交通（地面段）、内河航道两侧区域；4b 类为铁路干线两侧区域。

表 6-12 汽车加速行驶车外噪声限值

汽车分类	噪声限值/dB（A）	
	第一阶段	第二阶段
	2002.10.1 ~ 2004.12.30 期间生产的汽车	2005.1.1 以后生产的汽车
M_1	77	74
M_2（GVM≤3.5 t）或 N_1（GVM≤3.5 t）： 　GVM≤2 t 　2 t < GVM≤3.5 t	78 79	76 77
M_2（3.5 t < GVM≤5 t）或 M_3（GVM > 5 t）： 　P < 150 kW 　P≥150 kW	82 85	80 83

（续）

汽车分类	噪声限值/dB（A）	
	第一阶段	第二阶段
	2002. 10. 1～2004. 12. 30 期间生产的汽车	2005. 1. 1 以后生产的汽车
N$_2$（3.5 t < GVM≤12 t）或 N$_3$（GVM > 12 t）：		
P < 75 kW	83	81
75 kW≤P < 150 kW	86	83
P≥150 kW	88	84

注：M 类：有四个车轮并且用于载客的机动车辆。

　　M$_1$ 类：包括驾驶员座位在内，座位数不超过九座的载客车辆。

　　M$_2$ 类：包括驾驶员座位在内座位数超过九个，且最大设计总质量不超过 5000 kg 的载客车辆。

　　M$_3$ 类：包括驾驶员座位在内座位数超过九个，且最大设计总质量超过 5000 kg 的载客车辆。

　　N 类：至少有四个车轮且用于载货的机动车辆。

　　N$_1$ 类：最大设计总质量不超过 3500 kg 的载货车辆。

　　N$_2$ 类：最大设计总质量超过 3500 kg，但不超过 12000 kg 的载货车辆。

　　N$_3$ 类：最大设计总质量超过 12000 kg 的载货车辆。

　　具体分类见《机动车辆及挂车分类》GB/T 15089—2001。

　　对于越野汽车，其 GVM > 2 t 时，根据 P（发动机额定功率）修正限值：

　　如果 P < 150 kW，其限值增加 1dB（A）；

　　如果 P≥150 kW，其限值增加 2dB（A）。

　　M$_1$ 类汽车，若其变速器渐进档多于四个，P > 140 kW，P/GVM 之比大于 75 kW/t，并且用第三档测试时其尾端出线的速度大于 61 km/h，则其限值增加 1dB（A）。

第四节　噪声控制

一、声源控制

　　为了减少或根除噪声，最有效且最积极的方法是除去噪声源：根据噪声的频率，分析产生该噪声的原因，找到有效的方法，采取针对性的技术措施进行声源控制。

　　（一）降低机械噪声

　　机械性噪声源一般是由高速旋转的零件运转不平稳、往复运动时机械的冲击、轴承精度不够和安装误差造成的。为了降低机械噪声，可以采取以下几种措施：

　　（1）选择发声小的材料　一般金属材料的内阻尼、内摩擦较小，消耗振动能量小。因此，用这些材料制作的零件，在振动力作用下会产生较大的噪声，若用内耗大的高阻尼合金或高分子材料就可起到降低噪声的效果。

　　（2）改变传动方式　如带传动比齿轮传动的噪声低，可降低噪声 3～10dB（A）。

　　在齿轮传动装置中，齿轮的线速度对噪声影响很大。选用合适的传动比减小齿轮的线速度，可取得较好的降低噪声效果。另外，选用斜齿轮传动、增大重合度、提高齿轮制造精度等，也有利于降低噪声。

　　（3）改进设备机械结构　提高箱体或机壳的刚度，如加筋、采用阻尼减振措施来减弱机器表面的振动，可以降低机械辐射噪声。采用噪声小的加工工艺，如用电火花加工代替切削、用焊接代替铆接、用液压机代替锤锻机等均能显著降低噪声。

（二）降低空气动力性噪声

空气动力性噪声主要由气体涡流、压力急骤变化和高速流动造成的。降低空气动力性噪声的主要措施是：降低气流速度，减少压力脉冲，减少涡流。

二、控制噪声的传播

控制噪声的第二个有效办法是阻断和屏蔽噪声的传播，具体的措施如下：

（1）对工厂各区域合理布局　在工厂的总体设计时，要充分了解投产后厂区环境的噪声情况，统筹兼顾，将高噪声源的车间安排在远离需要安静的办公区，由于高噪声源传播的能量随距离衰减，因而可以避免干扰人们的生活。

（2）调整声源的指向　将声源出口指向天空或野外，可避免噪声对着接收者而影响人们的生活。

（3）充分利用天然地形　山冈土坡、树丛草坪和已有的建筑屏障能阻断或屏蔽一部分噪声向接收者传播。在噪声严重的工厂、施工现场或交通道路的两旁设置有足够高的围墙或屏障，可以减弱声音的传播。绿化不仅能净化空气、美化环境，而且还可以吸收噪声，限制噪声的传播。

（4）采用吸声、隔声、消声等措施　具体包括以下措施。

1）吸声。吸声是指在车间天花板和墙壁表面装饰吸声材料、制成吸声结构，或在空间悬挂吸声体、设置吸声屏，将部分声能吸收掉，使反射声能减弱。经吸声处理的房间，可降噪声 7 ~ 15dB（A）。在大型会议室内，使用吸声材料控制中高频噪声的同时，还应注意采用特殊的吸声结构如薄板共振吸声结构、大空腔吸声结构等控制低频噪声。

2）隔声。隔声是通过把噪声源隔绝起来以控制噪声。隔绝噪声源的办法一般是将噪声大的设备全部密封起来，做成隔间或隔声罩。隔声材料要求密实而厚重，如钢板、砖、混凝土及木板等。另外，设置声屏障是控制交通噪声的重要工程技术手段。

隔声屏是一种置于声源与接收者中间的板或墙体，用以阻挡声音直接辐射到接收者处。其作用主要是利用声波的反射和衍射原理，在板后形成声影区，在声影区能阻止直达声的传播、隔离透射声，并使衍射声有足够的衰减。若设计得当，可有 10 ~ 20dB 的降噪效果。高频声的波长短，容易被阻挡，隔声效果好；而低频声的波长较长，能绕过障板边缘，故其隔声效果取决于入射声波的频率高低和屏障的几何尺寸大小，声源与障板或接收者与障板之间的距离以及屏障本身的构造。将隔声屏用于露天场合可使声源与人群密集处隔离，在居民稠密的公路、铁路两侧设置隔声墙，阻声坝或利用自然高坡，均可有效地遮挡部分噪声干扰。我国上海、深圳及北京等大城市尝试了使用隔声屏来降低高架道路交通的噪声。其中，上海市行政管理部门出台了"关于高架道路两侧设置防噪屏"的实施细则，明确规定距高架 30 m 内的建筑物，都应设置防噪声装置。实践证明：隔声屏能降低交通噪声 5 ~ 10dB（A），起到较好降噪作用。

3）消声。消声是利用装置在气流通道上的消声器来降低空气动力性噪声，以解决各种风机、空压机、内燃机等进、排气噪声的干扰。

（5）采用隔振与减振措施　噪声除了通过空气传播外，还能通过地板、金属结构、墙及地基等固体传播。降低噪声的另一个基本措施是减振和隔振。对金属结构的传声，可采用高阻尼合金，或在金属表面涂阻尼材料减振；而隔振是用隔振材料制成隔振器，安装在产生振动的机器基础上吸收振动，从而降低噪声，常用的材料有弹簧、橡胶、软木和毡类。

三、操作者听力保护

在高噪声环境下，必须使用个人防声用具，对操作者的听力进行个人防护。个人防声用具常见的有防声耳塞、耳罩，防噪声帽等，它们可以降低噪声 20～30dB（A）。不同材料的防护用具对不同频率噪声的衰减作用不同，见表 6-13。

表 6-13 几种防护用具的效果

种　类	说　明	重量/g	衰减/dB（A）
棉　花	塞在耳内	1～5	5～10
棉花涂蜡	塞在耳内	1～5	10～20
伞形耳塞	塑料或人造橡胶	1～5	15～30
柱形耳塞	乙烯套充蜡	3～5	20～30
耳　罩	罩壳内衬海绵	250～300	20～40
防声头盔	头盔内加耳塞	1500	30～50

四、噪声治理案例：某企业冷却塔噪声治理

2005 年某企业因厂区噪声严重扰民而被当地环保部门强迫停机整顿，为此该企业委托有关单位对厂区进行了噪声综合治理。本案例选取与 3×390MW 燃气机组配套的 2 台冷却塔的噪声治理过程情况进行分析。

（一）冷却塔噪声产生机理及特性

自然通风冷却塔的噪声主要是下落的水流冲击水面产生的淋水噪声（即水落到集水池时产生的声音），噪声通过冷却塔下部的进风口传出。整个过程是高处的冷却水在重力的作用下将势能转化为动能，当下落到与集水池里的水撞击时，其中一部分动能便转化为声能进行传播。声能的大小与淋水密度、水的降落高度成正比，也与塔内的通风速度有关，因为向上的气流会减小水滴的降落速度。冷却塔水落声的频谱特性与冷却塔集水池的水深有关，水池水越深，水落声的低频成分越强，噪声传得越远。

（二）噪声测量

2 台自然通风冷却塔的高度均为 80m，淋水面积为 5500m²，进风口高度为 7m。1#冷却塔距西厂界 30m，距附近居民住宅约 80m，1#、2#冷却塔距北厂界 40m。

技术人员对现场进行了调研，按照《工业企业厂界环境噪声排放标准》（GB 12349—2008）和《声环境质量标准》（GB 3096—2008）中的要求对厂界和敏感点分别进行了详细的测试。测试仪器型号为 BSWA801 噪声与振动分析仪，精度等级为 I 级。测试数据见表 6-14。

表6-14 厂区冷却塔周围厂界和敏感点噪声监测数据 ［单位：dB（A）］

测 点 位 置	昼 间	夜 间	备 注
厂界1#测点	73.6	67.2	厂界噪声
厂界2#测点	72.2	68.6	
厂界3#测点	65.8	65.1	
厂界4#测点	69.4	66.0	
厂界5#测点	65.0	64.2	
A区45#院3层窗外1m	73.4	65.4	敏感点噪声
A区2#院3层窗外1m	67.6	62.1	
A区1#院2层窗外1m	63.2	62.0	
B区1#院2层窗外1m	58.8	55.7	
B区2#院3层窗外1m	59.7	56.1	

　　根据《工业企业厂界环境噪声排放标准》（GB 12348—2008）和《声环境质量标准》（GB 3096—2008）该地区属于3类区域，其厂界和居民住宅处（敏感点）噪声值昼间不高于65dB（A）、夜间不高于55dB（A）。从表6-14中可以看出，厂界噪声最大超标昼间达8.6dB（A）、夜间达13.6dB（A）；居民住宅处（敏感点）噪声最大超标昼间达8.4dB（A）、夜间达10.4dB（A）。可见实测噪声明显高于国家标准要求。

　　（三）治理方案

　　根据现场实际情况及治理要求，决定设置隔吸声屏障以阻断噪声传播。从气象资料了解到该地区的基本风压是450Pa，如隔吸声屏障过高，会存在一定的安全隐患，同时施工难度加大，最终确定在1#、2#冷却塔正对北厂界和西厂界及1#塔西南侧设置隔吸声屏障，屏障位置在水塔水池边外20m处，屏障高10m，长410m。

　　（四）治理效果

表6-15 改善后厂区冷却塔周围厂界和敏感点噪声监测数据 ［单位：dB（A）］

测 点 位 置	夜 间	备 注
厂界1#测点	54.5	厂界噪声
厂界2#测点	52.3	
厂界3#测点	49.5	
厂界4#测点	48.9	
厂界5#测点	54.9	
A区45#院3层窗外1m	53.5	敏感点噪声
A区2#院3层窗外1m	54.1	
A区1#院2层窗外1m	53.2	
B区1#院2层窗外1m	48.7	
B区2#院3层窗外1m	48.8	

　　因夜间噪声标准比昼间要低10dB（A），夜间噪声如达标，去掉背景噪声的影响，昼间应该是达标的，故只进行了夜间的测试。测试结果表明，厂界和居民住宅处（敏感点）的噪声值均达到《声环境质量标准》中3类标准的规定。

第五节　振　动　环　境

在人们的工作和生活中，振动环境是一种较普遍的环境。如人们在飞行的飞机、行驶的火车和汽车中时，就处于振动状态。由于机械运动一般都含有振动，所以当人们在使用各种工业的、农业的、家用的设备和工具时，都有可能处于振动环境之中。有的振动会影响人们的工作效率，有的会影响生活的舒适性，有的甚至影响人的健康和安全。

一、振动及其分类

一个质点或物体沿直线或弧线相对于基准位置做来回运动的形式称为振动。当身体接触振动的物体时就会产生振动觉。根据振动来源不同，可把振动分为生产性振动和非生产性振动。"振动公害"主要来自生产性振动。生产性振动的来源包括：不平衡物体的转动、旋转物体的扭动和弯曲、活塞运动、物体冲击、物体摩擦、空气冲击波等。锻造机、印刷机、切断机、压缩机等都是典型的振动机械。此外，运输工具和一些农用机械也都是常见的振动源。对人体危害较大的是来自振动工具的振动。

根据振动作用于人体的部位和传导方式不同，生产性振动又可分为全身振动和局部振动。全身振动是人体足部或臀部接触并通过下肢或躯干传导到全身的振动。它通过下肢或躯干直接对全身起作用，如人在汽车、轮船或振动的机器上等。局部振动又称为手传振动，指生产中使用振动工具或接触振动工件时，直接作用或传递到人手臂的机械振动或冲击。振动由手、手臂传至全身，如使用风钻、风铲、凿岩机、电锯、砂轮机等。有的生产性振动既可引起全身振动，又可经过把手引起手的局部振动，此时，操作者同时遭受两种振动的影响。

二、振动变量

振动的基本物理量主要包括位移（振幅）、频率、速度和加速度。在研究振动对人的影响时，常以位移表示振动作用的强度。加速度与作用力成正比，对人体是个重要的冲击量。频率是寻找振源、分析振动的重要依据。频率和加速度是评价振动对人健康影响的重要参量。

与噪声度量相似，振动的度量也常用到"级"的概念。相当于上述物理参量，分别有位移级、速度级和加速度级。位移级、速度级和加速度级的单位均为分贝（dB）。在振动研究中，国际上最常用的是加速度级，是振动加速度与基准加速度之比的对数乘以20，基准加速度值为 $10^{-5}\,\mathrm{m/s^2}$。

如果把声级计上的电容传声器换成振动传感器（如加速度计），就可以用于振动测量。由于振动的频率不同，因此要根据振动的频率特点以及测量要求选择合适的仪器。常用的有机械式测量仪（通过机器系统直接记录振动的波形和位移量，但不能分析振动的频谱，精确性较差）和电压式测振系统（此种仪器多用来测振动工具的参数，能分析频谱和功率谱）。

频谱是振动的频率组成和分布情况。为了找出对人体危害大的频率和了解振动源的特性，需进行频谱分析。与噪声的频谱分析类似，振动的频谱分析也采用倍频程和1/3倍频程。

三、人体对振动频率的反应

人体对低频反应的主要现象是身体共振，使某些器官或结构比其相邻的组织结构发生更大的振动，从而引起人体的不舒适、工效降低或危及健康。而当频率高至1000Hz范围时，振动在人体组织内传播与声音相似，大部分能量经体表组织传播，同时振动能量在人体内的传递率逐渐衰减，其生物效应也相应减弱。

四、振动对人体的影响

（1）全身振动对人体的影响　全身振动多为低频大幅度的振动。全身振动能引起前庭器官、内分泌系统、循环系统、消化系统和植物神经系统等一系列变化，并使人产生疲劳、劳动机能衰退等主观感觉。由于人体不同部位和系统有各自的固有频率，所以当人体承受的振动频率接近或等于某一部位的固有频率时，就会产生共振，共振使得生理效应增大。如果是重要的器官发生了共振，则人体的反应就更强烈。

在地面重力加速度条件下，人体各部位共振的大致频率见表6-16。人体在4~8Hz（加速度为10~20m/s²）振动下的短时间暴露，可造成胸腹脏器的共振，引起上腹部或肚脐周围的强烈不适或疼痛；若加速度大于20m/s²则引起病理损伤。头—脚方向上的强烈振动可导致脊柱的压缩性骨折。若振动频率为3~6Hz时，正好接近头部的固有频率，就会造成头痛、昏眩、呕吐等症候。若长期处于这种振动环境中，还会产生失眠、记忆力衰退、高血压、冠心病、胃溃疡等病症。若振动频率为8~12Hz时发生背痛；10~20Hz的振动会引起眼睛疲劳等症状。

表6-16　人体各部位共振的大致频率

身体部位	共振频率/Hz	身体部位	共振频率/Hz
全身（放松站立）	4~5	腹部实质器官	4~8
全身（坐姿）	5~6	手—臂	10~40
全身（横向）	2	胸腹内脏（半仰卧位）	7~8
头部	20~30	头部（仰卧位）	50~70
眼睛	20~25	胸部（仰卧位）	6~12
脊柱	8~12	腹部（仰卧位）	4~8

（2）局部振动对人体的影响　局部振动病是长期使用振动工具引起的。局部振动能引起神经系统、循环系统、骨关节肌肉运动系统的障碍及其他系统不同程度的机能改变。振动的早期影响以神经系统受损为主。一般情况下先出现神经末梢病变（功能受损），继而发生中枢神经系统病变（大脑皮层功能下降，反应时间延长，血压不稳）。振动对骨骼肌肉系统的影响表现为肌无力，肌肉疼痛和萎缩。振动对胃肠功能、妇女月经、生理及生殖功能也可能产生影响。

高频振动不论其振幅大小，长期作用都会产生有害影响。30~300Hz的振动可引起局部或全身振动病。电动工具的振动频率一般为40~300Hz，振幅为0.2~5mm。当人们使用这类电动工具时，其局部振动对手造成很大的损害，其典型表现为白指病（一指或多指指端麻木、疼痛、对寒冷敏感，遇冷时手指会因缺血而发白）。

此外，振动对人的影响还与加速度、接振时间及体位和操作方式有关。加速度越大，接振时间越长，对人体的伤害越大。另外，全身受振，人取立位时对垂直振动敏感，卧位时对水平振动敏感。

（3）振动的心理效应　振动引起的心理效应主要是感觉不舒适和烦恼，甚至疼痛，进而影响工效。不同的振动参数下人体受振时的主观感觉不同。坐姿的人，对 1～2Hz 的轻度振动感觉轻松和舒适；对 4～8Hz 的中度振动感觉十分不适。

五、振动对工效的影响

振动对工效的影响主要体现在视觉辨认和操作动作两个方面。由于人体或目标的振动，使人们不能进行正常的视觉判断及操作。

（1）对视觉辨认绩效的影响　振动对视觉绩效的影响主要有两种情形：①视觉对象处在振动环境中。②观察者处于振动环境中。

视觉对象处在振动环境中时，振动对视觉绩效的影响主要取决于振动频率和强度。当视觉对象振动频率低于 1Hz 时，观察者可以追踪目标，短时间内绩效不受影响，但很快会产生疲劳。当振动频率为 1～2Hz 时，人眼跟踪目标运动的能力开始破坏，绩效显著下降；当频率高于 2～4Hz 时，人眼无法跟踪目标。当振动频率逐渐增大时，眼球跟踪无法进行，此时，绩效直接依赖于中央凹视像的清晰度。研究表明，当频率高于 5Hz 时，视觉辨认的错误率与振动频率和振幅的均方根成正比。

观察者单独受振的情形下，低频时观察者尽力保持眼球不动以获得稳定的视像。这种眼球固定现象更多的是一种补偿追踪。实验表明，振动频率低于 4Hz 时绩效比较好，高于 4Hz 时视觉绩效开始下降。另外，在频率不变的情形下，绩效随振动强度变化的关系不是简单的线性关系。视觉绩效随振动强度的增加而下降，但对不同频率段的影响不同，如图 6-5 所示。要获得同等的视觉绩效，频率大于 10Hz 的振动要比频率低于 10Hz 的振动所需的振动强度大。

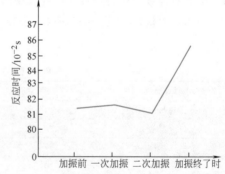

图 6-5　人受横向水平振动时的选择反应时间

（2）对操作动作的影响　通过手或足操纵控制器以追踪某一活动目标的追踪活动是比较典型的操作动作。振动引起操纵界面的运动可使手控工效降低，这是由于手、脚和人—机界面的振动，使人们的动作不协调、操纵误差大大增加。研究表明，操作绩效的降低与操纵控制器的躯体部位所受的振动有关。从频率考虑，3～5Hz 时追踪成绩下降最大，如图 6-6 所示。从振动强度来看，追踪成绩下降程度随传到肢端的振动强度增大而增加。另有人研究表明，人的平均错误与振

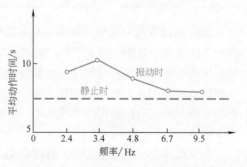

图 6-6　垂直振动时人的手眼协调的平均动作时间

动的强度和频率的均方根成正比，这说明在操作动作中，振动强度比频率更重要。

跟踪操纵的研究表明，人的主动控制动作被振动引起的手脚非随意动作干扰着；4~5Hz左右的垂直振动，操纵误差最大；1~2Hz的侧向振动，跟踪能力最差。另外由于强烈振动，脑中枢机能水平降低、注意力分散、容易疲劳，从而导致工作效率的降低。例如，当振动频率为 2~16Hz（尤其是 4Hz 左右）时，司机的驾驶效能下降；当振动加速度达到 2.5m/s² 时，驾驶错误大大增加，此时应停止继续开车。

六、振动的评价与控制

（一）振动评价标准

GBZ 1—2010《工业企业设计卫生标准》中对工作场所的振动强度规定如下：局部振动作业（又称为手传振动），其接振强度 4h 等能量频率计权加速度限值见表 6-17，日接触时间不足或超过 4h 时，将其换算成相当于接振 4h 的频率计权振动加速度值。

表 6-17　工作场所局部振动职业接触限值

接 触 时 间	等能量频率计权振动加速度/(m/s²)
4h	5

超过上述卫生限值应采取减振措施，若采取现有的减振技术后仍不能满足卫生限值的，应对操作者配备有效的个人防护用具。

对全身振动作业，其接振作业垂直、水平振动强度则要求不应超过表 6-18 中的规定。

表 6-18　全身振动强度卫生限值

工作日接触时间/h	卫生限值/(m/s²)
$4 < t \leqslant 8$	0.62
$2.5 < t \leqslant 4$	1.1
$1.0 < t \leqslant 2.5$	1.4
$0.5 < t \leqslant 1.0$	2.4
$t \leqslant 0.5$	3.6

受振动（1~80Hz）影响的辅助用室（如办公室、会议室、计算机房、电话室、精密仪器室等），其垂直或水平振动强度不应超过表 6-19 中规定的设计要求。

表 6-19　辅助用室垂直或水平振动强度卫生限值

工作日接触时间/h	卫生限值/(m/s²)	工效限值/(m/s²)
$4 < t \leqslant 8$	0.31	0.098
$2.5 < t \leqslant 4$	0.53	0.17
$1.0 < t \leqslant 2.5$	0.71	0.23
$0.5 < t \leqslant 1.0$	1.12	0.37
$\leqslant 0.5$	1.8	0.57

（二）振动控制

研究振动的根本目的是控制振动，振动控制主要从以下几个方面考虑：

1）减少和消除振源。这是减少振动最根本的措施。通常采取以下方法：

① 隔离振源。

② 改进生产工艺，如用液压、焊接代替铆接可消除或减少振动。

③ 增加设备的阻尼，如采用吸振材料、安装阻尼器或阻尼环、附加弹性阻尼材料等，以减轻设备的振动。对于可能引起机械振动的陈旧设备，应定期检查、维修或改造。

④ 采取隔振、吸振、阻尼等措施来消除或减小振动，阻止振动的传播，最大限度地减少振动对人体的不良影响。例如，设计减振座椅、弹性垫，以缓冲振动对人的影响。

⑤ 采用钢丝弹簧类、橡胶类、软木类、毡板、空气弹簧和油压减振器等多种形式的减振器。

⑥ 降低设备减振系统的共振频率。可通过减少系统刚性系数或增加质量来降低共振频率。例如，风扇、吹风机、泵、空气压缩机等，常用增加质量的方法来降低共振频率。

2）个体防护。使用防振手套，在全身振动时使用防振鞋等。由于防振鞋内有由微孔橡胶做成的鞋垫，利用其弹性使全身减振。对于坐姿作业人员，可使用减振座椅、弹性垫，以缓冲振动对人的影响。

3）限制接触振动时间。

第六节　特殊工作环境

一、加速度效应

由于加速度和惯性力的作用，会使物体重量增加，称为"超重"。在加速度作用下，机体内会出现一系列的变化：从轻微的生理改变到明显的呼吸障碍，心血管系统、神经系统及机体其他系统障碍。加速度作用时人会感到全身有一种沉重感、身体的某些部位（特别是头部和肢体）重量加重、运动困难甚至丧失运动能力。当加速度值足够大，作用时间较长时，会出现呼吸困难、胸痛，有时腹痛，还可能发生视力障碍。另外，加速度作用也会降低人的操作能力，超重能大大改变和破坏运动的精确协调及运动器官完成操作时的用力，可增加操作失误、破坏行为动作的准确度，延误任务完成时间。

飞行员、航天员在工作中，由于长时间加速度作用很快地导致视觉障碍。超重作用时视觉障碍是由于脑供血急剧降低出现头晕，随着超重值和作用时间的增长，依次出现视野变小—出现灰视—出现黑视。

二、失重效应

所谓"失重"，就是指人身体各部分所受到的外力合力等于零，人处于一种完全飘浮的状态。例如，在环绕地球轨道飞行时，当作用于航天员身体上的离心力等于地球引力时，就会使航天员处于"失重"的状态。在飞船环绕地球或月球轨道飞行的过程中，航天员都会长时间地处于失重状态。失重时，出现头晕、恶心、腹部不适、体位翻转等运动病症状，称为航天运动病，又称为航天适应综合征。发生率约占航天员总数的 $1/3 \sim 1/2$。

失重时人的操作活动不能像在地面上有重力时那样进行，比如人失去重量，在空中飘浮，不仅行走困难，而且难以向外界施力；若不固定，会因反作用力而相应运动。各种部件同样也将因失去重量在空中飘浮。所以，在失重条件下，要求在航天员的作业场所都应装有相应的束缚装置或助力装置。飞船上的各种工具的设计必须适合失重下的使用要求，使其具有与地面工具的设计不同的特点。比如，失重条件下航天员失去重量，飘在空中，脚不能着地，行走困难，只能游泳似地在空中游行，很不方便。为了解决这个问题，一种方法是在飞船舱内设置许多把手，航天员用手抓着把手，使身体前进。另一种方法是把飞船的地板做成钢丝网格状，航天员穿上鞋底装有"足卡"的鞋，每走一步，把"足卡"卡在网格里，就能一步一步前进。失重条件下很多生活用具需要另行设计，比如饮水，不能用杯子喝，因为水失重后会飘向鼻、脸；失重下饮水的最好方法是用软囊把水挤入口内，这样，一切汤、水、浆、汁均应考虑用软囊或软管包装。

三、高压与低压效应

在经济建设与军事上常需要人潜入水中在水下工作。在水中每下潜10m，静水压就增加1个大气压。由于静水压的存在，人在水下必须呼吸与潜水深度压强相等的压缩气体，否则人将受挤压，这样机体便处于高压环境中。潜水深度越深，人所受的压力就越大。当潜水深度超过150～250m时，易出现高压神经综合征。而在高压环境中，当呼吸气体中氧或氮分压太高时，可因作业不当等原因引起潜水疾病，如由于气压改变而发生的减压病，或由于呼吸气体中气体成分变化而发生的氧中毒、氮麻醉等。因此，在60m以上深处潜水时，呼吸气体中要用氦替换氮以防止发生氮麻醉。

高空飞行（如航空和航天）及登山作业时，人员可能置身于一种低压和缺氧的环境条件之中。在高度增加的过程中，由于环境大气压力以较快速度降低，胃肠道内积存的气体会随之膨胀，又因不能及时排出便会出现高空胃肠胀气。主要症状为腹胀和腹痛。腹痛严重时可伴随一系列植物神经症状，如面色苍白、出冷汗、脉搏徐缓、动脉压下降，以至发生晕厥。当飞行器以较快的速度上升到8000m以上的高空时，环境大气压力的降低会使体内溶解氮气形成气泡，导致减压病发生。减压病的主要症状有关节疼痛、皮肤瘙痒、异常冷热感以及呼吸急促；严重时可有中枢神经系统症状，如视觉模糊、复视、视野缺损及视野中出现闪烁性暗点且常并发头痛等体征出现。

四、电磁场环境及其对人体的伤害

随着社会的发展与进步，大量电视塔、广播站、雷达、卫星通信、微波等带有电磁辐射的设备也越来越多。这些设备对人类生活水平的提高和社会的发展进步起到了重要作用，同时，其产生的电磁波也是一个环境污染要素。电磁辐射是由电磁发射引起的。辐射来源分为天然辐射和人工辐射，天然的电磁辐射来自于地球的热辐射、太阳热辐射、宇宙射线、雷电等；而人工电磁辐射来自于广播、电视、雷达、通信基站及在工业、科学、医疗和生活中的应用的电磁能设备。

辐射对人体的伤害，可分为一次性大剂量辐射造成的急性辐射损伤和由长期小剂量辐射的累积作用造成的慢性辐射损伤。急性辐射作用后的几小时至两周内可出现一些初期症状，主要表现为疲乏、恶心、呕吐、食欲减退、头痛、眩晕、失眠以及白细胞显著减少等。辐射剂量越大，这些症状出现得越早越重。此外会出现一系列其他严重症状：白细胞、红细胞和血小板显著减少，腹泻，便血，皮肤和黏膜出血，水肿，毛发脱落，白内障，消化功能紊乱。病情严重时甚至死亡。

我国对电磁辐射十分重视，在1988年就颁布了《电磁辐射防护规定》（GB 8702—

1988），又于 2014 年修订并颁布了《电磁环境控制限值》GB 8702—2014。其中，对电场、磁场、电磁场的公众暴露情况进行了规范，其场量参数的均方根值应满足表 6-20 中的限值。

表6-20　公众暴露控制限值

频 率 范 围	电场强度 $E/(V/m)$	磁场强度 $H/(A/m)$	磁感应强度 $B/\mu T$	等效平面波功率密度 $S_{eq}/(W/m^2)$
1Hz ~ 8Hz	8000	$32000/f^2$	$40000/f^2$	—
8Hz ~ 25Hz	8000	$4000/f$	$5000/f$	—
0.025kHz ~ 1.2kHz	$200/f$	$4/f$	$5/f$	—
1.2kHz ~ 2.9kHz	$200/f$	3.3	4.1	—
2.9kHz ~ 57kHz	70	$10/f$	$12/f$	—
57kHz ~ 100kHz	$4000/f$	$10/f$	$12/f$	—
0.1MHz ~ 3MHz	40	0.1	0.12	4
3MHz ~ 30MHz	$67/f^{1/2}$	$0.17/f^{1/2}$	$0.21/f^{1/2}$	$12/f$
30MHz ~ 3000MHz	12	0.032	0.04	0.4
3000MHz ~ 15000MHz	$0.22f^{1/2}$	$0.00059f^{1/2}$	$0.00074f^{1/2}$	$f/7500$
15GHz ~ 300GHz	27	0.073	0.092	2

注：1. 频率 f 的单位为所在行中第一栏的单位。

2. 0.1MHz ~ 300GHz 频率，场量参数是任意连续 6min 内的均方根值。

3. 100kHz 以下频率，需同时限制电场强度和磁感应强度；100kHz 以上频率，在远场区，可以只限制电场强度或磁场强度，或等效平面波功率密度，在近场区，需同时限制电场强度和磁场强度。

4. 架空输电线路线下的耕地、园地、牧草地、畜禽饲养地、养殖水面、道路等场所，其频率 50Hz 的电场强度控制限值为 10kV/m，且应给出警示和防护指示标志。

复习思考题

1. 简述声压级、响度级与声级的关系。

2. 在某背景噪声下，测得一机器声源和背景噪声的总声压级为 100 dB，关闭该机器后测得背景噪声的声压级为 80 dB，求该机器的声压级。

3. 噪声对人体生理机能有哪些不良影响？

4. 噪声对人的心理有哪些影响？

5. 噪声控制标准有哪些？

6. 试举例说明噪声测量时对背景噪声的修正方法。

7. 如何降低机械噪声？

8. 如何控制噪声的传播？

9. 如何进行听力保护？

10. 简述振动对人体的生理和心理的影响。

11. 如何进行振动的控制？

思 政 案 例

第 6 章　遵守作业环境相关法规，改善现场噪声环境

第七章
空 气 环 境

 第一节　空气中的主要污染物及其来源

空气中污染物种类很多，已知的能够产生危害的或受到人们重视的污染物大约有近百种，主要可以分为有害气体、粉尘、可溶性重金属和放射性物质。

一、空气环境中的有害气体

空气环境中的有害气体主要有硫氧化物、氮氧化物、卤化物和有机物质气体等。其中硫氧化物、氮氧化物、二氧化碳等主要是工厂生产及家庭生活用煤、石油等有机燃料燃烧时所释放出来的；一氧化碳、氮氧化物、碳氢化物、铅等则主要是由汽车、火车等交通工具排放的尾气所产生的；甲醛、氨、苯等有机气体则是各种室内装修、家具制造、各类装修材料（如油漆、泡沫塑料等）所带来的，见表7-1。在一般情况下，粉尘与二氧化硫、一氧化碳和二氧化碳、氮氧化合物是空气中的主要污染物，其中，粉尘与二氧化硫约占40%，一氧化碳占30%，二氧化碳、碳氢化合物及其废气等占30%。

表7-1　空气环境中主要气体污染物的来源及其构成

主要有害气体种类	构成要素	主要来源
硫化物	二氧化硫、三氧化硫、硫化氢、硫酸等	钢铁厂、发电厂等各种类型的工矿企业排放出的烟气，以及北方冬天家庭取暖用煤产生的烟气
氧化物	一氧化碳、二氧化碳、臭氧、过氧化物	煤气管道泄漏及燃烧不完全产生一氧化碳；清洁燃料燃烧、动物的呼吸产生二氧化碳
氮氧化物、碳氢化合物	一氧化氮、二氧化氮、氨、碳氢化合物等	交通尾气排放、垃圾发酵、农家肥料
卤化物	氯气、氯化氢、氟化氢等	自来水、水稻田、工业生产等
室内污染气体	甲醛、苯等	家具（使用过酚醛树脂）、装修饰物的材料
汽车内污染气体	苯、甲醛、丙酮、二甲苯	胶水、纺织品、塑料配件等各种车内装饰材料
	一氧化碳、汽油气味	汽车发动机产生的尾气
	胺、烟碱、细菌等	车用空调蒸发器长时间不进行清洗护理

二、粉尘

粉尘是指悬浮在空气中的固体微粒，包括碳粒、悬浮颗粒物、飞尘、碳酸钙、氧化锌、二氧化铝等。习惯上对粉尘有许多名称，如灰尘、尘埃、烟尘、矿尘、沙尘、粉末等，这些名词没有明显的界限。国际标准化组织规定，粒径小于 $75\mu m$ 的固体悬浮物定义为粉尘。粉尘是空气污染的主要来源之一。它通常以颗粒的大小来区分。其中，空气动力学直径（以下简称直径）$\leqslant 10\mu m$ 的颗粒物称为可吸入颗粒物（PM10），是衡量城市空气环境质量的指标之一，其危害程度与其粒度大小有关，颗粒越小，其危害越大。直径 $\leqslant 2.5\mu m$ 的颗粒物称为细颗粒物（PM2.5），可直接吸入到肺部，对人体危害较大。大气中粉尘的存在对保持地球温度有一定的作用，但大气中粉尘过多或过少都将对环境产生灾难性的影响。在生活和工作中，生产性粉尘是人类健康的天敌，是诱发多种疾病的主要原因。可吸入颗粒物主要来源于燃料的不完全燃烧、建筑工地等。而当一个近于密闭的工作场所中某种特定（如面粉、铝粉等）的粉尘浓度过高时还具有闪爆的危险。

三、可溶性重金属

工业化发展常常导致各种重金属（如铅、汞、铬、镉以及诸如锌、钒、锰、钡等）粉尘混入大气，随时可能通过呼吸系统、消化系统和皮肤进入人体内。铅是大气中重金属污染物中毒性较大的一种可破坏人体神经系统、造血系统、骨骼系统和内分泌系统。由于儿童的铅摄入量、铅吸收率和体内铅负荷水平均比成人高，铅中毒比率远超过成人，因此铅对儿童身体健康的危害远比成人更重、更深远，儿童铅中毒问题引起世界关注。根据中国预防医学科学院的相关研究推算，我国城区儿童血铅含量高于 $100\mu g/L$ 的比例高达 51.3%，即 3.3 亿儿童中有 1.7 亿受到铅中毒的危害。

儿童接触比较多的奶瓶、学生课桌椅、教材封面等都是铅污染源，铅中毒会对大脑造成永久性的伤害。国外也存在玩具中铅超标现象，美国侨报网 2016 年 4 月 23 日报道，纽约州主要零售商销售的儿童玩具被发现部分部件铅含量超标。纽约州总检察长史树德指出，在某品牌的儿童玩具里发现铅含量超标严重，根据调查，一些儿童玩具被检测出含铅量是现今美国联邦政府规定铅含量限额的 10 倍。

因此，对大气中铅的处理及含铅产品铅浓度的控制成为环保及产品安全的重要问题。

四、放射性物质

这里所说的放射性物质主要是指由房基土壤里和天然气中释放出来的氡和建筑物中的天然石材里释放出来的镭、钍、钾三种放射性物质。这些放射性物质都会给人体造血系统、神经系统、生殖系统和消化系统造成损伤。

 ## 第二节　几种现代空气污染的来源及其危害

一、建筑物室内空气污染的来源及其危害

联合国卫生组织提出人类健康的三大杀手之一就是居室污染，每年约有 2400 万人死于和室内空气污染相关的疾病。加拿大的环保组织发现：68% 的疾病是由室内的空气污染造成的。

血液病专家指出：家装材料的有害挥发物是血液病的主要致病源。中国每年有毒建材造成的中毒死亡事件 400 起，中毒人数达 15 万人。建筑物室内空气污染源主要包括以下几种：

1）建筑材料中的放射性物质。专家研究发现，放射性及一次大剂量或多次小剂量的放射线照射都有致白血病作用。特别是一些高放射性的建筑材料，会对人体造成体内和体外伤害。

2）建筑装修材料和家具中的化学物质。建筑装修用的人造板材、木家具及其他各类装饰材料（如贴壁布、墙纸、化纤地毯、泡沫塑料、油漆、涂料等）中含有苯和甲醛等有害物质。研究表明，慢性苯中毒主要是使骨髓造血机能发生障碍，引起再生障碍性贫血。而甲醛对人体健康的影响主要表现为嗅觉异常、刺激、过敏、肝功能异常及免疫功能异常等。长期接触低度甲醛可以引起慢性呼吸道疾病，甚至引起鼻咽癌，妊娠综合征，新生儿染色体异常、白血病，青少年记忆力和智力下降等疾病。

3）现代家用电器、电线等产生的电磁场。随着人们生活质量的日渐提高，越来越多的现代化电器走进人们的家庭，家用电器、电线等产生的电磁场，这一无形的杀手正在威胁人们的健康。意大利医学专家统计，全国每年有 400 多名儿童患白血病，其中 2 岁至 7 岁儿童的发病原因，主要是受到过强的磁辐射。

二、车内空气污染的危害

车内空气污染主要来源于以下几个方面：一是新车内装饰材料中含有的有毒气体，主要包括苯、甲醛、丙酮、二甲苯等，车内空气超标甲醛多是来自座椅沙发垫、车顶装饰等装饰材料，而苯则来自胶粘剂。这些有害物质在不知不觉中使人中毒，渐渐出现头痛、乏力等症状。二是汽车发动机产生的一氧化碳、汽油挥发成分，均会使车厢内的空气质量下降。三是车用空调蒸发器若长时间不进行清洗护理，就会在其内部附着大量污垢，所产生的胺、烟碱、细菌等有害物质弥漫在车内狭小的空间里，导致车内空气质量差甚至缺氧。四是人体自身的污染。由于车内开窗不多，当空气中二氧化碳浓度达到 0.5% 时，人就会出现头痛、头晕等不适感。乘客较多时就更容易造成污染。

据深圳计量质量监测研究所随机对半年以内新车进行的一项调查显示，70% 左右的新车存在不同程度的污染，最高的超过国家标准 10 倍以上；而广州中科环境检测研究中心曾对 2000 辆汽车进行过一项检测，结果显示，车内空气质量存在问题（甲醛、苯超标）的占到了 92.5%。国外一项研究测试则发现，新车出厂后，车内有害气体浓度很高，挥发时间可持续 6 个月以上，从而使在此间开车的驾驶员身体不适，甚至酿成车祸。另外，车厢内存在大量的细菌以及胺、烟碱等有害物质，会使乘车人头晕、恶心、打喷嚏，甚至引起更严重的疾病，如容易导致男性不育等。特别是由于开空调的时候车窗紧闭、空气内循环开启，大约有 65% 的司机驾车时会出现头晕、困倦、咳嗽的现象，致使司机感到压抑烦躁、注意力无法集中，专家们把这种症状统称为驾车综合征。这不仅会危害驾乘者健康，同样也会危及路人安全。

三、铅污染的危害

铅是一种对神经系统有害的重金属元素，铅会对人的大脑神经系统带来严重危害，导致智力下降，免疫力降低，生长发育迟缓。儿童对铅尤为敏感，吸收率高达 50%。国际上公认，当儿童体内铅含量超过 100mg/L 时，儿童的脑发育就会受到不良影响，称为铅中毒。铅中毒对儿童的危害主要体现在智力发育、学习能力、心理行为、生长发育等方面。儿童铅含量过高的反应是面色发黄、生长迟缓、便秘、腹泻、恶心、呕吐、注意力不集中等。

据卫生计量学和评价研究所估计，2013 年由于长期铅接触导致 85.3 万人死亡，低收入和中等收入国家面临的威胁最为严重。该研究所还估计，全球由铅接触导致的特发性智力残疾占 9.3%，缺血性心脏病占 4%，以及中风占 6.6%。国内学者对 2008 ～ 2012 年 5 年内涉及 27 个省（市）、28 万人的血铅水平统计数据分析发现：0 ～ 6 岁儿童的平均血铅水平为 63.15 μg/L，平均铅中毒率为 12.31%。虽然近年来我国儿童铅中毒事件有所下降，但区域性铅中毒仍时常发生，如 2014 年湖南某镇 300 多名儿童被查出血铅含量超标，其中有的达到 268μg/L，属于中度中毒。

第三节　空气污染物浓度及相关标准

一、空气污染物浓度的表示方法

（一）标准状态下的质量体积混合表示法

标准状态下的质量体积混合表示法是指用标准状态下每立方米空气中含有害物质的毫克数表示空气污染物浓度，单位为 mg/m^3。由于气体体积随温度、压力不同而变化，我国空气质量标准是以一个标准大气压状态（0℃，$1.013 \times 10^5 Pa$）下的气体体积为依据的。因此，检测时的采样体积应换算成标准状态下的体积，其换算公式为

$$V_0 = V_i \frac{T_0}{T} \frac{P}{P_0} = V_i \frac{273}{273 + t} \times \frac{P}{1.013 \times 10^5} \tag{7-1}$$

式中，V_0 是标准状态下的采样体积（m^3 或 L）；V_i 是作业现场实际采样体积（m^3 或 L）；T_0 是标准状态下的热力学温度（$T_0 = 273K$）；P_0 是标准状态下大气压强（$P_0 = 1.013 \times 10^5 Pa$）；$t$ 是作业环境温度（℃）；P 是作业环境大气压（Pa）。

（二）体积表示法

体积表示法是指用每立方米空气中含有污染物的毫升数表示空气污染物浓度。因为 $1m^3 = 10^6 mL$，故常用百万分数表示，单位是 mL/m^3。该表示法只限于气态和蒸气状态的污染物。

两种浓度表示方法的换算公式如下

$$Y = \frac{M}{22.4} A \times 10^{-6} \tag{7-2}$$

式中，Y 是气体质量浓度（mg/m^3）；A 是气体体积分数（mL/m^3）；M 是被测有害气体的分子量；22.4 是 1 个标准状态（0℃，$1.013 \times 10^5 Pa$）气体的摩尔体积。

二、空气污染物的浓度及其接触限值

为了防止和控制空气污染物对人类的侵害，国家制定了工业企业工作场所空气中有害物质允许浓度标准、室内空气质量标准和环境空气质量标准。

（一）工业企业工作场所空气中有害物质允许浓度标准

空气中有害物质允许浓度是指劳动者在职业活动过程中长期反复接触，对绝大多数接触者的健康不引起有害作用的容许接触水平，是职业性有害因素的接触限制量值。化学因素的

职业接触限值可分为时间加权平均容许浓度（PC-TWA）、最高容许浓度（MAC）、短时间接触容许浓度（PC-STEL）三类。

在国家标准 GBZ 2.1—2007《工作场所有害因素职业接触限值　第 1 部分：化学有害因素》的表 1 中规定了工作场所空气中化学物质容许浓度。部分有毒物质短时间接触容许浓度（PC-STEL），见表 7-2。

表 7-2　工作场所空气中部分有毒物质短时间接触容许浓度（摘自 GBZ 2.1—2007）

有毒物质名称	短时间接触容许浓度 /（mg/m³）	有毒物质名称	短时间接触容许浓度 /（mg/m³）
一氧化碳	30（非高原）	金属汞（蒸汽）	0.04
二甲苯（全部异构体）	100	黄磷	0.1
二氧化硫	10	氨	30
二硫化碳（皮）	10	臭氧	0.3①
五氧化二磷	1①	氟化氢（按 F 计）	2①
丙酮	450	溶剂汽油	450②
甲醛	0.5①	甲醇（皮）	50
二氧化氮	10	氯	1①
四氯化碳（皮）	25	硫酸及三氧化硫	2

注：未标注皆为短时间接触容许浓度。

① 最高容许浓度（Maximum Allowable Concentration，MAC）指工作地点、在一个工作日内、任何时间均不应超过的有毒化学物质的浓度。

② 数据是根据"超限倍数"推算的。对未制定 PC-STEL 的化学物质和粉尘，采用超限倍数控制其短时间接触水平的过高波动。符合 PC-TWA 的前提下，粉尘的超限倍数是 PC-TWA 的 2 倍；化学物质的超限倍数（视 PC-TWA 限值大小）是 PC-TWA 的 1.5～3 倍。

工作场所存在两种以上有毒物质时，应考虑其联合作用，可用下式进行分析

$$C_1/M_1 + C_2/M_2 + \cdots + C_n/M_n \leqslant 1 \tag{7-3}$$

式中，C_1，C_2，$\cdots$，C_n 是各物质的实测浓度；M_1，M_2，$\cdots$，M_n 是各物质的最高允许浓度。

如计算结果小于 1，说明现场有毒物质的浓度符合国家卫生标准；如果计算结果大于 1，说明现场有毒物质的浓度超过国家卫生标准。

（二）环境空气质量标准

我国于 1996 年 12 月 6 日开始实施环境空气质量标准（GB 3095—1996），并于 2012 年进行了修订（GB 3095—2012），见表 7-3。它规定了环境空气质量功能区划分、标准分级、污染物项目、取值时间及浓度限值，采样与分析方法及数据统计的有效性。该标准适用于全国范围的环境空气质量评价。环境空气功能区分为两类：一类区为自然保护区、风景名胜区和其他需要特殊保护的区域；二类区为居住区、商业交通居民混合区、文化区、工业区和农村地区。一类区适用一级浓度限值，二类区适用二级浓度限值。

表 7-3　环境空气污染物浓度限值（摘自 GB 3095—2012）

污染物项目	平均时间	浓度限值 一级	浓度限值 二级	单位
二氧化硫（SO₂）	年平均	20	60	μg/m³
	24 小时平均	50	150	
	1 小时平均	150	500	
二氧化氮（NO₂）	年平均	40	40	
	24 小时平均	80	80	
	1 小时平均	200	200	

（续）

污染物项目	平均时间	浓度限值		单　位
		一　级	二　级	
一氧化碳（CO）	24 小时平均	4	4	mg/m³
	1 小时平均	10	10	
臭氧（O₃）	日最大 8 小时平均	100	160	
	1 小时平均	160	200	
颗粒物（粒径小于等于 10 μm）	年平均	40	70	
	24 小时平均	50	150	
颗粒物（粒径小于等于 2.5 μm）	年平均	15	35	
	24 小时平均	35	75	
总悬浮颗粒物④（TSP）	年平均	80	200	
	24 小时平均	120	300	μg/m³
氮氧化物（NOₓ）	年平均	50	50	
	24 小时平均	100	100	
	1 小时平均	250	250	
铅（Pb）	年平均	0.5	0.5	
	季平均	1	1	
苯并［a］芘⑤B(a)P	年平均	0.001	0.001	
	24 小时平均	0.0025	0.0025	
氟化物（F）	24 小时平均	20①	20①	
	1 小时平均	7①	7①	
	月平均	1.8②	3.0②	
	植物生长季平均	1.2②	2.0②	μg/（dm²·d）

① 适用于城市地区。

② 适用于牧业区和以牧业为主的半农半牧区，蚕桑区。

③ 适用于农业区和林业区。

④ 总悬浮颗粒物指环境空气中空气动力学当量直径小于等于 100 μm 的颗粒物。

⑤ 苯并［a］芘是化学物质 Benzo（a）pyrene 的术语，简称 B(a)P，为致癌物质多环芳烃（PAHs）中的一种。

　　我国的空气质量周报、日报和预报都是根据国家《环境空气质量标准》中规定的几种常见污染物例行监测的结果，分别评价城市一周内、当天和未来一天的空气质量，并以空气质量指数的表征形式来向公众发布。

　　空气质量指数（Air Quality Index，AQI）是定量描述空气质量状况的无量纲指数。就是将常规监测的几种空气污染物浓度简化成为单一的概念性指数值形式，参与评价的污染物为 SO_2、NO_2、PM10、PM2.5、O_3、CO 六项，其中雾霾的形成主要与 PM2.5 有关，因此 PM2.5 受到公众的广泛关注。空气质量指数可以分级表征空气污染程度和空气质量状况，适合于表示城市的短期空气质量状况和变化趋势。

　　《环境空气质量指数（AQI）技术规定（试行）》（HJ 633—2012）中规定：空气污染指数划分为 0 ~ 50、51 ~ 100、101 ~ 150、151 ~ 200、201 ~ 300 和大于 300 六档，对应于空气质量的六个级别，指数越大，级别越高，说明污染越严重，对人体健康的影响也越明显。表 7-4 列出了空气质量指数及相关信息。

表 7-4 空气质量指数分级及相关信息

空气质量指数	空气质量指数级别	空气质量水平及表示颜色		对健康影响情况	建议采取措施
0~50	一级	优	绿色	空气质量令人满意,基本无空气污染	各类人群均可正常活动
51~100	二级	良	黄色	空气质量可接受,但某些污染物可能对极少数异常敏感人群健康有较弱影响	极少数异常敏感人群应减少户外活动
101~150	三级	轻度污染	橙色	易感人群症状有轻度加剧,健康人群出现刺激症状	儿童、老人及心脏病、呼吸系统疾病患者应减少长时间、高强度的户外锻炼
151~200	四级	中度污染	红色	进一步加剧易感人群症状,可能对健康人群心脏、呼吸系统有影响	儿童、老人及心脏病、呼吸系统疾病患者应减少长时间、高强度的户外锻炼,一般人群适量减少户外运动
201~300	五级	重度污染	紫色	心脏病和肺病患者症状显著加剧,运动耐受力降低,健康人群普遍出现症状	儿童、老人及心脏病、呼吸系统疾病患者应停留在室内,停止户外运动,一般人群减少户外运动
>300	六级	严重污染	褐红色	健康人群运动耐受力降低,有明显强烈症状,提前出现某些疾病	儿童、老人和病人应当留在室内,避免体力消耗,一般人群应避免户外运动

(三) 室内空气质量标准

我国第一部《室内空气质量标准》于 2003 年 3 月 1 日正式实施,标志着我国室内空气质量从此有"标"可依。室内空气质量标准的主要控制指标见表 7-5。《室内空气质量标准》与 2002 年 1 月 1 日实施的《民用建筑工程室内环境污染控制规范》及于 2002 年 7 月 1 日实施的"室内装饰装修材料有害物质限量"等 10 项国家标准共同构成了我国室内环境污染控制和评价体系。该标准规定的控制项目包括物理性、化学性、总挥发性、生物性和放射性五大类 20 个指标。

表 7-5 室内空气质量标准的主要控制指标

序号	参数类别	参数	单位	标准值	备注
1	物理性	温度	℃	22~28	夏季空调
				16~24	冬季采暖
2		相对湿度	(%)	40~80	夏季空调
				30~60	冬季采暖
3		空气流速	m/s	0.3	夏季空调
				0.2	冬季采暖
4		新风量	m³/(h·人)	30[①]	

（续）

序号	参数类别	参　　数	单　　位	标　准　值	备　　注
5	化学性	二氧化硫 SO_2	mg/m^3	0.50	1h 均值
6		二氧化氮 NO_2	mg/m^3	0.24	1h 均值
7		一氧化碳 CO	mg/m^3	10	1h 均值
8		二氧化碳 CO_2	（%）	0.10	日平均值
9		氨 NH_3	mg/m^3	0.20	1h 均值
10		臭氧 O_3	mg/m^3	0.16	1h 均值
11		甲醛 HCHO	mg/m^3	0.10	1h 均值
12		苯 C_6H_6	mg/m^3	0.11	1h 均值
13		甲苯 C_7H_8	mg/m^3	0.20	1h 均值
14		二甲苯 C_8H_{10}	mg/m^3	0.20	1h 均值
15		苯并［a］芘 B(a)P	mg/m^3	1.0	日平均值
16		可吸入颗粒 PM10	mg/m^3	0.15	日平均值
17		总挥发性有机物 TVOC	mg/m^3	0.60	8h 均值
18	生物性	细菌总数	cfu/m^3	2500	依据仪器定[②]
19	放射性	氡 Rn	Bq/m^3[④]	400	年平均值（行动水平[③]）

① 新风量要求≥标准值，除温度、相对湿度外的其他参数要求≤标准值。

② 见 GB/T 1883—2002 附录 D（规范性附录）：室内空气中菌落总数检验方法。另外，在细菌总数检验中并非直接测定样本中的活菌数，而是用菌落计数法。菌落计数的基本假设是每一活细胞都可长成一菌落，是以菌落的数目来估计定量体积样本中的活菌数，故其求出的活菌数单位以菌落形成单位（CFU）来表示。

③ 达到此水平建议采用干预行动以降低室内氡气浓度。

④ Bq/m^3 是放射性浓度的单位（气体、液体）。Bq 是放射性活度单位，1Bq 定义为放射性核素每秒衰变一次。Bq 是纪念 1796 年发现放射性的法国物理学家贝可勒尔。Bq 读作贝可。

《室内空气质量标准》主要适用于已使用一段时间的室内空间。《民用建筑工程室内环境污染控制规范》适用于新建、扩建和改建的民用建筑工程，并于 2010 年重新修订（GB 50325—2010）。"室内装饰装修材料有害物质限量"等 10 项国家标准在实施后也陆续进行了修订（GB 18581—2009、GB 18582—2008、GB 18583—2008、GB 6566—2010），具体内容请查阅标准。

在这些标准中一般都对空气监测中的采样点、采样环境、采样高度及采样频率有要求，并对各项污染物的具体分析方法以及各项污染物数据统计的有效性做了规定。

三、空气污染物防治

（一）生产车间空气污染的防治

近年来，职业病在我国已经成为一个隐形杀手。因粉尘、放射污染和有毒、有害作业等导致劳动者患职业病死亡、致残、部分丧失劳动能力的人数不断增加，其危害程度远远高于生产安全事故和交通事故。其中，有相当大原因是生产车间空气污染所致。因此，重视车间空气污染防治，普及空气污染防治知识迫在眉睫。

（1）制定法规和严格管理　2001 年 10 月 27 日第九届全国人民代表大会常务委员会第二十四次会议通过中华人民共和国职业病防治法，并于 2002 年 5 月 1 日起正式施行。此后，于 2011 年 12 月 31 日通过第二次修订施行以及于 2016 年 7 月 2 日第三次修改施行。与此同时，卫生部也出台实施了与之配套的规章:《国家职业卫生标准管理办法》《职业病危害项目申报管理办法》《建设项目职业病危害分类管理办法》《职业健康监护管理办法》《职业病诊断与鉴定管理办法》《职业病危害事故调查处理办法》。各企业单位也必须对空气环境的治理制定相关的规章制度以加强管理,防止职业病的发生发展。

(2)降低燃料对空气的污染 首先要选择低硫及低有害物质含量的燃料,当选择有困难时,应采取预处理方法降低燃料的有害物质含量;其次,要改进燃烧方法,通过改进燃烧设备、燃烧方式,使燃料充分燃烧,减少一氧化碳和氮氧化物等的排放量;再次,除尘和排烟净化,要从排出的烟气中除去烟灰、二氧化硫、一氧化碳和氮氧化物等。

1997年年底前,上海含铅的车用汽油尾气是往空气中"输送"铅的"大户",每年送到大气中的铅有 $100 \sim 140t$ 左右。而1997年年底上海实现了车用汽油无铅化后,有关专家从1999年夏季开始跟踪追"铅"。专家选择了全市11个主要的交通道(口)和两个监测站监测,并请来法国梧桐等植物助阵,结果发现:目前上海大气中铅的质量浓度平均值为 $0.25mg/m^3$,仅相当于国家标准的1/4;与1993~1994年相比,上海市中心区平均大气铅浓度下降了71%。

为了解决煤炭充分燃烧的问题,人们不断开发高效洁净燃烧技术,其中循环流化床燃烧技术为新一代洁净、高效燃烧技术。某电站使用该技术后,与装有烟气净化装置相比,SO_2 和 NO_x 可减少50%以上。采用流化床燃烧可以不需要安装烟气脱硫装置,由于流化床的优越性能和较好的环境特性,该技术在国内外得到了广泛的应用。

对煤炭不充分燃烧产生的有害气体,可采用烟道气净化技术。烟道气净化是控制燃煤对大气环境污染的有效途径,烟道气净化主要包括烟气的除尘、脱硫和脱氮。烟道气除尘主要有干式除尘器、湿式除尘器、静电除尘器、旋风除尘器等,除尘率可达85%~99%。烟道气脱硫主要有湿法脱硫和干法脱硫,脱硫率可达80%~95%,能有效地控制 SO_2 的排放。而对于烟道气脱氮,国内主要采用低 NO_x 燃烧器对烟道气中的 NO_x 进行控制,发电厂的粉煤锅炉采用该设备,NO_x 排放量降低了30%~60%。

(3)加强对生产车间空气的检测与控制 在掌握了不同的作业及作业环境中使用的原材料、机器可能给人体健康带来何种危害的知识的基础上,必须考虑有效的作业环境对策。包括:①工厂、车间通过合理布局、排放和绿化,减少污染物的危害。②换气设备。设置换气、排气设备,并进行经常的保养、检查或改进。此外,设置必要的排出物收集、集尘装置。③环境测定。从最重要的环境因素开始,对作业的特性以及有害物质的发生源、发生量随时间、空间的改变而变化的情况进行测定。对那些看似不重要的环境因素也不能轻视。④采用封闭系统,探讨自动化或代替物品的使用。⑤建立休息室、配置卫生设施等;同时,通过制定合理的劳动制度、休息制度和轮班方式,以及采取个人防护措施,确保职工健康。

(二)室内空气污染的防治

1)常开窗,通风换气。这是最简单直接的提高空气质量的方法。选用密封好的门窗,选择合适的开窗换气时间,防止室外大气污染物进入室内。

2)尽量减少在室内吸烟,少吸烟或者不吸烟。烟尘气溶胶是室内一个不容忽视的污染源,一些颗粒较小的气溶胶随呼吸进入呼吸道,会引起一系列呼吸道疾病。在香烟的烟气成分中,含有一氧化碳、甲醛、丙烯醛、氰氢酸、氨等刺激性气体,这些有害气体对人体的肝脏及支气管黏膜的纤毛上皮细胞,有严重的损害作用,严重时导致肺部疾病。其中,甲醛还可能诱发鼻癌。

3)合理使用空调,控制室内的温度和湿度。室内湿度太大,容易滋生细菌,因而应经常清洗过滤器，采取换新风功能好的空调。

4）选择适当的装修、装饰材料及装修方式。选择释放有害气体较少的装修材料、胶水、涂料、油漆等；装修后要开窗换气，待室内有害气体降低至较低程度后再入住。由于放射性气体氡可以引起基因突变和染色体畸变，从而对人类长期遗传产生不良影响，而至今还未找到一个简单而经济的解决办法。所以，目前唯一可行的只能是把用于构筑物中的具有放射性的材料从建筑材料单上剔除掉。

5）用生物学的方法。有关实验证明，某些室内观叶植物对甲醛有较好的吸收效果。采用植物来净化室内空气，改善室内空气质量，减少甲醛污染，是一种经济实用的方法。

（三）车内空气污染的防治

为保持车内空气洁净，首先是要经常开窗通风；其次是选择适当的空气净化产品去除空气污染和定期清洗空调蒸发器；此外有条件的话，应定期对车内空气质量进行检测。目前，净化车内空气的主要方法有光触媒、光化净化器和太阳能汽车氧吧等几种。其中，光触媒是一种先进的车内空气净化技术，当光线照射在涂膜表面时，光触媒便可进行"光合作用"，解决车内空气污染的问题。光化净化器是利用光触媒技术研制的最新空气净化产品。在净化器表面镀上一层光净化复合材料，主要成分是 TiO_2，这种物质通过日光照射后，产生的元素可催化氧化车内的污染物。太阳能汽车氧吧则集太阳能光聚变技术、五层净化系统于一体，能催化分解 90% 以上的夹杂异味和有害的气体；杀灭 97.3% 的有害病菌；分解 95% 的甲醛。

 ## 第四节　粉　　尘

一、粉尘及其来源

粉尘是指能够较长时间在空气中保持悬浮状态的固体微粒。粉尘分为降尘和飘尘。降尘颗粒大，粒径在 $10\mu m$ 以上，能较快地降落到地面；飘尘颗粒较小，粒径在 $10\mu m$ 以下，可以长时间在空气中悬浮飘动。飘尘是一种气溶胶体，其分散介质是空气，分散相是固体颗粒。粉尘可以分为生产性粉尘、交通性粉尘和沙尘暴粉尘。粉尘不仅影响环境质量、产品质量，也严重危害人们身体健康与安全。粉尘的来源有以下几个方面：①固体物质的机械粉碎和研磨。例如，选矿、耐火材料车间中的破碎机、球磨机等散发的粉尘。②生产过程使用的粉状原料或辅助材料。③粉状物料的混合、过筛、运输以及包装。④物质不完全燃烧，如汽车尾气、木材、煤炭等燃烧的烟气中会夹杂大量烟尘。⑤某些物质在被加热时产生的蒸气在空气中凝结或被氧化。例如，铸铜时形成的氧化锌。⑥系统性沙尘天气或局地性沙尘天气（甘肃省部分地方出现因热对流引起的局地性沙尘暴天气）扬起的沙尘。

二、粉尘的物化特征

（一）粉尘的化学成分

各种粉尘的基础物质不同，其化学组成也不一样，其中以游离二氧化硅的致纤维化作用最强。游离二氧化硅的含量越高，危害性越大，病变发展的速度也越快。含游离二氧化硅小于10%的粉尘质量浓度为10～20mg/m³时，就是发生尘肺的浓度，质量浓度在20mg/m³以上，短期内可能发生尘肺。因此，工作场所粉尘最高容许质量浓度是10mg/m³。

（二）粉尘的物理性质

（1）粉尘的粒径　尘粒越小，沉降速度越慢，其稳定性越高，在空气中浮游的时间越长，被吸入的机会就越多。尘粒大小与粉尘进入呼吸道的深度有关，直径10μm以上的尘粒不易进入肺部，在上呼吸道均被阻留，直径小于5μm的尘粒可达呼吸道深部，其中能进入肺泡的主要是直径小于2μm的粉尘。另外，粉尘粒子越小，则其相对表面积越大，进入人体后的化学活性也越大。

（2）粉尘的溶解度　不同的粉尘有不同的溶解度，其对人体的危害也各不相同。毒物粉末如铅、砷的溶解度越高对人体的危害就越大。对人体主要起机械刺激作用的粉尘，其溶解度越大则危害越小。例如，面粉、糖的溶解度越高，其对人体的危害就越小；而矿物质的粉末，如石英的溶解度比较低，但其对人体的危害就比较大。有机性粉尘能长期滞留在呼吸道内，易引起病变。对人体起化学毒物作用的粉尘，则溶解度越大，危害越大。

（3）粉尘的荷电性　当原料加工和粉碎时，由于摩擦或因吸附了空气中的带电离子而使粉尘带有电荷。具有相同电荷的粉尘粒子，因互相排斥而提高了粒子悬浮在空气中的时间；而具有不同电荷的粒子，则因相互吸引、撞击而丧失电荷，粒子变大，加速了沉降。带电的粉尘容易被阻留在呼吸道上，而且不易被人体吞噬细胞所吞噬，因此对人体的危害较大。

（4）粉尘的形状　形状影响粉尘在空气中的运动。尘粒越接近球形，在空气中降沉速度越快；纤维状或薄片状的尘粒，降沉速度较慢。此外，柔软的尘粒，如棉尘、木尘等易沉落在气管和支气管壁而引起慢性炎症；锐角和坚硬的尘粒则能引起上呼吸道黏膜的损伤。

三、粉尘的危害

（一）粉尘对人体的危害

粉尘根据其物化特性和对人体作用部位不同，可造成多方面的危害。其中尘肺是最严重的危害。由于长期吸入一定浓度的某些粉尘，特别是游离二氧化硅含量较高的粉尘后，使肺内粉尘阻留并有肺组织反应，因此丧失正常的通气和换气功能，严重损害健康。长期吸入含游离二氧化硅的粉尘所引起的尘肺称为矽肺。此外，还有硅酸盐肺、煤肺和混合性尘肺等。部分粉尘能够进入肺泡周围组织，沉积于局部或血管、淋巴管，引起病变。另外，粉尘的刺激作用可使上呼吸道炎症的发病率增加，也可因粉尘的机械或化学性刺激造成皮肤或黏膜的损害。

（二）粉尘对人的心理影响

空气中的粉尘还直接影响人的心理。粉尘明显污染环境、衣服，损害人的身体，使人产生不舒适、厌恶的感觉，还会使人产生急躁、缺乏耐心的情绪，成为情绪和动作不稳定的一个因素，甚至讨厌工作。另外，粉尘妨碍照明效果，环境变得灰暗，使人们完成同样的工作却要付出更大的努力，因此对工作质量和效率都产生不利的影响。

（三）粉尘爆炸

某些物质的微小颗粒在空气中达到一定的浓度，当遇到明火时会发生爆炸。这种微小颗粒可以是糖、面粉，也可以是纺织纤维（如亚麻纤维）等。

在煤矿、食品和纺织等行业中，粉尘爆炸的能量是很大的，给人民生命财产带来巨大的威胁。新中国成立之后，曾发生过天津的铅粉爆炸、秦皇岛的粮食粉末爆炸、哈尔滨的面粉爆炸、广州的粮食粉末爆炸、克山的亚麻粉尘爆炸、延边的亚麻粉尘爆炸等。

2012 年 8 月，温州市瓯海区一幢民房在生产中发生铝粉尘爆炸，导致坍塌并燃烧，造成13 人死亡、15 人受伤。2014 年 8 月 2 日，江苏昆山工厂爆炸致 75 人死亡，爆炸是因粉尘遇到明火引发的。据东北大学工业爆炸及防护研究所调查，自 2009 年到 2014 年间，国内发生的粉尘爆炸中铝镁粉尘爆炸占 1/3，多是抛光企业。这主要是因为镁铝的爆炸下限较低，危险性较大，其中铝镁合金的爆炸下限是 $50g/m^3$，镁的爆炸下限仅为 $20g/m^3$。

全国安全生产标准化技术委员会粉尘防爆分技术委员会相继颁布了 11 项国家标准。目前国内通行的使用标准是在 2007 年修订颁布的《粉尘防爆安全规程》（GB 15577—2007），这项规程对劳动防护用品、建筑物的结构与布局以及防火抑爆、阻爆等都做出了明确的规定。

粉尘爆炸机理是非常复杂的，一般认为，首先是一部分粉尘被加热，产生可燃性气体，它与空气混合后，在一定的高温或具有火种（或电火花）时，就会引起燃烧，由于产生的热量又将周围的粉尘加热，产生新的可燃性气体，这样就会产生爆炸的连锁反应。因此，粉尘爆炸的难易和爆炸状况，与粉尘的物理、化学性质，大气的条件有很大的关系。它要求粉尘有一定的浓度，这一浓度界限称为爆炸的下限，它与火种的强度，粒子的种类、大小，所处环境的湿度、通风情况、氧气的浓度等条件有关。粉尘爆炸所需的最低温度称为发火温度（又称为发火点、闪点），它也与上述因素有关。一般粒子越细，发火点越低。

四、工作环境粉尘允许浓度

工作环境粉尘的最高允许浓度，是以保障工人健康为目的的，即在粉尘环境中长期工作，不致产生任何病理改变的浓度。表 7-6 是工作场所空气中主要粉尘容许浓度标准。

表 7-6　工作场所空气中主要粉尘容许浓度（摘自 GBZ 2.1—2007）

序号	中　文　名	英　文　名	化学文摘号（CAS No.）	PC-TWA /(mg/m³) 总尘	PC-TWA /(mg/m³) 呼尘	备注
1	白云石粉尘	Dolomite dust		8	4	—
2	玻璃钢粉尘	Fiberglass reinforced plastic dust		3	—	—
3	茶尘	Tea dust		2	—	—
4	大理石粉尘	Marble dust	1317-65-3	8	4	—
5	谷物粉尘（游离 SiO₂ 含量 <10%）	Grain dust（free SiO₂ <10%）		4	—	—
6	滑石粉尘（游离 SiO₂ 含量 <10%）	Talc dust（free SiO₂ <10%）	14807-96-6	3	1	—
7	活性炭粉尘	Active carbon dust	64365-11-3	5	—	—
8	铝尘 　铝金属、铝合金粉尘 　氧化铝粉尘	Aluminum dust： 　Metal & alloys dust 　Aluminum oxide dust	7429-90-5	3 4	— —	— —
9	麻尘 （游离 SiO₂ 含量 <10%） 亚麻 黄麻 苎麻	Flax, jute and ramie dusts （free SiO₂ < 10%） Flax Jute Ramie		1.5 2 3	— — —	— — —

（续）

序号	中 文 名	英 文 名	化学文摘号 （CAS No.）	PC-TWA /（mg/m³）		备注
				总尘	呼尘	
10	煤尘（游离 SiO₂ 含量＜10%）	Coal dust（free SiO₂＜10%）		4	2.5	—
11	棉尘	Cotton dust		1	—	—
12	石墨粉尘	Graphite dust	7782-42-5	4	2	—
13	水泥粉尘（游离 SiO₂ 含量＜10%）	Cement dust（free SiO₂＜10%）		4	1.5	—
14	炭黑粉尘	Carbon black dust	1333-86-4	4	—	G2B
15	矽尘 10%≤游离 SiO₂ 含量≤50% 50%＜游离 SiO₂ 含量≤80% 游离 SiO₂ 含量＞80%	Silica dust 10%≤free SiO₂≤50% 50%＜free SiO₂≤80% free SiO₂＞80%	14808-60-7	1 0.7 0.5	0.7 0.3 0.2	G1 （结晶型）
16	稀土粉尘（游离 SiO₂ 含量＜10%）	Rare-earth dust（free SiO₂＜10%）		2.5	—	—
17	洗衣粉混合尘	Detergent mixed dust		1	—	—
18	烟草尘	Tobacco dust		2	—	—

注：1. 总粉尘（Total dust）简称"总尘"，指用直径为 40mm 的滤膜，按标准粉尘测定方法采样所得到的粉尘。

2. 呼吸性粉尘（Respirable dust）简称"呼尘"，指按呼吸性粉尘标准测定方法所采集的可进入肺泡的粉尘粒子，其空气动力学直径均在 7.07μm 以下，空气动力学直径为 5μm 的粉尘粒子的采样效率为 50%。

3. 化学文摘号是美国化学文摘登记号（CAS），该号是用来判断检索有多个名称的化学物质信息的重要工具。

另外，国家还制定了保证工作环境安全的粉尘浓度标准，具体可参见《粉尘防爆安全规程》（GB 15577—2007）、《铝镁粉加工粉尘防爆安全规程》（GB 17269—2003）等国家标准。其中，《防止静电事故通用导则》（GB 12158—2006）在其附录 D 中给出了多种物质的闪点（℃），爆炸极限体积，百分比和最小点燃能量及其分类和级别。

五、粉尘的防治

（1）控制尘源　粉尘的产生与工艺和设备有直接关系。在工艺许可的条件下尽量采用湿法作业，密闭产尘设备与地点，尽量缩小扬尘口面积，并辅以抽风除尘，减少车间气流干扰或设备震动等影响粉尘扩散。风力输送是解决粉状物料输送过程中产生粉尘的一项重要措施。

（2）除尘　当通风排气中粉尘含量超过排放标准时，必须进行除尘处理。采用新型高效吸尘、除尘装置，实现密闭化、自动化遥控作业。

（3）个人防护　一般要在基本上消除工作环境粉尘危害的前提下，再辅以个人防护用具。但是在某些情况下，粉尘浓度较高，个人防护用具也可作为一种暂时的主要防尘措施。个人防护用具包括各种防尘口罩、面具和防尘衣等。

（4）改善劳动管理　制定合理的工作制度，适当缩短工作时间和减轻作业强度；确定恰当的作业位置和作业姿势等。

 第五节　空气中二氧化碳

清洁燃料燃烧会产生二氧化碳。动物（包括人）的呼吸过程，要吸入氧气，呼出二氧化碳，而且，进入大气的二氧化碳，约有80%是来自呼吸，只有20%来自燃料的燃烧。正常的空气和人呼气中的氧气及二氧化碳等组成见表7-7。

表7-7 空气及呼气中的氧气及二氧化碳等组成

化学成分（质量分数，%）	N₂	O₂	CO₂
空气	79.04	20.93	0.03
呼气	79.60	16.02	4.38

一、氧气

空气中氧气含量减少，会影响人的呼吸。氧气含量稍低于20%时，不会有很明显的不利影响；氧气含量为15%时，灯焰就会熄灭；氧气含量降到15%以下时，人将嗜睡，动作迟钝，呼吸急促，脉搏加快。因此，灯焰熄灭是氧气含量降到危害程度的信号。氧气含量降到10%以下时，人会发生休克，以致死亡。在一些通风不良的工作环境，如矿井中，如果发生易氧化物质的氧化反应，氧气含量就会减少，就会发生缺氧现象。劳动或通行的场所，空气中氧气含量不得低于19%。作业越繁重，所需氧气量越多。不同作业情况下人所需空气量和氧气量见表7-8。

表7-8 不同作业情况下人所需空气量和氧气量

作 业 情 况	所需空气量/(L/min)	所需氧气量/(L/min)
休息	6～15	0.2～0.4
轻作业	20～25	0.6～1.0
中等作业	30～40	1.2～1.6
重作业	40～60	1.8～2.4
极重作业	40～80	2.5～3.0

二、二氧化碳

二氧化碳（CO_2）是人体呼出的气体成分之一，而毒性又并不太大，所以通常并不引起人们的注意。实际上，人呼出的CO_2也会造成工作环境空气污染。CO_2具有刺激呼吸中枢的作用，如果完全没有CO_2，人就不能保持正常呼吸。但是CO_2浓度太高，就会产生毒性作用，对人体产生有害的影响。空气中CO_2的质量分数增加到5%～6%时，人的呼吸就要感到困难；增加到10%时，即使不活动的人也只能忍耐几分钟。

工作场所换气不好，二氧化碳含量增加，空气不新鲜，会影响人的工作效率。据纽约换气委员会的实验，换气对体力作业的影响见表7-9。

表7-9 换气对体力作业的影响

温度/℃	20	20	24	24
空气	新鲜	停滞	新鲜	停滞
作业效率（%）	100	91.1	85.2	76.2

一般新鲜空气中CO_2的质量分数为0.03%。由人引起的CO_2污染应控制在0.1%以下。表

7-10 为 CO_2 含量对疲劳的影响。

表 7-10　CO_2 含量对疲劳的影响

CO_2 的质量分数（%）	0.07 以下	0.07～0.1	0.1～0.2	0.2～0.4	0.4～0.7
评定	良好	一般	不好	很不好	非常不好

劳动强度不同，呼出的 CO_2 量也不同，见表 7-11（表中为男工人数据），因此要求工作场所的换气量也不同。图 7-1 所示为每人 $10m^3$ 的空气体积，平均每人每小时呼出 18L CO_2 的情况下 [能量代谢率（RMR）为 0.4] 的换气量和室内 CO_2 含量的关系。可见，相当于办公室的工作强度情况下，平均每人 $10m^3$ 空气体积，每小时每人达 $30m^3$ 换气量时，室内 CO_2 的质量分数能够保持在 0.1% 以下，如果从事 RMR 大的作业，要使 CO_2 的质量分数保持在 0.1% 以下时，需相应地增加换气量。CO_2 的密度约为空气的 1.5 倍，因此地面附近 CO_2 的含量偏高。

表 7-11　不同劳动强度条件下呼出的 CO_2 量

能量代谢率（RMR）	工 作 性 质	CO_2 呼出量/（m^3/h）
0	睡觉	0.011
0～1	极轻作业	0.013～0.023
1～2	轻作业	0.023～0.033
2～4	中作业	0.033～0.054
4～7	重作业	0.054～0.084

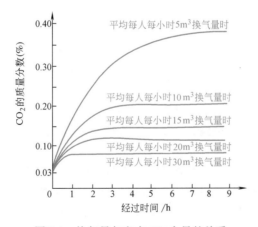

图 7-1　换气量与室内 CO_2 含量的关系

表 7-12 是推荐的工作空间（空气体积）、换气量与劳动强度的关系。

表 7-12　工作空间、换气量与劳动强度的关系

工作空间换气量		劳 动 强 度			
		极 轻	轻	中	重
工作空间/[m^3/（h·人）]	最少	12	12	15	18
	建议	15	18	23	27
工作空间/[m^3/（h·人）]	最少	30	35	50	60
	建议	45	53	75	90

第六节 工作场所通风与空气调节

一、通风和空气调节

无论是工业生产中为了保证作业者的健康，提高工作效率和质量，还是在公共场所及人们工作和生活的房间里，为了满足人们正常活动和舒适的需要，都要求维持一定的空气环境。通风和空气调节就是创造这种空气环境的一种手段。

通风是把局部地点或整个房间内污染的空气（必要时经过净化处理）排出室外，使新鲜（或经过处理）的空气进入室内，从而保持室内空气的新鲜及洁净程度。而空气调节则是要求更高的一种通风。它不仅要保证送进室内空气的洁净度，还要保持一定的温度、湿度和速度。通风的目的主要是消除生产过程中产生的粉尘、有害气体、高温和辐射热的危害。而空气调节的目的则主要是创造一定的温度、湿度和舒适度的洁净的空气环境，并考虑消声问题，以满足生产和生活的需要。民用建筑、工业企业生产厂房及辅助建筑物的采暖、通风、空气调节及其制冷设计方法均可参考《工业建筑供暖通风与空气调节设计规范》（GB 50019—2015）和《民用建筑供暖通风与空气调节设计规范》（GB 50736—2012）。

二、工作场所通风方法

1. 按空气流动的动力不同，可分为自然通风和机械通风

（1）自然通风 它是依靠室内外空气温差所造成的热压，或者室外风力作用所形成的压差，使室内外的空气进行交换，从而改善室内的空气环境。其优点是不需要专设动力装置，对于需要大量换气的车间是一种经济有效的通风方法。而不足之处是，自然进入的室外空气无法预先进行处理；同样，从室内排出的空气，如含有有害物质时，也无法进行净化处理。另外，自然通风的换气量要受室外气象条件的影响，通风效果不稳定。

（2）机械通风 借助于通风设备所产生的动力而使空气流动的方法，称为机械通风。由于风机的风量和风压可根据需要选择，因此这种通风方法能保证通风量，并可控制气流方向和速度。也可对进风和排风进行处理，如对进气进行加热或冷却，对排气进行净化处理等。显然，机械通风系统比自然通风复杂，需要较大的投资和运行管理费用。

机械通风系统通常包括送风机、空气处理室、送风口、排风口、排风机等几部分，图7-2所示为一个简易的机械通风系统。空气处理室一般包括空气过滤器、加热器、冷却器和加湿器。其中过滤器能够去除空气中的有害尘粒，加热器、冷却器和加湿器能够调节空气的温湿度，使其符合工厂需求标准。

2. 按通风系统作用范围，可分为全面通风和局部通风

（1）全面通风 它是对整个房间进行通风换气。其目的是稀释房间内有害物质浓度，消除余热、余湿，使之达到卫生标准和满足生产作业要求。全面通风可以利用机械通风来实现，也可用自然通风来实现。

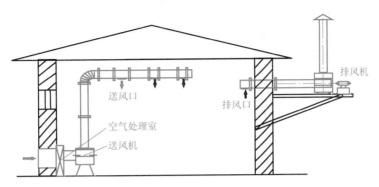

图 7-2 机械通风系统

（2）局部通风 局部通风可分为局部排风和局部送风两种。局部排风是在有害物质产生的地方将其就地排走；局部送风则是将经过处理的、合乎要求的空气送到局部工作地点，造成良好的空气环境。局部通风与全面通风比较，对控制有害物质扩散效果较好，而且经济。

三、全面通风换气量的计算

确定全面通风换气量的依据是单位时间进入房间空气中的有害气体、粉尘、热量及水汽等数量。

（1）消除有害气体的全面通风换气量 假设房间内每小时散发的有害物质量为 X（mg/h），而且假定其均匀地扩散到整个房间，利用全面通风，每小时由室内排出污染空气的有害物浓度为 C_2（mg/m^3），送入室内的空气中含该有害物浓度为 C_1（mg/m^3），则根据在通风过程中排出有害物的数量应当和产生的有害物数量达到平衡的原则，房间内所需全面通风换气量 L 可按下式计算

$$L = \frac{X}{C_2 - C_1} \tag{7-4}$$

式中，由室内排出空气的有害物浓度 C_2，就是房间内应该维持的不超过国家卫生标准所规定的有害物最高允许浓度。

（2）消除余热的全面通风换气量 当室内产生余热时，所需全面通风换气量 L 可用下式计算

$$L = \frac{Q}{cr_j(t_p - t_j)} \tag{7-5}$$

式中，Q 是室内余热量（kJ/h）；t_p 是排出空气的温度（℃）；t_j 是进入空气的温度（℃）；c 是空气的比热容，$c = 1.01$［kJ/(kg·℃)］；r_j 是进气状态下的空气容重（kg/m^3）。

（3）散发余湿的全面通风换气量 当室内产生余湿时，所需全面通风换气量 L 可按下式计算

$$L = \frac{W}{r_j(d_p - d_j)} \tag{7-6}$$

式中，W 是散湿量（g/h）；d_p 是排出空气的含湿量（g/kg）；d_j 是进入空气的含湿量（g/kg）。d_p 与 d_j 的值可根据室内及室外相对湿度查焓—湿图求得。

应当指出，全面通风换气量的计算结果应按具体情况予以确定。当房间内同时散发一种

有害气体、余热及余湿时，应分别计算所需的空气量，然后取其中的一个最大值作为整个房间的全面通风换气量。当房间内同时散发几种溶剂的蒸气（苯及其同系物、醇类、醋酸酯等）或带有刺激性气体（二氧化硫、氯化氢、氟化氢及其盐类）在空气中时，消除有害气体的全面通风换气量应按对各种有害蒸气和气体分别稀释到最高容许浓度所需要的空气量之和计算。

当散入室内的有害物无法具体计算时，全面通风换气量可根据类似房间的实测资料或经验的换气次数确定。

换气次数 n（次/h）是通风量 L（m^3/h）与通风房间的体积 V（m^3）之比。已知换气次数 n 和房间体积 V，则通风量为

$$L = nV$$

复习思考题

1. 车间温度为 28℃，大气压为 $1 \times 10^5 Pa$，采样空气体积为 50L，试换算成标准状态下的体积。

2. 某车间 CO 的浓度为 $20mg/m^3$，试将其换算为体积分数。

3. 简述粉尘的物化特性及其对环境的危害。

4. 简述铅的危害及预防。

5. 简述工作场所通风的重要性及换气的方法。

6. 全面通风换气量计算中，消除多种有毒有害气体的换气量计算方式如何？当房间内同时散发多种有害气体、余热及余湿时，所需的空气量如何计算？

7. 已知北京某化工车间内余热量为 80000kJ/h，余湿量为 100kg/h，同时散发出 H_2SO_4 气体 44mg/s，送风为未经处理的室外空气。北京地区夏季通风计算温度为 30℃，车间外含湿量为 16.6g/kg；车间内空气温度为 33℃，含湿量为 22.4g/kg。30℃ 时空气容量为 $1.165kg/m^3$，车间内 H_2SO_4 的最高容许浓度为 $2mg/m^3$，车间外不含 H_2SO_4。求全面通风换气量。

思 政 案 例

第7章　遵守空气环境安全相关法规，确保工人作业安全

第八章
体力工作负荷

第一节　人体活动力量与耐力

在人机系统工作中，操作者不断地输出各类动作以实现人机系统的目的。人体活动是人机系统正常运行中不可缺少的组成部分。

人体活动的最基本特征有三个：力量、耐力和能量代谢。三者联系密切。人在作业过程中必须施力才能完成作业，力量的大小因需要而定，不同的个体具有不同的力量。如果操作需持续较长时间，就涉及对人体的耐力要求。另外，人体在完成操作过程中必然消耗体内的能量，即要进行能量代谢。因此，研究和测定人体活动时的力量、耐力以及能量消耗的需求状况，对于提高工作效率和减少损伤有重要意义。本节将着重介绍人体活动的力量特征和耐力特征。

一、人体活动力量

人体力量在人体活动中起着很重要的作用。但人体用力有一定的限度。人能够发挥出力的大小，决定于人体的姿势、着力部位以及力的作用方向。在人机系统设计时，为节省体力和减轻疲劳，机器、设备的设计应使操作者尽可能地采用合适的姿势、最佳用力部位和用最小的力完成操作要求。但是，在某些控制器设计中，为保证操作的精度，特地在控制器上附加了适量的阻尼。这样，不仅可以减少操作中的惯性效应，而且操作过程中身体克服阻尼的感觉反馈可为人体操作调整和控制提供重要的信息。在人机系统设计中，必须根据实际情境，确立适合操作者的用力要求。

根据施力部位可把人体力量分为手部力量、脚（含腿）部力量、背部力量和颈部力量等。一般来说，人的操作是由手和脚来完成的。因此，手部力量和脚部力量在所有各类力量中起着重要的作用。

（一）手部力量

（1）握力　握力是一种重要的手部力量。握力的大小在很大程度上反映手的用力能力。同时，握力与手部的其他力量有较大的关系。在许多有手部力量要求的场合，常常可通过对握力大小的测量来挑选操作者或对操作者的用力状况加以评定。握力大小因年龄、性别等因素的变化而有很大的差异。表8-1是国家体育总局于2015年11月发布的《2014年国民体质监测公报》中各年龄段男女握力的平均值数据。从表 8-1 可以看出，人体的年龄和性别对力量有很大的影响。

表8-1　男女握力平均值　　　　　　　　　　（单位：kg）

年龄/岁	男　　性	女　　性	年龄/岁	男　　性	女　　性
7	10.4	9.1	19	42.6	26.1
8	12.5	10.8	20 ~ 24	44.9	26.3
9	14.3	12.6	25 ~ 29	45.3	26.3
10	16.1	14.8	30 ~ 34	45.3	26.9
11	19.0	17.7	35 ~ 39	45.4	27.3
12	22.9	20.0	40 ~ 44	44.9	27.1
13	28.7	22.2	45 ~ 49	43.6	26.5
14	33.4	23.5	50 ~ 54	42.4	25.6
15	37.4	24.4	55 ~ 59	40.3	24.8
16	39.9	25.1	60 ~ 64	37.3	23.2
17	41.9	25.6	65 ~ 69	35.0	22.3
18	43.0	25.9			

（2）手的操纵力　手的操纵力与人的作业姿势、用力方向等因素有关。下面给出人在坐姿、立姿、卧姿情况下，不同方向、左右手用力的情况。

1）坐姿手操纵力。图 8-1 所示为坐姿工作时不同角度的臂力测定。坐姿手操纵力的一般规律为：右手力量大于左手；手臂处于侧面下方时，推拉力都较弱。但其向上和向下的力较大；拉力略大于推力；向下的力略大于向上的力；向内的力大于向外的力。表 8-2 为坐姿时不同角度上测得的臂力数据［汉斯克（P. A. Hunsicker），1957］。这些数据一般健康的男子都能达到。因此，根据这些数据设计的操纵装置，适合绝大多数男子的操纵力。

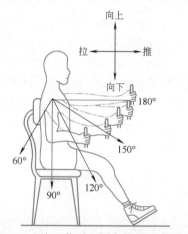

图 8-1　坐姿工作时不同角度的臂力测定

表8-2　坐姿时不同角度测得的臂力　　　　　　　　　（单位：N）

| 手臂的角度 | 拉　　力 | | 推　　力 | |
	左　　手	右　　手	左　　手	右　　手
	向　　后		向　　前	
180°	516	534	560	614
150°	498	542	493	547
120°	418	462	440	458
90°	356	391	369	382
60°	270	280	356	409
	向　　上		向　　下	
180°	182	191	155	182
150°	23I	249	182	209
120°	240	267	226	258
90°	23I	249	218	235
60°	195	218	204	226

（续）

手臂的角度	拉 力		推 力	
	左 手	右 手	左 手	右 手
	向内侧		向外侧	
180°	191	222	133	151
150°	209	240	129	146
120°	199	235	133	151
90°	213	222	146	164
60°	220	231	142	186

2）立姿手操纵力。图8-2所示为立姿操纵作业时，手臂在不同方位角度上的拉力和推力。由图中看到，手臂的最大拉力产生在肩的下方180°的方位上。手臂的最大推力则产生在肩的上方0°方向上。所以，以推拉形式操纵的控制装置，安装在这两个部位时将得到最大的操纵力。

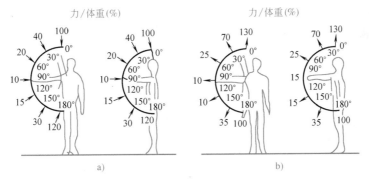

图8-2 立姿操纵时手的拉力和推力

a）最大拉力 b）最大推力

3）卧姿手操纵力。图8-3所示为卧姿时不同肘角伸臂的臂力测定，表8-3为卧姿时不同肘角手的最大臂力（P. A. Hunsicker，1957）。

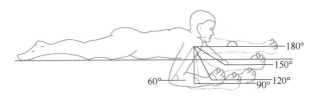

图8-3 卧姿时不同肘角伸臂的臂力测定

表8-3 卧姿时不同肘角手的最大臂力　　　　　　（单位：N）

手 型	用力方向 肘 角	推	拉	向 左	向 右	向 上	向 下
	60°	231.28	253.82	106.82	197.96	155.82	133.28
	90°	240.1	294.0	89.18	178.36	178.36	138.18
左手	120°	280.28	334.18	89.18	169.54	178.36	139.18
	150°	289.1	311.64	89.18	150.92	138.18	124.46
	180°	297.92	271.46	89.18	138.18	80.36	111.72

（续）

手 型	用力方向 肘 角	推	拉	向 左	向 右	向 上	向 下
右手	60°	294.0	271.46	217.56	133.28	192.0	150.92
	90°	285.18	324.38	204.82	124.46	231.28	159.74
	120°	324.38	382.2	213.64	124.46	222.46	155.82
	150°	329.28	360.64	199.92	124.46	182.28	150.92
	180°	306.74	306.74	164.64	111.72	101.92	128.38

4）常见手部操作动作及其力量极限。人体力量存在着很大的个体差异，有些操作力量要求可能只适合一部分个体，制定一个适合于所有个体的操作力量标准是不容易的。但是，可以为特定的工作场合确立一个大多数个体都能达到的力量极限，将那些无法达到该要求的个体筛选出该工作。图 8-4 所示为常见手部操作动作及其力量极限推荐值。

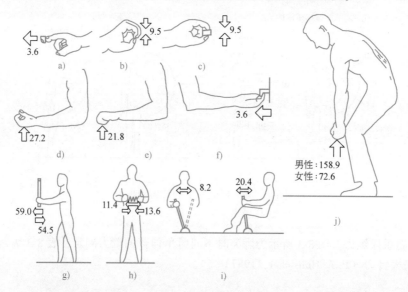

图 8-4　常见手部操作动作及其力量极限推荐值（单位：9.8N）

（二）脚部力量

在作业中，用脚操作的情况也是很多的。最常见的是汽车离合器的踏板和制动踏板。脚产生的力的大小与下肢的位置、姿势和方向有关。下肢伸直比下肢弯曲时脚产生的力大，有靠背支持时，脚可产生更大的力；立姿脚用力比坐姿时大。一般坐姿时，右脚最大蹬力平均可达 2568N，左脚为 2362N；膝部伸展角度在 130°～150°或 160°～180°之间时，脚蹬力最大。一般来说，右脚脚力大于左脚；男性脚力大于女性脚力。脚力控制器的操纵力最大不应超过264N，否则易疲劳。对于需要快速操纵的踏板，用力应减小到 20N。右脚使用力的大小、速度和准确性都优于左脚，操作频繁的作业应考虑双脚交叉作业。

二、人体活动的耐力

人体耐力也是人体活动分析中相当重要的内容。在工作设计中，不仅应考虑力量要求的适合性问题，而且也必须考虑人体活动能力随时间下降的问题。一般把人体能够在较长时间内保持特定工作水平的能力称为耐力。

研究表明［克勒默（Kroemer），1970］，耐力时间的一般形态为工作中所需要静态施力大小的函数，如图 8-5 所示。从图中曲线可以发现：机体只能维持最大施力相当短暂的时间，而当施力大小在个人最大肌力的 25% 或以下时，则可维持较长的时间。这表明当机体必须维持较长时间的施力状态时，施力的大小应远小于机体的最大肌力。

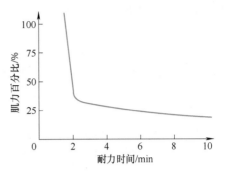

图 8-5　耐力时间的一般形态

第二节　体力工作负荷及其测定

一、体力工作负荷的定义

体力工作负荷是指人体单位时间内承受的体力工作量的大小。工作量越大，人体承受的体力工作负荷强度越大。人体的工作能力是有一定限度的，超过这一限度，作业效率就会明显下降，同时其生理和心理状态也会出现十分明显的变化，严重时会使操作者处于高度应激状态，导致事故发生，造成人员财产的损失。对操作者承受负荷的状况进行准确评定，既能保证工作量，又能防止操作者在最佳工作负荷水平外超负荷工作，是人机系统设计的一项重要任务。

二、体力工作负荷的测定

体力活动时，人的各种身心效应随活动强度的变化和活动时间的长短显示出规律性的变化。人体由休息状态转为活动状态的初期，兴奋水平逐渐上升，生理上表现为心率加快、血压增高、呼吸加剧，人体内各种化学酶和激素的活性或数量增加。劳动强度越大，这种变化的幅度也就越大。同时随着活动时间的持续，人体内许多代谢产物逐渐积累起来，导致内环境发生改变。例如，乳酸的积累使得内环境酸化，pH 值下降。因此，可运用上述生理指标和生化指标的变化测定人体工作负荷水平。体力工作负荷可以从生理变化、生化变化、主观感觉三个方面进行测定。

（一）生理变化测定

生理变化测定主要通过吸氧量、肺通气量、心率、血压和肌电图等生理变量的变化来测定体力工作负荷。另外，能量消耗是衡量工作负荷的一项重要指标，这个指标将在本章第三节重点介绍。

在体力工作负荷变化时，心肺功能是最容易引起变化的生理变量。大量的研究表明，吸氧量、肺通气量、心率及血压随着工作负荷水平的增加而增加。生理变化的测定也可以使用某些派生的吸氧量和心率指标。例如，氧债指标、活动结束后心率恢复到活动前水平所需的时间等。一般来说，体力负荷越大，人体在活动中氧债越大，心率恢复到活动前水平所需的时间越长。

（二）生化变化测定

人体持续活动伴随着体内多种生化物质含量的变化。在这类变化中，乳酸和糖原的含量是较重要的，也是较常被测定的项目。安静时，血液中乳酸含量为 10～15mg/100mL；中等强度作业开始时血液中乳酸含量略有增高；在较大强度作业时，血液中的乳酸含量可增加到 100～200mg/100mL 或更高。

人在安静时，机体血糖含量为 100mg/100mL。在轻度作业时，血糖可保持在稳定水平；中等强度作业，开始血糖稍有降低，但很快会使血糖含量维持在较高水平，直到作业停止后一段时间；若作业强度较大或持续时间过长，或肝糖原储备不足，则可出现血糖降低现象，当血糖降低至正常含量的一半时，人不能继续作业。人体内糖原储量约为 300～400g，其中约一半在肝脏。若作业时氧需为 1.5L/min，持续作业 4～6h 就会引起糖原耗竭。

体力负荷对人体尿蛋白含量有明显的影响，即所谓的"运动性尿蛋白"现象。正常情况下，健康人的尿中虽有微量的蛋白质成分，但含量极微，无法用常规方法测出。然而在较强的体力活动后，人尿中的蛋白质含量会大幅度上升，用常规方法就可以测出。活动后人尿中蛋白质的含量及其种类与人体活动状况有很大的相关性。

（三）主观感觉测定

主观感觉测定是测定体力工作负荷最方便同时也是较常用的方法。该方法通过如图 8-6 所示的自认劳累分级量表（The Scale for Ratings of Perceived Exertion，RPE）进行评价。经过多次修改，目前普遍使用的是 15 点（6～20 点）量表，该量表的特征是要求操作者根据工作中的主观体验对承受的负荷程度进行评判。图

图 8-6　自认劳累分级量表

中的 RPE 值与工作负荷和心率都具有较高的相关性。该方法具有较高的信度和效度。

第三节　体力工作时的能量消耗

人体为维持生命，进行工作和运动所需的能量都是来源于体内物质的分解代谢。营养物质在体内分解所放出的能量，一部分用于对体内、体外做功，其余部分直接转化为热能，用于维持体温。体内能量的产生、转移和消耗称为能量代谢。能量代谢按机体所处状态，可以分为三种，即基础代谢量、安静代谢量和能量代谢量。

一、基础代谢量

基础代谢量是人在绝对安静下（平卧状态）维持生命所必须消耗的能量。人体能量代谢的速率，随人所处的条件不同而不同。为了进行比较，生理学上规定了人所处的一定的条件称为基础条件，即人清醒而极安静（卧床）、空腹（食后 10h 以上）、室温在 20℃左右。之所以这样规定，是因为肌肉活动、精神活动、进食以后、室温低于 20℃或高于 20℃等都可引起

能量代谢的加速。而睡眠时，能量代谢减弱。在上述基础条件下的能量代谢称为基础代谢，用单位时间消耗的能量表示。它反映人体在基础条件下心搏、呼吸和维持正常体温等基本活动的需要，以及人体新陈代谢的水平。

为了表示方便，将单位时间、单位面积的耗能记为代谢率，它的单位是 $kJ/(m^2 \cdot h)$。基础代谢率的符号记为 B。

实际测定结果表明，基础代谢率随着年龄、性别等生理条件不同而有差异。通常，男性的基础代谢率高于同龄的女性。幼年比成年高，年龄越大，代谢率越低。我国正常人基础代谢率的平均值见表8-4。

表8-4　我国正常人基础代谢率的平均值　　　［单位：$kJ/(m^2 \cdot h)$］

年龄/岁\性别	11~15	16~17	18~19	20~30	31~40	41~50	51以上
男性	195.5	193.4	164.9	157.8	158.7	154.1	149.0
女性	172.5	181.7	154.1	146.5	146.9	142.3	138.6

正常人的基础代谢率比较稳定，一般不超过平均值的15%。我国正常人体表面积的计算公式为

$$体表面积（m^2）= 0.0061 \times 身高（cm）+ 0.0128 \times 体重（kg）- 0.1529 \qquad (8-1)$$

基础代谢量可由下式计算

$$基础代谢量 = 基础代谢率平均值（B）\times 人体表面积（S）\times 持续时间（t） \qquad (8-2)$$
$$= BSt$$

二、安静代谢量

安静代谢量是指机体为了保持各部位的平衡及某种姿势所消耗的能量。一般测定安静代谢量时，是在工作前或工作后，被检查者安静地坐在椅子上进行。由于各种活动都会引起代谢量的变化，所以测定时必须保持安静状态，可通过呼吸数或脉搏数来判断是否处于安静状态。安静代谢量包括基础代谢量和为维持体位平衡及某种姿势所增加的代谢量两部分。通常以基础代谢量的20%作为维持体位平衡及某种姿势所增加的代谢量，因此，安静代谢量应为基础代谢量的120%。安静代谢率记为 R，$R = 1.2B$。安静代谢量的计算公式为

$$安静代谢量 = RSt = 1.2BSt \qquad (8-3)$$

式中，R 是安静代谢率 $[kJ/(m^2 \cdot h)]$；S 是人体表面积（m^2）；t 是持续时间（h）。

三、能量代谢量

人体进行作业或运动时所消耗的总能量称为能量代谢量。能量代谢量包括基础代谢量、维持体位增加的代谢量和作业时增加的代谢量三部分。也可以表示为安静代谢量与作业时增加的代谢量之和。能量代谢率记为 M。对于确定的个体，能量代谢量的大小与劳动强度直接相关。能量代谢量是计算作业者一天的能量消耗和需要补给热量的依据，也是评价作业负荷的重要指标。能量代谢量的计算公式为

$$能量代谢量 = MSt \qquad (8-4)$$

式中，M 是能量代谢率 $[kJ/(h \cdot m^2)]$；S 是人体表面积（m^2）；t 是测定时间（h）。

四、相对代谢率 RMR

体力劳动强度不同，所消耗的能量也不同。但由于作业者的体质差异，即使同样的劳动强度，不同作业者的能量代谢也不同。为了消除作业者之间的差异因素，常用相对代谢率这一相对指标衡量劳动强度。相对代谢率记为 RMR，RMR 可由以下两个公式求出

$$RMR = \frac{能量代谢量 - 安静代谢量}{基础代谢量} \tag{8-5}$$

或

$$RMR = \frac{能量代谢率 - 安静代谢率}{基础代谢率} = \frac{M - R}{B} \tag{8-6}$$

由式（8-5）可推出

能量代谢量 = RMR × 基础代谢量 + 1.2 × 基础代谢量 = （RMR + 1.2）× 基础代谢量

由式（8-6）可推出

$$M = B \times RMR + R = B \times RMR + 1.2B = (RMR + 1.2)B$$

能量代谢量的测定方法可分为直接法和间接法。直接法是通过热量计测定在绝热室内流过人体周围的冷却水升温情况，再换算成代谢量；间接法是通过测定人体消耗的氧气，再乘以氧热价求出能量代谢量。某种物质氧热价是指该物质氧化时，每消耗 1 L 的氧产生的热量。此外，也可通过 RMR 间接计算作业时的能量消耗。

例 8-1　某男工身高 1.7m，体重 70kg，基础代谢率平均值约为 158.7kJ/（m² · h），连续作业 2h，当 RMR = 4 时，能量消耗为多少？作业时增加的代谢量为多少？

解：体表面积(m²) = 0.0061 × 身高(cm) + 0.0128 × 体重(kg) – 0.1529

$\qquad\qquad$ = (0.0061 × 170 + 0.0128 × 70 – 0.1529)m² = 1.7801m²

能量消耗量 = （RMR + 1.2）× 基础代谢率平均值 × 体表面积 × 作业时间

$\qquad\qquad$ = （4 + 1.2）× 158.7 × 1.7801 × 2kJ = 2938.02kJ

作业时增加的代谢量 = RMR × 基础代谢量

$\qquad\qquad$ = RMR × 基础代谢率平均值 × 体表面积 × 作业时间

$\qquad\qquad$ = 4 × 158.7 × 1.7801 × 2kJ = 2260.01kJ

五、相对代谢率资料

计算能量代谢量时，首先必须准备必要的相对代谢率资料，可以利用专家们已经积累的大量的系统的相对代谢率数据。对研究的某项具体作业，通过观察分析作业者的动作、负荷和疲劳等方面的特征，然后与现有的资料加以对照比较，即可以判断确定该项作业的 RMR 值。有关生产作业活动的 RMR 值资料见表 8-5。日常作业活动的 RMR 值参考资料见表 8-6。

表 8-5　生产作业活动的 RMR 值资料

动作部位	动作细分	RMR 值	被检查者感觉	调查者观察	工作举例
手指动作	非意识的机械性动作	0 ~ 0.5	手腕感到疲劳，但习惯后不感到疲劳	完全看不出疲劳感	拍电报为 0.3 记录为 0.5
	有意识的动作	0.5 ~ 1	工作时间长后有疲劳感	看不出有疲劳感	拨电话号码为 0.7 盖章为 0.9

（续）

动作部位	动作细分	RMR 值	被检查者感觉	调查者观察	工作举例
手指动作连带上肢	手指动作连带到小臂	1.0~2.0	认为工作很轻，不太疲劳	看不出有疲劳感	操作计算机为1.3 电钻（静作业）为1.8
	手指动作连带大臂	2.0~3.0	常想休息	有明显工作感，是较小的体力劳动	抹光混凝土为2.0
上肢动作	一般动作方式	3.0~4.0	开始不习惯时劳累，习惯后不太困难	摆动虽大些，但用力不大	轻筛为3.0 电焊为3.0
	稍用力动作方式	4.0~5.5	局部疲劳，不能长时间连续动作	使用整个上肢，用力明显	装汽车轮胎为4.5 粗锯木料为5.0
全身动作	一般动作方式	5.5~6.5	要求工作30~40min后休息	作业者呼吸急促	拉锯为5.8 和泥为6.0
	动作较大，用力均匀	6.5~8.0	连续工作20min感到胸中难受，但再干轻的工作能继续做	作业者呼吸急促、脸变色、出汗	锯硬木为7.5
	短时间内集中全身力量	8.0~9.5	工作5~6min后，什么工作也不能做了	作业者呼吸急促、流汗、脸色难看、不爱说话	用尖镐劳动为8.5 推200kg三轮车为9.5
	繁重作业	10.0~12.0	工作不能持续5min以上	急喘、脸变色、流汗	用全力推车为10.0 挖坑为12.4
	极繁重作业	12.0以上	用全力只能忍耐1min，实在没有力气了	屏住呼吸作业，急喘，有明显的疲劳感	推倒物料为17.0

表 8-6　日常作业的 RMR 值参考资料

作业或活动内容	RMR 值	作业或活动内容	RMR 值
睡眠	基础代谢量的80%~90%	使用计算机	1.3
安静坐姿	0	步行选购	1.6
坐姿：灯泡钨丝的组装	0.1	准备、做饭及收拾	1.6
念、写、读、听	0.2	邮局小包检验工作	2.4
拍电报	0.3	骑车（平地180m/min）	2.9
电话交换台的交换员	0.4	做广播体操	3.0
打字	1.4	擦地	3.5
谈话：坐着（有活动时0.4）	0.2	整理被褥	4.3~5.3
站着（腿或身体弯曲时0.5）	0.3	下楼（50m/min）	2.6
打电话（站）	0.4	上楼（45m/min）	6.5
用饭、休息	0.4	慢步（40m/min）	1.3
洗脸、穿衣、脱衣	0.5	（50m/min）	1.5
乘小汽车	0.5~0.6	散步（60m/min）	1.8
乘汽车、电车（坐）	1.0	（70m/min）	2.1
乘汽车、电车(站)、扫地、洗手	2.2	步行（80m/min）	2.7
使用计算器	0.6	（90m/min）	3.3
洗澡	0.7	（100m/min）	4.2
邮局盖戳	0.9	（120m/min）	7.0
使用缝纫机	1.0	跑步（150m/min）	8.0~8.5
在桌上移物	1.0~1.2	马拉松	14.5
用洗衣机	1.2	万米跑比赛	16.7

第四节 作业时的氧耗动态

能量产生和消耗可以从人体消耗的氧量上反映出来。作业时人体所需的氧量取决于劳动强度大小，劳动强度越大，需要氧量也越多。因此，以体力为主的作业，可以利用人在作业中的耗氧量计算作业时耗能量。

一、氧债及其补偿

单位时间所需的氧量称为氧需。氧需能否得到满足主要取决于循环系统和呼吸系统的功能。血液在单位时间内所能供应的最大氧量称为氧上限。成年人的氧上限一般不超过3L/min，有锻炼者可达到4L/min。作业时人体的耗氧量是变化的，在作业开始的2~3min内，呼吸和循环系统的活动不能马上满足氧需，肌肉是在缺氧状态下活动的。这种氧需和供氧量之差称为氧债，见图8-7a中的A部分。此后，呼吸和循环系统的活动逐渐加强，氧的供应得到满足，即进入稳定状态，这种状态一般能维持较长时间。若劳动强度过大，氧需超过最大摄氧量，机体将继续处于供氧不足状态下工作，这种作业就不能持久（见图8-7b）。作业停止后，机体的耗氧量并不能马上降到安静状态水平，机体还要继续消耗较安静时更多的氧，以补偿氧债（见图8-7b中的B部分）。恢复期长短依氧债的多少而定，一般约需2~10min，长者可达1h以上。

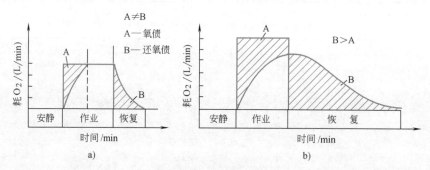

图8-7 氧债及其补偿

a）氧需小于氧上限 b）氧需超过氧上限

二、静态作业的氧需

体力劳动时，由于肌肉收缩而作用于物体的力称为肌张力，而物体的重量加于肌肉的力称为负荷。静态作业时，人体维持不动，运用肌张力将负荷支持在某一固定位置，此时肌肉的长度不变，这种肌肉收缩称为等长收缩。依靠肌肉等长收缩来维持一定体位所进行的作业称为静态作业。在劳动中，静态作业所占的比重与劳动的姿势及熟练程度有关。任何作业均含有静态作业成分，它可随着劳动姿势的改变、操作熟练程度及工具的改进而减少。

静态作业的特征是能量消耗水平不高，但容易发生疲劳。即使劳动强度很大，氧需也达不到氧上限，通常每分钟不超过1L。但在作业停止后数分钟内，氧耗不像动态作业那样迅速降低，而是先升高，然后再逐渐降低到安静水平。具体如图8-8所示。

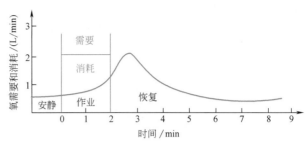

图8-8　静态作业的氧耗动态

三、氧耗量的测定与计算

作业中人体的能耗与氧耗量有直接关系。因此相对代谢率（RMR）指标也可以通过作业中氧耗量来计算，即

$$RMR = \frac{作业时的氧耗量 - 安静时的氧耗量}{基础代谢氧耗量} \tag{8-7}$$

作业时氧的消耗量可以在作业中直接测定。测定时让被测者背着储气袋，通过面罩把劳动时呼出的气体引入袋中。根据储气袋的容量，通常测定5～10min。呼气的化学成分可使用肺功能测定仪器分析，呼气量通过仪器来测量。测定的呼气量要按温度和气压换算成标准状态下的，然后计算该作业的氧耗量。计算时要注意，对恢复期还氧债部分的氧耗量不能忽略。

基础代谢氧的消耗量可以通过由体重、身高计算的体表面积值查表求出。表8-7为男子基础代谢氧耗量与体表面积的关系。表中人体表面积保留2位小数，查表举例如下：体表面积为$1.41m^2$的男性，首先在体表面积栏查1.4所在行，再在表中0～9所在列中找1所对应的列，可查出对应数据为176mL/min。女子的基础代谢氧耗量为男子的95%。安静时氧的消耗量，一般以基础代谢氧耗量的1.2倍来计算。

表8-7　男子基础代谢氧耗量与体表面积的关系　　（单位：mL/min）

体表面积/m^2 \ 1/100	0	1	2	3	4	5	6	7	8	9
1.4	175	176	178	179	180	181	183	184	185	186
1.5	188	189	190	191	193	194	195	196	198	199
1.6	200	201	203	204	205	206	208	209	210	211
1.7	213	214	215	216	218	219	220	221	223	224
1.8	225	226	228	229	230	231	233	234	235	236
1.9	238	239	240	241	243	244	245	246	248	249
2.0	250	251	253	254	255	256	258	259	260	261

第五节　劳动强度

劳动强度是指作业者在生产过程中体力消耗及紧张程度。劳动强度不同，单位时间人体所消耗的能量也不同。从劳动生理学方面来看，以能量代谢为标准进行分级是比较合适的。

这种分级法可以把千差万别的作业，从能量代谢角度进行统一的定义。

目前，国内外对劳动强度分级的能量消耗指标主要有两种：一种是相对指标，即相对代谢率 RMR。该指标在国外应用比较普遍，我国也开始使用。另一种是绝对指标，如 8h 的能量消耗量、劳动强度指数等。

一、以相对代谢率指标分级

依作业时的相对代谢率（RMR）指标评价劳动强度标准的典型代表是日本能率协会的划分标准，它将劳动强度划分为 5 个等级，见表 8-8。

表 8-8　劳动强度分级

劳动强度分级	RMR	作业的特点	工 种 举 例
极轻劳动	0~1.0	1. 手指作业 2. 精神作业 3. 坐位姿势多变，立位时身体重心不移动 4. 疲劳属于精神或姿势方面的疲劳	电话交换员 电报员 修理仪表 制图
轻劳动	1.0~2.0	1. 手指作业为主以及上肢作业 2. 以一定的速度可以长时间连续工作 3. 局部产生疲劳	司机 在桌上修理器具 打字员
中劳动	2.0~4.0	1. 几乎立位，身体水平移动为主，速度相当于普通步行 2. 上肢作业用力 3. 可持续几个小时	油漆工、车工 木工 电焊工
重劳动	4.0~7.0	1. 全身作业为主，全身用力 2. 全身疲劳，工作 10~20min 就想休息	炼钢、炼铁工 土建工
极重劳动	7.0 以上	1. 短时间内全身用强力快速作业 2. 呼吸困难，工作 2~5min 就想休息	伐木工 大锤工

作业的 RMR 越高，规定的作业率应越低。一般来说，RMR 不超过 2.7 为适宜的作业；RMR 小于 4 的作业可以持续工作，但考虑精神疲劳也应安排适当休息；RMR 大于 4 的作业不能连续进行；RMR 大于 7 的作业应实行机械化。

为了使劳动持久，减少体力疲劳，人们从事的大部分作业氧需都应低于氧上限。极轻作业氧需约为氧上限的 25%；轻作业为氧上限的 25%~50%；中作业为 50%~75%；重作业大于 75%；极重作业接近氧上限，RMR 大于 10 的作业，氧需超过了氧上限。作业最多只能维持 20min。完全在无氧状态下作业，一般不超过 2min。

二、以能耗量指标分级

不同劳动强度的能耗量与相对代谢率指标对照资料见表 8-9。该资料是由日本科学劳动研究所发表的。

表 8-9 劳动强度与能耗量

性 别	等 级	主作业的 RMR	8h 劳动能耗量/kJ	一天能耗量/kJ
男	A	0 ~ 1	2303 ~ 3852	7746 ~ 9211
	B	1 ~ 2	3852 ~ 5234	9211 ~ 10676
	C	2 ~ 4	5234 ~ 7327	10676 ~ 12770
	D	4 ~ 7	7327 ~ 9085	12770 ~ 14654
	E	7 ~ 11	9085 ~ 10844	14654 ~ 16329
女	A	0 ~ 1	1926 ~ 3014	6908 ~ 8039
	B	1 ~ 2	3014 ~ 4270	8039 ~ 9295
	C	2 ~ 4	4270 ~ 5945	9295 ~ 10970
	D	4 ~ 7	5945 ~ 7453	10970 ~ 12477
	E	7 ~ 11	7453 ~ 8918	12477 ~ 13942

三、以劳动强度指数分级

我国于 2007 年实施的国家标准《工作场所物理因素测量 第 10 部分：体力劳动强度分级》（GBZ/T 189.10—2007）中规定了工作场所体力作业时劳动强度的分级测量方法，是劳动安全卫生和管理的依据。该项标准中以计算劳动强度指数的方式进行劳动强度分级。

表 8-10 列出了体力劳动强度分级标准。体力劳动强度分为 4 个等级。根据计算的劳动强度指数分布的区间可查相应的劳动强度对应的级别，劳动强度指数越大，反映体力劳动强度越大。

表 8-10 体力劳动强度分级

体力劳动强度级别	体力劳动强度指数
I	≤15
II	>15 ~ 20
III	>20 ~ 25
IV	>25

体力劳动强度指数计算公式为

$$I = 10R_t MSW \tag{8-8}$$

式中，I 是体力劳动强度指数；R_t 是劳动时间率（%）；M 是 8h 工作日平均能量代谢率 [kJ/(min·m²)]；S 是性别系数（男性 = 1，女性 = 1.3）；W 是体力劳动方式系数（搬 = 1，扛 = 0.40，推拉 = 0.05）；10 是计算常数。

为了更好地理解该标准，下面具体介绍劳动强度指数各影响因素的含义及计算方法：

1. 定义

（1）能量代谢率（M） 某工种劳动日内各类活动和休息的能量代谢率的平均值，单位为 kJ/（min·m²）。

（2）劳动时间率（R_t） 工作日内纯劳动时间与工作日总时间的比，以百分率表示。

（3）体力劳动性别系数（S） 在计算体力劳动强度指数时，为反映相同劳动强度引起男女性别不同所致的不同生理反应，使用了性别系数。男性系数为 1，女性系数为 1.3。

（4）体力劳动方式系数（*W*）　在计算体力劳动强度指数时，为反映相同体力劳动强度由于劳动方式的不同引起人体不同的生理反应，使用了体力劳动方式系数。搬方式系数为1、扛方式系数为0.40、推拉方式系数为0.05。

2. 能量代谢率、劳动时间率的计算方法

（1）平均能量代谢率 *M* 的计算方法　根据工时记录，将各种劳动与休息加以归类（近似的活动归为一类），按式（8-9）、式（8-10）等求出各单项劳动与休息时的能量代谢率，分别乘以相应的累计时间，最后得出一个工作日各种劳动、休息时的人体单位面积能量消耗值，再把各项能量消耗值总计，除以工作日总时间，即得出工作日平均能量代谢率 $[kJ/(min \cdot m^2)]$。其计算公式见式（8-12）。

1）单项劳动能量代谢率计算。

每分钟肺通气量3.0~7.3L时采用式（8-9）计算

$$1gM = 0.0945x - 0.53794 \tag{8-9}$$

式中，*M* 是能量代谢率 $[kJ/(min \cdot m^2)]$；*x* 是单位体表面积气体体积 $[L/(min \cdot m^2)]$。

每分钟肺通气量8.0~30.9L时采用式（8-10）计算

$$\lg(13.26 - M) = 1.1648 - 0.0125x \tag{8-10}$$

每分钟肺通气量7.3~8.0L时采用式（8-9）和式（8-10）的平均值。

肺通气量的测量使用肺通气量计测量，按照式（8-11）换算肺通气量值，即

$$Q = NA + B \tag{8-11}$$

式中，*Q* 是肺通气量；*N* 是仪器显示器显示数值；*A*、*B* 是仪器常数。

2）平均能量代谢率计算。

基于单项能量代谢率计算结果，平均能量代谢率计算为

$$M = \frac{\sum_{i=1}^{n} t_i M_i + t_j M_j}{T} \tag{8-12}$$

式中，*M* 是工作日内平均能量代谢率 $[kJ/(min \cdot m^{-2})]$；M_i 是第 *i* 项劳动能量代谢率 $[kJ/(min \cdot m^2)]$；t_i 是第 *i* 项劳动占用的时间（min）；t_j 是工作日内的休息时间（min）；M_j 是休息时的能量代谢率 $[kJ/(min \cdot m^2)]$；*T* 是工作日总时间（min）；作业时间与休息时间之和为工作日总时间。

（2）劳动时间率 R_t 的计算方法　每天选择接受测定的工人2~3名，记录自上班开始至下班为止整个工作日从事各种劳动与休息（包括工作中间暂停）的时间。每个测定对象应连续记录3天（如遇生产不正常或发生事故时不做正式记录，应另选正常生产日，重新测定记录），取平均值，求出劳动时间率（R_t）。

$$R_t = \frac{工作日总工时 - 休息时间 - 持续1min以上的作业暂停时间}{工作日总工时} \times 100\%$$

四、以氧耗、心率等指标分级

据研究表明，以能量消耗为指标划分劳动强度时，耗氧量、心率、直肠温度、排汗率、乳酸浓度和相对代谢率等具有相同意义。典型代表是国际劳工局1983年的划分标准，它将工农业生产的劳动强度划分为6个等级，见表8-11。

表 8-11 用于评价劳动强度的指标和分级标准

劳动强度等级	很 轻	轻	中 等	重	很 重	极 重
耗氧量/(L/min)	≤0.5	0.5~1.0	1.0~1.5	1.5~2.0	2.0~2.5	>2.5
能量消耗/(kJ/min)	≤10.5	10.5~20.9	20.9~31.4	31.4~41.9	41.9~52.3	>52.3
心率/(beats/min)		75~100	100~125	125~150	150~175	>175
直肠温度/℃			37.5~38	38~38.5	38.5~39	>39
排汗率/(mL/h)			200~400	400~600	600~800	>800

注：排汗率为 8h 工作日平均值。

对每个作业的劳动强度进行评价时，应该从体力和脑力两方面考虑，能量消耗指标主要用来划分体力劳动强度的大小。反映脑力方面的劳动强度，将在后面加以介绍。

五、最大能量消耗界限

单位时间内人体承受的体力劳动量（体力工作负荷）必须处在一定的范围之内。负荷过小，不利于劳动者工作潜能的发挥和作业效率的提高，将造成人力的浪费；但负荷过大，超过了人的生理负荷能力和供能能力的限度，又会损害劳动者的健康，导致安全事故的发生。

一般来说，人体的最佳工作负荷是指在正常情境中，人体工作 8h 不产生过度疲劳的最大工作负荷值。最大工作负荷值通常以能量消耗界限、心率界限以及最大摄氧量的百分数表示。国外一般认为，能量消耗 20.93kJ/min、心率为 110~115beats/min、吸氧量为最大摄氧量的33% 左右时的工作负荷为最佳负荷。中国医学科学院卫生研究所也曾对我国具有代表性行业中的 262 个工种的劳动时间和能量代谢进行了调查研究，提出了如下能量消耗界限，即一个工作日（8h）的总能量消耗应为 5860.4~6697.6kJ，最多不超过 8372kJ。若在不良劳动环境中进行作业，上述能耗量还应降低 20%。根据我国目前食物摄入水平，这一能耗界限是比较合理的。日本学者斋藤一和入江俊二对作业中的最佳能耗范围也进行了研究，他们认为，8h工作适宜能耗应为 5860.4~6279kJ，不宜超过 7534.8kJ。对于重强度劳动和极重（很重）强度劳动，只有增加工间休息时间，即通过劳动时间率来调整工作日中的总能耗，使 8h 的能耗量不超过最佳能耗界限。

六、几种典型人工物料搬运作业的极限值

在当前的生产作业形态中，仍有许多工作和活动需要用手来从事搬运工作，这类工作称为人工物料搬运（Manual Materials Handling，MMH）。人工物料搬运所涉及的范围相当广泛，如手工装卸货物、从传送带上移动物料、在仓库内堆积物品等，一般来说，可将人工物料搬运作业分为抬举作业、提携作业、推拉作业和持住作业等。在进行物料搬运时，作业人员经常面临下背痛、肩颈痛、局部肌肉痉挛麻木等职业性肌肉骨骼系统疾病（Occupational Muscu-loskeletal Disorders，OMDs）的困扰；根据美国学者纳尔逊（Nelson，1987）的统计资料显示，

以 1987 年为例，美国因背部伤害损失的工作天数多达 2500 万天，相关成本（如工时损失、医疗保健、社会成本等）高达 140 亿美元。本节将介绍几种典型的人工物料搬运作业极限重量的计算方法或推荐值。

（一）抬举作业

抬举作业是将物料由地面、设备、桌椅等上抬起或放置的作业，在所有的人工物料搬运作业中所占的比例最高，抬举与放置通常是物料搬运过程中最初或最终的工作，也是少数必须经由人力完成的工作，抬举作业往往是搬运过程的瓶颈，其速率直接影响整个流程所需的时间与效率，由于必须依赖人力，不仅工作绩效难以有效控制，如果施力不当，还易造成职业病痛，影响作业人员健康。

美国职业安全与卫生研究所（NIOSH）针对矢状面双手对称抬举进行了大量研究，综合流行病学、生物力学以及心理物理学等方面的研究资料，于 1981 年提出了人工抬举建议重量值（Recommended Weight of Limit，RWL）的计算公式，并在 1994 年对公式进行了修正。该公式适用的作业条件为：①平顺的抬举动作；②双手对称性抬举；③箱宽需小于 75cm；④不限制抬举姿势；⑤适当的把手、鞋子、地面等；⑥良好的作业环境。该公式基于以下参数设定：

1）在大多数年轻健康劳动者搬运建议重量限值 RWL 时，第五腰椎第一荐椎（L5/S1）椎间盘压力为 350kg。

2）超过 75% 的女性与 99% 的男性可以胜任抬举建议重量限值 RWL。

3）在抬举建议重量限值 RWL 时，最大能量消耗为 4.7kcal/min。

$$RWL = LC \times HM \times VM \times DM \times AM \times FM \times CM$$
$$= 23 \times (25/H) \times (1 - 0.003 \times |V - 75|) \times (0.82 + 4.5/D)$$
$$\times (1 - 0.0032A) \times FM \times CM \tag{8-13}$$

式中，LC 是负荷常数，取值为 23kg；HM 是水平距离乘数，H 表示手部到两脚踝中心点之间的水平距离；HM 的取值可通过表 8-12 查询得出，也可将实际测得的 H 值代入上式进行计算；VM 是垂直高度乘数，V 表示抬举开始时手部到地面的垂直距离，VM 的取值可通过表 8-13 查询得出，也可将实际测得的 V 值代入上式进行计算；DM 是抬举的垂直移动距离乘数，D 表示抬举时起始点和终点之间的垂直移动距离，DM 的取值可通过表 8-14 查询得出，也可将实际测得的 D 值代入上式进行计算；AM 是不对称乘数，A 表示抬举时身体的扭转角度，AM 的取值可通过表 8-15 查询得出，也可将实际测得的 A 值代入上式进行计算；FM 是抬举频率乘数，取值可通过表 8-16 查询得出；CM 是握把耦合乘数，取值可通过表 8-17 查询得出。

表 8-12 水平距离乘数

水平距离 H/cm	HM
≤25	1.00
30	0.83
40	0.63
50	0.50
60	0.42

表 8-13　垂直高度乘数

起始垂直高度 V/cm	VM
0	0.78
30	0.87
50	0.93
70	0.99
100	0.93
150	0.78
175	0.70
>175	0.00

表 8-14　垂直移动距离乘数

抬举距离 D/cm	DM
≤25	1.00
40	0.93
55	0.90
100	0.87
145	0.85
175	0.85
>175	0.00

表 8-15　身体扭转角度乘数

角度 A (°)	AM
135	0.57
120	0.62
90	0.71
60	0.81
45	0.86
30	0.90
0	1.00

表 8-16　抬举频率乘数

抬举频率 F /(lifts/min)	抬举频率乘数 FM			
	立姿抬举（$V<75$cm）		弯腰抬举（$V≥75$cm）	
	≤1h	>1h	≤1h	>1h
5min	1.00	0.85	1.00	0.85
3min	0.94	0.75	0.94	0.75
30s	0.91	0.65	0.91	0.65
15s	0.84	0.45	0.84	0.45
10s	0.75	0.27	0.75	0.27
6s	0.45	0.13	0.45	—
5s	0.37	—	0.37	—

表 8-17　握把乘数

耦 合 情 况	握把乘数 CM	
	立姿抬举（V<75cm）	弯腰抬举（V≥75cm）
良好	1.00	1.00
一般	1.00	0.95
较差	0.90	0.90

抬举指标（Lifting Index，LI）用来评估抬举作业引发下背痛的可能性，抬举指标 LI 的计算公式为

$$LI = 抬举负荷重量/RWL \tag{8-14}$$

当 LI 值小于 1 时，表示该作业安全；当 LI 值大于 1 时，有必要实施人因工程作业设计以减轻工作负荷；当 LI 大于 3 时，下背部受伤的概率会大大增加。

（二）提携作业

将物料抬举后，往往必须行走一段距离，到达指定的地点后才可将物料放下，这种作业称为提携作业，如手提公文包上班、手提行李上下车船等。提携物料时，不仅需要使用单手或双手抓紧物料以维持其重量，同时还必须走动至指定的地点，所需的体能消耗较抬举/放下更多，因此，提携的最大重量远低于抬举/放下的最大重量。由于双手保持物件走动时，不甚方便，一般人习惯以单手提携小型物件，以便于行动；但由于左右手的施力不平均，如果姿势不正确或物件负载过高时，易对肩部、背部产生不良影响。表 8-18 所列资料为男女被试人员在不同作业频率下进行提携作业（该研究中携行距离为 4.3m）时可接受的最大提携重量［斯努克（Snook），1983］。

表 8-18　不同作业频率下作业人员能接受的最大提携重量　（单位：kg）

性　别	频率（次/时间）						
	10s	16s	1min	2min	5min	30min	8h
男　性	21±9.7	34±8.6	44±12.1	45±11.5	50±14.4	56±17.1	66±15.2
女　性	14±2.7	15±2.2	20±4.7	19±3.6	20±4.8	20±4.3	27±4.7

（三）推拉作业

推拉作业时，不需要克服重力的影响将物件抬起，仅需要克服物体重量与地板或其他接触平面所产生的摩擦力即可移动物件，比抬举和提携作业更为省力，尤其适用于体积重量庞大的物件搬运，其缺点为仅适用于近距离的搬运，而且容易损坏物件的表面。表 8-19 所列资料为男女被试作业人员在三种不同的推行距离、五种不同搬运频率下，90% 的被试作业人员在肩部高度进行推行作业时可接受的最大推行重量（斯努克，1978）。

表 8-19　不同频率与距离下 90% 的作业人员能接受的最大推行重量　（单位：kg）

性　别	垂直高度/cm	推行距离/m	搬运频率/（min/次）				
			1	2	5	30	480
男	144	2.1	25	25	26	26	31
		15.2	19	19	20	21	25
		45.7	13	14	16	16	20

（续）

性 别	垂直高度/cm	推行距离/m	搬运频率/（min/次）				
			1	2	5	30	480
女	135	2.1	17	18	20	21	22
		15.2	14	14	15	16	17
		45.7	12	13	14	15	17

第六节　体力疲劳及其消除

一、体力疲劳及其分类

体力疲劳是指劳动者在劳动过程中，出现的劳动机能衰退，作业能力下降，有时伴有疲倦感等自觉症状的现象。高强度作业或长时间持续作业，容易引起人的疲劳和工作能力下降，如出现肌肉及关节酸疼、疲乏、不愿动、头晕、头痛、注意力涣散、视觉不能追踪、工作效率降低等症状。疲劳不仅是人的生理反应，还包含大量的心理因素、环境因素等。

体力疲劳根据身体使用部位可分为局部疲劳和全身疲劳；根据活动时间长短和活动强度的高低，可分为短时间剧烈活动后产生的疲劳和长时间中等强度作业后产生的疲劳两种类型，后一种疲劳在人机系统中比较普遍。

二、疲劳的产生与积累

体力疲劳是随工作过程的推进逐渐产生和发展的。按照疲劳的积累状况，工作过程一般分为以下四个阶段：

（1）工作适应期　工作开始时，由于神经调节系统在作业中"一时性协调功能"尚未完全恢复和建立，造成呼吸循环器官及四肢的调节迟缓，人的工作能力还没有完全被激发出来，处于克服人体惰性的状态。这时，人体的活动水平不高，不会产生疲劳。

（2）最佳工作期　经过短暂的第一阶段后，人体各机构逐渐适应工作环境的要求。这时，人体操作活动效率达到最佳状态并能持续较长的时间。只要活动强度不是太高，这一阶段不会产生疲劳。

（3）疲劳期　最佳工作期之后，作业者开始感到疲劳，工作动机下降和兴奋性降低等特征出现。作业速度和准确性开始降低，工作效率和质量下降。这一阶段中，疲劳将不断积累。进入疲劳期的时间与活动强度和环境条件有关。操作强度大、环境条件恶劣时，人体保持最佳工作效率的时间就短；反之，则操作者维持最佳工作时间就会大大延长。

（4）疲劳过度积累期　操作者产生疲劳后，应采取相应措施加以控制，或者进行适当的休息，或者调整活动强度；否则，操作者就会因疲劳的过度积累，暂时丧失活动能力，工作被迫停止。许多事故的发生，大都是由疲劳过度积累造成的，疲劳的积累还会逐渐演化为器质性病变。

疲劳的积累过程可用"容器"模型来说明,图 8-9 所示为"容器"模型示意图。从图中可以看到,操作者的疲劳受很多因素影响,最典型的是以下五个方面:

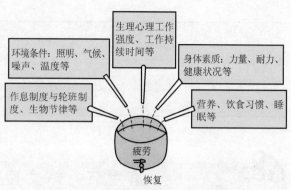

图 8-9　疲劳积累的"容器"模型示意图

1）劳动强度与工作持续时间。劳动强度是决定疲劳出现时间以及疲劳积累程度的主要因素。劳动强度越大,疲劳出现越早。例如,大强度作业只需工作几分钟,人体就出现疲劳。因此,降低劳动强度有利于延缓疲劳的出现。另外,工作持续时间越长,疲劳积累的程度越高。相关研究表明,若工作时间以等差级数递增,则恢复疲劳所需的休息时间就以等比级数递增。所以,应科学地确定工作时间。

2）作业环境条件。环境条件包括许多方面,如照明、噪声、振动、微气候、空气污染、色彩布置等。照明环境中照度与亮度分布不均匀,高噪声、高污染的环境,不良的微气候条件等,都会对人的生理及心理产生影响,随着时间的推移,不断积累将引发疲劳。

另外,机器设备和各种工具设计或布置是否合理,也影响操作者的疲劳程度,如控制器、显示器的设计不符合人的生理、心理要求,也会加剧人的疲劳。

3）作息制度与轮班制度。不合理的作息制度与轮班制度不利于人体保持最佳工作能力,如不合理的工作时间及休息时间（作业时间过久、恢复疲劳时间较短）、作业速度过快、轮班频率过高等易使疲劳提早出现,长时间重复性的单调作业等使操作者兴奋性降低,而趋向于一种压抑状态。

4）身体素质。不同的作业者身体素质不同,如力量素质的差异、耐力素质的差异、主要系统生理指标的差异、身体健康状况的差异等,使作业者表现为体力作业能力上的差异,会对操作者的疲劳产生和积累过程产生不同的影响。身体较弱的个体较易疲劳。

5）营养、睡眠等。营养和睡眠是影响操作者疲劳状况的另一类因素,生活条件差、营养不良、长期睡眠不足的个体,其工作能力受到明显的影响,容易产生疲劳。常用的睡眠评价方法有匹兹堡睡眠质量指数量表、Epworth 嗜睡量表和斯坦福嗜睡量表等。匹兹堡睡眠质量指数（Pittsburgh Sleep Quality Index, PSQI）量表是美国匹兹堡大学精神科医生贝塞（Buysse）等人于 1989 年编制的,适用于睡眠障碍患者、精神障碍患者的睡眠质量评价,同时也适用于一般人睡眠质量的评估。PSQI 一般用于评定患者最近 1 个月的睡眠质量,量表由 19 个自评和 5 个他评条目构成,自评条目中参与计分的 18 个条目组成 7 个成分（睡眠质量、入睡时间、睡眠时间、睡眠效率、睡眠障碍、催眠药物与日间功能障碍）,每个成分按 0～3 分计分,累积各成分得分为 PSQI 总分,总分范围为 0～21,得分越高表示睡眠质量越差。Epworth 嗜睡量表（Epworth Sleepiness Scale, ESS）是由澳大利亚 Epworth 医院的医生约翰斯（Murray Johns）于 1991 年设计出来的,常用于评价患者白天的嗜睡程度。该量表给出了日常生活中经常遇到的 8 个情境,患者按照自己的情况对每个情境进行打分（0～3 分,"0"代表不会打瞌睡,"1"代表打瞌睡的可能性很小,"2"代表打瞌睡的可能性中等,"3"代表很可能打瞌睡）,见表 8-20。将 8 项得分累加得到一个总分,分值越高则越嗜睡,正常人的评分分值应在 9 分以内。斯坦福嗜睡量表（Stanford Sleepiness Scale, SSS）也是实验研究和临床诊断中常用的一种量表，主要用于患者在某一特定时间的嗜睡程度评估；该量表将患者从"沉睡"到"充满生机与活力"之间可能的状态分为七种，患者依据自身情况选择一种来表示当前自己所处的状态。"

表 8-20 Epworth 嗜睡量表

编　号	情　境	得　分			
1	坐着阅读书刊时	0	1	2	3
2	看电视时	0	1	2	3
3	在沉闷公共场所坐着不动时（如剧场、开会）	0	1	2	3
4	连续乘坐汽车 1h，中间无休息时	0	1	2	3
5	条件允许情况下，下午躺下休息时	0	1	2	3
6	坐着与人谈话时	0	1	2	3
7	未饮酒午餐后安静地坐着时	0	1	2	3
8	遇到堵车，在停车的几分钟里	0	1	2	3

此外，其他作业者本身的因素，如熟练程度、操作技巧、对工作的适应性、年龄以及劳动情绪等影响因素也都会带来生理疲劳。但是机体疲劳与主观疲劳感未必同时发生，有时机体尚未进入疲劳状态，却出现了疲劳感，如对工作缺乏兴趣时常常这样。有时机体早已疲劳却无疲劳感，如处于对工作具有高度责任感、特殊爱好等情境。

"容器"模型把操作者的疲劳看作是容器内的液体，液面水平越高，表示疲劳程度越大。容器排放开关的功能相当于人体在疲劳后的休息——如果没有将排出开关打开，液面水平将持续上升，最终液体溢出容器。随着时间延续，疲劳程度不断地加大，犹如各疲劳源向容器内不断地倾倒液体一样。液体的增多导致液面水平的升高，升高到一定程度，必须打开容器的排放开关，让液体从开关处流出以使液面下降。容器大小类似于人体的活动极限，"溢出"意味着疲劳程度超出人体极限，从而给人体造成严重危害。只有不断地、适时地进行休息，人体疲劳的积累才不至于对身体构成危害。

三、疲劳产生的机理与累积损伤疾病

1. 疲劳的产生机理

疲劳的类型不同，产生的机理也不同。对于疲劳现象的解释在学术界未能达成共识，目前主要有下述几种论点：

（1）物质累积理论 短时间大强度作业产生的疲劳，主要是肌肉疲劳。大量研究表明，短时间大强度作业后，肌肉中的 ATP、CP 含量明显下降。如前所述，ATP、CP 是肌肉收缩的直接能源。ATP、CP 浓度下降至一定水平时必定导致肌肉进行糖酵解以再合成 ATP。糖酵解伴随乳酸的产生和积累。这种物质在肌肉和血液中大量累积，使人的体力衰竭，不能再进行有效的作业。奥博尼（D. J. Oborne）基于生物力学的理论对这一假说又做了进一步的分析：由于乳酸分解后会产生液体，滞留在肌肉组织中未被血液带走，使肌肉肿胀，进而压迫肌肉间血管，使得肌肉供血越发不足。倘若在紧张活动之后，能够及时休息，液体就会被带走；若休息不充分，继续活动又会促使液体增加。若在一段时间内持续使用某一块肌肉，肌肉间液体积累过多而使肌肉肿胀严重，后果是促使肌肉内纤维物质的形成，这会影响肌肉的正常收缩，甚至造成永久性损伤。

（2）力源消耗理论　较长时间从事轻或中等强度劳动引起的疲劳，既有局部疲劳，又有全身疲劳。随着劳动过程的进行，能量不断消耗，人体内的 ATP、CP 浓度和肌糖原含量下降。人体的能量供应是有限的，当可以转化为能量的能源物质肌糖原储备耗竭或来不及加以补充时，人体就产生了疲劳。

（3）中枢系统变化理论　作业过程中，除了 ATP、CP 浓度和肌糖原含量不断下降以外，同时还伴随着血糖的降低和大脑神经抑制性递质含量上升。由于血糖是大脑活动的能量供应源，它的降低将引起大脑活动水平的降低，即引起中枢神经疲劳。另外，疲劳后，大脑内的抑制性神经递质含量增加，会引起大脑兴奋性降低，处于抑制状态。所以，一般认为长时间活动引起的疲劳是一种中枢和外周相结合的全身疲劳。

（4）生化变化理论　美国和英国学者认为，全身性体力疲劳是由于作业及环境引起的体内平衡状态紊乱。人体在长时间活动过程中必会出汗，出汗导致体液丢失。一旦体液减少到一定程度，则循环的血量也将减少，从而引起活动能力下降。同时，汗液排出时还伴随着盐的丢失，这会影响血液的渗透压和神经肌肉的兴奋性，结果导致疲劳。

（5）局部血流阻断理论　静态作业（如持重、把握工具等）时，肌肉等长收缩来维持一定的体位，虽然能耗不多，但易发生局部疲劳。这是因为肌肉收缩的同时产生肌肉膨胀，且变得十分坚硬，内压很大，将会全部或部分阻滞通过收缩肌肉的血流，于是形成了局部血流阻断。人体经过休整、恢复，血液循环正常，疲劳消除。

事实上，疲劳产生的机理，可能会是如上五种理论的综合影响所致。人的中枢神经系统具有注意、思考、判断等功能。不论脑力劳动还是体力劳动，最先、最敏感地反映出来的是中枢神经的疲劳，继之反射运动神经系统也相应出现疲劳，表现为血液循环的阻滞、肌肉能量的耗竭、乳酸的产生、动力定型的破坏等。

2. 累积损伤疾病的形成

虽然生产系统机械化及自动化程度不断提高，但仍有大量的工作涉及体力劳动。挖掘、建筑和制造等行业经常要求工人以较高的体力消耗去完成工作；由于过度伸展而导致的背部疾病在很多职业中都很普遍，占所有职业损伤的 25%（美国劳动统计部，1982 年）。甚至一些与重体力劳动没有直接关系的职业，如专业技术人员、管理人员和行政人员等也同样会有职业损伤。调查结果表明，计算机操作人员比从事其他职业的人遭受更多的颈部和腕部损伤。因此，有必要探讨累积损伤疾病的成因及预防措施。

（1）累积损伤疾病及其原因　累积损伤疾病是指由于不断重复使用身体某部位而导致的肌肉骨骼的疾病。其症状可表现为手指、手腕、前臂、大臂、肩部等部位的腱和神经的软组织损伤，也可表现为关节发炎或肌肉酸痛。

当前，各种职业病越来越引起人们的广泛关注，有些国家还成立了专业的组织研究探讨如何预防累积损伤疾病，并通过互联网分享各种经验及如何使工具设计更合理。虽然不同的作业会导致不同表现形式的累积损伤，但各种累积损伤都与下列因素密切相关：

1）受力。人体某部位的受力是造成累积损伤的必要因素，外力的不断挤压会使软组织、肌肉或关节的运动无法保持在舒适的状态。一般，重负荷的工作使肌肉很快产生疲劳而且需要较长的时间来恢复。骨骼肌需要重新恢复弹力，缺乏足够的恢复休息时间会造成软组织的损伤。

2）重复。人体某部位的重复受力是造成累积损伤的关键因素，任务重复得越多，则肌肉收缩得越快、越频繁。这是因为高速收缩的肌肉比低速收缩的肌肉产生的力量要小，因此重复率高的工作要求更多的肌肉施力，也就需要更多的休息恢复时间。在这种情况下，缺乏足够的休息时间就会引起组织的紧张。人体的累积损伤都是由于重复施力造成的。

3）姿势。不正确的作业姿势也是造成累积损伤的重要因素，作业姿势决定了关节的位置是否舒适。使关节保持非正常位置的姿势会延长对相关组织的机械压力。作业姿势应满足人的用力原则：动作有节律，关节保持协调，可减轻疲劳；各关节的协同肌群与拮抗肌群的活动保持平衡，能使动作获得最大的准确性；瞬时用力要充分利用人体的质量做尽可能快的运动；大而稳定的力量取决于肌体的稳定性，而不是肌肉的收缩；任何动作必须符合解剖学、生理学和力学的原理。

4）休息。没有足够的休息时间意味着肌肉缺乏充足的恢复时间，结果会引起乳酸的积聚和能量的过度消耗，从而使肌肉疲劳，力量变小，反应变慢。疲劳肌肉的持续工作增加了软组织损伤的可能性。充分的休息可以使肌肉恢复自然状态。

（2）与手有关的累积损伤疾病　人手是由骨、动脉、神经、韧带和肌腱等组成的复杂结构，当使用设计不当的手握式工具时，会导致多种累积损伤疾病，如腱鞘炎、腕道综合征、滑囊炎、滑膜炎、痛性腱鞘炎、狭窄性腱鞘炎和网球肘等。

腱鞘炎是由初次使用或过久使用设计不良的工具引起的。如果工具设计不恰当，引起尺偏和腕外转动作，会增加其出现的机会，重复性动作和冲击震动使之加剧。当手腕处于尺偏、掌屈和腕外转状态时，腕肌腱受弯曲，如时间长，则肌腱及鞘处发炎。

腕管综合征是一种由于腕道内中位神经损伤所引起的不适。手腕的过度屈曲或伸展造成腕管内腱鞘发炎、肿大，从而压迫中位神经，使中位神经受损。它表征为手指局部神经功能损伤或丧失，引起麻木、刺痛、无抓握感觉，肌肉萎缩失去灵活性。其发病率女性是男性的3~10倍。因此，工具必须设计适当，避免非顺直的手腕状态。

网球肘是一种肘部组织炎症，由手腕的过度挠偏引起。尤其是当挠偏与掌内转和背屈状态同时出现时，肘部桡骨头与肱骨小头之间的压力增加，导致网球肘。

狭窄性腱鞘炎（俗称扳机指），是由手指反复弯曲动作引起的。在类似扳机动作的操作中，食指或其他手指的顶部指骨需克服阻力弯曲，而中部或根部指骨这时还没有弯曲。腱在鞘中滑动进入弯曲状态的位置时，施加的过量力在腱上压出一沟槽。当欲伸直手指时，伸肌不能起作用，而必须向外将它扳直，此时一般会发出响声。为了避免扳机指，应使用拇指或采用指压板控制。

四、疲劳测定方法

（一）疲劳测定方法应满足的条件

为了测定疲劳，必须有一系列能够表征疲劳的指标。作为测定疲劳的方法应满足：①测定结果应当是客观的表达，而不能只依赖于作业者的主观解释。②测定的结果应当定量化表示疲劳的程度。③测定方法不能导致附加疲劳，或使被测者分神。④测定疲劳时，不能导致被测者不愉快或造成心理负担或病态感觉。

（二）疲劳特征及测定方法

许多研究者认为，疲劳可以从三种特征上表露出来：①身体的生理状态发生特殊变化。例如，心率、血压、呼吸及血液中的乳酸含量等发生变化。②进行特定作业时的作业能力下降。例如，对特定信号的反应速度、正确率、感受能力下降，工作绩效下降等。③疲劳的自我体验。

鉴于疲劳的上述特征，疲劳的测定方法包括四类，即生化法、工作绩效测定、生理心理测试法和疲劳症状调查法。表 8-21 比较详细地列出了疲劳测定方法。下面介绍几种主要方法。

表 8-21　疲劳测定方法

测定内容	测定法
呼吸机能	呼吸数、呼吸量、呼吸速度、呼吸变化曲线、呼气中 O_2 和 CO_2 浓度、能量代谢等
循环机能	心率数、心电图、血压等
感觉机能	触二点辨别阈值、平衡机能、视力、听力、皮肤感等
神经机能	反应时间、闪光融合值、皮肤电反射、色名呼叫、脑电图、眼球运动、注意力检查等
运动机能	握力、背力、肌电图、膝腱反射阈值等
生化检测	血液成分、尿量及成分、发汗量、体温等
综合机能	自觉疲劳症状、身体动摇度、手指震颤度、体重等
其他	单位时间工作量、作业频度与强度、作业周期、作业宽裕、动作轨迹、姿势、错误率、废品率、态度、表情、休息效果、问卷调查等

1. 生化法

通过检查作业者的血、尿、汗及唾液等体液中乳酸、蛋白质、血糖等成分含量的变化来判断疲劳，该方法的不足之处是测定时需要中断作业活动，并容易给作业者带来不安。

2. 工作绩效测定

随着疲劳程度的加深，操作者的工作能力明显下降。这样，操作者的工作绩效，包括完成产品的数量、质量以及出现错误或发生事故的概率等，都可作为疲劳评定的指标。操作者处理意外事件的能力，对光、声等外界刺激的反应也可归入到这一类测定方法中。

3. 生理心理测试法

该方法包括膝腱反射机能测定法，触二点辨别阈值测定法，皮肤划痕消退时间测定法，皮肤电流反应测定法，心率值测定法，色名呼叫时间测定法，勾销符号数目测定法，反应时间测定法，闪光融合值测定法以及脑电图、心电图、肌电图测定法等。

（1）膝腱反射机能测定法　膝腱反射机能测定法是通过测定由疲劳造成的反射机能钝化程度来判断疲劳的方法。它不仅适于体力疲劳测定，也适于判断精神疲劳。

让被试坐在椅子上，用医用小硬橡胶锤，按照规定的冲击力敲击被试者膝部，测定时观察落锤（轴长 15cm，重 150g）落下使膝腱反射的最小落下角度（称为膝腱反射阈值）。当人体疲劳时，膝腱反射阈值（即落锤落下角度）增大，一般强度疲劳时，作业前后阈值差 5°~10°；中度疲劳时为 10°~15°；重度疲劳时可达 15°~30°。

（2）触二点辨别阈值测定法　用两个短距离的针状物同时刺激作业者皮肤上两点，当刺激的两点接近某种距离时，被试者仅感到一点，似乎只有一根针在刺激。这个敏感距离称为触二点辨别阈或两点阈。随着疲劳程度的增加，感觉机能钝化，皮肤的敏感距离也增大，根据两点阈限的变化可以判别疲劳程度。

测定皮肤的敏感距离，常用一种叫作双脚规的触觉计，可以调节双脚间距，并从标识的刻度读出数据。身体的部位不同，两点阈也不同。

（3）皮肤划痕消退时间测定法　用类似于粗圆笔尖的尖锐物在皮肤上划痕，即刻显现一道白色痕迹，测量痕迹慢慢消退的时间，疲劳程度越大，消退得越慢。

（4）皮肤电流反应测定法　测定时把电极任意安在人体皮肤的两处，以微弱电流通过皮肤，用电流计测定作业前后皮肤电流的变化情况，可以判断人体的疲劳程度。人体疲劳时皮肤电传导性增高，皮肤电流增加。

（5）心率值测定法　心率，即心脏每分钟跳动的次数。心率随人体的负担程度而变化，因此可以根据心率变化来测定疲劳程度。采用无线生理信号测定仪中的心电模块可以使测试与作业过程同步进行。正常的心率是安静时的心率。一般成年男人平均心率水平为 60 ~ 70beats/min，女人为 70 ~ 80 beats/min，生理变动范围在 60 ~ 100 beats/min 之间。吸气时心率加快，呼气时减慢；站立比静坐时快。在作业过程中，作业者承受的体力负荷和由于紧张产生的精神负荷均会导致心率增加。甚至有时体力负荷与精神负荷是同时发生的，因此心率可以作为疲劳研究的量化尺度，反映劳动负荷的大小及人体疲劳程度。

可以用下述三种指标判断疲劳程度：作业时的平均心率，作业中的最高心率，从作业结束时起到心率恢复为安静时止的恢复时间。德国的勃朗克研究所提出：作业时，心率变化值最好在 30 次以内，增加率在 22% ~ 27% 以下。

（6）色名呼叫时间测定法　色名呼叫时间测定法是通过检查作业者识别颜色并能正确呼出色名的能力，来判断作业者疲劳程度的方法。测试者准备 100 张不同颜色的纸板，在每个纸板上随机写上红、黄、蓝、白、黑五个表示颜色的汉字中的一个，让被试者按照纸板排列的顺序进行辨认并迅速呼出纸板的颜色，记录被试者呼出全部色名所需要的时间和错误率，以此来判断疲劳程度。

在这项测试中，反应时间的长短受神经系统支配，当疲劳时精神和神经感觉处于抑制状态，感官对于刺激不十分敏感，于是反应时间长、错误次数多。

（7）勾销符号数目测定法　将五种符号共 200 个，随机排列，在规定的时间内只勾掉其中一种符号，要求正确无误。这是一个辨识、选择、判断的过程，敏锐快捷程度受制于体力、脑力状态。因此，从勾销掉符号数目的多少可以判别疲劳程度。

（8）反应时间测定法　反应时间是指从呈现刺激到感知，直至做出反应动作的时间间隔。其长短受许多因素影响，如刺激信号的性质，被试者的机体状态等。因此，反应时间的变化，可反映被试者中枢神经系统机能的钝化和机体疲劳程度。当作业者疲劳时，大脑细胞的活动处于抑制状态，对刺激不十分敏感，反应时间就长。利用反应时间测定装置可测定简单反应时间和选择反应时间。

（9）闪光融合值测定法（频闪融合阈限检查法）　闪光融合值是用以表示人的大脑意识水平的间接测定指标。人对低频的闪光有闪烁感，当闪光频率增加到一定程度时，人就不再感到闪烁，这种现象称为融合。开始产生融合时的频率称为融合值；反之，光源从融合状态降低闪光频率，使人感到光源开始闪烁，这种现象称为闪光。开始产生闪光时的频率称为闪光值。

融合值与闪光值的平均值称为闪光融合值，亦称为临界闪光融合值（Critical Flicker Fusion，CFF）。闪光融合值的单位为 Hz，大小一般为 30 ~ 55Hz。人的视觉系统的灵敏度与人的大脑兴奋水平有关。疲劳后，兴奋水平降低，亦即中枢神经系统机能钝化，视觉灵敏度降低。虽然 CFF 值因人因时而异，不可能有一个统一的判断准则，但人在疲劳或困倦时，CFF 值下降，在紧张或不疲倦时则上升。一般采用闪光融合值的如下两项指标来表征疲劳程度

$$日间变化率 = \frac{休息日后第一天作业后值}{休息日后第一天作业前值} \times 100\% - 100\% \tag{8-15}$$

$$周间变化率 = \frac{周末作业前值}{休息日后第一天作业前值} \times 100\% - 100\%$$ (8-16)

日本的大岛正光认为，在正常作业条件下，CFF 值应符合表 8-22 所列的标准。

表 8-22 闪光融合值评价标准

作业种类	日间变化率（%）		周间变化率（%）	
	理　想　值	允　许　值	理　想　值	允　许　值
体力劳动	-10	-20	-3	-13
脑体结合	-7	-13	-3	-13
脑力劳动	-5	-10	-3	-13

在较重的体力作业中，闪光融合值一天内最好降低 10% 左右。若降低率超过了 20%，就会发生显著疲劳。在较轻的体力作业或脑力作业中，一天内最好只降低 5% 左右。无论何种作业，周间降低率最好在 3% 左右。

格兰德等人于 1970～1971 年，利用闪光融合值（CFF）等方法曾对瑞士苏黎世航空港的 68 名机场调度员进行疲劳测定，平均每间隔 2.5h 测一次（24h 测 9 次），延续 3 周。结果表明，各项指标在工作 4h 后有中度下降，7h 后明显下降。这种下降与中枢神经活动水平低下引起疲劳有关。因此，对那些要求时刻保持高度警惕的作业，必须合理安排操作人员的休息时间，以保证操作者的疲劳程度不足以引起事故危险性的增加。

（10）心电图测定法　心电图（Electrocardiogram，ECG）记录了心脏在每个心动周期中，由起搏点、心房、心室相继兴奋而引起的生物电位变化。在体力活动的过程中，心血管神经系统和体液会做出相应的调节，交感神经和副交感神经活动性也会随之发生显著改变，因此常将心电指标作为体力负荷以及体力疲劳的评判方法之一。常用于表征疲劳的心电指标有心率（HR）、心率变异性（HRV）、RR 间期标准差（SDNN）、交感神经活性（LF）、副交感神经活性（HF）等。研究表明，随着疲劳的产生与积累，心率、RR 间期标准差、交感神经活性均呈现出上升趋势，心率变异性、副交感神经活性则逐渐下降。图 8-10 所示为心电图的一个完整周期。

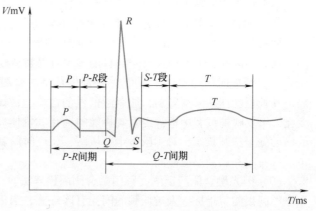

图 8-10　心电图的一个完整周期

（11）肌电图测定法　肌电（Electromyogram，EMG）信号是神经肌肉系统活动时的生物电变化经电极引导、放大、显示和记录所获得的一维电压时间序列信号，而表面肌电（Surface Electromyogram，sEMG）检测具有非损伤性、实时性、多靶点测量等优点，常用于身体局部肌肉负荷以及疲劳程度的评估。大量的实验研究表明，肌肉活动时，随着肌肉疲劳程度的增加，sEMG 时域指标平均振幅（AEMG）、积分肌电值（iEMG）和均方根振幅（RMS）逐渐上升；而频域指标中位频率（MF）和平均功率频率（MPF）则逐渐下降。图 8-11a 所示为美国 Biopac 公司生产的 Mp150 多导生理记录仪，图 8-11b 所示为其测得的竖脊肌肌电信号

（上）与心电信号（下）。

a)

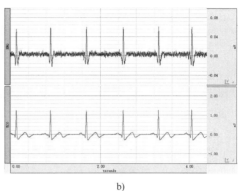

b)

图 8-11　Biopac Mp150 多导生理记录仪与肌电、心电信号

4. 疲劳症状调查法

该法通过对作业者本人的主观感受即自觉症状的调查统计，来判断作业者疲劳程度。该方法简易、省时，不仅切实可行，且具有较高的精确性。值得强调的是，调查的症状应真实，有代表性，尽可能调查全作业组人员。另外，选择量表时应注意量表的信度和效度。

日本产业卫生学会提出的疲劳自觉症状的调查内容见表 8-23。疲劳症状分为身体、精神和神经感觉三项，每一项又分为 10 种。调查表可预先发给作业者，对作业前、作业中和作业后分别记述，最后计算分析 A、B、C 各项有自觉症状者所占的比例。

$$各项自觉症状出现率 = \frac{A、B、C 各项分别主诉总数}{10 \times 被调查人数} \times 100\%$$

表 8-23　疲劳自觉症状的调查表

姓名：		年龄：		记录　　年　　月　　日	
作业内容：					
种类	身体症状（A）		精神症状（B）		神经感觉症状（C）
1	头重		头脑不清		眼睛疲倦
2	头痛		思想不集中		眼睛发干、发滞
3	全身不适		不爱说话		动作不灵活、失误
4	打哈欠		焦躁		站立不稳
5	腿软		精神涣散		味觉变化
6	身体某处不适		对事物冷淡		眩晕
7	出冷汗		常忘事		眼皮或肌肉发抖
8	口干		易出错		耳鸣、听力下降
9	呼吸困难		对事不放心		手脚打颤
10	肩痛		困倦		动作不准确

在调查疲劳自觉症状的基础上，还应根据行业和作业的特点，结合其他指标的测定，对疲劳状况和疲劳程度进行综合分析判断。

五、疲劳的一般规律

疲劳的产生与消除是人体正常生理过程。作业产生疲劳和休息恢复体力，这两者多次交替重复，使人体的机能和适应能力日趋完善，作业能力不断提高。疲劳的一般规律如下：

（1）疲劳可以通过休息恢复　人在作业时消耗的体力，不仅在休息时能得到恢复，在作业的同时也能逐步恢复。但这种恢复不彻底，补偿不了体力的整个消耗，对精神上的消耗同步恢复很困难。因此，在体力劳动后，必须保证适当的、合理的休息。从年龄看，青年人比老年人疲劳恢复得快，因为青年人机体供血、供氧机能强，在作业过程中较老年人产生的疲劳要轻。体力疲劳比精神疲劳恢复得快，心理上造成的疲劳常与心理状态同步存在和消失。

（2）疲劳有累积效应　未消除的疲劳能延续到次日。当人们在重度劳累后，次日仍有疲劳症状，这就是疲劳积累效应的表现。

（3）疲劳程度与生理周期有关　在生理周期中机能下降时发生疲劳较重，而在机能上升时发生疲劳较轻。

（4）人对疲劳有一定的适应能力　机体疲劳后，仍能保持原有的工作能力，连续进行作业，这是体力上和精神上对疲劳的适应性。工作中有意识地留有余地，可以减轻作业疲劳。

六、降低疲劳的途径

（一）改善工作条件

1. 合理设计工作环境

工作环境条件直接影响操作者的疲劳。照明、色彩、噪声、振动、微气候条件、粉尘及有害气体等环境条件不良，都会增加肉体和精神负担，容易引起疲劳，使作业能力降低。因此，要创造合适的工作环境，搞好安全管理和劳动保护工作。

2. 改进设备和工具

1）采用先进的生产技术和工艺，提高设备的机械化、自动化水平，是提高劳动生产率，减轻工人劳动强度，彻底改善劳动条件的根本措施。

工具和辅助设备的改进，可以减少静态作业，减轻工人劳动强度，提高工作效率。例如，机器、作业台、工作椅等的高度及其他尺寸，如果符合操作者的操作要求，可减少静态作业成分。采用进口机器设备时也应注意这一点。此外，椅子应有舒适的靠背和扶手，以减少静态紧张。机器的各种操纵装置，如手把、踏板、旋钮等的形状、高低和远近，应考虑到人体生理解剖结构，以使操纵便利、省力；仪表等显示装置的大小、样式及排列顺序等也应考虑人体的功能，以免引起疲劳和误读。

2）手握式工具设计原则。合理的工具设计有助于预防人体的累积损伤；事实上，不合理的工具往往使操作姿势不符合人因工程的原理。以下探讨手握式工具设计时应遵循的原则：

① 避免静肌负荷。当使用工具时，臂部上举或长时间抓握，会使肩、臂及手部肌肉承受静负荷，导致疲劳，降低作业效率。例如，传统的电烙铁是直杆式的，如图8-12a所示，当在工作台上操作时，如果被焊物体平放于台面，则手臂必须抬起才能施焊。改进的设计是将烙铁做成弯把式，如图8-12b所示，操作时手臂就可以处于较自然的水平状态，减少抬臂产生的静肌负荷。

图 8-12　烙铁把手的设计与手臂姿势

a) 直杆式电烙铁　b) 弯把式电烙铁

② 保持手腕伸直。一般情况下，手腕的中立位置是最佳的，而且保持手腕的伸直状态时，手心的力量也要大一些。所以在设计工具时，如果要用到手腕的力量，尽量使工具弯曲而不要使手腕弯曲，避免手腕的侧偏。如钳子设计有两种方案，如图 8-13 所示。在使用第一种直柄钳子时，手在用力时需要手腕的弯曲来配合；而在使用第二种有一定弧度的钳子时，可借助手柄的弧度，保持手腕的水平。结果表明，使用第一种钳子的工人比使用第二种钳子的工人得腱鞘炎的比例要大得多。

③ 使组织压迫最小。手在操作工具时，有时需要用力较大。所以，在工作时要尽量分散力量，如增大手和工具的接触面积，以减小对血管和神经的压力。例如，传统涂料刮具的手柄是直的，在手握紧工具操作时，对尺骨动脉造成了一定的压力，如果对手柄稍做改进，增加一个垂直的短柄，就可依靠拇指和食指之间的坚硬组织来操作，工人就会舒适得多，如图 8-14 所示。

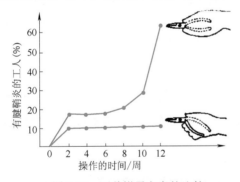

图 8-13　两种钳子方案的比较

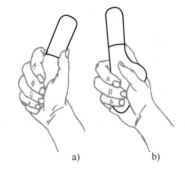

图 8-14　避免掌部压力的把手设计

a) 传统把手　b) 改进后把手

④ 减少手指的重复活动。拇指的活动是由局部的肌肉控制的，所以重复拇指的动作，其危害性比重复食指的动作要小，过多重复食指的动作会引起手指的腱鞘炎。所以，在设计工具时要尽量减少食指的重复作业，对拇指要尽量避免过度伸展。因此，多个手指操作的控制器显然比只用拇指操作的控制器要优越，如图 8-15 所示，可分散手指用力，又可利用拇指握紧并引导工具。

此外，工具的设计还要考虑其他一些因素，如安全性。工具的设计必须避免尖锐的边角，对于动力设备要安装制动

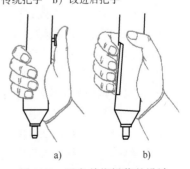

图 8-15　避免单指操作的设计

a) 拇指开关　b) 四指开关

装置；设计中还要防止对工具的错误使用，如强化功能的标识，减少按钮的误操作等；另外，工具的设计必须满足不同人群的需要，操作者可能是男性也可能是女性，可能习惯于使用右手也可能习惯于使用左手等。女性的手较男性的手握力要小一些，所以，工具的设计要考虑女性的生理特点。目前，左撇子已接近世界总人口的 8% ~ 10%，工具的设计也要考虑到这一因素。

3. 改进工作方法

改进工作方法包括工作姿势、作业速度、作业方法和操作的合理化。

（1）采用合适的工作姿势　工作姿势影响动作的圆滑度和稳定度。工作场地狭窄，往往妨碍身体自由、正常地活动，束缚身体平衡姿势，造成工作姿势不合理，使人容易疲劳。因此，需要设计合理的工作场地和工作位置，研究合理的工作姿势。目前还没有统一评价工作姿势的指标，通常以工作面高度，椅子高度，所使用的机器、工具、材料的形状和距离是否合适作为判断指标。

设备、工具的安置要合理，如设备、机器等的安置要适合于人的操作，消除不良姿势和操作不便。需要作业者来回走动的作业，固定设备的配置应考虑如何缩短行程。放置各种手工工具及被加工物应有一定顺序，存放地点方便。

在改进操作方法和工作地布置时，应当尽量避免下列不良体位：①静止不动。②长期或反复弯腰。③身体左右扭曲。④负荷不平衡，单侧肢体承重。⑤长时间双手或单手前伸等。

（2）采用经济作业速度　体力作业时，不同的作业速度，人的能量消耗不同。这就存在经济作业速度。所谓经济作业速度，就是进行某项作业时消耗最小能量的作业速度。在这个速度下，作业者不易疲劳，持续工作时间最长。例如，负重步行的劳动者，测定其以不同速度步行百米的耗氧量，见表 8-24。

表 8-24　不同步行速度步行百米的耗氧量

步行速度/（m/min）	10	30	40	50	60	70	80	90	110	130
步行百米耗氧量/L	1.4	0.8	0.7	0.65	0.5	0.6	0.67	0.8	1.25	1.75

由表 8-24 可见，步行速度为 60m/min 时耗氧量最少。速度过快，不易持久；速度过慢，肌肉收缩时间变长，易疲劳。因此，研究生产线上具体作业的最佳速度很有实际意义。

负重行走研究还证明，当负荷重量对劳动者体重的比率低于 40% 时，单位劳动量（步行 1m，搬运 1kg 重物）的耗氧量变化不大，只有负重超过体重的 40% 时，单位劳动量的氧耗量才急剧上升。对于负重搬运劳动而言，最佳负重限度应为体重的 40%。

（3）选择最佳的作业方法　应根据方法研究技术，对现有的操作方法进行分析改善，去掉无效、多余动作，使人的动作经济、合理，减轻操作者的疲劳。

搬运作业是企业经常进行的作业，如果由人进行搬运，则是很重的体力劳动。合理的搬运方式能减轻人的疲劳。例如，同样重的物体，如果用肩扛，耗氧量为 100%，用手提为 144%，双手抱则为 116%。用车搬运可以比徒手搬运更重的物体。

（4）操作的合理化　操作者作业过程中的用力原则是：将力投入到完成某种动作的有用功上去。这样可以延缓疲劳的到来或者在某种程度上减少疲劳。例如，向下用力地作业，立位优于坐位，可以利用头与躯干的重量及伸直的上肢协调动作获得较大的力量。另外操作者要注意使动作自然、对称而有节奏，不断改进动作，降低动作等级。

（二）合理确定休息时间和休息方式

1. 疲劳后身体的恢复

人的活动一停止，恢复过程就开始了。疲劳恢复过程包括体内产能物质及体液等其他成分的恢复；疲劳物质的消除等。研究表明：恢复过程是渐进的，恢复时间长短与劳动强度及恢复期环境条件是否适宜有关；不同的个体恢复过程存在差异，同等强度作业，身体素质好、营养水平较高及进行锻炼者，恢复时间短，反之，恢复时间较长；另外，恢复过程存在"超量恢复"现象。即经过恢复后，人体的能量储备水平在某一时期内可能达到比活动期更高的水平。因此，安排休息时间对恢复疲劳具有重要作用。

2. 休息时间的确定

工作时间与休息时间安排得是否合理，直接影响工人的疲劳及作业能力。休息制度确定问题一直是人因工程学研究人员探索的问题。本部分介绍两种确定方法：

（1）以能耗指标确定　德国学者 E. A. 米勒对一个工作日中，劳动时间与休息时间各为多少以及两者如何配置进行了研究。他认为，一般人连续劳动 480min 而中间不休息的最大能量消耗界限为 16.75kJ/min，该能量消耗水平被称为耐力水平。如果作业时的能耗超过这一界限，劳动者就必须使用体内的能量储备。为了补充体内的能量储备，就必须在作业过程中，插入必要的休息时间。米勒假定标准能量储备为 100.47kJ，要避免疲劳积累，则工作时间加上休息时间的平均能量消耗不能超过 16.75kJ/min。据此，能量消耗水平与劳动持续时间以及休息时间的关系如下：

设作业时实际能耗量为 M，工作日总工时为 T，其中实际劳动时间为 $T_劳$，休息时间为 $T_休$，则

$$T = T_劳 + T_休$$

$$T_r = \frac{T_休}{T_劳}, \quad T_w = \frac{T_劳}{T}$$

式中，T_r 是休息率；T_w 是实际劳动率。

因为在一个周期中，实际劳动时间为 100.47kJ 能量储备被耗尽的时间，所以

$$T_劳 = \frac{100.47}{M - 16.75}$$

由于要求总的能量消耗满足平均能量消耗不超过 16.75kJ/min，所以

$$T_劳 M = (T_劳 + T_休) \times 16.75$$

$$T_休 = \left(\frac{M}{16.75} - 1\right) T_劳$$

$$T_r = \frac{T_休}{T_劳} = \frac{M}{16.75} - 1$$

$$T_w = \frac{T_劳}{T} = \frac{1}{1 + T_r}$$

计算出一个工作周期的劳动时间与休息时间后，就可确定工作日内的休息时间及休息次数。该种方式的休息时刻就是 100.47kJ 的能量被消耗尽的时刻。按照此方式工作，不会产生疲劳积累。

例8-2　已知某作业能量消耗量为 31.75kJ/min，求作业时间与休息时间及实际劳动率。

解：$T_劳 = \dfrac{100.47}{M - 16.75} = \dfrac{100.47}{31.75 - 16.75}$ min $= 6.698$ min ≈ 6.7 min

$$T_{休} = \left(\frac{M}{16.75} - 1\right)T_{劳} = \left(\frac{31.75}{16.75} - 1\right) \times 6.7\,\text{min} = 5.998\,\text{min} \approx 6.0\,\text{min}$$

$$T_{w} = \frac{T_{劳}}{T_{劳} + T_{休}} = \frac{6.7}{6.7 + 6.0} \times 100\% = 52.76\%$$

由以上计算可知，从事该项作业的过程中，每劳动 6.7min 后，应安排 6min 的工间休息时间，实际劳动率为 52.76%。

目前有许多重体力作业，其能量消耗均已超过最大能耗界限，如铲煤作业，能量消耗为 41.86kJ/min；拉钢锭工，能量消耗为 36.42kJ/min。对于此类作业，必须根据作业时的能量代谢率，合理安排工间休息，以保证 8h 的总能耗不超过最佳能耗界限。

（2）综合各因素考虑确定　上述方法是以能耗指标（劳动强度）为基准确定时间的，除此之外，休息时间的长短、次数和时刻，还与作业性质、紧张程度、作业环境等因素相关。如果劳动强度大，工作环境差，则需要休息的时间长，休息的次数多；若体力劳动强度不大（低于 16.75kJ/min，上述计算则应不给休息时间），而神经或运动器官特别紧张的作业，应实行多次短时间休息；一般轻体力劳动只需在上、下午各安排一次工间休息即可。在高温或强热辐射环境下的重体力劳动，需要多次的长时间休息，每次大约 20～30min；精神集中的作业持续时间因人而异，一般，可以集中精神的时间只有 2h 左右。之后人的身体产生疲劳，精神便涣散，必须休息 10～15min。

一般情况下，工作日开始阶段的休息时间应比前半日的中间阶段多一些，以消除开始积累的轻度疲劳，保证后一段时间作业能力的发挥。工作日的后半日特别是结束阶段休息次数应多一些。另外，在设计强制节拍流水线时，应适当使作业者在每一节拍的劳动中，有一个工间暂歇，即在作业时各动作间的暂时停顿，形成作业宽放。这样可以保证大脑皮层细胞的兴奋与抑制、耗损与恢复以及肌细胞能量的补充。

3. 休息方式

休息方式可分为积极休息和消极休息。

（1）积极休息　积极休息也称为交替休息。例如，脑力劳动疲劳后，可以做些轻便的体力活动或劳动，可使过度紧张的神经得到调节；久坐后，站立起慢走，可解除坐位疲劳；长时间低头弯腰，颈部前屈，流入脑部的血液减少，便产生疲劳。伸腰活动改变血液循环的现状，可得到更多的养料和氧气，废物及时排除，腰部肌肉也能得到锻炼。上述种种交替作业或活动，其原理都是共同的，可使机体功能得以恢复，解除疲劳。生理学认为，积极休息比消极休息使工作效率恢复提高约 60%～70%。

积极休息可以运用在企业现场的作业设计中，如作业单元不宜过细划分；要使各动作之间、各操作之间、各作业之间留有适当的间歇；可使双手或双脚交替活动；在劳动组织中进行作业更换。譬如脑体更换及脑力劳动难易程度的更换，使作业扩大化，工作内容丰富化，以免作业者对简单、紧张、周而复始的作业产生单调感。适时的工间休息、做工间操也会缓解疲劳。工间操应按各种不同作业的特点来编排。另外，还要适当配合作业进行短暂休息，如动作与动作、操作与操作、作业与作业间的暂时停顿，要注意工作中的节律。

（2）消极休息　消极休息也称为安静休息。重体力劳动一般采取这种休息方式。例如，静坐、静卧或适宜的文娱活动，令人轻松愉悦。可以根据具体情况划分为：以恢复体力为主要目的者，可进行音乐调节；弯腰作业者，可做伸展活动；局部肌肉疲劳者，多做放松性活动；视、听力紧张的作业及脑力劳动，要加强全身性活动，转移大脑皮层的优势兴奋中心。

（三）改进生产组织与劳动制度

1. 休息日制度

休息日制度直接影响劳动者的休息质量与疲劳的消除。在历史上，休息日制度经历了一定的变革。第一次世界大战以后，许多国家都实行每周工作 56h。第二次世界大战初期，英国将 56h/周延长至 69.5h/周，由于人民的爱国热情，生产在初始阶段上升 10%，但不久又从原水平降低了 12%，随之缺勤、发病、事故也频频增加。第二次世界大战后，许多国家实行40h/周的工作制度。目前，发达国家的休息日制度的发展趋势是多样化和灵活化，有些国家的周工作时间缩短到 40h 以下。我国目前采用每周工作 5 天（40h/周），休息 2 天的制度。

2. 轮班制度

轮班制作业是指在一天 24h 内职工分成几个班次连续进行生产劳动。根据我国《国务院关于职工工作时间的规定》，从 1995 年 5 月 1 日起实行每天工作 8h、每周工作 40h 的新标准工作制，但同时也有补充法律条文。《中华人民共和国劳动法》第 39 条规定："企业因生产特点不能实行每日 8h 工作时间的，经劳动行政部门批准，可以实行其他工作和休息办法"。但从机体的生理学角度考虑，在制定轮班制度时应遵循以下五条原则：①连续性的夜班天数不宜过多。②早班开始时间不宜太早。③一班时间的长短应取决于脑力和体力负荷状况。④从一种班更换到另一种班的中间间隔时间不宜太短（至少相隔 24h 以上）。⑤更换的班种应遵循早、中、夜班的顺序。目前，国内外较为常见的轮班制度有以下几种：

（1）8h 作业轮班方式　对于 8h 作业，广泛采用的是四班三运转法，即每天有三个班依次上早、中、晚班，另一个班轮休，每天每班工作时间为 8h；轮班的顺序为：两个早班、两个中班、两个夜班，后连休两天（又称"二四制"）。具体排班方式见表 8-25。

表 8-25　四班三运转法轮班制作业排班表

班种	一	二	三	四	五	六	日	一	二	三	四	五	六	日	…
早班	1	1	4	4	3	3	2	2	1	1	4	4	3	3	…
中班	2	2	1	1	4	4	3	3	2	2	1	1	4	4	…
晚班	3	3	2	2	1	1	4	4	3	3	2	2	1	1	…

注：1. 表中阿拉伯数字代表工人组别。

2. 早班：7am～3pm；中班：3pm～11pm；晚班：11pm～7am。

这种 8h 作业轮班制度使每个班组在各班种都连续工作两天，在班种切换后具有一定的稳定性，符合人体生物节律的特点。经过有关实践证明，这种轮班方式受到职工的广泛认同。

（2）12h 作业轮班方式　在 12h 作业中，使用较多的为以下三种轮班方式：

1）——二轮转法。——二轮转法是指每班工作时间为 12h，先上一个白班，接着上一个夜班，后连休两天。具体排班方式见表 8-26。

表 8-26　——二轮转法轮班制作业排班表

班种	一	二	三	四	五	六	日	一	二	三	四	五	六	日	…
白班	1	3	4	2	1	3	4	2	1	3	4	2	1	3	…
夜班	2	1	3	4	2	1	3	4	2	1	3	4	2	1	…

这种轮班制度中，对每一班组而言，班种的切换速度过快，夜班后休息 48h 后就要开始下一个白班。有学者通过研究指出，48h 的间隔休息并不能有效调节职工的生物节律，夜班的疲劳不能有效恢复，长此以往，疲劳累积可能导致睡眠障碍、消化系统功能紊乱、心脑血

管病变等疾病。

2）二二四轮转法。二二四轮转法是指每班工作时间为12h，每班组先上两个白班，接着上两个夜班，后连休四天。具体排班方式见表8-27。

表8-27　二二四轮转法轮班制作业排班表

班种	一	二	三	四	五	六	日	一	二	三	四	五	六	日	…
白班	1	1	2	2	3	3	4	4	1	1	2	2	3	3	…
夜班	4	4	1	1	2	2	3	3	4	4	1	1	2	2	…

这种轮班制度的最大的优点是夜班后可连续休4天，职工可以安排宽余的业余时间进行学习、外出旅游等活动，对年轻人更为合适。但是，职工的工作时间集中在四天内，后续较长的休息时间也导致管理的不方便，易出现职工从事其他工作，而妨碍正常工作。

3）二一二三轮转法。二一二三是指每班工作时间为12h，先上两个白班，休息一天，接着两个夜班，后连休三天。具体排班方式见表8-28。

表8-28　二一二三轮转法轮班制作业排班表

班种	一	二	三	四	五	六	日	二	三	四	五	六	七	…
白班	1	1	2	2	3	3	4	4	1	1	2	2	3	3	…
夜班	3	4	4	1	1	2	2	3	3	4	4	1	1	2	…

这种轮班方式的白班到夜班的切换时间间隔为1天，夜班到白班的切换时间为3天，克瑙特（P. Knauth）研究指出夜班到白班的切换时间间隔达到72h能够有效地调节因睡眠不足导致的生物节律混乱。此外，这种排班采用同种班种下连续工作两天的方式，更能够很好地维持生物节律。在现有的12h轮班方式中，这种方式是众多研究者推荐使用的方式。

对于日夜轮班制度的研究，必须同时考虑工作效率和劳动者的身心健康。研究表明，夜班工作效率比白班约降低8%，夜班作业者的生理机能水平只有白班的70%，表现为体温、血压、脉搏降低，反应机能也降低，从而工作效率下降。图8-16所示为日本学者根据各国研究人员的研究成果绘制出的人在一天24h中身体机能的变化。从图8-16可以看出，24点到早晨6点之间人体机能较差，凌晨2点到4点之间机能

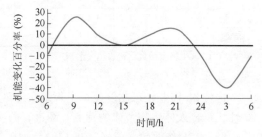

图8-16　人在24h中身体机能的变化

最差，失误率较高。图8-17所示为根据某燃气公司10年中对三班制工人检查煤气表的差错率所做的统计，并经整理、绘制而成。从图8-16与图8-17的比较中可以明显看出，错误的发生率与1天之内24h人体机能的变化非常一致，当身体机能上升时错误就减少，当身体机能下降时错误就增加；到凌晨3时，身体机能到达最低点，出错率则相应地到达最大值。这是因为人的生理内部环境不易逆转。夜班破坏了劳动者的生物节律，作业者疲劳自觉症状多，人体的负担程度大，连续3～4天夜班作业，就可以发现有疲劳累积的现象，甚至连上几周夜班，也难以完全习惯。另一原因是夜班作业者在白天得不到充分的休息。这种疲劳，长此以往将损害作业者的身心健康。

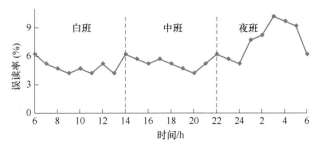

图 8-17 某燃气公司查表的差错率统计（按 1 天中出错的时间）

为了使生物节律与休息时间相一致，可以通过环境的明暗、喧闹与安静的交替来实现。环境的变化（如强制性的颠倒），人的生理机制会通过新的适应，改变原节律，但这种适应却要很长一段时间。体温节律的改变要 5 天；脑电波节律的改变要 5 天；呼吸功能节律的改变要 11 天；钾的排泄节律的改变要 25 天。因此，工作轮班制的确定必须考虑合理性、可行性，尽量减少对生物节律的干扰，无可奈何时，也要改善夜班作业的场所及其劳动、生活条件。

现在我国许多企业在劳动强度大、劳动条件差的生产岗位，都实行"四班三运转制"。工人作业时精神和体力都处于良好状态，工效高。这是因为 8 天中分为 2 天早班、2 天中班、2 天夜班，又有 2 天休息。变化是延续而渐进的，减轻了机体不适应性疲劳。

七、作业疲劳测定案例

（一）案例背景

某轮胎公司叉车司机现行的排班方式为四班两运转制（四个班次，每班次 12h，作业安排为 1 个白班，1 个夜班，连续休息 2 天），近期出现夜班叉车碰撞事故。根据叉车司机的主诉情况，凌晨时会出现极度疲惫和困倦，为了解叉车司机整个工作班内不同时间段的疲劳状况，公司选择了小胎热准备车间叉车司机作为研究试点，对其作业期内白班和夜班的疲劳状况进行测定。

该车间叉车司机在一个班次内的主要作业内容为：坐于驾驶座位上，通过操控叉车将不同的原料运送到指定的区域；全程几乎不用下车，但需注意避让货架、固定设备以及其他叉车。经过分析，叉车司机的详细作业过程包括：感觉器官（眼、耳）对环境信息进行认知并反馈至中枢神经系统，中枢神经系统对信息进行分析判断，并对行动器官（手、脚）发出指令信号，动作器官通过叉车的控制器（方向盘、制动装置）控制叉车运行；整个过程是在司机自主意识控制下完成的，需要保持高度警惕；同时为了快速反应，司机必须保持相对固定的驾驶姿势，这就使司机神经兴奋，局部肌肉紧张。长时间维持这种状态就会造成既有精神疲劳又有体力疲劳的驾驶疲劳。

（二）测量方法与测量时间

经过对叉车司机的作业内容分析，选用以下设备对司机不同种类的疲劳进行测定，各设备及测量指标见表 8-29。测量时间点（白班/夜班）分布为：7：00/19：00、9：00/21：00、12：00/0：00、14：30/2：30、16：00/4：00、17：30/5：30、19：00/7：00。

表8-29　测量指标及测量设备

疲劳种类	测定内容	测量指标	测量设备
身体疲劳	运动机能	表面肌电（竖脊肌）	MP150无线生理记录仪（肌电模块）
精神疲劳	感觉机能	视错觉	错觉实验仪（BDⅡ-113型）
	神经机能	反应时间	反应时运动时测定仪（BDⅡ-513型）
			视觉反应时测试仪（BDⅡ-511型）
		闪光融合值	闪光融合频率计（BDⅡ-118型）
		脑电EEG	EMOTIV EPOC无线便携脑电系统
		记忆能力	瞬时记忆实验仪（BDⅡ-408型）
其他影响因素测量	作业环境	微气候环境	TM-188D温度热指数计
		照度	照度计
		噪声	噪声统计分析仪
	休息效果	睡眠质量	匹兹堡睡眠质量指数量表
综合疲劳	综合性机能	疲劳自觉症状	自觉症状调查表

（三）测量结果

1. 主观疲劳测量结果

采用《疲劳自觉症状调查问卷》对叉车司机进行问卷调查，询问作业过程中主观疲劳状态，白班、夜班的不同时间点的测量结果见表8-30。

表8-30　白班、夜班主观疲劳测量结果

时间	7：00/19：00	9：00/21：00	12：00/0：00	14：30/2：30	16：00/4：00	17：30/5：30	19：00/7：00
白班	12.00	12.00	12.00	14.00	14.67	14.90	15.33
夜班	11.00	12.67	14.67	16.33	17.50	17.67	17.17

从表8-31中的数据可以看出，夜班上班前司机的疲劳自觉状态要优于白班上班前，但夜班作业期内的疲劳状态相比于白班更为严重，其中疲劳自觉状态较为强烈的时间段出现在凌晨4：00～5：30，这与人长期形成的生物节律密切相关。主观疲劳调查的结果还表明，作业者身体的局部不适主要集中在颈部、肩部、下背部，这与叉车司机的作业特点、姿势、受力状态有关，这些部位出现职业性肌肉骨骼损伤的风险较高。

2. 脑电EEG测量结果

根据沃尔特（Walter）分类方法，自发EEG根据频率和幅值的不同分为δ（Delta）波（0.5～3.5Hz）、θ（Theta）波（4～7Hz）、α（Alpha）波（8～13Hz）、β（Beta）波（14～25Hz），γ（Gamma）波（>25Hz）。大量针对驾驶疲劳的脑电EEG研究表明：随着疲劳程度的增加δ波在前额处能量值增加，θ波在前额、颞区随疲劳增加能量值逐步增强，α波在枕区能量逐渐减弱；此外，随着被试者从清醒状态过渡到睡眠状态，δ波的能量逐渐增加，α波的能量分布中心从后脑向前额转移，表现为枕区α节律波显著减少。节律波的能量值是指对该节律波按时间序列进行幅值平方的求和运算，其大小反映了该节律波能量的强弱程度。依据上述关于EEG节律波能量值和精神疲劳的关系，选取AF3电极（前额区）位置的δ波和θ波以及枕区的α波，计算这三个节律波的能量值作为精神疲劳的指标。其中，δ波和θ波的能量值随着疲劳程度的增加而增大，α波的能量值随疲劳程度的增加而降低。图8-18所示为几个节律波的波形。白班与夜班叉车司机前额区AF3电极位置的δ波能量值变化趋势如图8-19所示。

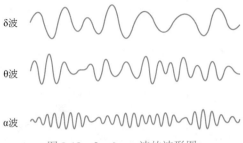

图 8-18 δ、θ、α 波的波形图

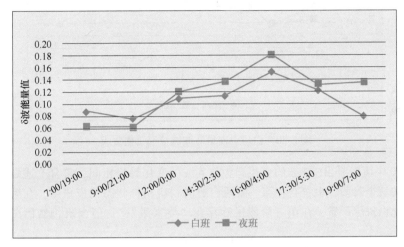

图 8-19 白班、夜班 δ 波能量值变化曲线

从图 8-19 中可以看出，在 7：00/19：00 ~ 19：00/7：00 的整个工作班内，精神疲劳变化过程可以分为以下三个阶段：

第一阶段：7：00/19：00 ~ 9：00/21：00 阶段。该时间段内白班和夜班司机的平均 δ 波能量值有小幅下降，白班下降比夜班稍大，夜班变化不太明显。通过对司机的调查发现，白班时司机起床较早，乘坐约 2h 班车前往公司，到达车间后立即投入到叉车驾驶工作中，此时仍处于比较困倦的状态，夜班则反之。人的工作有个适应期，开始时还没有完全适应工作，注意力不太集中，随着工作的进行，司机的注意力越来越集中，经过练习和身体运动的效应，使精神恢复到觉醒程度比较高的状态。

第二阶段：9：00/21：00 ~ 16：00/4：00 阶段。该时间段内精神疲劳呈现上升趋势，即持续高度集中注意力导致精神疲劳逐渐累积，表现为从清醒状态过渡到疲劳阶段，在 16：00/4：00 时疲劳程度累积达到最大。通过白班和夜班的对比可以发现夜班时叉车司机的精神疲劳程度要比白班严重，主要体现在该阶段中 12：00/0：00 以后。从精神疲劳变化幅度来看，14：30/2：00 到 16：00/4：00 之间的疲劳幅度增长加快，也是容易出现事故的时间段，这解释了叉车事故大多发生在夜班的原因。

第三阶段：16：00/4：00 ~ 19：00/7：00 阶段。该时间段内精神疲劳呈现下降趋势。这是"终末激发效应"所致，即临近工作结束，司机们对工作目标完成或下班的期待导致其精神状态处于兴奋状态，表现为 δ 波的能量值下降，处于较低水平。但即使"终末激发"现象的存在，也无法使夜班司机精神疲劳程度大幅降低，心理对工作任务完成和下班的期待只能使精神在一定程度上得以缓解，并不能有效缓解疲劳。因此，在第三阶段，夜班的平均精神疲劳程度仍然比白班严重。

图 8-20 所示为白班与夜班叉车司机前额区 AF3 电极位置的 θ 波能量值变化趋势图。

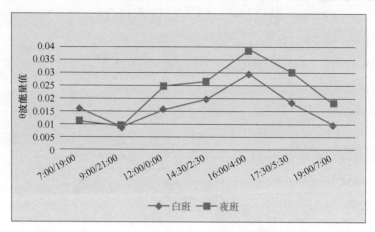

图 8-20　白班、夜班 θ 波能量值变化曲线

从图 8-20 中可以看出，θ 波的变化趋势与 δ 波的变化趋势相同，符合上述划分的叉车司机精神疲劳的三个阶段，也符合在第一阶段白班时司机精神状态比夜班差，在第二阶段夜班的精神疲劳比白班更严重，在第三阶段虽然存在 "终末激发"，但夜班仍然比白班更疲劳的趋势。

3. 竖脊肌表层肌电测量结果

肌肉活动的过程中，肌纤维募集更多的运动单元，运动单元电位放电频率增加，表现为肌电信号功率频谱高移，平均功率频率（MPF）值增大。随着肌肉力量的逐渐增大，募集的运动单元的数量逐渐增多，表现为 MPF 值继续增大。如果用力继续增加或运动时间持续增长，则出现运动单位电位的重叠，波幅进一步增大，但是此时频率的增加趋势减缓或者停止，即 MPF 增加的速度变缓或者不增加。当运动至肌疲劳出现时，肌纤维兴奋的传导速度降低，MPF 值下降。

考虑到叉车司机长时间采用坐姿作业完成指定任务的特点，结合对司机局部肌肉疲劳的调查结果，选取下背部竖脊肌作为待测肌肉群，测得的竖脊肌 MPF 变化趋势如图 8-21 所示。

MPF 值的增减，表征着肌纤维传导能力增强或减弱，进而反映出机体是否处于疲劳状态。从图 8-21 中 MPF 的变化趋势可以将其大致分为三个阶段：

第一阶段：7：00/19：00～9：00/21：00 阶段。该阶段中，MPF 值下降且降幅较大，个体似乎处于一种 "假性疲劳" 状态中。通过对叉车司机的作业内容进行观察，发现叉车司机在开始叉车任务前需要从班车停靠点步行约 15min 至车间，再进行各项准备工作，导致运动单位放电频率增加，使得测量中第一个采样点 MPF 值较高；另外，叉车司机多采用坐姿作业，相对于快速步行或进行站姿准备工作而言，对肌肉力量或运动单位的数量及放电频率要求较低，故第二个采样点测得的 MPF 值明显低于第一次测量；此时机体并未处于疲劳状态。

第二阶段：9：00/21：00～16：00/4：00 阶段。该阶段中，MPF 值持续上升，上升的速度由快变慢，此外夜班上升较白天幅度更大。这一阶段中，随着叉车任务的进行，由于司机需要长时间进行作业（包括操纵叉车前进、后退、转弯、鸣笛、装载、卸载、扫码等），均

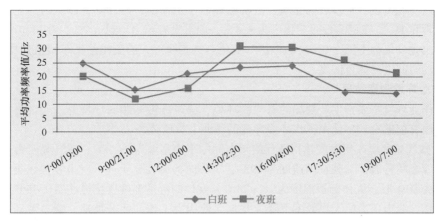

图 8-21 白班、夜班的平均功率频率变化趋势图

需要运动单元的持续放电，因此 MPF 值不断升高；但由于人体的肌肉能力以及运动单元都受到自身生理因素的限制，存在着生理极限，在任务进行到一定程度时，运动单位的数量以及放电频率都不再增加，处于一种"饱和"状态，此时 MPF 值增长缓慢，或者维持在一定的水平上下小幅波动。

第三阶段：16：00/4：00 ~ 19：00/7：00 阶段。该阶段中，MPF 值持续下降，并在下班时降至低于上班时的水平。伴随着任务的继续进行，肌力逐渐减弱、肌纤维传导速度降低，故第三阶段开始（16：00/4：00）后 MPF 值开始逐渐下降，说明司机已经开始出现疲劳累积现象，此后的 MPF 值不断降低，则表明体力疲劳程度在不断地加深。此外，从图中可以看出，夜班 MPF 值从 2：30 开始下降，即疲劳状态从上班 7.5h 后开始出现，夜班较白班疲劳状态来临的更早、持续的时间更长，这与个体长期形成的作息规律有关。

4. 闪光融合值测量结果

人的视觉系统的灵敏度与人的大脑兴奋水平有关；疲劳后，兴奋水平降低，中枢系统机能钝化，视觉灵敏度降低。闪光融合值（CFF）一般为 30 ~ 50Hz。由于个体差异，每个人的 CFF 值是不同的，但人在疲劳或困倦时，CFF 值会呈现下降趋势。在紧张或不疲倦时 CFF 值上升。一般采用闪光融合值的日间变化率来表征疲劳程度。白班与夜班叉车司机在一个班次内闪光融合值的测量结果见表 8-31。

表 8-31 闪光融合值的测量结果 （单位：Hz）

	7：00/19：00	9：00/21：00	12：00/0：00	14：30/2：30	16：00/4：00	17：30/5：00	19：00/7：00
白班	33.63	33.54	33.27	32.83	31.89	31.69	31.58
夜班	34.10	33.17	32.08	30.36	29.64	30.50	31.22

从表中可以看出，夜班的初始闪光融合值高于白班，说明夜班前被测试人员的初始状态略好于白班。随着工作时间的持续，白班和夜班被测试人员的闪光融合值都呈现持续下降趋势，夜班的数值低于白班，说明同样的劳动时间夜班的疲劳状况比白班严重。在白班的午后14：00 和夜班的下半夜 0：00 开始，闪光融合值降幅明显增加，表明疲劳状况迅速加剧。白班的 16：00 后曲线趋于平缓，虽略有下降，但变化不大；夜班的凌晨 4：00 后数据开始提升，疲劳状态有所减缓。

无论白班和夜班，工作后闪光融合值都明显低于工作前；经计算，白班的闪光融合值日间变化率为6.1%，夜班的日间变化率为8.4%，白班没有超出理想值7%，夜班超出理想值，但没有超出允许值的上限（13%）。但这一变化趋势表明一天的工作给叉车司机造成了疲劳，需要一定的时间进行休息恢复。

5. 作业环境测量结果

现场作业环境主要指生产现场的微气候环境、噪声环境和照明环境等，通过对作业环境的监测与改善能够有效降低由工作环境导致的作业人员疲劳。

（1）微气候环境　用温度热指数计测得车间的平均室温为28.3℃，空气湿度为62.94%，叉车司机停车等待时，驾驶室内温度为29℃，工作时的温度要更高。对坐姿操纵类作业，在室内湿度为50%时，人体舒适温度为18~23℃，女性的舒适温度要比男性高0.55℃。在27~32℃下工作，肌肉用力的工作效率下降，并且促使用力工作的疲劳加速，脑力劳动对温度也很敏感，温度高时，体表血流速度增加，大脑相对缺血，反应判断能力相对降低，劳动效率降低，容易诱发事故。有研究表明，意外事故发生率最低的温度是20℃左右，温度高于28℃或低于10℃，事故率会增加30%左右。该车间温度比较高，容易诱发事故，湿度62.49%基本接近舒适范围（40%~60%为宜）。

（2）噪声环境　用声级计测得的车间现场噪声平均声级为73.9dB（A），峰值平均声级为83.5dB（A），噪声起伏不大，分布较为集中，主要是机械噪声。2010年颁布的《工业企业设计卫生标准》（GBZ 1—2010）规定，日接触噪声8h的工作场所噪声上限标准为85dB（A），该车间内噪声没有超出国家标准，但该标准是从保护作业者听力健康角度提出的；如从噪声对人的情绪影响角度考虑，73.9dB（A）是使人比较烦躁的噪声水平，尤其是作业时间为12h，影响会更明显，在条件允许的情况下，应采取有效的措施降低车间噪声。

（3）照明环境　小胎热准备车间采用自然照明与人工照明混合的方式。实测结果为1.8t叉车活动区域平均照度值白班为96lx，夜班为92.5lx；3.5t叉车活动区域平均照度值白班为65.5lx，夜班为68.2lx。根据国家照度标准《建筑照明设计标准》（GB 50034—2013）中的规定，工业建筑一般库件的仓库距地面1.0m水平面的照度标准值应为100lx，被测试人员除了完成物料的运输外，还需要在叉车上完成视屏作业，如果从事连续长时间的紧张视觉作业，照度值的标准应在300lx。此外，叉车司机作业时需要看显示屏，显示屏亮度比较大，当从该屏幕移开视线时，如果周围环境照度过低，容易导致频繁进行明暗适应，引起视觉疲劳；如果差距太大，会导致暗适应破坏，出现视野盲区，导致安全事故发生。

综合以上分析，该车间叉车司机作业环境中，温度偏高，湿度合适；噪声符合听力保护标准，但对人的心情或情绪影响比较大；照明条件较差。叉车司机作业时间长，上述各种不利因素将加剧疲劳，如照明环境，甚至会导致事故的发生。

对该车间叉车司机精神疲劳、身体疲劳、作业环境等诸多方面的测定结果表明该轮胎公司叉车司机的疲劳状况是由众多因素综合影响所致，可从以下几个方面着手改善：

1）适当提高车间照度，达到国家标准值。

2）降低作业区域温度、噪声，保障作业人员身心健康。

3）适当延长工间休息时间，特别是夜班司机疲劳比较明显的时间段可适当安排休息，以改善司机驾驶疲劳状况，保证驾驶安全。

复习思考题

1. 为什么要研究人体活动力量？

2. 什么是体力工作负荷？

3. 体力工作负荷的测定方法有哪几种？

4. 什么是基础代谢量、安静代谢量和能量代谢量？

5. 试比较静态作业氧消耗与动态作业氧消耗的规律。

6. 什么是劳动强度？劳动强度的评定方法有哪些？

7. 简述体力疲劳及其产生原因。

8. 疲劳可以从哪三种特征上反映出来？

9. 疲劳的测定方法有哪些？

10. 生理心理测试法包括哪些具体方法？

11. 疲劳的一般规律是什么？

12. 降低疲劳的途径有哪些？

13. 基础代谢率为157.8kJ/（$m^2 \cdot h$），当相对代谢率RMR＝4时，能量代谢率为多少？

14. 基础代谢率为158.7kJ/（$m^2 \cdot h$），能量代谢率为599kJ/（$m^2 \cdot h$）时，RMR为多少？若能量代谢率降到231kJ/（$m^2 \cdot h$）时，RMR值又为多少？

15. 基础代谢率为154.1kJ/（$m^2 \cdot h$），相对代谢率RMR＝4，若作业者的身高为1.75m，体重为75kg，连续工作2h，该项作业的能量代谢量为多少？

16. 若基础代谢率为158.7kJ/（$m^2 \cdot h$），能量代谢量为1500kJ，持续工作2h，作业者身高为1.78m，体重75kg，该项作业的相对代谢率为多少？

17. 某车间男性作业者的平均身高为1.7m，体重为70kg，基础代谢率为158kJ/（$m^2 \cdot h$），相对代谢率RMR＝4。试用8h的能耗评价实际劳动率。

18. 基础代谢率为157.8kJ/（$m^2 \cdot h$），能量代谢率为599kJ/（$m^2 \cdot h$），若能量代谢率降到231kJ/（$m^2 \cdot h$）时，试评价两者的劳动强度。

19. 基础代谢率为149kJ/（$m^2 \cdot h$），相对代谢率RMR＝4，身高为1.75m，体重为75kg，连续工作2h。求该项作业的实际劳动率、休息率和休息次数。

思 政 案 例

第8章　重视员工疲劳规律，合理安排作息制度

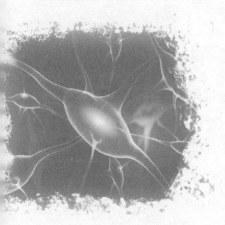

第九章
人的信息处理系统

随着科学技术的进步，特别是计算机技术的飞跃发展，人在系统中的作用发生了根本性的转变。系统中的操作人员正在逐步地从直接控制人员转变成监视人员和决策者。生产过程中信息在时间和空间上密集化，对作业者劳动过程产生很大影响，作业者面临着大量的信息加工要求，必须保持注意力高度集中，并具有较高的反应速度和准确性。因此，了解人的信息处理系统构成，掌握信息处理的过程和特征，不仅对系统设计人员更好地完成系统设计、提高系统效率有重要作用，同时也为脑力负荷研究奠定了基础。

 ## 第一节　人的信息处理系统模型

一、人的信息处理系统结构

为了解释人的认知活动，认知工效学家将人模拟成一个与计算机类似的信息处理系统。人的信息处理系统的基本组成部分如图9-1所示。图中的每一个方框分别代表信息处理的各个阶段或元素，箭头表示信息流通方向。该系统由感知系统、中枢信息处理（认知或决策）系统和运动（反应）系统三个子系统构成，每个子系统都有各自功能上相对独立的记忆储存器和加工处理器。其中感知系统类似于计算机的输入系统，运动系统类似于计算机的输出系统，认知系统类似于计算机的中央处理系统。认知系统除了对输入信息和内存信息进行处理外，同时还要对感知系统与运动系统的状态进行监控和调节。

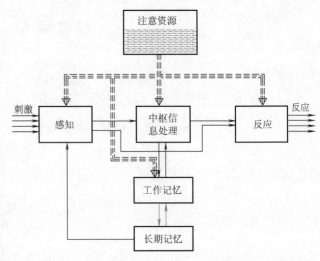

图9-1　人的信息处理系统的结构图

（一）感知系统

从图中可以看出，人的信息处理的第一个阶段是感知。在这一阶段，人通过各种感觉器官接收外界的信息，然后把这些信息传递给中枢信息处理系统。感知系统由感觉器官及与其相关的记忆储存器组成。最重要的储存器是视觉的形象储存器和听觉的声像储存器。这些储存器的功能是将感觉到的信息进行暂时储存以便转换到下一加工环节。储存器保存着感觉器官输出的全部信息，通常在 1~2s 之内，在此把信息进行编码并输送到下一加工环节。在这段时间内，如果信息还无法进入中枢信息处理系统，就会在这里消失。

（二）中枢信息处理系统

在感知之后是人的中枢信息处理系统，也称为认知系统或决策系统。在这里，人的认知系统接收从感知系统传入的经过编码后的信息，并将这些信息存入本系统的工作记忆中，同时从长时记忆中提取以前存入的有关信息和加工规律，进行综合分析（对获得的信息进行编译、整理、选择、决定采用什么）后做出如何反应的决策，并将决策信息输出到运动系统。这期间，要不断地与人的记忆发生联系，从记忆中提取相关的信息，把有用的信息储存到大脑中。

（三）运动（反应）系统

在中枢信息处理系统之后，是人的运动（反应）系统，它执行中枢信息系统发出的命令，完成人的信息处理系统的输出。在信息经过感知、中枢信息处理、反应的三个阶段时，几乎都离不开注意。注意的重要功能是对外界的大量信息进行过滤、筛选，避开无关和干扰信息，使符合需要的信息在大脑中得到精细加工。人的注意资源量是有限的。假如有些阶段的信息处理占用了较多的注意资源，那么其他阶段能分配到的注意资源就比较少，处理信息的效率就会因此而降低。只有具备较高的注意分配能力，才能提高工作效率，防止出现差错和发生事故。

二、信息、信息量与信息传递模式

（1）信息　信息是能消除事先不能确定的情况的信号或知识，它存在于一切事物中，是一种抽象量。人们通常所说的信息是指消息、情报中所包含的有意义的内容，而消息、情报则是信息载体。

（2）信息量　信息量是人机系统设计时考虑的重要参数。有关信息量的计算通常选用对数单位进行度量。例如，假定某个被传递的消息由 A、B、C、D、E、F、G、H 这 8 个字母构成，若用（0，1）二进制码表示，则每个字母需要用 3 个二进制码表示如下：

A	111	E	011
B	110	F	010
C	101	G	001
D	100	H	000

将每位二进制码称为一个比特（bit），那么 8 个字母的消息中每个字母就含 3bit 的信息量，即 $8 = 2^3$。以 2 为底取对数，$\log_2 8 = 3$。进一步推广，若以 H 表示信息量，同时采用二进制编码方式，那么对 m 个符号组成的消息每个符号所含的信息量为

$$H = \log_2 m \tag{9-1}$$

采用对数度量信息有其方便之处。因为 H 单调地随符号数 m 的增加而增长，而且消息之间还具有可加性。这种可加性意味着几个消息加在一起的总信息量等于每个消息单独存在时的各自信息量之和。用数学语言表示就是

$$\begin{aligned}
\log_2 m &= \log_2(m_1 m_2 m_3 \cdots m_n) \\
&= \log_2 m_1 + \log_2 m_2 + \log_2 m_3 + \cdots + \log_2 m_n
\end{aligned} \qquad (9\text{-}2)$$

采用对数单位度量也符合人对信息量的直观认识。例如，对于信息的传输，两个相同的信道（信息通道）是一个信道信息容量的 2 倍。采用以 2 为底的对数计算信息量具有实用、直观、数学上比较合适等优点。

（3）信息传递模式 在人机系统中，信息在信息源和信宿（信息接收者）之间的传递过程通常有以下三种模式：

1）信息源发出的信息被信宿完全接收。信宿收到的信息就是信源发出的信息，既没有传递过程的损耗或衰减，也没有混入外来的噪声。这是信息传递的理想模式。但通常情况下，这种模式是罕见的。

2）信源发出的信息在传递过程中消耗殆尽。信宿收到的信息与信源发出的信息毫无关系，尽是一些噪声，而有效传递的信息为零。这是信息传递的最不可取的模式。当信源发出的信号非常微弱，或环境噪声非常大，信噪比小于某个临界值时就可能会产生这种模式。这种模式是人—机系统设计中必须避免的。

3）从信源发出的信息虽然有些损耗，信宿收到的信号也混有某些噪声成分，但仍有部分信源发出的信息被有效地传送到了信宿。这是人—机通信系统中最常见的模式。

人机系统设计者的任务就是要通过合理的设计，努力减少信息的损耗，或通过提高信噪比，降低混淆度，提高信息传递的质量。

第二节　感知系统的信息加工

一、感觉与知觉系统

（一）感觉器官及其信息接收能力

人通过感觉器官获得关于周围环境和自身状态的各种信息。感觉器官中的感受器是接受刺激的专门装置。在刺激物的作用下，感受器中的神经末梢产生兴奋，兴奋沿神经通路传送到大脑皮层感觉区，从而产生感觉。感觉为人的知觉、记忆、思维等复杂的认识活动提供了原始资料。可以说，没有感觉，一切复杂、较高级的心理现象就无从产生。

感受器按其接受刺激的性质可分为视、听、触、味、肤觉等多种感受器。其中视觉、听觉和嗅觉接受远距离的刺激。每一种感受器通常只对一种能量形式的刺激特别敏感。这种刺激就是该感受器的适宜刺激。除适宜刺激外，感受器对其他能量形式的刺激不敏感或根本没反应。例如，可见光是视觉感受器的适宜刺激；一定频率范围的声波是听觉感受器的适宜刺激。人的感觉和各类感受器的适宜刺激见表 9-1。

表 9-1　人的感觉和各类感受器的适宜刺激

感　　觉	感　受　器	适　宜　刺　激	刺激源
视觉	眼睛	一定频率范围的电磁波	外部
听觉	耳	一定频率范围的声波	外部

（续）

感 觉	感 受 器	适 宜 刺 激	刺激源
旋转	半规管肌肉感受器	内耳液压变化，肌肉伸张	内部
下落和直线运动	半规管	内耳小骨位置变化	内部
味觉	头和口腔的一些特殊细胞	溶于唾液中的一些化学物质	外部
嗅觉	鼻腔黏膜上的一些毛细胞	蒸发的化学物质	外部
触觉	主要是皮肤	皮肤表面的变形弯曲	接触
振动觉	无特定器官	机械压力的振幅及频率变化	接触
压力觉	皮肤及皮下组织	皮肤及皮下组织变形	接触
温度觉	皮肤及皮下组织	环境媒介的温度变化，或人体接触物的温度变化，机械运动，某些化学物质	外部或接触面
表层痛觉	确切的感觉尚不清楚，一般认为是皮肤的自由神经末梢	强度很大的压力、热、冷、冲击及某些化学物质	外部或接触面
深层痛觉	一般认为是自由神经末梢	极强自压力和高热	外部或接触面
位觉和运动觉	肌肉、腱神经末梢	肌肉拉伸，收缩	内部
自身动觉	关节	不清楚	内部

人的感官除了要求"适宜刺激"信号的载体外，感官对信息载体的能量要求也有一定的限度。若载体能量太小，就不能引起感官的神经冲动，若载体的能量太大，又会对感官造成不可逆转的机体损伤。感官的这种对信号刺激能量范围要求称为该感官的绝对感觉阈限。从信息传递的要求来看，信号能量只维持在下限附近不能保证信息有效传递。要保证信息传递畅通有效，信号的能量必须较大幅度地超过人的绝对感觉阈限下限值。在人机系统设计中，为保证信息的有效传递，机器信源发出的信号能量应在上下阈限之间。

表9-2列出了几种主要感觉器官的刺激阈限。

表9-2 几种主要感觉器官的刺激阈限

感 觉	刺激阈限下限
触觉	蜜蜂翅膀从1cm高处落到肩上的感觉
听觉	在寂静场所从60m远处能听到的钟摆走动声（约2×10^{-5}Pa）
视觉	在晴朗的夜晚距48km远处能看到的烛光（约10个光量子）
嗅觉	在30m^{2}的房间内开始嗅到的一滴香水散发的香味
味觉	一匙白糖溶于9L水中初次能尝到的甜味

当信号刺激的能量分布落在绝对感觉阈限的上下限之间时，人不仅可觉察到信号的存在，还能觉察到信号刺激的能量分布差异。刚刚能引起差别感觉的刺激间的最小差别称为差别感觉阈限，也称为最小可觉差别。对最小差别量的感受能力称为差别感受性。差别感受性与差别感觉阈限成反比。不同感觉通道的最小可觉差别不同。各种感官的差别感觉阈限不是一个绝对值，它随最初刺激能量大小而变化，但两者之比是一个常数。这一关系称为韦伯定律。

韦伯定律只适用于中等强度的刺激。对能量极小接近绝对感觉阈限下限的信号刺激，以及对能量极大接近绝对感觉阈限上限的信号刺激，韦伯定律不适用。在人机系统设计中，常利用信号的能量差异进行信息编码。例如，飞机告警系统采用不同强度和不同频率的声音混合编码，以提高告警信号的传信绩效。

（二）知觉

知觉是人脑对直接作用于感觉器官的客观事物的各种属性、各个部分及其相互关系的整体反映。知觉以感觉作为基础，是人脑对感觉信息选择、组织和解释的过程。人通过知觉过程，在获得感觉信息的基础上，把感觉信息整理成有意义的事物并加以解释和理解。

根据知觉时起主导作用的感官特性，可把知觉分为视知觉、听知觉、触知觉、味知觉和嗅知觉等。根据人脑所认识事物的特性，可把知觉分为空间知觉、时间知觉和运动知觉。知觉的一种特殊形态称为错觉，即知觉的映像与事物的客观情况不相符。

二、感知过程中的信息储存

（1）感觉储存　感觉储存又称为感觉记忆或瞬时记忆。它是外界输入刺激后人对信息加工的第一个模块。当客观刺激停止作用后，感觉信息在一个极短的时间内保存下来，感觉记忆的储存时间大约为 $0.25 \sim 2s$。由于外界信息处于迅速变化的状态，所以感官内以感觉痕迹的形式登记的信息，若不尽快被选用或抹掉，就会同新输入的信息混杂，导致对原有信息识别的失效。瞬时记忆的容量较大，一般为 $9 \sim 20bit$。

（2）感觉储存的编码　感觉储存编码形式主要依赖于信息的物理特征，因而具有鲜明的形象性。感觉记忆保存的时间短暂，但在外界刺激的直接作用消失之后，它为进一步的信息加工提供了可能性。感觉记忆有较大的容量，其中大部分信息因为来不及加工而迅速消退，只有一部分信息由于注意而得到进一步加工，并进入工作记忆。

视觉的感觉记忆称为图像记忆。这是指视觉器官能识别刺激的形象特征，并保持一个生动的视觉图像。除视觉通道外，听觉通道也存在感觉记忆。听觉的感觉记忆编码形式称为声像记忆。

（3）感觉储存和工作记忆的交互作用　工作记忆是感觉记忆和长时记忆的中间阶段，即输入信息经过再编码，使其容量扩大。保持时间大约为 $5s \sim 2min$。感觉记忆和工作记忆是不可分离地紧密联系在一起的。研究表明，感觉记忆中只有能够引起个体注意并被及时识别的信息，才有机会进入工作记忆。相反，那些与长时记忆无关的或者没有受到注意的信息，由于没有转换到工作记忆，很快就消失了。

（4）感知映像的衰退和储存容量　感知记忆（包括视觉映像和听觉映像）随时间的消逝而衰退。实验研究表明，感知记忆中残存的信息数量随时间的消逝而遵循指数曲线规律迅速下降。通常用半衰期参数作为指标来描述感知记忆的衰退过程。半衰期即感知记忆衰退50%所经历的时间。对于字母而言，视觉映像的半衰期约为200ms。而听觉映像的半衰期要长得多，大约为1500ms。

视觉映像的储存容量为17个字母。听觉信息由于要耗用时间进行转译，所以其容量要小些，一般为5个字母。

三、感知系统的信息加工

（一）信息加工方式

人的知识经验和现实刺激是产生知觉所必需的。人的知觉过程所包含的信息加工方式主要体现为自下而上的加工和自上而下的加工两种方式。

（1）自下而上的加工　自下而上的加工是指由外部刺激开始的加工，通常是指先对较小的知觉单元进行分析，然后再转向较大的知觉单元，经过一系列连续阶段的加工而达到对感觉刺激的解释。例如，当看一个英文单词时，视觉系统先确认构成诸字母的各个特征，如垂直线、水平线、斜线等，然后将这些特征加以结合来确认一些字母，字母再结合起来而形成单词。由于信息流程是从构成知觉基础的较小的知觉单元到较大的知觉单元，或者说从较低水平的加工到较高水平的加工，这种类型的加工因而称为自下而上的加工。

（2）自上而下的加工　自上而下的加工是由有关知觉对象的一般知识开始的加工。由此可以形成期望或对知觉对象的假设。这种期望或假设制约着加工的所有的阶段或水平，从调整特征觉察器直到引导对细节的注意等。自上而下的加工常体现在上下文效应中。如在阅读过程中遇到缺失字词或字母，会依据上下文做出相应的解释。由于是一般知识引导知觉加工，较高水平的加工制约较低水平的加工，因此称为自上而下的加工。

知觉依赖于直接作用于感官的刺激物的特性和感知的主体。一般来说，在人的知觉活动中，非感觉信息越多，所需要的感觉信息就越少，因而自上而下的加工占优势；相反，非感觉信息越少，所需要的感觉信息就越多，因而自下而上的加工占优势。

（二）模式识别

模式是指由若干元素或成分按一定关系形成的某种刺激结构，也可以说模式是刺激的组合。例如，几条线段组成的一个图形或一个字母，是视觉模式；几个音素组成的一个音节，几个音节组成的一个单词，是听觉模式；此外还有触觉的、味觉的和嗅觉的模式。复杂模式的组成部分本身又是由若干元素构成的，这些组成部分称为子模式。当人能够确认他所知觉的某个模式是什么时，将它与其他模式区分开来，这就是模式识别。模式识别是人的一种基本的认知能力或智能，在人的各种活动中都有重要的作用。

人的模式识别可看作一个典型的知觉过程，它依赖于人的知识和经验。一般来说，模式识别过程是将感觉信息与长时记忆中的有关信息进行比较，再决定它与哪个长时记忆中的项目有着最佳匹配的过程。关于匹配过程的实现方式，有以下三种主要模型：

（1）模板匹配模型　模板匹配模型认为，在人的长时记忆中，储存着许多各式各样的过去在生活中形成的外部模式的袖珍复本。这些袖珍复本即称为模板，它们与外部的模式有一对一的对应关系；当一个刺激作用于人的感官时，刺激信息得到编码并与已储存的各种模板进行比较，然后做决定，看哪一个模板与刺激有最佳的匹配，就把这个刺激确认为与那个模板相同。这样，模式就得到识别了。由于每个模板都与一定的意义及信息相联系，受到识别的模式便得到解释或其他的加工。模式识别是一个一系列连续阶段的信息加工过程。

模板匹配理论虽然可以解释人的某些模式识别，但它存在着明显的局限性。依照模板匹配理论的观点，人必须事先储存相应的模板，才能识别一个模式。即使附加了预加工过程，这些模板的数量仍然是巨大的。这不仅给记忆带来沉重的负担，而且也使模式识别缺少灵活性，显得十分呆板。模板匹配理论难以解释人何以迅速识别一个新的、不熟悉的模式这类常见的事实。可以说，模板匹配理论没有完全解释人的模式识别过程。

（2）原型匹配模型　该模型认为，在记忆中储存的不是与外部模式有一对一关系的模板，而是原型。原型被看作一类客体的内部表征，这种原型反映一类客体具有的基本特征。因此，照原型匹配模型看来，在模式识别过程中，外部刺激只需与原型进行比较，而且由于原型是一种概括表征，这种比较不要求严格的准确匹配，而只需近似的匹配即可。当刺激与某一原型有最近似的匹配，即可将该刺激纳入此原型所代表的范畴，从而得到识别。所以，即使某一范畴的个体之间存在着外形、大小等方面的差异，所有这些个体也都可与原型相匹配而得到识别。这就意味着，只要存在相应的原型，新的、不熟悉的模式也是可以识别的。这样，原型匹配模型不仅可以减轻记忆的负担，而且也使人的模式识别更加灵活，更能适应环境的变化。

原型匹配模型只含有自下而上的加工，而没有自上而下的加工，这显然是个缺欠。与模板匹配比，自上而下的加工对原型匹配似乎更为重要。

（3）特征分析模型　特征分析模型将构成模式的元素或成分及其关系称为特征。例如，英文字母 A 可以分解为两条斜线、一条水平线和 3 个锐角的特征。特征和特征分析在模式识别中起着关键的作用。它认为外部刺激在人的长时记忆中，是以其各种特征来表征的。在模式识别过程中，首先要对刺激的特征进行分析，也即抽取刺激的有关特征，然后将这些抽取的特征加以合并，再与长时记忆中的各种刺激的特征进行比较，一旦获得最佳的匹配，外部刺激就被识别了。这就是一般的特征分析模型。

特征分析模型依据刺激的特征和关系进行识别，可以不管刺激的大小、方位等其他细节，避开预加工的困难和负担，使识别有更强的适应性。另外，同样的特征可以出现在许多不同的模式中，必然要极大地减轻记忆的负担。

（三）信息加工周期、单位知觉、感知加工的速率变化

（1）加工周期　知觉加工器的加工周期时间与刺激脉冲反应的时间有关，如视觉系统对一个很短的光脉冲做出反应的时间约为 100（50 ~ 200）ms。

从刺激作用于视网膜到人做出反应这段时间里，视觉映像是保存在视觉记忆中的，且随着时间的延续而先显出大体轮廓，再逐渐显出越来越多的细节。加工周期应视输入信息的特征和作业任务的不同可在较大范围内变化。例如，运动信息和空间频率较低的信息（如看一个布置简单的房间），就可在轮廓出现时就做出反应，加工周期就可能短些。而要辨认两幅照片是否为同一人，就必须等更多的细节显出来后才能做出反应，这时的周期时间就要长得多。究竟是在映像完全清晰前做出反应还是等映像相当清晰后才做出反应，取决于主体对速度与精度要求的权衡。视觉系统里这种能精确定义的显影时间过程使人们能用知觉加工器的加工周期对一些现象进行粗略的预测。

（2）单位知觉　如果在一个知觉加工器的工作周期里，有多个相类似的刺激发生，那么知觉加工器就会将它们当作一个刺激单位加以处理。例如，两个灯光信号在邻近的位置上相隔 60 ~ 100ms 闪光就会给人以一个灯光在运动的印象。一个光强为 I，持续时间为 t 的光脉冲给人的效果等同于持续时间较长而强度较小的另一光脉冲。在两个脉冲间隔时间短于 100ms 的前提下，这种强度与时间的互补效应服从布洛赫定律（Blochs Law，1885），即在一个加工周期内，两个短促的光脉冲以一种复杂的方式把它们的强度总合起来了，因而知觉到的仍是一个单一的刺激［甘兹（Ganz），1975］。听觉的情况也大致类似。

（3）感知加工的速率变化　在人类信息加工器模型中，知觉加工器的单位加工周期并非一个固定的常数。根据不同的刺激条件，加工周期可在一定范围内变化。若刺激强度增大，加工周期就会相应短些。即知觉加工器的加工周期时间与刺激强度成反比。这表明周期时间值大约在 50 ~ 200ms 范围内变化。对一些强度极大、对比度极大的刺激或一些不易觉察的对比度极低的刺激，周期时间的变化还可能超出以上范围。

四、人的信息传递能力

（1）理论能力估计与人的实际能力　根据生理学的研究结果，视觉器官的传信能力理论估计约为 10^9bit/s。听觉信道传信能力的理论估算没有视觉信道那么高，雅各布森（Jacobson，1950）认为，人单耳可辨别的不同强度纯音可达 1.3×10^6 种，排除相邻纯音之间的掩蔽和干扰，人的听觉信道（单耳）传信能力大约为 8000 bit/s。

但实验研究表明，人的传信能力远没有理论估算的那么高。哈佛大学的米勒（G. A. Miller）在大量研究和考察的基础上得出了这样的结论："在最理想的条件下，传信能力的实际上限似乎处于 25bit/s 左右，至今无人声称最高值能达到 40bit/s"。

从已有的研究结果来看，在实验条件下人的传信能力相当有限，一般不超过 10bit/s。在典型的实验条件下，这个信息容量接近一个常数。由于在实际活动中人的信息传递能力不仅取决于感觉器官的信息传递能力，而且更多地取决于中枢神经和动作反应系统的信息传递能力，因此，人的实际信息传递能力远远低于理论估计的能力水平。

（2）感知觉的绝对辨认能力　表 9-3 列出了不同感知觉的绝对辨认能力。绝对辨认能力是指在单个的刺激呈现而不与其他刺激做比较的条件下，感觉器官所具有的辨认能力。

表 9-3　不同感知觉的绝对辨认能力

感　觉	刺激维度	绝对辨认能力（bit/刺激）	辨认的刺激数	研　究　者
视觉	在直线上（在直线度盘上）	3.25	10	Hake、Garner（1951）
	点（指针）的位置	3.90	10	Coonan、Klemmen（in Miller, 1956）
	颜色（主波长）	3.10	9	Eriksen、Hake（1955）
	明度	2.30	5	Eriksen、Hake（1955）
	简单几何图形的面积	2.20	5	Pollack（in Miller, 1956）
		2.60	6	
	直线的长度	2.60 ~ 3.00	7 ~ 8	Pollack（in Miller, 1956）
	直线倾斜度	2.80 ~ 3.30	7 ~ 11	Pollack（in Miller, 1956）
	弧度（其弦不变）	1.60 ~ 2.20	4 ~ 5	Pollack（in Miller, 1956）
听觉	纯音强度（音响）	2.30	5	Gamer（1953）
	纯音频率（音高）	2.50	7	Pollack（1952、1953）
味觉	食盐水浓度	1.90	4	Beebe-Center、Rodgers、Connell（1955）
振动觉（胸部）	振动强度	2.00	4	Geldard（in Miller, 1956）
	振动持续时间	2.30	5	Geldard（in Miller, 1956）
	振动位置	2.80	7	Geldard（in Miller, 1956）
肤觉	电击强度	1.70	3	Hawker（1960）
	电击持续时间	1.80	3	Hawker、Warn（1961）

（3）信息传递率　从人机系统的有效性出发，要求系统以最大的通信速度传送最大的信息量。信息传输速率（R）是指人在单位时间内能传递的信息量。在信道的性质给定后，信息传递率随信源的性质不同而变化。在此，信源的性质包括信息的编码方式、码长、冗余度

等。某一信道在单位时间里的最大信息传输率称为该信道的信道（通道）容量。通常用字母 C 表示。则有

$$C = R_{max} \tag{9-3}$$

$$R = （每个消息的）平均信息量/（每个消息的）平均传递时间$$

若时间参数以 s 为单位，信息量以 bit 为单位，就形成了信道容量的单位：bit/s。由于人与机之间的信息传递率通常比机器与机器间或人与人之间的传信效率低，而研究者关心的又往往是有效信息的传信效率，所以，信道容量的计算常采用以下公式

$$C = T(X,Y)/t \tag{9-4}$$

式中，$T(X,Y)$ 是信源发出的消息序列有效抵达信宿的平均信息量（bit）；t 是该消息序列的平均传递时间（s）。

希克（W. Hick）于 1952 年和海曼（Hyman）于 1953 年分别进行实验验证，结果表明，刺激的信息量与反应时间是线性相关的。

研究表明，在典型的实验条件下，人的信息传递率即通道容量为一常数。后来的许多实验证明，这个结论也同样适用于不等概率出现的信号以及连续信号的情况。但是，由于实验条件的不同，所得的信息传递率也不完全一致。一般认为，人的通道容量约为 7bit/s，即人每秒最大可传递 7bit 左右的信息量。实际上，人的信息传递率远远高于 7bit，这是因为作用于人的感官的外界刺激往往都是多维度的。

五、注意

（一）注意的基本概念

注意是心理活动或意识对一定对象的指向与集中。注意的指向性是指人在某一瞬间，他的心理活动或意识选择了某个对象，而忽略了另一些对象。指向性不同，人们从外界接收的信息也不同。当心理活动或意识指向某个对象的时候，它们会在这个对象上集中起来，即全神贯注起来。这就是注意的集中性。如果说注意的指向性是指心理活动或意识朝向哪个对象，那么，集中性就是指心理活动或意识在一定方向上活动的强度或紧张度。心理活动或意识的强度越大，紧张度越高，注意也就越集中。

（二）注意的功能

（1）注意的选择功能　注意的基本功能是对信息进行选择。周围环境给人们提供了大量的刺激，这些刺激有的对人很重要，有的对人不那么重要，有的毫无意义，甚至会干扰当前正在进行的活动。注意使人的心理活动指向有意义的、符合需要的当前活动，而同时避开或抑制不需要的无关的对象，从而使大脑获得需要的信息，保证大脑进行正常的信息加工。注意对信息的选择受许多因素的影响，如刺激物的物理特性，人的需要、兴趣、情感，过去的知识经验等。

（2）注意的保持功能　注意指向并集中在一定对象之后，会保持一定时间的延续，维持心理活动的持续进行。这时被选定的对象或信息居于意识的中心，非常清晰，人们容易对它做进一步的加工和处理。有人认为，人对外界输入信息的精细加工及整合作用都是发生在注意状态下的。在前注意状态下，人们只能对事物的个别特征进行初步加工；在注意状态下，人们才能对个别特征的信息进行精细加工并将其整合为一个完整的物体。

（3）注意的调节及监督功能　注意不仅是个体进行信息加工和各种认知活动的重要条件，同时也是个体完成各种行为的重要条件。在注意状态下人们才能有效地监控自己的动作

和行为，从而达到预定目的，避免失误，顺利地完成相应的工作任务。

总之，注意保证了人对事物清晰的认识、更准确的反应和进行更可控有序的行为。这是人们获得知识、掌握技能、完成各种智力操作和实际工作任务的重要心理条件。

（三）注意种类

根据引起注意和维持注意有无目的及是否需要付出意志努力，注意可分为无意注意、有意注意和有意后注意。在日常生活和工作中，了解注意的种类及其产生的条件，具有重要的意义。

（1）无意注意　无意注意是指事先没有目的，也不需要意志努力的注意。无意注意的引起与维持不是依靠意志的努力，而是取决于刺激物本身的性质。因此，无意注意是一种消极被动的注意。在这种注意活动中，人的积极性的水平较低。

引起无意注意的原因主要是客观刺激物自身的特点，包括刺激物的新异性、刺激物的强度、运动变化等。新异性是指刺激物的异乎寻常的特性。对无意注意来说，起决定作用的往往不是刺激的绝对强度，而是刺激的相对强度，即刺激物强度与周围物体强度的对比，如汽车的车灯在夜晚能引起人们的注意，而白天则被人们忽视。另外，运动的物体比静止的物体更容易引起人们的无意注意。除上述三种原因外，人本身的状态，如需要、期待、情感、兴趣、过去经验等也是制约和影响无意注意的重要因素。在相同的外界刺激的影响下，由于人自身的状态不同，无意注意的情况也不同。

无意注意既可帮助人们对新异事物进行定向，使人们获得对事物的清晰认识，也能使人们从当前进行的活动中被动地离开，干扰他们正在进行的活动，因而具有积极和消极两方面的作用。

（2）有意注意　有意注意是指有预定目的、需要一定意志努力的注意。它是注意的一种积极、主动的形式。有意注意受意识的自觉调节和控制，是人类特有的一种心理现象。因此，明确目的性非常有助于维持这种注意，而刺激物自身的特点及人的兴趣、欲望则处于次要地位。即有意注意指向和集中于人应该做的事，而不是仅指向人喜欢做的事。

引起和维持有意注意的条件为：加深对目的与任务的理解，目的越明确、越具体，越易于引起和维持有意注意；培养间接兴趣，维持稳定而集中的注意；合理组织活动，把智力活动与某些外部活动结合起来，养成良好的工作习惯和生活习惯，全神贯注地工作；不断提高自己的知识和经验，锻炼坚强的意志，增强抵抗内外环境的能力。在此过程中，不断地用语言提醒自己，组织自己的注意力，将注意力集中于应该做的事情上。

（3）有意后注意　有意后注意是注意的一种特殊形式。从特征上讲，它同时具有无意注意和有意注意的某些特征。比方说，它和自觉的目的、任务联系在一起。这方面，它类似于有意注意，但它不需要意志的努力，在这方面，它又类似于无意注意。从发生上讲，有意后注意是在有意注意的基础上发展起来的。

有意后注意既服从于当前的活动目的与任务，又能节省意志的努力，因而对完成长期、持续的任务特别有利。培养有意后注意关键在于发展对活动本身的直接兴趣。当完成各种较复杂的智力活动或动作技能的时候，要设法增进对这种活动的了解，让自己逐渐喜爱它，并且自然而然地沉浸在这种活动中。这样，才能在有意后注意的状态下，使活动取得更大成效。

（四）**注意的特性**

（1）注意的广度　注意的广度是指在一个很短的时间内能知觉的注意对象的数目。注意的广度随知觉对象呈现的时间长短，以及信息量、特点、学习等状况的不同而不同。呈现时间长注意的广度增大，在确定的时间内注意范围受限制；视觉对面积的刺激不如对直线刺激的注意广度大；当注意对象具有相似性、规律性、可比性等特点时，将会扩大注意范围；同一对象的组合方式不同其附加的信息量也不同，注意的广度也不同。注意的广度还与后天学习有关，知识经验越丰富，注意广度越广。

（2）注意的选择性　注意的选择性是指个体在同时呈现的两种或两种以上的刺激中选择一种进行注意，而忽略另外的刺激。对注意选择性的研究，可以揭示人们如何有效地选择一类刺激而忽略另一类刺激，以及选择的具体过程等。

（3）注意的持续性　注意的持续性是指注意在一定时间内保持在某个认识的客体或活动上，也称为注意的稳定性。例如，雷达观测站的观测员长时间地注视雷达荧光屏上可能出现的光信号，注意是持续性的表现。注意的持续性是衡量注意品质的一个重要指标。工人必须具有稳定的注意，才能正确地进行生产操作，排除障碍和各种意外的事故，按质按量地完成生产任务。可以说，没有持续的注意，人们就难以完成任何实践任务。

尽管主观上想长时间注意某一对象，但实际上总是存在没有被意识到的瞬间，即注意不能持续，所以又称注意的不稳定性。在任何一个比较复杂的认识活动中，注意的动摇总是要发生的。只要注意不离开当前活动的总任务，这种动摇就没有消极的作用。但是，在某些要求对信号做出迅速反应的日常活动和实验作业中，仍有必要顾及注意的动摇。

（4）注意的分配性　注意的分配性是指个体在同一时间对两种或两种以上的刺激进行注意，或将注意分配到不同的活动中。例如，汽车司机在驾驶汽车时手扶方向盘、脚踩油门、眼睛还要注意路标和行人等。

注意的分配是完成复杂工作任务的重要条件。注意分配的一个基本条件，就是同时进行的几种活动的熟练程度或自动化程度。如果人们对这几种活动都比较熟悉，其中有的活动接近于自动地进行，那么注意的分配就较好；相反，如果人们对要分配注意的几种活动都不熟悉，或者这些活动都较复杂，那么分配注意就比较困难了。另外，注意的分配也和同时进行的几种活动的性质有关。一般来说，把注意同时分配在几种动作技能上比较容易，而把注意同时分配在几种智力活动上就难多了。

研究分配性注意最常用的方法是双作业操作，即让被试者同时完成两种作业，观察他们完成作业的情况。在实验室中，注意的分配可以用双手协调器来演示和测定。通过对完成时间以及运行中出现的错误数量的考量，可以分析他们注意分配的情况。

（五）注意的认知理论

1. 注意的选择功能

从 20 世纪 60 年代以来，心理学家对注意的选择功能进行了大量的研究，提出了一系列理论模型。这些理论解释了注意的选择作用的实质，以及人脑对信息的选择究竟发生在信息加工的哪个阶段上。

（1）过滤器理论　英国心理学家布罗德本特（Broadbent，1958）根据双耳分听的一系列实验结果，提出了过滤器理论（Filter Theory）。他认为：神经系统在加工信息的容量方面是有限度的，不可能对所有的感觉刺激进行加工。当信息通过各种感觉通道进入神经系统时，要先经过一个过滤机制。只有一部分信息可以通过这个机制，并接受进一步的加工；而其他的信息就被阻断在它的外面，而完全丧失了。这种理论有时也称为瓶颈理论或单通道理论。

（2）衰减理论　基于日常生活观察和实验研究的结果，特瑞斯曼（Treisman，1964）提出了衰减理论。衰减理论主张，当信息通过过滤装置时，不被注意或非追随的信息只是在强度上减弱了，而不是完全消失。不同刺激的激活阈限是不同的，有些刺激对人有重要意义，如自己的名字、火警信号等，它们的激活阈限低，容易激活。当它们出现在非追随的通道时，容易被人们所接受。

上述两种理论对过滤装置的具体作用有不同的看法，但又有共同的地方：

1）两种理论有相同的出发点，即主张人的信息加工系统的容量有限，因此，对外来的信息必须经过过滤或衰减装置加以调节。

2）两种理论都假定信息的选择发生在对信息的充分加工之前。只有经过选择以后的信息，才能受到进一步的加工、处理。

（3）后期选择理论　多伊奇等人（Deutsch et al，1963）提出后由诺尔曼（Normen，1968）加以完善。这种理论认为，所有进来的信息都被加工。当信息达到工作记忆时，开始选择获得进一步加工的信息。因为进一步加工的选择是在工作记忆中进行的，即对信息的选择发生在加工后期的反应阶段，而不是在较早的感觉记忆通道中，因此称为后期选择理论。图9-2所示为三种理论的示意图，它说明了信息选择出现的部位及其不同的作用。

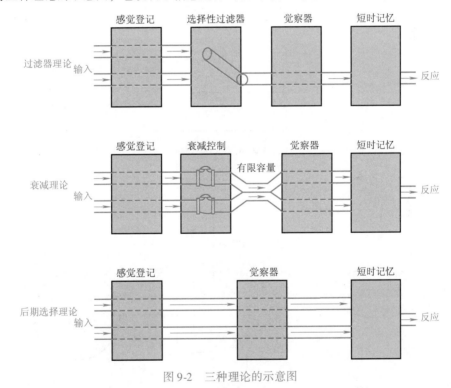

图9-2　三种理论的示意图

（4）多阶段选择理论　过滤器理论、衰减理论及后期选择理论都假设注意的选择过程发生在信息加工的某个特定阶段上。约翰斯顿等人（Johnston、Heinz，1978）提出了一个较灵活的模型，认为选择过程在不同的加工阶段上都有可能发生，这就是多阶段选择理论。这一理论的两个主要假设是：①在进行选择之前的加工阶段越多，所需要的认知加工资源就越多。②选择发生的阶段依赖于当前的任务要求。多阶段选择理论看起来更有弹性，由于强调任务要求对选择阶段的影响，避免了过于绝对化的假设所带来的难题。

2. 注意与认知资源分配

（1）认知资源理论　认知资源理论不是沿着能量有限的通道谈论刺激。而是从另外一个角度来理解注意，即注意是如何协调不同的认知任务或认知活动的。该理论认为，与其把注意看成一个容量有限的加工通道，不如看作一组对刺激进行归类和识别的认知资源或认知能力。这些认知资源是有限的，对刺激的识别需要占用认知资源，当刺激越复杂或加工任务越复杂时，占用的认知资源就越多。当认知资源完全被占用时，新的刺激将得不到加工（未被注意）。该理论还假设，输入刺激本身并不能自动地占用资源，而是在认知系统内有一个机制负责资源的分配。这一机制是灵活的，可以受人们的控制，这样人们就可以把认知资源分配到重要的刺激上。

图 9-3 描述了注意的能量模型。在这个模型中，假定资源的数量不是完全固定的，相反在一定时间内可利用的资源量一部分由个体的唤醒水平所决定。唤醒水平越高，资源量越多，至少达到一定标准。超过这个标准，唤醒的增加将导致利用资源的数量减少。资源被分配给哪些新异刺激是由系统的分配策略决定的。这种策略由长期倾向和暂时意愿设定。长期倾向是许多生物都具有的对突然运动、响亮声音、鲜艳颜色及其他异常事件的加工倾向。成年人的一种长期倾向是倾向于加工自己的名字。暂时意愿是把认知资源分配给新异刺激的暂时性倾向。

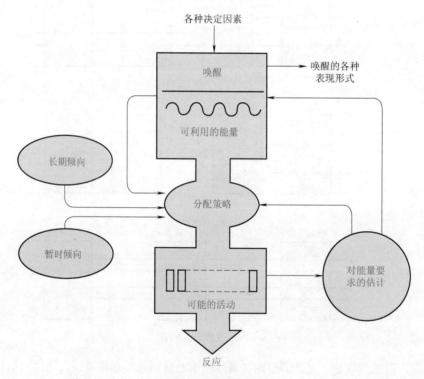

图 9-3 注意的能量模型

（2）双加工理论 该理论认为，人类的认知加工有两类：自动化加工和受意识控制的加工。其中自动化加工不受认知资源的限制，不需要注意，是自动进行的。其加工过程由适当的刺激引发，发生比较快，也不影响其他的加工过程。在形成之后，其加工过程比较难改变。而意识控制的加工受认知资源的限制，需要注意的参与，可以随环境的变化而不断进行调整。

双加工理论可以解释很多注意的现象。人通常能够同时做好几件事，如可以一边听音乐一边打扫卫生等。在同时进行的活动中，其中一项或多项已变成自动化的过程（如维持自行车平衡），不需要个体再消耗认知资源，因此个体可以将注意集中在其他的认知过程上。

意识控制的加工在经过大量的练习后，有可能转变为自动化加工。例如，初学一种动作技能（如骑自行车）时，需要全神贯注。当熟练掌握这一技能时，就不需要占用太多的注意了。

第三节 中枢（认知）系统的信息加工

人在执行简单任务的时候，认知系统的功能是把感知系统输入信息与运动系统合适的输出行为连接起来。然而人类面临的系统任务是困难或复杂的，往往要涉及学习、记忆提取、问题解决等过程，因而认知系统的加工器活动也比其他系统的加工器活动更为复杂。

一、中枢（认知）系统的信息储存

认知系统的信息储存有两种方式：一种是为当前信息加工的需要而短时储存信息，一般称为工作记忆；另一种是为以后信息加工的需要而储存信息，即所谓的长时记忆。

（一）工作记忆

1. 工作记忆的含义及特点

工作记忆也称为短时记忆和操作记忆，是感觉记忆和长时记忆的中间阶段。从功能上说，工作记忆是思维过程中结果保持的地方，同时也是知觉系统产生表象的地方。人类所有的智力活动都必须从工作记忆中取得所需要的加工材料，操作的结果也必须经过工作记忆以进一步加工或输出，因而工作记忆在认知系统中的功能类似于计算机的通用寄存器。从结构上讲，工作记忆由长时记忆中激活部分的一些元素（通常以组块的形式）构成。由于这些激活元素的中继作用，从而使得工作记忆和长时记忆在功能上发生联系。工作记忆有以下特点：

（1）信息保持时间很短　保持时间大约为 5～60s。

（2）记忆容量小　工作记忆的突出特点是其容量的有限性。正常成年人记忆容量在 5～9bit 之间波动，平均为 7bit。但若在记忆过程中将输入的信息重新编码，使小单位联合成为有意义、有关联的较大的单位（即组块），减少信息中独立成分的数量，即可明显提高短时记忆的广度，增加记忆的信息量。

（3）对中断的高度敏感　短时记忆极易受到干扰。受干扰的程度取决于短时记忆中存储的信息的多少。当存储很少量的信息时，如一个两位数的街道门牌号码，则需要有较多的干扰才能中断记忆；反之，很少的干扰即可中断记忆。

（4）短时记忆中的信息可被意识　通常人们意识不到储存在瞬时记忆和长时记忆的信息，但是完全可以意识到短时记忆中的信息的存在，即只有短时记忆中的信息才能被保持在人们当前的意识之中。储存于长时记忆中的信息，当需要时，也只有先提取回溯到短时记忆系统，在这里进行意识的加工，并与当前的刺激相结合，才能付诸应用。

2. 工作记忆的编码及影响因素

听觉编码和视觉编码是工作记忆的主要编码方式。研究表明，工作记忆的编码通常是以听觉的声音符号方式进行的，但在工作记忆的最初阶段存在视觉形式编码，之后逐渐向听觉形式过渡。

工作记忆编码效果受许多因素影响，但主要因素是人的觉醒水平、工作记忆的组块和认知加工深度。

（1）觉醒水平　觉醒水平即大脑皮层的兴奋水平。它直接影响记忆编码的效果。研究（艾宾浩斯，1885）表明，上午11：00～12：00之间，被试者的学习效率最高，下午6：00～8：00之间效率最低。另一项实验研究表明，记忆广度的高峰在上午10：30左右，整个下午都在下降，晚上效率最低。

（2）工作记忆的组块　工作记忆的容量是以单元（数字、字母、音节、单词、短语和句子）来计算的。单元的大小可随个人的经验而有所不同。在编码过程中，将几种水平的代码归并成一个更高水平的、单一代码的编码过程称为组块。组块可以提高记忆容量和效率。个体的知识经验、编码技巧及努力程度都影响组块的内容和方式。因此，可从上述三个方面采取措施，提高记忆绩效。

（3）认知加工深度　认知加工深度也是影响工作记忆编码的因素。研究表明，信息加工深度比较低时，人的记忆效果较差；相反，信息加工深度比较大时，人的记忆效果比较好。

3. 工作记忆信息的存储和遗忘

（1）复述　复述是工作记忆信息存储的有效方法。它可以防止工作记忆中的信息受到无关刺激的干扰而发生遗忘。复述又分为两种：一种是机械复述或保持性复述，将工作记忆中的信息不断地简单重复；另一种是精细复述，将工作记忆中的信息进行分析，使之与已有的经验建立起联系。研究表明，精细复述可增加记忆信息量，提高信息记忆速度。

（2）遗忘　记忆的内容不能保持或者提取时有困难就是遗忘。工作记忆的容量有限，储存时间也很短。在没有复述的情况下，工作记忆可保持15～30s。图9-4所示为阻止复述后工作记忆遗忘速率。被试者回忆的正确率是从字母呈现到开始回忆之间的时间间隔的递减函数。当时间间隔为3s时，被试者的回忆正确率达到80%；当时间间隔延长到6s时，正确率迅速下降到55%；而延长到18s时，正确率就只有10%了。这个实验说明，短时记忆信息存储的时间很短，如得不到复述，将会迅速遗忘。研究（沃和诺尔曼，1965）认为，造成遗忘的原因主要是工作记忆中的信息受到其他无关信息的干扰。

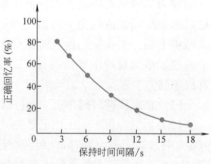

图9-4　阻止复述后工作记忆遗忘速率

4. 工作记忆的信息提取

工作记忆的信息容量不大，初看起来从工作记忆中提取信息应该比较容易和简单。但是，情况比预料的要复杂得多。斯腾伯格（Sternberg）通过实验研究提出的系列扫描模型是工作记忆中信息提取方式的经典模型，分为从头至尾的系列扫描和自我停止的系列扫描。从头至尾的系列扫描是指对全部项目都按照顺序检查一遍，然后才做出判断。在这种扫描方式下，由于需要对全部项目进行扫描后判断，肯定判断和否定判断的反应时间相近，两者的斜率相同（见图9-5a）。自我停止的扫描是检查出所要的项目后，就不再搜索下去。这种扫描方式下，否定判断需要搜索全部的项目，而肯定判断平均来看只需搜索全部项目的一半，因此肯定判断的斜率是否定判断斜率的一半（见图9-5b）。另外，反应时间是项目长度的函数，图

9-5c 所示为斯腾伯格得到的实验结果。

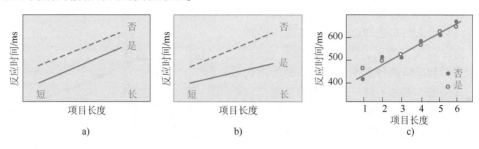

图 9-5　工作记忆信息提取

a）从头至尾的系列扫描的反应时间　b）自我停止的系列扫描的反应时间　c）项目长度与反应时间的关系

（二）长时记忆

1. 长时记忆的含义和编码

长时记忆是指存储时间在一分钟以上、数月、数年乃至终身不忘的信息。长时记忆中存储着过去所有经验和知识，这些信息是有组织的知识系统，对人的学习和行为决策有重要意义。长时记忆容量没有限制。信息的来源大部分是对工作记忆内容的加工，也有由于印象深刻而一次获得的。

长时记忆的编码就是把新的信息纳入已有的知识框架内，或把一些分散的信息单元组合成一个新的知识框架。将材料进行组织可以使输入信息有效地进入长时记忆。长时记忆的编码形式主要有三种，即按语义类别编码、按语言特点编码和主观组织编码。其中按语义类别编码是最主要的编码方式。

（1）按语义类别编码　在记忆一系列语词概念材料时，人们总是倾向于把它们按语义的关系组成一定的系统，并进行归类。例如，对给定的杂乱的语词概念材料，当按动物、植物、人名、职业等进行分类时，记忆的效果会明显提高。长时记忆中组块间的联系是以语义的方式进行的。

（2）按语言特点编码　借助语言的某些特点，如语义、发音等，对当前输入的某些信息进行编码，使它成为便于储存的东西。这种编码方式，在记忆无意义音节时经常使用，从而提高记忆的效率。利用语言的音韵和节律等特点，也能对记忆材料进行编码。例如，在进行记忆乘法、珠算口诀时，人们也时常使用这种编码方式。

（3）主观组织编码　学习无关联的材料时，如果既不能分类也没有联想意义上的联系，这时个体会倾向于采取主观组织对材料进行加工。主观组织将分离的项目构成一个有联系的整体，从而提高了记忆效率。

影响长时记忆编码的主要因素为编码时的意识状态和加工深度。研究表明，有意编码的效果明显优于自动编码的效果；加工深度不同，记忆效果也是不同的。

2. 长时记忆的信息储存

长时记忆中信息的存储是一个动态过程。从量的方面，存储信息的数量随时间的推移而逐渐下降；从质的方面，存储的信息会出现不同形式的变化。如内容简略和概括，不重要的细节将逐渐趋于消失；内容变得更加完整、合理和有意义；记忆恢复现象等。

信息存储首先依赖于组织有效的复习，刺激物的重复出现是短时记忆向长时记忆转化的条件；其次，利用外部记忆手段，如记笔记、记卡片和编提纲，也可将需要存储的内容存入计算机等；最后，要注意大脑的健康和用脑卫生，保持良好的记忆能力。

3. 长时记忆的信息提取

长时记忆的信息提取有两种基本形式，即再认和回忆。

再认是指人们对感知过、思考过或体验过的事物，当它再度呈现时，仍能认识的心理过程。再认有感知和思维两种水平。感知水平的再认是迅速、直接的。例如，对一首熟悉的歌曲，只要听见几个旋律就能立即确认无疑。思维水平的再认依赖于某些再认的线索，并包含了回忆、比较和推论等思维活动。再认的效果随再认的时间间隔而变化，图9-6所示为时间间隔对再认的影响，从图中可以看到，从学习到再认的间隔时间越长，效果越差。

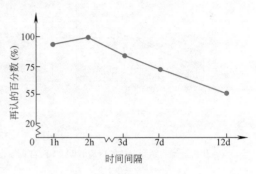

图9-6 时间间隔对再认的影响

回忆是人们过去经历过的事物以形象或概念的形式在头脑中重新出现的过程。回忆通常以联想为基础。一般情况下，时间、空间相近的事物容易形成联想；外形或性质相似的事物容易形成联想；事物间相反的特征也容易形成联想；事物间的因果关系也容易形成联想。

长时记忆的内容是不能抹掉的，然而要在长时记忆中随意提取一个组块却并不是总能成功的。提取失败的原因有两个：一是找不到提取的线索；二是许多相似的提取线索和许多相似的组块混在一起，互相干扰，以致阻碍了目标组块的提取。当提取的线索要依赖联想时，这种干扰的影响更大。记忆提取的难易取决于记忆中与提取线索有关材料的多少，材料越多，提取越困难。

4. 长时记忆中信息的遗忘

（1）人的遗忘进程 19世纪末，德国心理学家艾宾浩斯（Ebbinghaus）采用自然科学的方法对记忆进行了实验研究，得出了人的遗忘发展进程规律。表9-4记录了实验结果。

表9-4 人的遗忘进程

次　序	时距/h	保持数（%）	遗忘数（%）
1	0.33	58.2	41.8
2	1	44.2	55.8
3	8.8	35.8	64.2
4	24	33.7	66.3
5	48	27.8	72.2
6	144	25.4	74.6
7	744	21.1	78.9

从表中可以看出，遗忘在学习之后立即开始，遗忘的过程最初进展得很快，以后逐渐缓慢。例如，在学习20min之后遗忘就达到了41.8%，而在744h（31天）后遗忘仅达到78.9%。根据这个研究他认为"保持和遗忘是时间的函数"。他还将实验的结果绘成曲线，这就是著名的艾宾浩斯遗忘曲线，如图9-7所示。

除此之外，遗忘的进程还与识记材料的性质与

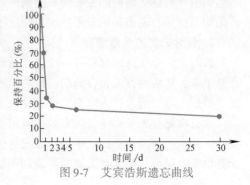

图9-7 艾宾浩斯遗忘曲线

数量、学习程度、识记材料的系列位置有关。人们对熟悉的、形象的、有意义的材料遗忘慢；材料数量多，忘得快。材料的顺序对记忆效果有重要影响，最后呈现的项目最先回忆起来，其次是最先呈现的那些项目。另外，对材料有需要、感兴趣，则遗忘速度慢。

（2）遗忘原因 关于遗忘的原因，有不同的解释。衰退理论认为，遗忘是记忆痕迹得不到强化而逐渐减弱，以至最后消退的结果。这种说法易被接受，但很难用实验方式证实。压抑理论认为，遗忘是由于情绪或动机的压抑作用引起的，如果这种压抑被解除，记忆就能恢复。提取失败理论认为，存储在长时记忆中的信息永远不会丢失。之所以对某些事情想不起来，是因为在提取有关信息时没有找到适当的提取线索。

干扰理论认为，遗忘是因为在学习和回忆之间受到其他刺激的干扰所致。一旦干扰被排除，记忆就能恢复，而记忆痕迹并未发生变化。对信息保持的干扰有两种类型：一类称为前摄干扰（也称为前摄抑制），即先前学习的材料对识记和回忆后学材料的干扰作用；另一类称为倒摄干扰（也称为倒摄抑制），即后面学习的材料对保持和回忆先学材料的干扰作用。

前摄干扰随先学材料的数量以及先后两种材料内容相似程度的增加而增加，也随保持时间的增加而增加。倒摄干扰受先后两种材料相似程度、后学材料的难度、时间安排以及先学材料保持程度等因素的制约。当先后学习材料完全不同时，倒摄抑制的干扰作用最小，而先后两种材料既相似又不相同时，倒摄抑制的干扰作用则最大。后学习的材料难度越大，倒摄抑制的干扰作用也越大，而先学材料的保持程度越好，则倒摄抑制的干扰作用越小。

前摄抑制和倒摄抑制的干扰作用不仅表现在两种学习之间，而且也表现在同一种材料的学习中。通常学习材料的首尾部分容易记住，而中间部分容易遗忘，就是因为首部无前摄抑制的干扰，尾部无倒摄抑制的干扰，而中间部分则既有前摄干扰又有倒摄干扰，双重抑制影响记忆效果。

实验表明，干扰理论是解释遗忘原因的重要理论。

二、思维与推理

（一）思维过程

思维是借助语言、表象或动作实现的，对客观事物概括的和间接的认识，是认识的高级形式。感知觉是对外界刺激直接输入并进行初级加工，记忆是对输入的刺激进行编码、储存、提取的过程。而思维则是对输入的信息进行更深层次的加工，主要表现在概念形成和问题解决的活动中。

人们在头脑中，运用存储在长时记忆中的知识经验，对外界输入的信息进行分析与综合、比较、抽象与概括的过程就是思维过程。具体包括以下过程：

（1）分析与综合 分析是指在头脑中把事物的整体分解为各个部分或各个属性。人们对事物的分析往往是从分析事物的特征和属性开始的。综合是在头脑中把事物的各个部分、各个特征、各种属性结合起来，了解它们之间的联系，形成一个整体。综合是思维的重要特征，只有把事物的部分、特征、属性等综合起来，才能把握事物的联系和关系，抓住事物的本质。

（2）比较 比较是把各种事物和现象加以对比，确定它们的相同点、不同点及其关系。比较是以分析为前提的，只有在思想上把不同对象的部分特征区别开来，才能进行比较。同时，比较还要确定它们之间的关系，所以比较又是一个综合的过程。比较是重要的思维过程，也是重要的思维方法。

（3）抽象与概括　抽象是在思想上抽出各种事物与现象的共同的特征和属性，舍弃其个别特征和属性的过程。例如，石英钟、闹钟、座钟、挂钟都能计时，因此，"钟能计时"就是它们的共同属性。这种认识是通过抽象得到的。在抽象的基础上，人们可以得到对事物的概括性的认识，概括分初级概括和高级概括。初级概括是在感知觉、表象水平上的概括；高级概括是根据事物的内在联系和本质特征进行的概括。

（二）推理

推理是指从已知的或假设的事实中引出结论。它可以作为一个相对独立的思维活动出现，也经常参与许多其他的认知活动，如知觉、学习记忆等。推理需要提取长时记忆中的知识，并且和当前的一些信息在工作记忆中进行综合。推理有多种形式，从具体事物归纳出一般规律的活动称为归纳推理。根据一般原理推出新结论的思维活动称为演绎推理。归纳推理在本质上是概念的形成，而演绎推理在本质上属于问题解决的范围。除此而外，还有概率推理及类比推理等。本章主要介绍演绎推理中的三段论推理、线性推理以及条件推理等。

1. 三段论推理

三段论推理是由两个假定真实的前提和一个可能符合也可能不符合这两个前提的结论所组成的。例如，①所有的 A 都是 B，所有的 B 都是 C，因而所有的 A 都是 C。②所有的 A 不是 B，所有的 B 都是 C，因此，所有的 A 都不是 C。这两个推理中第一个推论是正确的，第二个推理是错误的。但是在实际生活中，许多人都认为这两个结论都正确。这说明人们的推理不一定严格按逻辑规则进行。

心理模型理论由约翰逊·莱尔德（Johnson Laird, 1983）提出，该理论认为人们推理的过程就是创建并检验心理模型的过程，即首先根据两个前提条件给出的信息，创建一个心理模型，这个模型相当于前提中所述事件的知觉或表象。构建的心理模型通常提示某个结论。然后通过搜寻与该结论不相容的其他替代的心理模型来评价结论的真实性。如果搜索不到，即没有足以破坏该结论的对前提的其他解释，那么这个结论就是真实的。可见，一个真实的结论不是在逻辑原则的基础上得出的，而是基于语意原则。推理过程均依赖于工作记忆的加工资源，并且受制于工作记忆的有限容量。构建心理模型不仅需要较长时间，还需要进行一系列有赖于工作记忆的信息加工。推理中的错误，是由于人们对前提的信息加工不充分，或者说受工作记忆容量的限制，人们只根据前提创建了一个心理模型，而没有考虑建立更多的心理模型。

2. 线性推理

线性推理又称为关系推理，在这种推理中，所给予的两个前提说明了三个逻辑项之间的可传递性的关系。如"张三比李四高，李四比王五高"，要求做出结论，说明张三与王五谁高。由于这种推理的三个逻辑项之间的关系是"张三＞李四＞王五"，具有线性的特点，所以线性推理又称为线性三段论。

要正确得出结论，必须对前提中的信息进行适当的表征。有关线性三段论信息的表征和推理过程的研究可分为下列模型：

操作模型由亨特（Hunter, 1957）提出，该理论认为两个前提中的信息形成一个统一的内部表征，其中三个逻辑项是按自然的顺序排列的，如前例身高的问题，这样，就可从表征中直接得出结论。若两个前提中的逻辑关系和顺序不同，则要形成统一的内部表征，就需要事先将这个关系进行转换并调整各项顺序，需要额外的时间。

空间表象模型由胡滕洛赫尔（Huttenlocher, 1968）提出，该理论吸收了操作模型的基本思想，可认为是操作模型的延伸和扩充。该模型认为，被试对两个前提中的各项形成一个空间序列表象。并运用表象按各项的大小在垂直方向上自上而下，或在水平方向上从左到右地依次排列，即形成一个空间序列。这样三个逻辑项之间的关系就可从它们在空间序列中的相对位置来判定。

语言模型由克拉克（Clark，1969）提出，该理论认为三项系列问题的表征既不是统一的，也不是表象性质的，而是由命题构成的。在线性推理时，人们首先把前提转换为命题形式，如前提"张三比李四高"，转换成"张三是高的"，"李四是高的"，这种转换取消了原来两个逻辑项之间的比较关系，但命题"张三是高的"比"李四是高的"有较大的权重，因此，张三更高些。另外，语言模型认为，前提与问题的一致性影响问题的解决。例如，前提"张三比李四高，李四比王五高"，若问"谁最高"回答起来比"谁最矮"要快。因为前提是以命题来表征的。问题"谁最高"与前提的表征一致，回答起来要快。而问题"谁最矮"与前提的表征不一致，需要进行转换，回答起来要慢。

3. 条件推理

条件推理是指人们利用条件性命题进行的推理。它发生在当给出所谓的条件语句——决定在满足特定条件时将出现何种结果的规则，并要求推理者根据前面给出的信息对结论的有效性进行评价的时候。通常，规则以如果……，那么……的形式进行表述：如果 P（条件），那么 Q（某种类型条件的结果）。另有一个其他的语句用来确定 P 或 Q 为真或为假，而推理者则必须确定剩余项的真或假。有两个规则可以用来在这些条件下进行有效的推理。

第一个是肯定式，如：

如果你努力学习过，你就会在这门课上取得好成绩。

你努力学习过。

因此，你有希望在这门课上取得好成绩。

第二个是否定式，请看下面的例子：

如果星期四下雪，我就去滑雪。

我没去滑雪。

因此，星期四没有下雪。

结论是有效的。表明推理过程正确使用了否定式。

除了否定式和肯定式外，条件推理还有其他两种形式，但都是出现逻辑错误的情况，看下面的例子：

如果她喜欢我，她就会跟我一起出去。

她不喜欢我。

因此，她不会跟我一起出去。

如果我们觉得这个结论是有效的，就犯了"否定前件"的推理错误。这类错误是以前件，也就是条件规则的第一部分命名的。当否定前件时，是在假设只有前件为真后件才为真。这之所以不符合逻辑是因为即使前件为假后件仍可能为真。这意味着即使她不喜欢你，仍可能出于其他原因和你一起出去。

除此之外，还有"肯定后件"的错误，即推理者是在假定后件为真隐含前件也为真。

在条件推理中，人们往往会先判断如何解释连词"如果"，然后再进行与此对应的推理过程。当使用"如果那么"短句时，59%的被试者们似乎把连词"如果"当成双重条件"如果且只有"，但在问题中使用如"P 引出 Q"之类的短语时，这种误用增加到了77%。而一旦能形成连词"如果"的解释，被试者的推理就会相当正确。因此，得出的结论为：条件推理问题中的错误并不是推理过程的错误，而是由于未能认识到条件短语和双重条件短语之间的区别造成的。

（三）问题解决

人们在生活和工作过程中要面对许多问题，问题解决是一种重要的思维活动。认知心理学从信息加工的观点出发，将人看成主动的信息加工者，将问题解决看成是对问题空间的搜索，并用计算机模拟人的问题解决过程，以此来检验和进一步发展对人的问题解决的研究。

1. 问题的心理学描述

一般来说，当人们面临一项任务而又没有直接的手段去完成时，就有了问题。尽管问题多种多样，但所有问题都含有以下三个成分：

（1）给定　一组已知的关于问题条件的描述，即问题的起始状态。

（2）目标　对构成问题结论的描述，即问题要求的答案或目标状态。

（3）障碍　正确的解决方法不是显而易见的，必须间接通过一定的思维活动才能找到答案，达到目标状态。

问题条件与目标之间存在内在联系，但问题并不只是通过知觉和回忆就能解决的，需要进行思维活动，有时遇到挫折，需要一定的时间和若干步骤。

2. 问题解决策略

在问题解决过程中，有以下几条通用的解决问题的策略：

（1）算法策略　算法策略是指在问题空间中随机搜索所有可能的解决问题的方法，直至选择一种有效的解决问题的方法。采用算法策略的优点是能够保证问题的解决，但需要大量的尝试，因此费时费力，而且当问题复杂、问题空间很大时，人们很难依靠这种策略来解决问题。另外，有些问题也许没有现成的算法或尚未发现其算法，对这种问题算法策略将是无效的。

（2）启发性策略　启发性策略是指人们根据一定的经验，在问题空间内进行较少的搜索，以达到问题解决的一种方法。该策略不能完全保证问题解决的成功，但解决问题较省时省力。下面是几种常用的启发性策略：

1）手段—目的分析。所谓手段—目的分析就是将需要达到的问题的目标状态分成若干子目标，通过实现一系列的子目标最终达到总目标。它的基本步骤是：①比较初始状态和目标状态，提出第一个子目标。②找出完成第一个子目标的方法或操作。③实现子目标。④提出新的子目标，如此循环往复，直至问题的解决。手段—目的分析是一种不断减少当前状态与目标状态之间的差别而逐步前进的策略。但有时，人们为了达到目的，不得不暂时扩大目标状态与初始状态的差异，以便最终达到目标。手段—目的分析对解决复杂的问题有重要的应用价值。

2）逆向搜索。逆向搜索就是从问题的目标状态开始搜索直至找到通往初始状态的通路或方法。例如，人们要去城市的某个地方，往往是在地图上先找到目的地，然后查找一条从目的地退回到出发点的路线。逆向搜索更适合于解决那些从初始状态到目标状态只有少数通路的问题。

3）爬山法。爬山法是类似于手段—目的分析法的一种解题策略。它是采用一定的方法逐步降低初始状态和目标状态的距离，以达到问题解决的一种方法。这就好像登山者，为了登上山峰，需要从山脚一步一步爬上山峰一样。爬山法与手段—目的分析法的不同在于后者包括这样一种情况，即有时人们为达到目的，不得不暂时扩大目标状态与初始状态的差异，以便最终达到目标。

三、影响信息处理的因素

1. 大脑信息处理能力的界限

大脑皮质对连续接收的各种信息不可能全部确切地给予处理，其能力具有一定的限度。把从感觉器官得到的信息，在大脑皮质进行判断，决定采取什么样的行动时，人不可能同时处理两种以上的信息。有人曾做过这样的实验，使用 S_1 和 S_2 这两种刺激单独进行时的反应时间均在 200～300ms 范围内。但是，当这两种刺激在极短时间内连续进行时，对后一种刺激的反应时间则比单独进行时长。人的这种信息处理特征称为单通道机制。

在处理各种信息的过程中，当时间十分充裕时，人们可以正确地进行处理；当信息时间短而又错综复杂时，就不能很好地处理，将出现以下各种情况：①漏掉了未处理的信息。②做了错误的处理。③处理延迟。④信息内容处理不全。⑤信息处理的质量降低。⑥使用了规定以外的处理方法。⑦放弃处理。

当人接收很多信息时，上述的表现情况还会因作业内容、性质以及作业者当时身心活动状态而变化。

2. 内部因素

影响信息处理能力的内部因素主要有：觉醒水平、工作任务、学习（练习）、疲劳和动力。

（1）觉醒水平 觉醒水平是指人的总体生理激活程度。它对工作效率有很大影响。在适宜的范围内，觉醒能维持大脑的兴奋性，有利于注意的保持和集中。但是超出此范围过分激活，人将处于十分紧张状态，无法实现有效行为。

（2）工作任务 认知加工器的加工周期通常为 10 次/s 左右，每次约 70（25～170）ms。认知加工器的加工周期变动性较大，不同的加工任务，其加工周期可在很大范围内波动。表 9-5 列出了不同认知系统的加工速度。除了工作任务的影响外，实验条件、被试者的期望对加工周期的影响也不能忽视。

表 9-5 不同认知系统的加工速度

任 务	速 率	单 位	研 究 者
数字	33（27～39）	ms/数字	Cavanaugh（1972）
颜色	38	ms/色	Cavanaugh（1972）
字母	40（24～65）	ms/个	Cavanaugh（1972）
词	47（36～52）	ms/个	Cavanaugh（1972）
几何形状	50	ms/种	Cavanaugh（1972）
随机图形	68（42～93）	ms/个	Cavanaugh（1972）
无意义音节	73	ms/个	Cavanaugh（1972）
点阵模式	46	ms/个	Chi&Klahr（1975）
三维形状	91（40～172）	ms/个	Akin&Chase（1978）
知觉判断	106（85～169）	ms/判断	Welford（1976）
选择反应时间	92	ms/判断	Welford（1973）
	153	ms/比特	Hymam（1953）
默读数字	167	ms/数字	Landaner（1962）

（3）学习 从学习曲线规律可知，如果反复地练习同种作业，随着练习次数的增加，工作质量和效率都将在一定程度上有所改善，并能减轻人的疲劳。

（4）疲劳　对信息处理过程来说，疲劳将带来与学习相反的效果。诸如作业数量减少、质量恶化、所需时间增加、对一些操作动作也要比正常情况付出更多的努力。在疲劳使信息处理能力降低的状态下，就会发生不能很好地处理刺激的反应模式。至于出现什么样的反应模式，则随作业性质和作业难易而变化。

（5）动力　处理信息时，虽然是处于觉醒状态，但是如果对要接收和处理的信息没有积极性或无精神准备时，信息处理的质量会显著下降。人因具有动机才能对所给的刺激产生一定的行动，这种现象称为动力。人对作业形成动力是人处理信息时的基础条件之一，特别是在重新学习掌握信息处理方法时，动力具有更加重要的作用。

3. 外部因素

大脑依据记忆而积累的经验来确定如何处理新接收的信息和进行什么样的行动。信息处理过程与处理信息者的知识、技能等个人的因素有很大关系，同时作业时间、时机以及作业条件等对其也有影响。例如，作业环境对作业者的生理和心理有直接和间接影响。在这些因素的影响下，信息的处理能力或者是增大或者是减小。

第四节　人的信息输出

操作者在接收来自系统的信息并对其进行中枢加工以后，便根据加工的结果对系统做出反应。这后一个过程即称为操作者的信息输出。信息输出是对系统进行有效控制并使其正常运转的必要环节。例如，汽车驾驶员为避免撞上前方突然出现的行人而刹住汽车，飞行员将瞄准器对准欲攻击的目标等。此类行为都是信息输出的表现。信息输出的实际形式是多种多样的。各类信息输出的质量取决于反应时间、运动时间和准确性等因素。本节主要介绍人的信息输出的形式、反应时间和运动时间。

一、信息输出形式

在实际情境中，操作者的信息输出形式多种多样。言语是信息输出的一种形式。人类可以通过叫、喊表示紧急情况，通过言语报告传递某种信息。人类还可以通过某种特点的言语输出直接控制系统的开、关或调整系统。随着智能型技术的发展，人类还将通过言语输出控制更复杂的系统。

信息输出最重要的方式是运动输出。手、腿的运动，姿势的变换甚至眼神都是运动输出的具体形式。根据运动学特征和操作活动的形式或运动的自动化程度，运动输出又可分为多种类型。本节介绍按操作活动形式进行的运动分类。在这种分类体系中，人体操作活动可分为以下六种。

（1）定位运动　定位运动是指身体运动部位根据作业所要求达到的目标，从一个位置移向另一个位置的运动，是操纵控制的一种基本运动。

定位运动包括视觉定位运动和盲目定位运动。前者是在视觉控制下进行的运动，后者则是在排除视觉控制，凭借记忆中储存的关于运动轨迹的信息，依靠运动觉反馈而进行的定位运动。例如，汽车行驶在公路上，驾驶员的视线要注意前方路面上出现的过往行人、车辆、路面状况以及各种信号、标志等，此时，操纵方向盘及各种把手的动作，便要依靠盲目定位运动来完成。

（2）重复运动　重复运动是在作业过程中，多次重复某一动作的运动。如用手旋转手轮或曲柄、敲击物体、用锤子钉钉子等动作。

（3）连续运动　连续运动也称为追踪运动，是操作者对操纵控制对象连续进行控制、调节的运动。例如，铣工按线条用机、手并动的方法，铣削椭圆形零件；焊工按事先画好的图形用焊枪割毛料（坯）等。

（4）操作运动　操作运动是指摆弄、操纵部件、工具以及控制机器等运动。

（5）序列运动　序列运动是若干个基本动作按一定顺序相对独立地进行的运动。例如，雨夜中开动汽车的动作，首先打开点火开关，接着按下起动按钮、打开车灯和开动雨刷等一连串的基本动作，有次序地完成，即为序列运动。

（6）静态调节运动　静态调节运动是在一段时间内，没有外部运动表现，而是把身体的有关部位保持在某一位置上的状态。例如，在焊接作业中，手持焊枪使其稳定在一定位置上，以保证焊接质量。

上述各种运动形式，经常按一定的关系并行或连续出现。例如，静态调节运动与其他各种运动同时存在，连续运动与操作运动穿插进行，重复运动往往在序列运动中出现等。

二、反应时间

（一）反应时间的概念

在许多情况下，系统呈现一个刺激，要求操作者根据刺激的信息内容做出相应的反应。一般将外界刺激出现到操作者根据刺激信息完成反应之间的时间间隔称为反应时间。如果准确进行划分，反应时间是指刺激呈现到反应开始之间的时间间隔；而从反应开始到反应结束之间的时间间隔则称为运动时间。反应时间又称为反应潜伏期，反应不能在给予刺激的同时立即发生，而是有一个反应过程。这个过程在体内进行时是潜伏的。反应过程包括刺激使感觉器官产生活动，经由神经传递至大脑，经过加工处理，再从大脑传给肌肉，肌肉收缩后作用于外界的某种客体。

反应过程所需要的时间由以下几个部分组成：感觉器官将刺激转化为神经冲动传导至大脑等神经中枢为 3～138ms；神经中枢进行信息加工处理为 70～300ms；传出神经将冲动传导至肌肉激发肌肉收缩为 40～90ms。上述各段时间的总和为 113～528ms，即为反应时间。显然，神经中枢的加工处理过程所耗费的时间是反应时间的主要部分。

反应时间是人因工程学在研究和应用中经常使用的一种重要的心理特性指标。人的信息处理过程，大部分活动是在体内潜伏进行的，难以对信息接收、加工和传递各个阶段精确地进行实验测定。因此，在实践中往往利用反应时间指标来近似说明人对信息处理过程的效率及影响因素。这种办法简便易行，在现代技术和装备水平条件下，对反应时间的实验和测试是完全可以做到的。可以利用反应时间分析人的感知觉、注意、识别、学习、觉醒水平、动作反应、定向运动、信号刺激量等。在此基础上，提高作业效率；提高监视水平和集中注意力；制定作业标准；改进人机界面；改善作业条件和环境；选拔和培训特殊人员等。

（二）简单反应时间与选择反应时间

1. 简单反应时间

反应时间根据刺激——反应情境的不同可分为简单反应时间和选择反应时间。如果呈现的刺激只有一个，被试者只在刺激出现时做出特定的反应，这时获得的反应时间称为简单反应时间。在简单反应情境下，刺激与反应都只有一个，多次刺激时，每次刺激与做出的反应都是相同的，被试者预先知道刺激的内容和反应方式。简单反应的特点是刺激信号单一，不必费时间去识别、判断，反应容易，反应时间最短。

简单反应时间可以使用简单反应时间测定仪进行实验测试。被试者静坐在弱光照明的测试台前，面对将要呈现的光（或声）信号刺激方向，事先让被试者熟悉刺激信号性质。被试者将手指放在反应键上，当刺激信号呈现时立即按反应键，主试者通过计时器测出从刺激呈现到被试者做出反应的时间。当然，经过多次练习后，测得的反应时间可接近最小极限值。

2. 选择反应时间

有多种不同的刺激信号，刺激与反应之间表现为一一对应的前提下，呈现不同刺激时，要求做出不同的反应，这时获得的反应时间称为选择反应时间。在选择反应的潜伏期中，主要活动是识别、判断和选择，因此信息加工时间变长。选择反应的特点是刺激信号多而复杂，需要分析、思考和选择，容易出现错误，因而其反应时间比简单反应时间长。随着刺激与反应的内容和性质的复杂化，选择反应时间可能较长地迟延。

选择反应时间可使用选择反应时间测定仪进行实验测试。例如，刺激信号是多种颜色的灯光（或多种频率的声音），以随机的顺序变换着不同颜色灯光，被试者根据呈现的灯光，按相应的反应键，即可从计时器得出对不同颜色灯光的选择反应时间。

（三）各种感觉通道的反应时间

不同的感觉通道受刺激的反应时间明显不同。各种感觉通道的简单反应时间见表9-6。在所有感觉通道中，触觉和听觉反应时间最短，其次是视觉。根据感觉通道反应时间的特点，在告警信号中，常以听觉刺激作为告警信号形式。在普通信号中，则多以视觉刺激为主要信号形式。

表9-6 各种感觉通道的简单反应时间

感 觉 通 道	反应时间/ms	感 觉 通 道	反应时间/ms
触觉	117~182	温觉	180~240
听觉	120~182	嗅觉	210~390
视觉	150~225	痛觉	400~1000
冷觉	150~230	味觉	308~1082

另外，相同的感觉通道，刺激的部位不同，反应时间也会不同，如对触觉通道的手或脸部刺激反应时间就比较短。对味觉通道的不同刺激引起的反应时间也不相同，其中咸的反应时间最短，其次是甜和酸，苦的反应时间最长。

（四）影响反应时间的因素

（1）刺激信号性质的影响

1）刺激的强度。刺激强度必须达到一定的能量才能使感觉器官形成感觉。当刺激强度逐渐增加时，反应时间随刺激强度的增加而缩短，并逐渐趋近一个特定值，越接近这个值，强度对反应时间的影响越小。研究者发现，这一规律与神经发放速度的变化有密切关系，如图9-8所示。

2）刺激的空间特性。刺激空间特性对反应时间的影响，

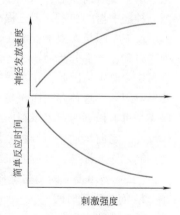

图9-8 简单反应时间与神经发放速度的关系

首先应考虑刺激强度也应包括空间累积，如面积与强度是可以相互替代的。有一个实验，把大小不同的白方块放在一定的阅读距离上，以其反射日光作刺激测定反应时间，结果见表9-7。随着刺激面积的增大，便在一定范围内增加了刺激的表面强度，因此，反应时间相应缩短。又如仪表的刻度线之间的距离与读表反应时间的关系，实验证明，相邻刻度线所形成的视角越小，读表反应时间越长，反之则越短。

3）刺激的持续时间。刺激强度也应包括刺激时间的累积。在一定范围内，反应时间随刺激时间的增加而缩短。由表9-8可见，光刺激时间越长，反应时间越短。但是再进一步增加刺激时间，反应时间却不再缩短。

表9-7　刺激面积与反应时间

方块边长/mm	3	6	12	24	48
反应时间/ms	195	188	184	182	179

表9-8　光刺激时间与反应时间

光刺激时间/ms	3	6	12	24	48
反应时间/ms	191	189	187	184	184

4）刺激的清晰度。信号本身越清晰，其刺激反应时间越短。此外信号的清晰度还与背景环境有关，因此设计信号应考虑与背景的对比度因素。例如，使用灯光信号，要考虑与背景的亮度比；使用标志信号，要考虑与背景的颜色对比；使用声音信息，要考虑与背景的信噪比及频率分布的区别等。在实际应用上，如对重要的监控室要求有一定程度的隔音，合理布置照明等，以保证对监控信号反应迅速、准确。

（2）人的机体状态的影响

1）机体对环境条件的适应状态。人的机体处于适应环境条件的状态，刺激反应时间短。如视觉适应照明环境，对光的刺激反应时间就短。听觉适应声音环境，对声刺激反应时间也短。相反，对新的、不熟悉的环境，或不断变化的环境，机体没有适应时反应时间就长。在视、听信号刺激反应中，为了缩短反应时间，必须考虑机体对环境的适应问题。

2）精神准备程度。人对将要出现的刺激在精神上有准备或准备充分，反应时间就短，无准备或准备不充分则反应时间长。准备程度可以用预备时间长短来说明。所谓预备时间是指从预备开始到刺激信号呈现这一段时距。如果预备时间太短，没有做反应的充分准备；如果太长，准备又可能衰退，都会使反应时间变长。表9-9列出了不同预备时间的听觉反应时间。从表中可见，1～2s预备时间的反应时间较短。

表9-9　不同预备时间与反应时间

预备时间/s	0.5	1	2	4
平均反应时间/ms	335	241	245	276
标准差/ms	64	43	51	56

在连续呈现刺激的情况下，可以将刺激的间隔时间看成准备时间。特尔福德（C. W. Telford）研究认为：1～2s的刺激间隔反应时间最短，其次是3s。间隔再长或小于1s时反应时间变长。间隔1～9min出现一个信号比间隔10～15s出现一个信号时的反应效率要低10倍。可见，感官低负荷的作业，由于准备不足，反应迟缓。如显示屏上信号出现的间隔长，监视人员的反

应效率降低，有时甚至会出现失误或疏漏。

3）年龄因素。20 岁以前，随着年龄增长反应时间缩短。20 岁以后随着年龄增长反应时间逐渐变长，60 岁以后明显变长。表 9-10 是以 20 岁的反应时间为 100，不同年龄组反应时间的情况。

表 9-10　年龄与简单反应时间

年　龄	20	30	40	50	60
反应时间比例（%）	100	104	112	116	161

反应时间还受唤醒水平、动机、练习和疲劳因素影响，参见本章信息处理部分。此外，个体差异也影响反应时间。

（五）影响选择反应时间的因素

影响选择反应时间的因素，除上述讨论的各种因素外，还有如下一些因素有特别重要的意义。

（1）刺激物数量的影响　人接受心理、生理刺激的能力有一定的界限，如果给予的刺激或信号数量过多，接受和做出反应困难，甚至不可能全部接受和做出反应。如作业人员观察 2 个仪表进行相应操作与观察 8 个仪表进行相应操作相比，后者选择判断的内容增加，选择反应时间要长。实践证明，随着刺激物数量的增加，选择反应时间增加。基尔斯（S. W. Keels）研究提出，随着刺激物数量增加，反应时间增长幅度逐渐变小，即刺激物数量增加 1 倍所引起的反应时间增加量近似恒定，见表 9-11。

表 9-11　刺激物数量与选择反应时间的关系

刺激物数量	反应时间/ms	反应时间增加量/ms	刺激物数量增加 1 倍引起反应时间增加量/ms
1	187	—	
2	316	129	（1～2）129
3	364	48	
4	434	70	（2～4）118
5	487	53	
6	532	45	（3～6）168
7	570	38	
8	603	33	（4～8）169
9	619	16	
10	622	3	（5～10）135

以上结果仅适用于刺激出现的概率相同的场合。如果刺激出现的概率不同，则选择反应时间将有所差异。刺激出现的概率越大，选择反应时间越短。反之，反应时间越长。

（2）刺激物间差别的影响　刺激物间的差别越小，识别判断等信息处理活动越复杂，因而选择反应时间越长。表 9-12 中，对呈现的两种颜色中，选择红色做出反应，结果表明，同时呈现的两种颜色间差别越小，选择反应时间越长。又如对两条线段长短的选择反应结果也类似，线段间长度差别越小，选择反应时间越长。对双指针仪表读数速度进行比较研究表明，两个指针的长度比分别为 5∶（4～4.5）和 5∶（3～3.5），后者读数速度高于前者，在显示系统设计中，应尽量突出刺激间的差别特征，以提高可辨性。但不同感官辨别差异的能力不同，视觉约为 1/100，触觉约为 1/10，味觉只有 1/5。

表 9-12 刺激物间差别与选择反应时间

刺激物特性		平均反应时间/ms
颜色	红与橙	246
	红与（橙 +25% 红）	252
	红与（橙 +50% 红）	260
	红与（橙 +75% 红）	271
线段/mm	10 与 13	296
	10 与 12	305
	10 与 11	324
	10 与 10.5	345

（3）作业时间长短的影响 人的感官识别能力，在作业开始不久的一段时间内较高，识别速度较快，以后渐渐降低。一般经过 30 ~ 40min，识别效率可能降至开始时的一半。信号出现率低比出现率高时识别能力降低更快。因此，长时间从事监视、检查作业，应当考虑采取中间休息、适当轮换作业等措施，以有效利用作业开始后一段时间内作业人员具有较高识别和检出能力的时机。

（4）信号间隔与发生频度的影响 信号间隔小于 0.5s，连续发出的信号往往检查不出来。因此，一般认为 0.5s 是人对信息处理能力的一个界限。在监视作业情况下，信号有规则地呈现时，识别速度快，检出率高。对不限定间隔时间的信号，作业人员能预期发生时识别时间较短；非预期发生时则识别时间长。对发生频度高的监视作业，识别时间较短，信号检出率高；相反则识别时间长，检出率低。

为了提高人的反应速度，缩短反应时间，必须注意以下几点：①合理选择感觉通道。②确定刺激信号特点。③合理设计显示装置。④进行职业选择和适应性训练。

三、运动时间

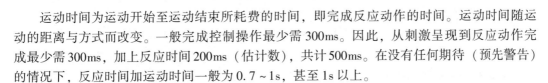

运动时间为运动开始至运动结束所耗费的时间，即完成反应动作的时间。运动时间随运动的距离与方式而改变。一般完成控制操作最少需 300ms。因此，从刺激呈现到反应动作完成最少需 300ms，加上反应时间 200ms（估计数），共计 500ms。在没有任何期待（预先警告）的情况下，反应时间加运动时间一般为 0.7 ~ 1s，甚至 1s 以上。

（一）运动速度

1. 定位运动的速度

定位运动速度受许多因素影响。早期进行的研究表明，定位运动时间依赖于运动距离和运动准确度两个因素。定位运动的准确度又取决于目标的大小。1954 年费兹就这两个因素对运动时间的影响进行了系统研究，结果表明，如果目标准确度固定，则运动时间随目标距离的对数值线性增加；反之，如果目标距离固定，则运动时间随目标准确度要求的对数值线性增加。目标距离与目标准确度的要求相互补偿。后来的许多研究表明，费兹的上述研究结果不仅适用于手的定位运动，而且也适用于脚的定位运动。

关于定位运动时间和运动方向的关系，施密特克（H. Schmidtke）对此做了实验研究。他要求被试者用右手在一水平面上从中心点开始向 8 个方向做定位运动，中心点距离身体中心为 40cm。其实验结果如图 9-9 所示，图中同心圆代表相等的时距。由图 9-9 可知，右手沿 55°

方向向右上方做定位运动时间最短，即速度最快。

定位运动时间与空间介质有关。研究表明，距离和准确度对在空气和水介质内的运动时间有大致相似的影响。在水中时，距离的影响比目标准确度的影响大。其原因可能与水的黏性有关，它减慢了定位运动过程的快速移动。

定位运动时间还受操作者年龄的影响。定位运动时间，在 30～60 岁的被试者能保持在较高的水平上，60 岁以后运动时间明显增长。

1964 年费兹的进一步研究结果表明，定位运动的反应时间和运动时间是相互独立的。目标距离和目标宽度的改变只影响运动时间而不影响反应时间；刺激-反应条件的改变则只影响反应时间而不影响运动时间。表 9-13 所列为人体各部位的最大速度。

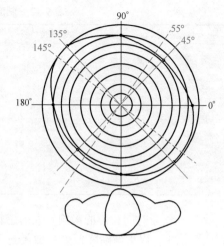

图 9-9　定位运动时间和运动方向的关系

表 9-13　人体各部位的最大速度　（单位：次/min）

动 作 部 位	动作的最大速度	动 作 部 位	动作的最大速度
手指	204～406	上臂	99～344
手	360～431	脚	300～378
前臂	190～392	腿	330～406

2. 重复运动的速度

许多操作都包含一组效应器（如手指）的重复运动，如打字、键盘输入、手书写等。各效应器的重复运动速度大小，对诸如打字等操作的速度有明显影响。

（1）手指敲击速度　涉及手指运动的操作最多，因此对手指运动速度的研究有重要意义。手指的最大敲击速度大约为 5 次/s，但这个速度不能长时间保持。不同手指的敲击速度有较大的差异，表 9-14 列出了被试者在 15s 内各手指的最大敲击速度。手指的敲击速度还受年龄的影响。研究发现，从 6 岁到 18 岁，速度约增加 50%，以后速度基本稳定，过了 55 岁，手指速度才出现较明显的下降。

表 9-14　手指的最大敲击速度（15s 内敲击的次数）　（单位：次）

手　指	左　手	右　手
食指	66	70
中指	63	69
无名指	57	62
小指	48	56

（2）不同效应器的敲击速度　不同效应器的敲击速度也显著不同。手腕和肘的速度较大，手指、足、肩的速度较小。表 9-15 列出了 25～45 岁被试者不同效应器的平均最大敲击速度。

表9-15 不同效应器的平均最大敲击速度 （单位：次/s）

效应器类型		手 指	手 腕	肘	肩
男 性	右手	6.00	6.93	7.08	6.12
	左手	5.55	6.23	6.43	5.66
女 性	右手	5.58	6.48	6.67	6.05
	左手	5.23	6.78	6.10	5.63

表9-14和表9-15的结果均测自单一重复运动。如果让同一只手的中指和食指分别上下敲击（同时），那么每只手指的平均敲击速度仅为单指速度的66%，也就是说，两手指总的敲击速度比单指约快30%，但每一指的敲击速度分别比单指敲击慢。

（3）不同效应器的重复运动速度之间的相关性 不同的效应器，如拇指、手腕、前臂、整臂或足，尽管在质量和长度上有明显的差异，但却都显示出相当类似的最大运动速度。这一事实说明，不同效应器的运动能力制约于同一机制。研究发现，不同效应器的重复敲击速度之间存在很强的相关性，见表9-16。

对于手轮和曲柄的操作运动，其运动速度受旋转阻力、旋转半径以及是否为优势手的影响。当旋转阻力最小，旋转半径为3cm时，旋转速度为最大；随着旋转半径的增大或减小，旋转速度也随之下降。若旋转阻力增大，最大旋转速度下降。当旋转阻力为49N、旋转半径为4cm时，曲柄旋转运动速度为最大。使用左手或右手对于运动速度的影响见表9-17。

表9-16 不同效应器重复敲击速度之间的相关性

效应器类型	手指	拇指	腕	臂
拇指	0.80			
腕	0.84	0.98		
臂	0.69	0.79	1.00	
足	0.75	0.68	0.4	0.69

表9-17 手运动的最大速度

运动类别	最大速度	
	右 手	左 手
旋转/(r/s)	4.8	4.0
推压/(次/s)	6.7	5.3

（二）操作运动的准确度

（1）盲目定位运动的准确度 盲目定位运动主要借助于对运动轨迹的记忆及动觉反馈来完成。有人（费兹，1947）对盲目定位运动的准确度进行过研究。他让被试者盲目手持铁笔去击触靶标中心。靶标分上中下三层排列，即中心层（参照层）、中心层以上45°层和中心层以下45°层。每层各排列6~7个靶标，使各靶标分别位于被试者正前方，左、右45°，左、右90°和左、右135°处。被试者击中靶心记0分，落在靶外的记6分，其余各圈分别记1、2、3、4、5分，如图9-10a所示。研究获得的结果如图9-10b所示。图中，每个圆代表被试者击中相应位置靶标的准确度。圆的大小与击中靶标的准确度分数成反比，即圆越小，准确度越高。各个圆内的小黑圆（在四个象限中的圆）表示各象限的相对准确度。从图9-10b描述的结果可以看出，盲目定位运动在前方位置具有最大的准确度，边侧位置的准确度最小。三种靶标高度相比，下层的准确度最高，中层次之，上层的准确度最差。此外，右侧的靶标比左侧的靶标的准确度高。

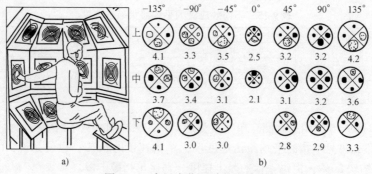

图 9-10 盲目定位运动的准确度
a）研究情境 b）研究结果

（2）连续运动的准确度 连续运动是在运动的全过程中要求准确控制的运动，但是由于手臂的颤动，往往使运动偏离设计的轨迹，从而导致操作运动的准确度下降。对于手臂颤动对连续运动准确度的影响，米德（Mead）曾于1972年做过一个实验，以错误次数作为衡量颤动对连续运动准确度影响的指标。实验结果表明，在垂直面和水平面内，手臂的前后运动的准确度明显低于垂直面内上下运动和水平面内左右运动的准确度。

操作运动的速度和准确度之间的关系，可用如图 9-11 所示的速度、准确度操作特性曲线表示。由该曲线可知，操作运动速度越慢，准确度越高。但当速度慢到一定程度后，再以降低速度来提高准确度已无太大意义，因此，曲线的拐点处（图中点 A），速度—准确度综合绩效最佳，即在该点处不仅速度较快而且错误较少。该点也因此被称为最佳工作点。在实际工作中，操作者一般愿将工作点选在最佳工作点靠右侧的某一位置。

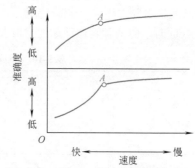

图 9-11 速度、准确度操作特性曲线

四、反应时间的应用示例

对产品和设备的检查作业，可以采用物理的或化学的测定方法，但是目前还特别重视感官检查。感官检查是指利用人的感觉器官评价判定产品质量的检查方法，如用视觉检查加工表面疵点，用触觉检查布的手感，用听觉检查轴承磨损等。无论仪器如何先进，也不能完全代替人的感官检查。这是因为：第一，感官检查方法简便、迅速、费用少；第二，使用仪器时往往也要通过感官间接来检查；第三，不用感官无法检查，如食品的风味、用品的手感等。但是，感官检查最大的问题是不同人评价会有差别。其原因除个人差异外，还受人机体的状态和刺激反应环境等影响。因此，只要认识人的感觉特性，充分考虑影响刺激反应效率的各种因素，使用适当方法，提高信息处理质量，是可以实现客观的检查效果，并能达到较高的检查效率的。

在工业及其他许多领域，大量存在着需要集中注意力监视信号的作业。如监视雷达上的飞机踪迹，发现机器上的异常值，确认车辆运行中的信号等。这些作业何时发生异常难以预料，有时出现异常而没有及时发现，结果造成事故和损失。监视作业效率一般用检出成功率和反应时间来评价，因此应当分析监视作业中影响刺激反应效率的因素，从而可以提高信号呈现质量，改善监视作业环境，使作业者集中注意力。

作业人员从事的任何作业过程，都包括在特定条件下不断获取信息、识别加工信息及动作反应等活动。作业管理包括制定作业标准、改进作业方法和作业条件等，其目的是提高作业质量和作业效率。因此，应充分考虑影响反应时间的有关因素，采取措施改进作业方法，改善作业条件，减轻疲劳，减少失误，确保安全和高效。如纺织车间如何改进发现断线和接线作业；流水生产线的速度如何与工人的识别反应和动作速度相协调；检验工作如何避免或减少遗漏、误读，使判断正确可靠等。

随着技术的复杂化，作业分工越来越细，特殊工种也越来越多。重视选拔和训练适应特殊工种需要的合格人员，才能保证工作的质量、安全和效率。如飞机、火车、汽车等驾驶员的选拔和训练；特种机器设备的操纵人员、吊车司机等的选拔和训练；以及检验、监视、跟踪、危险和快速反应等作业的人员选拔和训练。对于类似以上特别需要感官识别及迅速反应的作业人员的选拔，应把反应时间作为重要检验指标之一，并且在业务培训中注意反应机敏的训练。

人机系统是否安全、高效，取决于机器设备同操作人员的特性相适应的程度。实践证明，系统中发生的差错、事故和低效，其中重要原因往往是人对突然出现的信号来不及识别，以及错误地领会和判断某些信息，或反应动作延迟和失误。因此，应把反应时间作为选择、设计或管理机器设备系统必须考虑的因素之一，利用反应时间及其影响因素的原理，分析评价人机界面中的显示器和控制器，为优化人机系统提供科学依据。

复习思考题

1. 简述人的信息处理系统结构。
2. 什么是信息、信息量与信息传递模式？
3. 简述不同感觉器官的信息接收能力。
4. 什么是感觉储存？
5. 简述感知系统的信息加工方式。
6. 什么是模式识别？
7. 简述认知资源理论的含义。
8. 简述注意的含义及功能。
9. 简述工作记忆的含义及特点。
10. 什么是无意注意、有意注意、有意后注意？
11. 什么是长时记忆？
12. 什么是注意广度？什么是注意的选择性？
13. 人的遗忘进程及原因是什么？
14. 影响信息处理的因素有哪些？
15. 人的思维过程包括哪些内容？
16. 演绎推理包括哪几种方式？
17. 问题解决包括哪几种策略？
18. 人体操作活动可分为哪几种？
19. 什么是反应时间？什么是简单反应时间和选择反应时间？
20. 影响反应时间的因素有哪些？
21. 定位运动速度的影响因素有哪些？
22. 试述盲目定位运动不同位置的准确度。

思 政 案 例

第 9 章　AI 与核技术融合的智能信息处理系统

第十章
脑力工作负荷

在现代人机系统中，操作者面临着大量的信息加工要求，必须保持注意力高度集中，并具有较高的反应速度和准确性。上述特点使操作者承受的体力负荷越来越小，相应地，脑力负荷越来越大。因此，研究人在系统中的表现以及脑力负荷对人机系统效率的影响具有重要作用。在过去的30年时间里，西方各主要国家投入大量的人力、物力研究脑力负荷，并用于系统设计，如美国空军要求新飞机的设计要符合脑力负荷标准。可以说脑力负荷研究已成为系统设计必须考虑的一个重要课题。

 ## 第一节　脑力负荷定义及影响因素

一、脑力负荷定义

脑力负荷的英文术语是 mental workload，也可称为心理负荷、精神负荷、脑负荷或脑力负担。脑力负荷最初是被用来与体力负荷相对应的一个术语，是指单位时间内人承受的脑力活动工作量，用来形容人在工作中的心理压力，或信息处理能力。但脑力负荷并没有被严格定义。

1976年，北大西洋公约组织（简称北约组织）的一些科学家在美国麻省理工学院谢尔顿教授的主持下召开了"监视行为和控制"的专题会议，提出了在新的系统中测量人的脑力负荷的重要性。1977年，北约组织的一些著名学者又召开了"脑力负荷的理论和测量"专题会议，系统地讨论了脑力负荷的定义、理论及测量方法。与会者从不同的角度定义脑力负荷，但没有得出统一的可被大家接受的定义。最后结论为：脑力负荷是一个多维概念，它涉及工作要求、时间压力、操作者的能力和努力程度、行为表现和其他许多因素。下面是几种具有代表性的定义：

1）脑力负荷是人在工作时的信息处理速度，即决策速度和决策的困难程度。这是北大西洋公约组织脑力负荷的组织者莫里（Moray）教授所给的定义。马里教授是一位心理学家，专门研究人的信息处理系统和注意力，很自然地把脑力负荷与信息处理系统联系起来。

2）脑力负荷是人在工作时所占用的脑力资源的程度，即脑力负荷与人在工作时所剩余的能力是负相关的。在工作时用到的能力越少，脑力负荷就越低，在工作时剩下的能力越少，脑力负荷就越高。使用这种定义时，脑力负荷的测量就变成了对人的能力或剩余能力的测量了。

3）脑力负荷是人在工作中感受到的工作压力的大小，即脑力负荷与工作时感到的压力是相关的。工作时感到的压力越大，脑力负荷就越高；感到的工作压力越小，脑力负荷就越低。使用这种定义，脑力负荷的测量就变成了对人在工作时的压力的评估。

4）脑力负荷是人在工作中的繁忙程度，即操作人员在执行脑力工作时实际有多忙。操作人员越忙就说明脑力负荷越高，操作人员空闲的时间越多，说明脑力负荷越轻。持这种观点的人主要是工程设计人员。因为对工程设计人员来说，操作人员能否及时完成系统赋予他的任务是最重要的，而这主要取决于操作人员有没有足够的时间。

本书中，将脑力负荷定义为反映工作时人的信息处理系统被使用程度的指标。脑力负荷与人的闲置未用的信息处理能力之和就是人的信息处理能力。人的闲置未用信息处理能力越大，脑力负荷就越低；人的闲置未用的信息处理能力越小，则脑力负荷越大。人的闲置未用的信息处理能力与人的信息处理能力、工作任务对人的要求、人工作时的努力程度等有关，因而脑力负荷也与这些因素有关。

二、脑力负荷的影响因素

影响脑力负荷的因素很多，如工作内容、操作人员的能力及个人努力、系统对绩效的要求、系统错误的后果等。由于脑力负荷是研究人的，所以下面我们把人从人机系统中分解出来，可以得到图 10-1 所示的三类因素：工作内容、人的能力及努力程度。这三个组成部分对脑力负荷的测量都有着十分重要的影响。

图 10-1　影响脑力负荷的三类因素

（1）工作内容　工作内容对脑力负荷有直接影响。在其他条件不变的情况下，工作内容越多，越复杂，操作人员所承受的脑力负荷就越高。工作内容是一个非常笼统的概念，因此人们又把工作内容分为时间压力、工作任务的困难程度、工作强度等。显然，这些因素与脑力负荷都是相关的。

脑力负荷首先与完成任务所需要的时间有关。一项任务所需要的时间越长，脑力负荷就越高。但仅用时间来考虑工作任务对脑力负荷的影响是不够的。脑力负荷还与工作任务的强度有关系，所谓工作强度是指单位时间内的工作需求。脑力负荷不仅与人工作时间长短有关，也与在单位时间内的工作多少有关。在单位时间内完成的工作越多，脑力负荷就越重。

上面两个因素是工作任务的两个独立因素，在这两个因素的基础上，又产生了一些相互交叉的概念和因素，包括时间压力因素、工作困难因素和工作环境因素。

时间压力简单地说就是在完成任务时时间的紧迫感。时间越紧，人的脑力负荷就越大；工作越困难，脑力负荷就越重。困难是一个综合的概念，它既包括了时间的长短，也包括了工作任务的强度。工作环境影响人对信息的接收，在照明不好或有噪声的情况下，人接收工作信息困难，影响下一步的信息处理，这将增加人们的脑力负荷。

（2）人的能力　在脑力劳动中，个体之间的脑力劳动能力存在差异，在其他条件不变的情况下，干同样的工作，能力越大的人脑力负荷越低，能力越小的人脑力负荷越高。人的能力并不是一成不变的，而是受到认知模式、知识技能储备、人格、年龄、情绪、健康状况等多种因素的影响。例如，知识技能的培训能够提升人的特定能力；人处于积极情绪、健康状况状态时往往能够提高工作的效率等。

（3）努力程度　人工作时的努力程度对脑力负荷也有影响。努力是为了达到一定的目标而进行的一切活动。努力程度对脑力负荷的影响的趋势是不确定的。一般来说，当人们努力工作时，脑力负荷是增加的，因为这时人对工作的标准提高了，同时把平时可做可不做的事情做起来，使工作内容也增加了。有时，人在努力工作时，主动放弃休息时间，增加工作时间，这也增加脑力负荷。但有时人更努力时，可以使自己的能力增加，但研究也发现操作人员更努力时，反应时间加快。由于能力的增加，脑力负荷反而降低了。努力程度受到工作动机的驱动，一般当人具有较高的工作动机时，会为完成工作的目标而付出更大程度的努力，以获取努力所带来的工作绩效。值得一提的是，这种绩效不仅包括物质方面的奖励，还包括心理上的荣誉感、自我满足感等，如获得的表彰、奖项等。

三、脑力负荷与绩效的关系

对个人而言，绩效是指完成某一工作所表现出来的工作行为和所取得的工作结果，其主要表现在工作效率、工作数量与质量等方面，常见的绩效指标有正确数量、反应时间、失误率等。

脑力负荷的适当与否对系统的绩效、操作者的满意感以及安全和健康均有很大的影响。许多研究发现，工作绩效与脑力负荷强度存在明显的依赖关系。例如，当人机系统中呈现的信息量较大时，操作者由于"脑力超负荷"而处于应激状态。这时操作者往往难以同时完成对全部信息的感知和加工而出现感知信息的遗漏或错误感知，控制或决策失误。然而，当信息呈现较少时，操作者由于久久得不到目标信息的强化而处于一种单调枯燥、注意力容易分散的状况，属于"脑力低负荷"状态。这时，操作者会表现出反应时延长、反应敏感性较差，即使真的出现目标信息也很可能发生漏报。在这两种情形下，操作者的工作绩效往往降低。只有让操作者从事中等脑力负荷强度的工作，才能取得较佳的操作结果。图 10-2 所示为工作绩效与脑力负荷强度之间的关系。图中 T_R 表示操作在客观上要求的时间，是操作要求（强度）的一种度量；T_A 则为操作者实际能够提供的有效时间，反映了操作者当时的工作能力与操作及当时其余工作（如果有的话）的强度有关。T_R 与 T_A 的比例是脑力负荷大小的一种度量。当 T_R 远大于 T_A 时，操作者处于"脑力超负荷"状态；反之，当 T_R 远小于 T_A 时，操作者处于"脑力低负荷"状态。图中 A、B 两块区域的绩效变化最大。

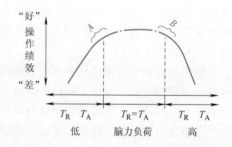

图 10-2　工作绩效与脑力负荷强度之间的关系

操作者若长期处于不利的脑力负荷情境下工作，将影响系统绩效、降低工作满意度和系统安全性，可能出现许多身心疾病，影响健康。因此应研究脑力负荷的效应，预测和测量不同系统的脑力负荷状态，采取相应措施使系统处于一种较佳的负荷水平。

第二节　脑力负荷的测量方法

脑力负荷的测量方法，按其特点和使用范围可分为四类，即主观评价法、主任务测量法、辅助任务测量法和生理测量法。

一、主观评价法

（一）主观评价法及其特点

主观评价法是最流行也是最简单的脑力负荷评价方法。该方法要求系统操作者陈述特定操作过程中的脑力负荷体验，或根据脑力负荷体验对操作活动进行难度顺序的排列。从系统使用者的角度出发，主观评定技术被认为是最可接受的测评方法之一。它具有以下特点：

1）主观评价是脑力负荷评价中唯一的直接评价方法。它引导操作者对脑力负荷（如操作难度、时间压力、紧张等）等进行某种判断，这种判断过程直接涉及脑力负荷本质，具有较高的直显效度，易被评价者接受。

2）主观评价一般在事后进行，不会对主操作产生干扰，而辅助任务测量法或生理测量法需要与主操作同时进行，一般不适合危险性高的情境使用。

3）主观评价一般使用统一的评定维度，不同情境的负荷评价结果可相互比较。而任务测量法与生理测量法大都采用不同的绩效指标或生化指标，很难实现相互比较。

4）使用简单、省时。它不需要特定的仪器设备，评价人员只需要阅读有关指导语或通过简短的培训即可进行。适应于多种操作情境，数据收集和分析也容易进行。

（二）主观评价法分类

脑力负荷主观评定技术有多种类型。最常见的有库柏-哈柏（Cooper-Harper）评价法、主观负荷评价法（SWAT量表）、NASA—TLX主观评价法等。下面对较有影响的方法加以简要介绍：

（1）库柏-哈柏评价法　该种方法1969年由库柏（Cooper）和哈柏（Harper）提出，是评价飞机驾驶难易程度的一种方法，用于飞机操纵特性的评定。它的建立基于飞行员工作负荷与操纵质量直接相关的假设。这种方法把飞机驾驶的难易程度分为10个等级，飞机驾驶员在驾驶飞机之后，根据自己的感觉，对照各种困难程度的定义，给出自己对这种飞机的评价。表10-1列出了库柏-哈柏方法的分级方法。

表10-1　库柏-哈柏方法的分级方法

飞机的特性	对驾驶员的要求	评价等级
优良，人们所希望的	脑力负荷不是在驾驶中应考虑的问题	1
很好，有可以忽略的缺点	脑力负荷不是在驾驶中应考虑的问题	2
不错，只有轻度的不足	为了驾驶飞机需要驾驶员做少量的努力	3
小的，但令人不愉快的不足	需要驾驶员一定的努力	4
中度的、客观的不足	为了达到要求需要相当的努力	5
非常明显的但可忍受的不足	为了达到合格的驾驶需要非常大的努力	6
严重的缺陷	要达到合格的驾驶，需要驾驶员最大的努力，飞机是否可控不是问题	7
	为了控制飞机就需要相当大的努力	8
	为了控制飞机需要非常大的努力	9
	如不改进，飞机在驾驶时就可能失去控制	10

在 20 世纪 60 年代后期，美国空军用库柏-哈柏方法评价新式飞机操作的难易程度取得了很大的成功。由于飞机操作的难易程度与脑力负荷极为相关，后来，人们对库柏-哈柏方法进行了改进，把评价表中的飞机驾驶困难程度改为工作的困难程度，使之适合评价一般任务的脑力负荷。

库柏-哈柏方法应用举例：

1）对象。驾驶过歼 A 和歼 B 两种飞机的飞行员 144 名。年龄 24 ~ 46 岁；飞行时间：歼 A 为 100 ~ 2500h，歼 B 为 100 ~ 1100h。飞行技术均属优、良等级；身体、心理状况健康，飞行合格。

2）方法

① 依据库柏-哈柏方法让飞行员根据自身驾驶飞机的经验和感觉，对照各种困难程度的定义，做出自己对该种飞机性能的评价。

② 为统一评价标准，两种机型均进行双 180°大航线仪表飞行课目。

3）问卷调查及数据处理。144 名被试者对歼 A 和歼 B 飞机驾驶性能评价等级分布结果见表 10-2，等级构成比较见表 10-3。

表 10-2　歼 A、歼 B 驾驶性能评价等级分布

歼 A > 歼 B	歼 A > 歼 B	歼 A = 歼 B	歼 A = 歼 B	歼 A < 歼 B	歼 A < 歼 B
等级	例数	等级	例数	等级	例数
5/4	17	4/4	7	4/5	4
6/4	4	5/5	13	5/6	4
6/5	57	6/6	6	6/7	1
7/5	3	7/7	2		
7/6	26				
合计	107		28		9

表 10-3　歼 A、歼 B 飞机驾驶性能等级构成比较

机种	评价等级（例数）				
	四　级	五　级	六　级	七　级	合　计
歼 A	11	34	68	31	144
歼 B	28	77	36	3	144
合计	39	111	104	34	288

4）结论：

① 歼 A 飞机的驾驶性能为五、六级，趋向六级，即飞机的驾驶性能存在重度的不足，为了达到飞行大纲的要求，飞行时需要付出非常大的努力

② 歼 B 飞机的驾驶性能为五、六级，趋向五级，即飞机的驾驶性能存在中度的不足，为了达到飞行大纲的要求，飞行时需要付出相当大的努力。

（2）主观负荷评价法（SWAT 法）　SWAT 是英语 Subjective Workload Assessment Technique 的缩写。SWAT 法是美国空军开发的，由里德（Reid）等人建立。在开发 SWAT 时，里德等人对脑力负荷的影响因素进行了系统的调查，经过必要的归纳和整理，认为脑力负荷可以看作是时间负荷、压力负荷和努力程度三个因素的结合。每个因素又被分为 1、2、3 三级，SWAT 描述的变量及水平见表 10-4。

上述三个因素共有 3×3×3＝27 种组合，采用 SWAT 量表进行脑力负荷评价分两个步骤。首先，研究者根据这 27 种组合制成 27 张卡片，要求被试者在对脑力负荷进行评价之前，先对这 27 张卡片所代表的负荷，根据他们自己的感觉从小到大进行排序，根据被试者的排序情况来确定三个因素对其总脑力负荷的贡献大小（即重要性）。为此，根据每个因素的相对重要性，形成了 6 个理论上的排序组，见表 10-5，如 TES 组代表被试者认为时间负荷最重要，努力负荷次之，而压力负荷重要性最小。其余各组意义类推，表中列出了这 6 组 27 张卡片的理论排序。评价时，将各被试者的排序与 6 个理论排序进行 Spearman 相关分析，根据相关系数的大小确定被试者的相应组别。其次，被试者根据自己执行工作任务的情况，在三个因素中选出与自己相符的相应水平，研究者根据其选择结果，结合第一阶段的归组，从表 10-5 中相应的组别中查出其脑力负荷得分值，并换算成 0～100 分，作为被试者脑力负荷的评价值，分值越大，表示脑力负荷越大。

表 10-4 SWAT 描述的变量及水平

维度 水平描述	时间负荷	努力程度	压力负荷
1	经常有空余时间，工作之间、各项活动之间很少有冲突或相互干扰的情况	很少意识到心理努力，活动几乎是自动的，很少或不需要注意力	很少出现慌乱、危险、挫折或焦虑，工作容易适应
2	偶尔有空余时间，各项活动之间经常出现冲突或相互干扰	需要一定的努力或集中注意力。由于不确定性、不可预见性或对工作任务不熟悉，使工作有些复杂，需要一定的注意力	由于慌乱、挫折和焦虑而产生中等程度的压力，增加了负荷。为了保持适当的业绩，需要相当的努力
3	几乎从未有空余时间，各项活动之间冲突不断	需要十分努力和聚精会神。工作内容十分复杂，要求集中注意力	由于慌乱、挫折和焦虑而产生相当高的压力，需要极高的自我控制能力和坚定性

表 10-5 SWAT 量表的分组及其评分标准

得分值	组别																
	TES			TSE			ETS			EST			STE			SET		
1	1	1	1	1	1	1	1	1	1	1	1	1	1	1	1	1	1	1
2	1	1	2	1	2	1	1	1	2	2	1	1	1	2	1	2	1	1
3	1	1	3	1	3	1	1	1	3	3	1	1	1	3	1	3	1	1
4	1	2	1	1	1	2	2	1	1	1	1	2	2	1	1	1	2	1
5	1	2	2	1	2	2	2	1	2	2	1	2	2	2	1	2	2	1
6	1	2	3	1	3	2	2	1	3	3	1	2	2	3	1	3	2	1
7	1	3	1	1	1	3	3	1	1	1	1	3	3	1	1	1	3	1
8	1	3	2	1	2	3	3	1	2	2	1	3	3	2	1	2	3	1
9	1	3	3	1	3	3	3	1	3	3	1	3	3	3	1	3	3	1
10	2	1	1	2	1	1	1	2	1	1	2	1	1	1	2	1	1	2
11	2	1	2	2	2	1	1	2	2	2	2	1	1	2	2	1	1	2

（续）

得 分 值	组 别																
	TES			TSE			ETS			EST			STE			SET		
12	2	1	3	2	3	1	1	2	3	3	2	1	1	3	2	3	1	2
13	2	2	1	2	1	2	2	2	1	1	2	2	2	1	2	1	2	2
14	2	2	2	2	2	2	2	2	2	2	2	2	2	2	2	2	2	2
15	2	2	3	2	3	2	2	2	3	3	2	2	2	3	2	3	2	2
16	2	3	1	2	1	3	3	2	1	1	2	3	3	1	2	1	3	2
17	2	3	2	2	2	3	3	2	2	2	2	3	3	2	2	2	3	2
18	2	3	3	2	3	3	3	2	3	3	2	3	3	3	2	3	3	2
19	3	1	1	3	1	1	1	3	1	1	3	1	1	1	3	1	1	3
20	3	1	2	3	1	2	1	3	2	2	3	1	1	2	3	2	1	3
21	3	1	3	3	3	1	1	3	3	3	3	1	1	3	3	3	1	3
22	3	2	1	3	1	2	2	3	1	1	3	2	2	1	3	1	2	3
23	3	2	2	3	2	2	2	3	2	2	3	2	2	2	3	2	2	3
24	3	2	3	3	3	2	2	3	3	3	3	2	2	3	3	3	2	3
25	3	3	1	3	1	3	3	3	1	1	3	3	3	1	3	1	3	3
26	3	3	2	3	2	3	3	3	2	2	3	3	3	2	3	2	3	3
27	3	3	3	3	3	3	3	3	3	3	3	3	3	3	3	3	3	3

该方法对 27 张卡片进行排序是一个十分耗时的过程，因此阿米尔森（Ameersing）等人通过对原始量表进行改进，提出了五种简化了的 SWAT 量表：①采用两两配对比较（见表 10-6）而不是卡片排序的方式来判断每个被试者的归组，其余程序与原始量表相似（D_{SWAT}）。②采用两两配对的方式，并且各因素的测量值是连续的而不是离散的。通过加权法计算总负荷，各因素的权重分别为 0、1/3、2/3（W_0）。③采用两两配对的方式，并且各因素的测量值是连续的。但避免有一个维度的权重为 0，使各因素的权重分别为 1/6、1/3、1/2（W_1）。④不进行排序或配对比较，而是给每个因素相同的权重，各因素的测量值是连续的，三个因素的平均值即为总负荷值（A_{SWAT}）。⑤不进行排序或配对比较，各因素的测量值是连续的，采用主成分分析进行加权，用第一主成分的系数对三因素进行加权计算总负荷（PC_C）。

表 10-6　两两配对比较程序

对以下每种负荷之间进行比较，你认为在工作中哪项对你更重要，请在相应的方框内打"√"
1.□努力负荷　　　□时间负荷
2.□时间负荷　　　□压力负荷
3.□压力负荷　　　□努力负荷

（3）NASA—TLX 主观评价法　该方法全称为 National Aeronautics and Space Administration—Task Load Index，是美国航空和宇宙航行局下属 AMES 研究中心的哈特（Hart）等人建立的。库柏-哈柏方法是一维的主观评价法，而脑力负荷是一个多维的概念。用一维的方法测量脑力负荷可能只知道结果，而不能知道其真正的原因。例如，假定根据改进的库柏-哈柏方法发现某一项工作的脑力负荷为 8，但这是什么原因造成的

呢？是因为工作特别困难，还是因为操作员的能力较差，或者是工作时的压力很大？对飞行员进行调查发现，影响脑力负荷的因素的确来自许多不同的方面。于是哈特等对飞行员进行调查，从中找出脑力负荷的影响因素。经过大量调查研究之后，确定了6个影响脑力负荷的因素。分别为脑力需求、体力需求、时间需求、操作业绩、努力程度和挫折水平，见表10-7。

表 10-7　NASA—TLX 中的脑力负荷因素

脑力负荷的影响因素	各个因素的定义
脑力需求	需要多少脑力或知觉方面的活动（即思考、决策、计算、记忆、寻找）；这项工作是简单还是复杂，容易还是要求很高，明确还是容易忘记
体力需求	需要多少体力类型的活动（拉、推、转身、控制活动等）；这项工作是容易还是要求很高，是快还是慢，悠闲还是费力
时间需求	由于工作的速度使你感到多大的时间压力；工作任务中的速度是快还是慢，是悠闲还是紧张的
操作业绩	你认为你完成这项任务是多么成功；你对你自己的业绩的满意程度如何
努力程度	在完成这项任务时，你（在脑力和体力上）付出了多大的努力
挫折水平	在工作时，你感到是没有保障还是有保障，很泄气还是劲头很足，恼火还是满意，有压力还是放松

每个影响因素在脑力负荷形成中的权数不同，且随着情境的变化而显示出差异。NASA—TLX 法的使用过程分以下两步：

1）采用两两比较法，对每个因素在脑力负荷形成中的相对重要性进行评定。具体方法为：将六个因素进行两两配对，共组成 15 对，操作人员从每对中选出认为相对重要的因素，根据每一因素被选中次数确定该因素对总脑力负荷的权重，六个因素的权重之和等于 1。例如，假定脑力需求与其他五个因素相比更重要，即被选中 5 次，则脑力需求的权为 5/15 = 0.33。在对权数进行评估时，自相矛盾的评估（即 A 比 B 重要，B 比 C 重要，C 比 A 重要）是允许的，这种情况出现时，说明被评估的因素的重要性非常接近。

2）针对实际操作情境，对六个因素的状况分别进行评定。NASA—TLX 主观评价法要求操作人员在完成了某一项任务之后，根据脑力负荷的六个因素在 0 ~ 100 之间给出自己的评价。除业绩这一因素之外，其他五个因素都与脑力负荷正相关；而对业绩，感觉到自己的业绩越好，脑负荷分值越低。只有当脑力负荷很低时，人的业绩才会好。这说明，人的业绩越好，脑力负荷越低。

确定了各个因素的权数和评估值之后，就很容易计算出一项工作的脑力负荷，只需要进行加权平均就可以了。

（三）主观评价法的缺陷

主观评价法在应用中也存在一定的缺陷，主要表现为以下几个方面：

（1）评价结果有偏差　主观评价是操作人员对某项工作的感觉。这种感觉不一定就是脑力负荷。在执行许多任务时，大脑中进行的活动是感觉不到的，我们所感觉到的东西只是我们意识到的东西，而人的信息处理系统中的许多活动是我们意识不到的。因此，得到的脑力负荷很可能是有偏差的，工作中人意识不到的东西越多，这种偏差就越大。另外，脑力负荷评价值与个性特征、反应策略、身体或生理变量等均存在密切联系。研究发现，在双任务情境下，A 性格一般比 B 性格的被试者操作得更好，报告的疲劳感也较小，但挫折感却较高；在单任务情境下，情况相反。对抽象思维者来说，主观与客观难度间的相关性很高，而对具体思维者来说，两者的相关性不明显。采用交替反应策略的被试者比采用混合反应策略的被试者感受到更低的任务难度与工作负荷。

（2）评价结果容易混淆　首先，主观评价一般反映脑力负荷和生理负荷共同作用的结果，这在测量总负荷时不会导致严重的问题，但在评价主观负荷时却由于结果混淆而易产生错误；其次，评价者一般较难将外部需要与实际努力分开，往往以"应该"而不是以"实际经历"的工作要求作为评定基础，因此可能出现高估或低估工作负荷的倾向。

（3）方法应用存在局限性　主观评价法的应用受短时记忆消退的严重局限。如果要求操作者同时做几项评价，且操作与评价间存在较长的时滞，则很可能出现评价偏差。另外，主观评价法一般不适用于主操作有记忆要求的场合。

（4）方法敏感性存在特异性　主观评价的敏感性在某些领域受到限制。研究表明，主观评价对影响知觉中枢加工的工作更敏感，而对影响运动反应输出的工作相对不敏感。主观评价应用时遇到的另一个问题是"倒 U 形"现象，即当脑力负荷水平较低时主观负荷体验随负荷水平的提高而上升，但当脑力负荷水平较高时主观负荷体验却往往随负荷水平的增加而下降。

针对上述问题，在实际应用主观评价技术时必须谨慎，以避免或减轻其可能造成的不利影响。例如，当遇到脑力负荷伴随生理负荷时，对评价结果的解释应十分小心；为降低记忆消退的效应，应尽可能在操作结束后立即进行评价；通过某些被试者变量的控制可减少个体变异源；当负荷强度由小转大时，在一定范围内主观评价值逐渐上升，但一旦超过某一限度，被试者的负荷体验就会下降。应注意这种所谓的"倒 U 形"现象，防止歪曲评定。只要处理得当，上述问题都是可以适当解决的。

二、主任务测量法

主任务测量法是通过测量操作人员在工作时的业绩指标来判断这项工作给操作人员带来的脑力负荷。根据资源理论，随着作业难度的增加，操作者投入的脑力资源量越来越多，剩余资源越来越少，脑力负荷也随之上升。当操作所需的资源量超过特定限度时，将由于资源供需的脱节造成操作绩效下降。因此就可以从人的业绩指标的变化反推脑力负荷。主任务测量法可以分为两大类，一类是单指标测量法，另一类是多指标测量法。

（一）单指标测量法

单指标测量法就是用一个业绩指标来推断脑力负荷。为了有效地使用这种测量方法，显然要选择能反映脑力负荷变化的业绩指标。例如，如果是调查由于显示器数量的增加所引起的脑力负荷的增加，这时可以用当显示信号出现后的反应时间作为脑力负荷指标。反应时间越长，说明脑力负荷越重。在使用单指标测量法时，指标选择的好坏对脑力负荷的测量成功与否有着决定性的作用。

人们已进行过许多用单项业绩指标来测量脑力负荷的研究，在这些研究中主要是用错误率或时间延迟作为业绩指标。例如，多尔曼（Dorman）和戈德茨坦（Goldstein）研究了在监视类任务中信息显示速度的影响，当显示速度增加之后，人的正确反应率明显地降低了。克劳斯（Kraus）和罗斯科（Roscoe）检查了在飞行模拟器中两种不同的控制系统下所产生的错误率。结果发现当允许飞行员对自己的业绩进行直接控制时，驾驶员的错误率是正常情况下的十分之一。珀西瓦尔（Percival）用反应时间检查了在搜索性任务中两种不同类型的目标、背景目标的数量、眼睛在目标上的停留时间的影响，结果发现目标的类型和背景因素对反应时间有显著影响，而眼睛的停留时间则没有什么影响。这些实验结果都说明认真选取的单个业绩指标能够反映脑力负荷的变化。

（二）多指标测量法

用多个业绩指标来测量脑力负荷是希望通过多个指标的比较和结合减小测量的误差，另外可以通过多个指标来找出脑力负荷产生的原因，这样也可提高测量的精度。显然在用多指标测量法时，选择业绩指标就不像在单指标测量法时那么重要，因为在难以确定取舍时，可以把两个或多个指标都选上。由于计算机的应用，在现实系统或模拟系统中同时收集成百上千的数据并没有技术上的困难，但从众多的指标中找出有用的指标，以及分析数据本身都是非常困难的。在很多情况下，大量的数据被记录下来了，而有用的信息却被淹没了，或没有时间去提取出来。

速度和精确度是用来反映脑力负荷的重要指标。例如，多尔曼和戈德斯坦在显示监视类任务的实验中曾用反应时间、正确反应率、无反应率三个指标来发现信号出现速度变化的影响。在速度发生变化之后（即脑力负荷发生变化之后），上面三个指标在所有的实验水平下都发生了变化。在随后的一项实验中，他们改变了信号的显示速度和需要搜寻的目标的数量，发现反应时间的两个指标都随实验条件而变化了。但是，有时在同一实验中，有些业绩指标可以反映脑力负荷的变化，而另一些业绩指标则不能反映脑力负荷的变化。例如，惠特克（Whitaker）在一项刺激—反应对应实验中，发现反应时间与刺激—反应的对应程度变化，而错误率则没有什么变化。在这项实验中，脑力负荷是随着刺激与反应的对应程度发生变化的。

上述多指标测量的实验结果显示：不同的业绩指标对应于不同类型的负荷，或不同水平的脑力负荷。主任务测量法应用中也有一些不成功的例子，即脑力负荷发生变化，而所采用的多项业绩指标没有一项能反映出这种变化。例如，罗尔夫（Rolfe）等人在一项飞机模拟实验中使用了五项业绩指标，但五项指标没有一项能够反映负荷种类的变化。

主任务测量法存在两个问题。其一，各种操作性质各不相同，不可能提出一种广泛适用的绩效参数，因此各操作之间的脑力负荷状况无法进行比较，因而也无法提出统一的工作负荷大小衡量尺度，这不利于不同任务间的效果比较与解释；其二，根据资源理论，当操作要求资源小于操作能力时，虽然工作负荷的增加会引起剩余资源的减少，但主任务绩效由于得到充足资源的供应而并不出现下降，在这种情况下主任务绩效对工作负荷的变化不敏感。

三、辅助任务测量法

（一）辅助任务测量法的原理

在脑力负荷强度不大时，主任务绩效并不随工作负荷变异发生变化，但操作者的剩余资源量却受此影响。也就是说，剩余资源量能反映脑力负荷的状况。应用辅助任务测量法时，操作人员被要求同时做两件工作。操作人员把主要精力放在主任务上，当他有多余的能力时，尽量做辅助任务。主任务的脑力负荷是通过辅助任务的表现来进行的。主任务脑力负荷越大，剩余资源越少，操作者从事辅助任务的能力就越弱。因此可通过辅助任务的绩效分析主操作脑力负荷状况。

用辅助任务法测量脑力负荷一般分两步。第一步为测量单独做辅助任务时的业绩指标，这个指标反映的是人全心全意做这件事情时的业绩，即人的能力。第二步，在做主任务的同时，在不影响主任务的情况下尽量做辅助任务，这时也可以得到一个人在辅助任务中的业绩，这个指标反映的是主任务没有占用的能力。把这两个指标相减就得到主任务实际占用的能力，即脑力负荷。

显然，辅助任务测量法是建立在这样的假定基础上的。首先，人的能力是一定的；其次，人的能力是单一的，即不同的任务使用相同的资源。如果不同的任务使用不同的资源，则不可能按上述方法测量脑力负荷。可以看出，这两个假设是辅助任务法测量脑力负荷的必要条件。如果这两个条件不能满足，则不能用这种方法测量脑力负荷。

（二）辅助任务的种类

并不是所有任务都能用来作为辅助任务，辅助任务必须满足以下几个条件：①它必须是可以细分的，即被试者在这些任务中不管花费多少精力，都应该能够显示出来。②正如在上面已经指出过的，它必须与主任务使用相同的资源。③必须对主任务没有干扰或干扰很小。由于不同的任务使用不同的资源，因而使得可使用的辅助任务也有很大的不同。下面介绍几个常用的辅助任务：

（1）选择反应　一般是向被试者在一定的时间间隔或不相等的时间间隔显示一个信号，被试者要根据信号的不同做出不同的反应。选择反应涉及人的中枢信息处理，有两个业绩指标：一个是反应时间；另一个是反应率。在主任务的脑力负荷较轻时，反应时间要可靠些；当主任务的脑力负荷较高时，反应率能更好地反映出来。

（2）追踪　追踪是一个经常使用的辅助任务。追踪有补偿性追踪和尾随性追踪。追踪任务的实现可用模拟软件，也有用连续手动反应的。追踪任务属于反应性质的任务，追踪阶数不同对追踪任务的困难程度影响很大。高阶追踪任务实际上成了一个涉及人的中枢信息处理系统负荷的任务。用追踪任务测量脑力负荷比较有影响的研究是杰克斯（Jex）等人提出的临界追踪任务。临界追踪任务是一项比较困难的追踪任务，通过变换追踪的函数方程可以求出一个人能刚好使追踪目标稳定时函数方程的参数。显然，在单独做追踪任务时，临界值会高些，当与主任务一起做这项任务时，临界值会下降。通过临界值的变化就可以了解主任务的脑力负荷。

（3）监视　监视任务一般要求被试者判断某一种信号是否已经出现，业绩指标是信号侦探率。在单独做监视任务时，信号侦探率会等于1，或接近1。当被试者在完成主任务时，监视任务的信号侦探率就会下降，下降的幅度就是人的大脑被占用的情况，即主任务的脑力负荷。监视任务被认为主要是感觉类型的任务，特别是视觉感觉方面的任务，故用它来测量需要视觉的主任务的脑力负荷时效果要好些，对其他类型的任务效果可能会差些。

（4）记忆　用记忆作为辅助任务来测量脑力负荷的研究特别多，这些研究大都使用短期记忆任务。短期记忆模式是这样的：给被试者几个数字，告诉他这是他应记住的内容。然后向被试者显示一个数字，让被试者判断这个数是否属于应该记住的那几个数中的一个。如果是，就做出肯定的反应；如果不是，就做出否定的反应。短期记忆任务可以把对中枢信息处理的影响与对感觉通道或反应方式的影响区别开来，因而在研究多资源理论和测量飞机驾驶员的脑力负荷时也经常用到。值得注意的是，记忆任务本身脑力负荷较高，这可能会影响主任务的业绩或人对主任务困难程度的判断。

（5）脑力计算 各种各样的算术计算也被用来作为测量脑力负荷的辅助任务。一般人们用简单的加法运算，但也有用乘法和除法的。显然脑力计算涉及人的中枢信息处理，被认为是中枢处理系统负荷最重的一种任务。

（6）复述 复述任务要求被试者重复他所见到或听到的某一个词或数字。通常不要求被试者对这些听到的内容进行转换。因此，复述主要涉及人的感觉子系统，被认为是一项感觉负荷非常重的一项任务。

（7）简单反应 除了选择反应任务之外，简单反应任务有时也用来作为测量脑力负荷的辅助任务。简单反应任务就是要求被试者一发现某一出现的目标，就尽快地做出反应，目标和反应方法都是唯一的。相对于选择反应任务，简单反应任务不需要做出选择判断，因而减轻了被试者信息处理中枢的负荷，这样对主任务的干扰也就小些。

辅助任务测量法在应用中也存在一定的问题，如该法假定人的信息处理系统的能力是一定的或者是没有差别的，但许多研究人员指出这个假设不一定成立。另外一个问题是它对主任务的干扰。这种干扰的潜在危害使这种方法很少被用到实验室以外的场合。

四、生理测量法

人从事脑力劳动时生理指标变化具有以下特点：

脑力作业能耗的变化。脑的氧代谢较其他器官高，安静时约为等量肌肉耗氧量的 15~20 倍，占成年人体总耗氧量的 10%。但由于脑的重量仅为体重的 2.5% 左右，大脑即使处于高度紧张状态，能量消耗量的增高也不致超过基础代谢的 10%。因此，能耗不足以反映脑力负荷的变化。

脑力劳动时心率减慢，但特别紧张时，可引起舒张期缩短而使心跳加快、血压上升、呼吸频率提高、脑部充血而四肢及腹腔血液减少。

脑力劳动时，血糖一般变化不大或稍有增加，对尿量无任何影响，其成分也无明显变化，仅在极度紧张的脑力劳动时，尿中的磷酸盐的含量才有所增加，但对排汗的量与质以及体温均无明显影响。

此外，脑力劳动时人的瞳孔直径、脑电 EEG 以及大脑诱发电位等都发生一定程度的改变。

上述与脑力劳动相关的某些生理指标的变化，可作为脑力劳动的指示器，可用于脑力负荷的测量，如心率变异性、瞳孔直径、脑电 EEG 以及大脑诱发电位等。

（一）心率变异性

在正常情况下，人的心率是不规则的。这种不规则造成的心率变异有时可达 10~15 次/min，在医学上称为窦性心律不齐。研究发现，当人承受脑力负荷时，如采用每分钟处理 40 个信号和 70 个信号两种情况，两种情况的心率平均值没有很大的提高，但心率变异性明显下降，而且随着负荷强度（所处理的信号数）而增加，心率变异性越来越小，心率变异性曲线趋于平直。

（二）瞳孔直径

瞳孔是位于人眼虹膜中央的圆形小孔，直径为 2~6 mm，它可以通过放大和缩小来调节进入眼内光线的量，从而影响视网膜像差大小。瞳孔大小由动眼神经支配的瞳孔括约肌和交感神经支配的瞳孔开大肌共同控制，它们彼此在中枢紧密联系并相互拮抗。瞳孔直径用于评价脑力负荷最早可追溯到卡尔曼（Kahneman）于1973的著作《注意与努力》，他在书中报告了大量关于瞳孔直径随着任务加工需求而变化的研究。后来，研究者先后在不同任务下发现瞳孔直径对感知、认知和加工需求相关的响应的敏感性。因此，瞳孔直径的变化可以用来评价与认知、加工相关的脑力负荷。研究表明，任务的难度越大，瞳孔直径越大。目前，红外测量法是测量瞳孔直径应用较广泛的一种方法。采用红外测量法的遥测式眼动仪，能够十分便捷地测量瞳孔直径的大小，并且具有较高的时间精度，在视觉认知加工任务的脑力负荷评价中应用十分广泛。

（三）脑电 EEG

脑电 EEG 是指人脑细胞时刻进行的自发性、节律性、综合性的电位活动所引起的电位，按频率划分为 δ、θ、α、β、γ 五种节律波。因其对认知和行为状态变化的高度敏感性，被广泛用于脑力负荷的测量（见图10-3）。在20世纪80年代，研究者通过快速傅里叶变换计算不同任务下 EEG 信号的功率谱密度来研究频谱特征，通过频谱特征的变化反映任务困难程度的改变。有研究者通过实验发现 α 节律的变化是任务难度的函数，当被试者从单个认知任务转变为双任务时，α 节律减少。穆拉塔（Murata）于2005年采用小波变换来研究人机交互过程中三种认知困难程度下 EEG 信号的时频特征，结果表明，随着困难程度的增加，θ、α 和 β 节律的能量值增加，最大能量出现时间延迟。近年来，各类便携脑电设备的出现，为脑力负荷测量在实际作业中的应用提供了基础。

图10-3　某被试者进行脑电 EEG 实验的场景

（四）大脑诱发电位

大脑诱发电位的变化对脑力活动的某些成分（知觉/认知负荷）较为敏感。其中，P300（是指刺激呈现后约300ms时出现的一个正向电位波动）尤为敏感。伊莎贝尔（J. B. Isreal）于1980年进行了空中交通控制中的工作负荷状况研究，以说明大脑诱发电位的作用。他让被试者从事两项活动，一项是模拟的空中交通控制作业，另一项是字母辨认及计数作业，在后一项作业中，研究者以声音的形式呈现 AB-ABBA…这样的一组刺激，要求被试者辨认并计数其中某一刺激（如"A"）。研究发现，随着空中交通控制作业难度（即脑力负荷）的不断增加，由声刺激诱发的大脑电位中 P300 振幅出现了持续衰减。这说明 P300 与人处理的信息量有关，因而与脑力负荷有关。

用生理指标测量人的体力劳动非常成功，可是，用生理指标法测量脑力负荷远远没有达到人们期望的那样，这里最主要的问题是可靠性。生理测量法假定脑力负荷的变化会引起某些生理指标的变化，但是其他许多与脑力负荷无关的因素也可能引起这些变化。因此，由脑力负荷而引起的某一生理指标的变化会被其他原因放大或缩小。生理测量法的另一个局限是不同的工作占用不同的脑力资源，因而会产不同的生理反应。一项生理指标对某一类工作适用，对另一类工作则可能不适用。

从前述内容可以看出，虽然脑力负荷的测量取得了一定的成果，但还远远满足不了系统设计对脑力负荷测量的要求。特别是在系统设计中，我们常常希望在系统被设计出来之前对系统给操作人员带来的脑力负荷有一个大概的了解。如果在系统被制造出来之后发现系统中操作人员的脑力负荷是过高了或过低了，而在这时对系统进行修改，要么是不可能，要么是成本非常高。因此，应在系统设计阶段根据设计方案对系统可能给操作人员带来的脑力负荷进行评价，以免系统设计之后因操作人员的脑力负荷太高而重新设计。这就要求对脑力负荷进行预测。

第三节　脑力负荷的预测方法

脑力负荷预测主要采取分析法，目前的方法有时间压力模型、波音公司的方法以及脑力负荷预测方法。

一、时间压力模型

在 20 世纪 60 年代，计算机模拟开始应用到系统设计中，西格尔（Siegel）和沃尔夫（Wolf）开发了一个以人为中心的人—机计算机模拟系统。在这个模拟系统中，人的负荷情况是影响人—机系统效益的最主要的因素。该方法将影响脑力负荷的各种因素的作用以"压力"这个变量来表示。压力可受到下面几个因素的影响。

1）操作人员的工作速度。操作人员工作的速度越快，能力就越强，压力也就越小，操作人员的速度若太慢，赶不上系统的速度，那么压力就产生了。

2）一起完成某项工作的合作者工作不正常时，会使自己产生压力。

3）首次执行某项工作失败后，不得不重复一次或几次，在重复做这项工作时，操作人员也会产生压力。

4）操作人员不得不等着机器做出反应。在计算机模拟过程中，所有的这些因素都会使操作人员感受到压力，而压力的大小又反过来影响操作人员完成任务的数量和质量。

西格尔和沃尔夫时间压力模型的目的是在系统设计的初级阶段帮助系统人员回答下面的问题。

1）对于给定的机器和给定的操作程序，一个普通的、正常的操作人员能够在给定的时间内完成这项工作吗？

2）如果操作人员的工作速度变快了或变慢了，给定的时间变短了或变长了，操作人员完成这项工作的概率会发生多大的变化？

3）在操作人员执行这项任务时，他的压力是如何变化的？他在什么时候感到负荷过大？什么时候感到负荷过轻？

4）操作人员的工作速度发生变化后，或操作人员忍受压力的能力发生变化后，操作人员失败的可能性将发生什么样的变化？

在开发这个计算机模型时，他们首先用工作分析的方法把工作任务分解成次级任务，给出各个次级任务之间的相互顺序及影响关系、各个次级任务的重要性、执行各项任务所需要的时间（随机分布的时间）、完成每项次级任务成功的概率以及若第一次完不成这个次级任务后可采取的措施（重做或忽略）等。通过工作分析，把这些情况都弄清楚，然后输入到计算机中。把各个次级任务根据工作顺序和概率连接起来，给出不同的随机数值，就可以模拟人的行为，计算机还可以自动地把一些有用的信息记录下来。

在这个模拟中，一个最基本的假定是人对还剩有多少时间可以用来完成任务的判断。这个判断的结果就是时间压力。时间压力影响操作人员的操作速度。根据心理学研究成果，在时间压力超过某一定值之前，时间压力对人的速度有帮助作用，这种状态下的时间压力起到一个组织作用，使操作人员资源利用的更合理。这个值被定义为时间压力的临界值。当时间压力超过这个值之后。时间压力就起到了相反的作用，使操作人员无所适从，操作人员的速度反而降低了，甚至低于正常速度。所以时间压力的临界点也是操作人员行为的折断点，人的速度和精确度一下就降低了许多。

西格尔和沃尔夫把时间压力定义为完成任务所需要的时间与给定的完成任务时间之比。例如，要求某一操作人员在10min内完成 A 和 B 两项操作，操作 A 需要 6min，操作 B 需要 2min，则在完成操作 A 和 B 之前，操作人员的时间压力为 8/10 = 0.8。

西格尔和沃尔夫通过实验发现，这样定义的时间压力，对于正常人时间压力的临界值在 3/2 左右，即当完成任务所需要的时间超出给定时间一半以上以后，操作员的行为才受到破坏性干扰。

时间压力模型用于模拟飞机驾驶员在航空母舰上的着陆问题。工作分析表明飞行员在准备着陆时，有 57 项次级工作。模拟中给出的时间是 210s，即要求飞行员在 210s 之内把飞机降落在航空母舰的甲板上。模拟结果表明飞行员的操作速度、飞行员对时间压力的反应对这项任务的完成有着非常重要的作用。模拟结果还指出了在哪一段时间内飞行员比较忙，在哪一段时间内飞行员有空闲时间。这些模拟结果都与飞行员的实际经验相吻合。

该模型也用来模拟其他类型的工作，如发射导弹、空中加油、空中拦截等。此外，模型不仅可以模拟一个人的工作，也可以模拟几个人在一起工作。

二、波音公司的方法

从波音 737 开始，飞机上开始用计算机显示和控制系统，评价飞行系统给人带来的脑力负荷也就成为一个非常现实的问题。波音公司的研究和设计人员最初也用了许多不同的脑力负荷的测量方法，如主观评价法、生理测量法、时间序列分析法等。经过实践他们发现，时间序列分析法在预测脑力负荷时显得特别有用，所以波音公司最后主要采用工作任务的时间序列分析法来评价脑力负荷，这种方法与传统的时间和动作研究有些相似。

波音公司这方面的研究在 20 世纪 50 年代底就开始了。波音公司的研究人员希基（Hickey）首先提出了用时间研究的方法分析人的业绩的可能性问题。接着，斯特恩（Stern）等人把这种方法扩展到用操作人员的能力和剩余的能力来估算人的负荷比例。他们在做脑力负荷的估计时，也考虑到同时执行两项以上的任务和体力方面的影响。他们把 80% 作为脑力负荷的上限，这样使操作人员能有一点剩余的能力（时间），这点能力也可以用来检查自己的错误等。这种方法产生的结果比较令人满意。

在与上面的研究同时进行的研究中，波音公司的史密斯（Smith）提出以时间占有率作为负荷比例。时间占有率是完成任务所需要的时间与给出的完成任务时间之比。为了避免时间过长所产生的平均效应，给定的时间被分成许多很短的时段（即 6 ~ 10s），允许操作人员的某些部位同时工作，如左手和右手可以同时工作，眼睛运动时人也可以做出反应等。史密斯在完善他的模型时，又考虑了认知性的任务。因为在模拟飞行和飞行的录像中他发现，驾驶员的眼睛移动了之后有一段时间，驾驶员没有可看得见的反应，但从随后的行动可以判断在这段没有行动的时间内，驾驶员在做思考和决策，史密斯也给出了认知大约需要多长时间。当根据时间计算出的负荷比例达到80%以上时，驾驶员开始忽略比较次要的工作。这与上面一组研究人员得出的结论不谋而合。

图10-4所示为按这种方法计算出来的当使用电子计算机之后，在执行10多分钟的任务时某操作人员的脑力负荷随时间的分布。图中的实线代表平均负荷，而虚线则代表脑力负荷的

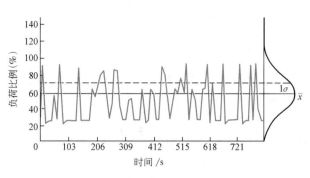

图10-4　某操作人员脑力负荷随时间分布情况

标准（临界值）。从图中可以看出，操作人员在这段时间内的脑力负荷在20%~100%之间变动，这段时间内的平均负荷为60%，有13次脑力负荷超过了图中虚线，但每次超过的时间都非常短。

通过计算机的帮助，还可以知道这13次脑力负荷超过标准的原因，以及人在各个时间段的脑力负荷情况。

上述脑力负荷的指标是很有用的。首先，这给出了判断和解决脑力负荷问题的基础。其次，这个指标可以用来比较各种不同设计方案的优越性。最后，这些数据也可以用来帮助发现其他与脑力负荷相关的问题，比如需要的人员的数量，对人员需要进行的培训程度等。这种方法的主要问题是太费时。每当设计内容或方案发生改变时，都需要重新对工作进行分析，对计算程序进行修改。另外，这个模型对认知性任务、可同时进行的工作和比较复杂的工作的处理都比较粗糙。尽管有这些问题，但这个模型仍然是在设计中应用得最成功的一个模型。

三、脑力负荷预测方法

奥尔德里奇（Aldrich）等人开发的脑力负荷预测方法与前面提出的方法有些相似，但又增加了新的内容。该种方法分为四个阶段。

（1）工作分析阶段　在这个阶段把操作人员在系统中应该完成的任务逐级进行分解。即系统—使命—阶段使命—功能—任务—行为—人的工作部位。

例如，某个系统有5个不同使命，其中某项使命可分为12个功能、32个任务。这些任务是通过人的行动来完成的，完成每项任务需要用人的不同部位。

（2）估计每项任务所需时间　一般把任务分为连续性任务和间断性任务两大类。间断性任务用肉眼可以看到，有起点和终点，时间比较容易测量。连续性任务时间确定比较困难，一般由专家意见确定。

（3）确定人的各部位被占用情况　根据威肯斯（Wicknes）的多资源理论，人的不同部位是可以同时完成不同任务的。人的工作系统分为感觉、认知、反应三个子系统，感觉系统又可分为视觉、听觉、触觉等。因此，人的工作系统被分为五种可以同时工作的子系统。不同子系统工作内容不同，脑力负荷不同，为解决此类问题，奥尔德里奇等人把子系统的脑力负荷定为0~7之间，表10-8所列为奥尔德里奇模型视觉负荷表。表中值是根据专家调查获得的。

表 10-8　奥尔德里奇模型视觉负荷表

负 荷 值	描　　述
1.0	看到物体
3.7	区别看到的物体
4.0	检查
5.0	寻找
5.4	追踪视觉目标
5.9	阅读
7.0	不停地观察

操作人员在工作时的脑力负荷就是操作人员的五个子系统在某个时刻所承受的负荷之和。例如，如果操作人员在阅读指示（负荷为 5.9）的同时还要进行手动控制来按键钮（负荷为 2.2），则脑力负荷为 5.9＋2.2＝8.1。他们规定，这样计算出来的脑力负荷超过 8 之后，脑力负荷就被认为过重。

他们用这种方法比较了直升机由一个人操作和由两个人操作的脑力负荷。当只有一个飞行员时，脑力负荷过重情形出现 263 次，当有一个飞行员和一个辅助人员时，脑力负荷过重情况出现 43 次。显然，这种预测方法对系统设计人员非常有用。

奥尔德里奇模型也存在一定的问题，该模型还没有接受实践检验，系统的负荷值为专家的主观值，在一定程度上影响了结果的客观性。另外，负荷的计算是各子系统负荷的简单相加，把 8 确定为脑力负荷过重的判断标准还缺乏科学的根据。

在系统设计中，操作人员能否完成系统赋予的任务是系统设计人员最关心的问题。而操作人员能否完成任务在很大程度上取决于操作人员是否有充足的时间。因此，用时间分析法预测脑力负荷与系统设计的目的是统一的。脑力负荷实际预测指标是与时间相关的指标，并不是脑力负荷。例如，用时间压力代替脑力负荷，用工作时间比例作为脑力负荷等。因此，需要对脑力工作负荷的定义统一认识，以便把不同的研究结果进行比较。到目前为止波音公司的模型得到了验证，其他模型很少接受来自实践数据的检验。

　第四节　脑力疲劳及其消除

一、脑力疲劳的含义

脑力疲劳一般是指人体肌肉工作强度不大，但由于神经系统紧张程度过高或长时间从事单调、厌烦的工作而引起的第二信号系统活动能力减退，大脑神经活动处于抑制状态的现象。表现为头昏脑涨、失眠或贪睡、全身乏力、注意力不集中、心情烦躁、情绪低落、百无聊赖、倦于工作、工作效率下降等。脑力疲劳的产生不仅与当时所处的情境因素有关，而且与操作者的情绪状态有密切关系。

二、脑力疲劳的产生与积累

脑力疲劳的产生与下列因素有密切关系：

（1）高脑力负荷　过高的脑力负荷造成操作者高度的心理应激。从觉醒水平模型角度分析，在一定的适宜范围内，觉醒能维持大脑的兴奋性，有利于注意力的保持和集中。但过高的脑力负荷使人体超出这一范围，操作者将处于十分紧张的状态，无法组织有计划的行为。表现为注意力不集中、思想迟钝、情绪低落以及工作效率降低等。

（2）单调作业　单调是指作业过程中出现许多短暂而又高度重复的作业。单调作业一般具有以下特点：①作业简单、变化少、刺激少，引不起兴趣。②受制约多，缺乏自主性，容易丧失工作热情。③对作业者技能、学识等要求不高，易造成作业者消极情绪。④只完成工作的一小部分，体验不到整个工作的目的、意义。⑤能量消耗不多，却容易引起疲劳。

单调作业使操作者知觉到的对系统的"控制"程度减至最低水平，因而产生不愉快、枯燥、缺乏兴趣和挑战、压抑以及觉得工作永无止境等消极情绪，这种由单调诱发的消极情绪称为单调感。单调感对人的影响可从下列几个方面反映出来：

1）在作业过程中，变更作业或操作细节，改变作业节奏。单调感与生理疲劳不同。生理疲劳有渐进性、阶段性，表现为作业能力降低。而单调感即使在轻松的作业中也会发生，具有起伏波动，无渐进性、阶段性，作业能力时高时低、不稳定等特征。

2）工作质量下降，错误率增加。

3）使作业能力动态曲线发生变化。单调作业在上午工作1h后，下午工作0.5h后即出现工作效率下降的现象。在作业能力的稳定期，作业者似乎进入疲劳期。在工作快结束时，由于各种原因，操作者的工作效率有时会出现一次明显的提高，即发生终末激发现象。

4）对工作无兴趣，情绪不佳，注意力不集中，作业很难坚持下去。单调作业虽然不需要消耗很大的体力，但千篇一律重复出现的刺激，使人的兴奋始终集中于局部区域，而其周围很快会产生抑制状态，并在大脑皮质中扩散，经过一段时间，就会出现疲劳现象。此外，随着技术不断进步，劳动分工越来越细，使作业在很小的范围内反复进行，这种高度单调的作业，压抑了作业者的工作兴趣，引起极度厌烦等消极情绪，产生心理疲劳。其主要表现为体力不支、注意力不集中、思维迟缓、懒散、寂寞和欲睡等。

（3）操作者对工作的态度、期望、动机及情绪状态　这些因素对脑力疲劳的产生和发展也有较大影响。

对脑力疲劳来说，疲劳体验与操作绩效并不一定具有对应关系。例如，一个工人可能在工作过程中感到极度的疲劳，主诉"筋疲力尽"，但其操作绩效却没有明显的下降。相反，在另外的情境中，操作者的绩效已明显下降，但主观疲劳体验较轻。显然，这期间工作态度和动机起着很大的作用。工作热情高、有积极工作动机的操作者可以忽视外界负荷对人体的影响而持续工作。工作热情低、毫无继续工作动机的操作者对外界负荷极为敏感，往往夸大或高估不利的效应。

期望对疲劳产生的影响也相当明显。许多研究者探索了8h工作效率的变化规律，结果发现，随着工作时间的延续，工作效率逐渐下降，休息后继续工作，效率有一定的回升。有趣的是，当工作日快结束时，工作效率会有较明显的提高，这种现象称为终末激发。出现这种现象的原因是操作者意识到工作结束时间快到，结束工作的期望很快就要实现，促使操作者的劳动积极性大大提高，从而使绩效得到提高。

脑力疲劳与生理疲劳不同，它易受情绪因素的影响。消极的情绪使操作者体验到更多的疲劳效应，积极的情绪往往降低操作者积累的疲劳。重大比赛结束后，胜负双方的脑力疲劳体验就是一个极为典型的例子。

三、脑力疲劳的消除

脑力疲劳的消除应该考虑从以下几个方面入手：

（1）改善环境因素 对于环境因素，噪声、照明、色彩、电脑辐射等都会对脑力疲劳产生影响。①研究表明噪声较低、相对安静的工作环境有利于大脑积极地思考，乐声柔和舒缓的工作环境有利于消除大脑消极、紧张情绪。②工作环境的照明度过低或者过高都会对人体大脑的辨识能力产生负面影响。照明过低会使眼睛最大限度地收集光线，加速视觉疲劳；照明度过高会使眼部调节系统和大脑皮质处于紧张状态，加速脑力疲劳。③不同色彩对人的心理和大脑带来的刺激是不同的，或兴奋、或压抑、或安静、或不安，协调的色彩搭配可以减缓人的脑力疲劳，如绿色有利于减缓人的脑力疲劳。④长期的电脑辐射会影响人体各项生理系统的正常运行，降低人体的自身免疫力，从而加速脑力疲劳。

（2）降低脑力负荷的强度和缩短脑力作业的持续时间 脑力疲劳是脑力负荷在一定时间内累积产生的，因此降低负荷的强度能够推迟脑力疲劳到达的时间，以及降低疲劳的累积速度。而缩短脑力作业时间能够直接减少脑力疲劳的累积。可采取的方式有适当增加休息次数、延长休息时间、缩短轮班时间等。

（3）避免单调作业

1）操作再设计。研究表明，工人从事的操作项目越多，评价该工作令人感兴趣的百分数就越大。根据作业者的生理和心理特点重新设计作业内容，使作业内容丰富化，已成为提高生产率的一种趋势。国际商用机器公司（IBM）的沃克（Walker），对电动打字机框架装配操作进行了合并。合并前，由辅助装配工完成框架装配的简单操作，然后在流水线上由正式装配工调整，再由检验工进行检验。合并后，辅助装配工变为正式装配工，进行装配、调整、检验，并负责看管设备运行，既提高了产品质量，也减少了缺勤和工伤事故。

2）操作变换。即用一种单调操作代替另一种单调操作。在进行操作变换时，所变换的工作之间的关系对消除单调感有很大的影响。一般认为，变换的工作之间在内容上的差异越大越好。另外，在操作强度不变的条件下，从单调感较强的工作变换为单调感较弱的工作时，结果通常是理想的。相反，将单调感相对较弱的工作变换为单调感相对较强的工作，则往往不受操作者欢迎。

日本企业非常重视作业变换的作用，他们把作业内容的变换巧妙地同职工成长结合起来，其做法是每个人在某一工序中的作业，要进行4步变换：①会操作并能出好产品。②会进行工具调整。③改变加工对象时，能调整设备。④改变加工对象后能出好产品。工人在该工序完成了一轮作业变换，就可以调到班内其他工序上工作，谁先完成班内的所有工序，谁就当工长。这种做法大大降低了职工的工作单调感，不断接触新的挑战性工作。工作变得具有吸引力，职工从中看到了自我成长的可能性，士气大增，工作效率不断提高。

另外，我国有的企业为了提高操作人员的操作技能及避免人员流失给企业带来的损失，对工人进行不同岗位的轮训，在客观上也起到了克服单调感的作用。

3）突出工作的目的性。如参观全部工艺流程及其宣传画，设置中间目标等，使作业者意识到单项操作是最终产品的基本组成。中间目标的到达，会给人以鼓舞，增强信心。

4）动态报告作业完成情况。在工作地放置标识板，每隔相同时间向工人报告作业信息，让工人知道自己的工作成果，这样可激发工人的工作热情。

5）推行弹性工作法。作业者在保证任务完成的前提下，可以自由支配时间，如弹性工作制等。这样会使时间浪费减少，充分利用节约的时间去休息、学习、研究，提高工作生活质量。

6）利用音乐消除单调感觉。在单调工作情境中用音乐来减轻操作者的厌烦感，是常用的方法。音乐有提高生产量及推延厌烦和疲劳出现的功效。但音乐减轻操作者厌烦感只对那些简单的或重复性的操作有效，而对较为复杂的操作无益。在复杂的操作中，音乐还往往会使操作的质量受到损害。另外，操作者的工作经历是影响音乐效应的因素。有经验的操作者往往不受音乐的影响。而对那些经验不足的操作者，音乐能提高产量。由音乐获得的益处还与工作时刻有关。一般来说，在有音乐伴随的情况下，上午操作比下午能更多地提高产量。

工作期间播放音乐，对操作者的工作态度同样有很大的影响。大量的研究表明，尽管有1%～10%的个体受到音乐的干扰（主要是老年人），感到烦躁，但大部分工人更喜欢在音乐下工作。另外，人们还发现，乐曲比演唱有更好的效果，受到更多人的欢迎。但必须指出，音乐只起着类似于"兴奋剂"的作用，它能使被单调工作弄得十分厌烦的操作者活跃起来，重新充满工作活力，却不能减轻由于体力劳动诱发的肌肉疲劳。工作疲劳只能通过适当的休息或缩短工作时间来消除。

复习思考题

1. 什么是脑力负荷？它的影响因素是什么？
2. 脑力负荷的评价方法有哪些？
3. 试述主观评价法及其特点。
4. 主观评价法包括哪几种方法？
5. 主观评价法的缺陷有哪些？
6. 什么是主任务测量法？具体包括哪几种方法？
7. 试述辅助任务测量法的原理。
8. 辅助任务的种类有哪些？
9. 生理测量法包括哪几种方法？
10. 脑力负荷预测主要有哪几种方法？
11. 什么是脑力疲劳？其产生的原因是什么？
12. 什么是单调作业、单调感？避免单调作业应采取哪些措施？

思 政 案 例

第10章　我国实现在空间站开展脑电实验研究

第十一章
人 体 测 量

人体测量学是人因工程学的重要组成部分。为了使各种与人体尺寸有关的设计能符合人的生理特点，使人在使用时处于舒适的状态和适宜的环境之中，就必须在设计中充分考虑人体尺寸，因此要求设计者掌握人体测量学方面的基本知识，熟悉人体测量方法及人体测量数据的性质、应用方法和使用条件。

 ## 第一节　人体测量概述

人体测量学是一门新兴的学科，它是通过测量人体各部位尺寸来确定个体之间和群体之间在人体尺寸上的差别，用以研究人的形态特征，从而为各种工业设计和工程设计提供人体测量数据。这些测量数据对工作空间的设计、机器与设备设计以及操纵装置等设计具有重要的意义，并直接关系到合理地布置工作地，保证合理的工作姿势，使操作者能安全、舒适、准确地工作，减少疲劳和提高工作效率。

一、人体测量的基本术语

GB/T 5703—2010《用于技术设计的人体测量基础项目》规定了人因工程学使用的成年人和青少年的人体测量术语，其只有在被测者姿势、测量基准面、测量方向、测点等符合下述要求时，才是有效的。

（一）基本姿势

（1）立姿　立姿是指被测者身体挺直，头部以法兰克福平面定位，眼睛平视前方，肩部放松，上肢自然下垂，手伸直，掌心内向，手指轻贴大腿侧面，左、右足后跟并拢，前端分开大致呈45°夹角，体重均匀分布于两足。

（2）坐姿　坐姿是指被测者躯干挺直，头部以法兰克福平面定位，眼睛平视前方，膝弯曲大致成直角，足平放在地面上。

（二）测量基准面

人体测量基准面的定位是由三个互为垂直的轴（铅垂轴、纵轴和横轴）来决定的。人体测量中设定的轴线和基准面如图 11-1 所示。

（1）矢状面　通过铅垂轴和纵轴的平面及与其平行的所有平面都称为矢状面。

（2）正中矢状面 在矢状面中，把通过人体正中线的矢状面称为正中矢状面。正中矢状面将人体分成左、右对称的两部分。

（3）冠状面 通过铅垂轴和横轴的平面及与其平行的所有平面都称为冠状面。冠状面将人体分成前、后两部分。

（4）水平面 与矢状面及冠状面同时垂直的所有平面都称为水平面。水平面将人体分成上、下两部分。

（5）法兰克福平面 通过左、右耳屏点及右眼眶下点的水平面称为法兰克福平面，又称为眼耳平面。

（三）测量方向

1）在人体上、下方向上，将上方称为头侧端，下方称为足侧端。

2）在人体左、右方向上，将靠近正中矢状面的方向称为内侧，远离正中矢状面的方向称为外侧。

3）在四肢上，将靠近四肢附着部位的称为近位，远离四肢附着部位的称为远位。

4）对于上肢，将桡骨侧称为桡侧，尺骨侧称为尺侧。

5）对于下肢，将胫骨侧称为胫侧，腓骨侧称为腓侧。

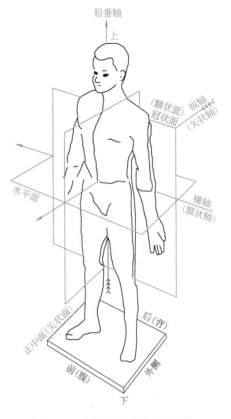

图 11-1 人体的基准面和基准轴

（四）支撑面、衣着和测量精确度

（1）支撑面 立姿时站立的地面或平台以及坐姿时的椅平面应是水平的、稳固的、不可压缩的。

（2）衣着 要求被测量者裸体或穿着尽量少的内衣（如只穿内裤和背心）测量，在后者情况下，测量胸围时，男性应撩起背心，女性应松开胸罩后进行测量，且免冠赤足。

（3）测量精确度 线性测量项目测量值读数精确度为1mm，体重读数精确度为0.5kg。

二、人体尺寸测量分类

人体形态测量数据主要有两类，即静态人体尺寸（或称人体构造尺寸）和动态人体尺寸（人体功能尺寸）。

（一）静态人体尺寸测量

静态人体尺寸测量是指被测者静止地站着或坐着进行的一种测量方式。静态测量的人体尺寸用作设计工作空间的大小、家具、产品界面元件以及一些工作设施等的设计依据。目前我国成年人静态测量项目中立姿有12项，坐姿有17项，详见GB/T 5703—2010《用于技术设计的人体测量基础项目》。

图 11-2 所示为静态下测出的男性身体处于站、坐、跪、卧、蹲等位置时的限制尺寸，供

设计时参考。

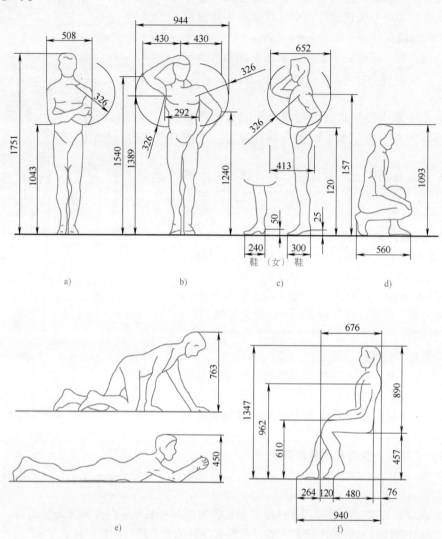

图 11-2　男性身体处于不同位置时的限制尺寸（单位：mm）

（二）动态人体尺寸测量

　　动态人体尺寸测量是指被测者处于动作状态下所进行的人体尺寸测量。动态人体尺寸测量的重点是测量人在执行某种动作时的身体动态特征。图 11-3 所示为车辆驾驶时的静态图和动态图。静态图（见图 11-3a）强调驾驶员与驾驶坐位、方向盘、仪表等的物理距离；动态图（见图 11-3b）则强调驾驶员身体各部位的动作关系。动态人体尺寸测量的特点是，在任何一种身体活动中，身体各部位的动作并不是独立完成的，而是协调一致的，具有连贯性和活动性。例如，手臂可及的极限并非只由手臂长度决定，它还受到肩部运动、躯干的扭转、背部的屈曲以及操作本身特性的影响。由于动态人体测量受多种因素的影响，故难以用静态人体测量资料来解决设计中的有关问题。

　　动态人体测量通常是对手、上肢、下肢、脚所及的范围以及各关节能达到的距离和能转动的角度进行测量。

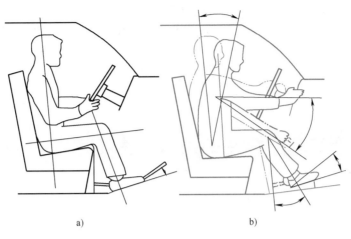

a)　　　　　　　　　　　　　b)

图 11-3　车辆驾驶时的静态图和动态图
a) 静态图　b) 动态图

三、人体测量方法

（一）传统人体测量

在传统人体测量中所采用的人体测量仪器有：人体测高仪、人体测量用直脚规、人体测量用弯脚规、人体测量用三脚平行规、量足仪、角度计、软卷尺以及医用磅秤等。我国对人体尺寸测量专用仪器已制定了标准，详见 GB/T 5704—2008。而通用的人体测量仪器可采用一般的人体生理测量的有关仪器。

测量时应在呼气与吸气的中间进行。其次序为从头向下到脚；从身体的前面，经过侧面，再到后面。测量时只许轻触测点，不可紧压皮肤，以免影响测量的准确性。身体某些长度的测量，既可用直接测量法，也可用间接测量法——两种尺寸相加减。另外，测量项目应根据实际需要确定，具体测量方法详见 GB/T 5703—2010《用于技术设计的人体测量基础项目》的有关规定。

（二）三维人体测量

人体测量技术的发展，经历了由接触式到非接触式、由二维到三维的过程，并向自动测量和利用计算机测量处理和分析的方向发展。随着计算机视觉技术的兴起，非接触式三维测量已成为现代人体测量技术的主要特征。

三维人体测量技术是以现代光学为基础，融光电子学、计算机图形学、信息处理、机械技术、电子技术、计算机视觉、软件应用技术和传感技术等科学技术于一体的测量技术，它在测量人体时把图像当作检测和传递信息的手段或载体加以利用，从人体图像中提取有用的信息。常用的有激光测量法、白光相位法、红外线测量法等方法。三维人体测量技术的优势主要体现在以下四个方面：

1）测量数据更丰富。比如以前测量头围，只能知道头部周长，现在通过三维扫描直接得到头部的完整形状，在头盔、帽子等设计中能够获取头部三维数据，使设计更合理。

2）测量时不受内衣颜色影响，测量精度高。完整人体扫描精度可达到 1mm 以下。

3）测量数据种类可随时扩增。手工测量时，测量后若想再了解一个项目数据，需要重新对数万样本进行再次测量，这几乎是不可能完成的；而通过三维扫描测量，人体完整的模型进入数据库，任何部位的尺寸数据都可以随时调取。

4）测量时间大大缩短。三维人体测量技术已达到 10s 完成对人体尺寸的全部扫描测量，加上测量前后的准备工作，也可在 10min 内完成，极大程度上提高了测量效率。

目前，中国标准化研究院人类工效学实验室采用先进的三维人体测量技术，依据科学的抽样方案和统一的测量规程开展全国范围内三维人体尺寸测量。

第二节 常用的人体测量数据

一、我国成年人人体结构（静态）尺寸

1989 年 7 月 1 日开始实施的 GB 10000—1988《中国成年人人体尺寸》根据人因工程学要求提供了我国成年人人体尺寸的基础数据，它适用于工业产品设计、建筑设计、军事工业以及工业的技术改造、设备更新及劳动安全保护。

标准中共提供了 7 类共 47 项人体尺寸基础数据，标准中所列出的数据是代表从事工业生产的法定中国成年人（男 18～60 岁，女 18～55 岁）人体尺寸，并按男、女分开列表。在各类人体尺寸数据表中，除了给出工业生产中法定成年人年龄范围内的人体尺寸，同时还将该年龄范围分为三个年龄段：18～25 岁（男、女）；26～35 岁（男、女）；36～60 岁（男）和 36～55 岁（女），且分别给出这些年龄段的各项人体尺寸数值。为了应用方便，各类数据表中的各项人体尺寸数值均列出其相应的百分位数。

（一）人体主要尺寸

GB 10000—1988 给出了身高、体重、上臂长、前臂长、大腿长、小腿长共 6 项人体主要尺寸数据，除体重外，其余 5 项主要尺寸的部位如图 11-4 所示，表 11-1 所列为我国成年人人体主要尺寸。

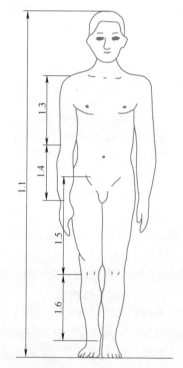

图 11-4　人体主要尺寸部位

表 11-1　我国成年人人体主要尺寸

年龄分组 百分位数 测量项目	男（18～60 岁）							女（18～55 岁）						
	1	5	10	50	90	95	99	1	5	10	50	90	95	99
1.1 身高/mm	1543	1583	1604	1678	1754	1775	1814	1449	1484	1503	1570	1640	1659	1697
1.2 体重/kg	44	48	50	59	71	75	83	39	42	44	52	63	66	74
1.3 上臂长/mm	279	289	294	313	333	338	349	252	262	267	284	303	308	319

（续）

测量项目 \ 百分位数 \ 年龄分组	男（18～60岁）							女（18～55岁）						
	1	5	10	50	90	95	99	1	5	10	50	90	95	99
1.4 前臂长/mm	206	216	220	237	253	258	268	185	193	198	213	229	234	242
1.5 大腿长/mm	413	428	436	465	496	505	523	387	402	410	438	467	476	494
1.6 小腿长/mm	324	338	344	369	396	403	419	300	313	319	344	370	376	390

（二）立姿人体尺寸

该标准中提供的成年人立姿人体尺寸有：眼高、肩高、肘高、手功能高、会阴高、胫骨点高，图 11-5 所示为立姿人体尺寸部位。我国成年人立姿人体尺寸见表 11-2。

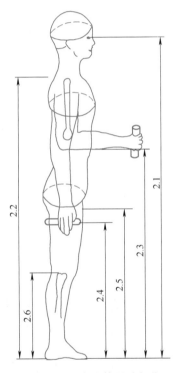

图 11-5　立姿人体尺寸部位

表 11-2　我国成年人立姿人体尺寸　　　　　　　　（单位：mm）

测量项目 \ 百分位数 \ 年龄分组	男（18～60岁）							女（18～55岁）						
	1	5	10	50	90	95	99	1	5	10	50	90	95	99
2.1 眼高	1436	1474	1495	1568	1643	1664	1705	1337	1371	1388	1454	1522	1541	1579
2.2 肩高	1244	1281	1299	1367	1435	1455	1494	1166	1195	1211	1271	1333	1350	1385
2.3 肘高	925	954	968	1024	1079	1096	1128	873	899	913	960	1009	1023	1050
2.4 手功能高	656	680	693	741	787	801	828	630	650	662	704	746	757	778
2.5 会阴高	701	728	741	790	840	856	887	648	673	686	732	779	792	819
2.6 胫骨点高	394	409	417	444	472	481	498	363	377	384	410	437	444	459

（三）坐姿人体尺寸

标准中的成年人坐姿人体尺寸包括：坐高、坐姿颈椎点高、坐姿眼高、坐姿肩高、坐姿肘高、坐姿大腿厚、坐姿膝高、小腿加足高、坐深、臀膝距、坐姿下肢长共 11 项，坐姿尺寸部位如图 11-6 所示，表 11-3 为我国成年人坐姿人体尺寸。

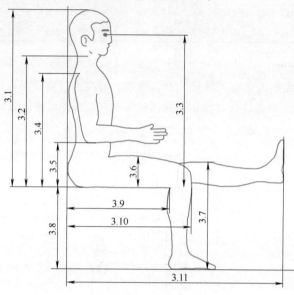

图 11-6　坐姿尺寸部位

表 11-3　我国成年人坐姿人体尺寸　　　　　　　　（单位：mm）

年龄分组 百分位数 测量项目	男（18～60 岁）							女（18～55 岁）						
	1	5	10	50	90	95	99	1	5	10	50	90	95	99
3.1 坐高	836	858	870	908	947	958	979	789	809	819	855	891	901	920
3.2 坐姿颈椎点高	599	615	624	657	691	701	719	563	579	587	617	648	657	675
3.3 坐姿眼高	729	749	761	798	836	847	868	678	695	704	739	773	783	803
3.4 坐姿肩高	539	557	566	598	631	641	659	504	518	526	556	585	594	609
3.5 坐姿肘高	214	228	235	263	291	298	312	201	215	223	251	277	284	299
3.6 坐姿大腿厚	103	112	116	130	146	151	160	107	113	117	130	146	151	160
3.7 坐姿膝高	441	456	464	493	523	532	549	410	424	431	458	485	493	507
3.8 小腿加足高	372	383	389	413	439	448	463	331	342	350	382	399	405	417
3.9 坐深	407	421	429	457	486	494	510	388	401	408	433	461	469	485
3.10 臀膝距	499	515	524	554	585	595	613	481	495	502	529	561	570	587
3.11 坐姿下肢长	892	921	937	992	1046	1063	1096	826	851	865	912	960	975	1005

（四）人体水平尺寸

标准中提供的人体水平尺寸是指：胸宽、胸厚、肩宽、最大肩宽、臀宽、坐姿臀宽、坐姿两肘间宽、胸围、腰围、臀围共 10 项，人体水平尺寸部位如图 11-7 所示，我国成年人人体水平尺寸见表 11-4。

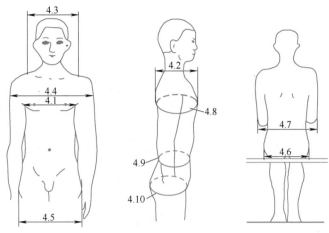

图 11-7 人体水平尺寸部位

表 11-4 我国成年人人体水平尺寸　　　　　　　　（单位：mm）

测量项目 \ 年龄分组 \ 百分位数	男（18～60 岁）							女（18～55 岁）						
	1	5	10	50	90	95	99	1	5	10	50	90	95	99
4.1 胸宽	242	253	259	280	307	315	331	219	233	239	260	289	299	319
4.2 胸厚	176	186	191	212	237	245	261	159	170	176	199	230	239	260
4.3 肩宽	330	344	351	375	397	403	415	304	320	328	351	371	377	387
4.4 最大肩宽	383	398	405	431	460	469	486	347	363	371	397	428	438	458
4.5 臀宽	273	282	288	306	327	334	346	275	290	296	317	340	346	360
4.6 坐姿臀宽	284	295	300	321	347	355	369	295	310	318	344	374	382	400
4.7 坐姿两肘间宽	353	371	381	422	473	489	518	326	348	360	404	460	478	509
4.8 胸围	762	791	806	867	944	970	1018	717	745	760	825	919	949	1005
4.9 腰围	620	650	665	735	859	895	960	622	659	680	772	904	950	1025
4.10 臀围	780	805	820	875	948	970	1009	795	824	840	900	975	1000	1044

选用 GB 10000—1988 中所列人体尺寸数据时，应注意以下要点：

1）表列数值均为裸体测量的结果，在设计时，应根据各地区不同的着衣量进行修正。

2）立姿时要求自然挺胸直立，坐姿时要求端坐。如果用于其他立、坐姿的设计（如放松的坐姿），要增加适当的修正量。

3）由于我国地域辽阔，不同地区间人体尺寸差异较大，为了能选用合乎各地区的人体尺寸，将人体尺寸按照测量样本所在地区进行大类划分，具体如下：

① 东北、华北区。包括黑龙江、吉林、辽宁、内蒙古、山东、北京、天津、河北。

② 西北区。包括甘肃、青海、陕西、山西、西藏、宁夏、河南、新疆。

③ 东南区。包括安徽、江苏、上海、浙江。

④ 华中区。包括湖南、湖北、江西。

⑤ 华南区。包括广东、广西、福建。

⑥ 西南区⊖。包括贵州、四川、云南。

————————————
⊖ 本标准颁布自 1988 年，当时重庆尚未直辖，可选用四川的数据。

表11-5 所列数据为六大区域年龄为18~60岁人的身高、胸围、体重的平均值 $\bar{X}$ 及标准差 S_D。

表11-5 身高、胸围、体重的平均值 $\bar{X}$ 及标准差 S_D

项 目		东北、华北区		西北区		东南区		华中区		华南区		西南区	
		平均值 $\bar{X}$	标准差 S_D	平均值 $\bar{X}$	标准差 S_D	平均值 $\bar{X}$	标准差 S_D	平均值 $\bar{X}$	标准差 S_D	平均值 $\bar{X}$	标准差 S_D	平均值 $\bar{X}$	标准差 S_D
体重	男	64	8.2	60	7.6	59	7.7	57	6.9	56	6.9	55	6.8
/kg	女	55	7.7	52	7.1	51	7.2	50	6.8	49	6.5	50	6.9
身高	男	1693	56.6	1684	53.7	1686	55.2	1669	56.3	1650	57.1	1647	56.7
/mm	女	1586	51.8	1575	51.9	1575	50.8	1560	50.7	1549	49.7	1546	53.9
胸围	男	888	55.5	880	51.5	865	52.0	853	49.2	851	48.9	855	48.3
/mm	女	848	66.4	837	55.9	831	59.8	820	55.8	819	57.6	809	58.8

二、我国成年人的人体功能（动态）尺寸

GB 10000—1988 标准中只提供了成年人人体结构尺寸的基础数据，并没有给出成年人的有功能作用的尺寸数据，但在设计中常需要一些人体功能尺寸。动态人体测量通常是对手、上肢、下肢、脚所及的范围以及各关节能达到的距离和能转动的角度进行测量。由于人主要依靠上肢从事各项操作活动，因此本节只给出上肢功能（动态）尺寸。它包括上肢中指指尖点伸及距离和上肢握物伸及距离。表11-6 所列为我国成年人男女取立、坐、俯卧、跪、爬等姿势的上肢功能尺寸的不同百分位数数据。

表11-6 我国成年人男女上肢功能尺寸 （单位：mm）

测 量 项 目	男（18~60岁）			女（18~55岁）		
	P_5	P_{50}	P_{96}	P_5	P_{50}	P_{96}
立姿双手上举高	1971	2108	2245	1845	1968	2089
立姿双手功能上举高	1869	2003	2138	1741	1860	1976
立姿双手左右平展宽	1579	1691	1802	1457	1559	1659
立姿双臂功能平展宽	1374	1483	1593	1248	1344	1438
立姿双肘平展宽	816	875	936	756	811	869
坐姿前臂手前伸长	416	447	478	383	413	442
坐姿前臂手功能前伸长	310	343	376	277	306	333
坐姿上肢前伸长	777	834	892	712	764	818
坐姿上肢功能前伸长	673	730	789	607	657	707
坐姿双手上举高	1249	1339	1426	1173	1251	1328
跑姿体长	592	626	661	553	587	624
跪姿体高	1190	1260	1330	1137	1196	1258
俯卧体长	2000	2127	2257	1867	1982	2102
俯卧体高	364	372	383	359	369	384
爬姿体长	1247	1315	1384	1183	1239	1296
爬姿体高	761	798	836	694	738	783

第三节 人体测量数据的应用

一、人体测量中的主要统计指标

在对人体测量数据做统计处理时，通常使用三个统计量——算术平均值、标准差、百分

位数，利用这些统计量就能很好地描述人体尺寸的变化规律。

1. 平均值

它表示样本的测量数据集中地趋向某一值，该值称为平均值，简称均值。平均值是描述测量数据位置特征的值，可用来衡量一定条件下的测量水平或概括地表现测量数据集中情况。对于有 n 个样本的测量值：x_1，x_2，$\cdots$，x_n，其均值为

$$\overline{X} = \frac{x_1 + x_2 + \cdots + x_n}{n} = \frac{1}{n} \sum_{i=1}^{n} x_i \tag{11-1}$$

2. 标准差

它表明一系列测量值对平均值的波动情况。标准差大，表明数据分散，远离平均值；标准差小，表明数据接近平均值。标准差可以衡量变量值的变异程度和离散程度，也可以概括地估计变量值的频数分布。对于均值为 $\overline{X}$ 的 n 个样本测量值：x_1，x_2，$\cdots$，x_n，其标准差 S_D 的一般计算式为

$$S_D = \left[\frac{1}{n-1} \left(\sum_{i=1}^{n} x_i^2 - n \overline{x}^2 \right) \right]^{\frac{1}{2}} \tag{11-2}$$

3. 百分位数

百分位数表示设计的适应域。在人因工程学中常用的是第5、第50、第95百分位数。第5百分位数代表"矮身材"，即只有5%的人群的数值低于此下限数值；第50百分位数代表"适中"身材，即分别有50%的人群的数值高于或低于此值；第95百分位数代表"高"身材，即只有5%的人群的数值高于此上限值。

在人体测量资料中，常常给出的是第5、第50和第95百分位数值。在设计中，当需要得到任一百分位 a 的数值 X_a 时，则可按下式进行计算

$$X_a = \overline{X} \pm S_D K \tag{11-3}$$

式中，$\overline{X}$ 是平均值（mm）；S_D 是标准差（mm）；K 是百分比变换系数，设计中常用的百分比与变换系数 K 的关系见表11-7。

当求 1% ~ 50% 之间的百分位数时，式中取 " – "；当求 50% ~ 99% 之间的百分位数时，式中取 " + "。

表 11-7　百分比与变换系数 K

百分比（%）	K	百分比（%）	K	百分比（%）	K
0.5	2.576	25	0.674	90	1.282
1.0	2.326	30	0.524	95	1.645
2.5	1.960	50	0.000	97.5	1.960
5	1.645	70	0.524	99.0	2.326
10	1.282	75	0.674	99.5	2.576
15	1.036	80	0.842		
20	0.842	85	1.036		

例 11-1　设计适用于90%东南区男性使用的产品，试问应按怎样的身高范围设计该产品的尺寸？

解：由表11-5查得东南区男性身高平均值 $\overline{X} = 1686$ mm，标准差 $S_D = 55.2$ mm。要求产品适用于90%的人群，故应以第5百分位数为下限，第95百分位数为上限进行设计，由表11-7查得，5%与95%的变换系数 $K = 1.645$。

由此可求得第 5 百分位数值为

$$X_5 = \overline{X} - S_D K = (1686 - 55.2 \times 1.645)\,\text{mm} = 1595.2\,\text{mm}$$

第 95 百分位数值为

$$X_{95} = \overline{X} + S_D K = (1686 + 55.2 \times 1.645)\,\text{mm} = 1776.8\,\text{mm}$$

结论：按身高 1595.2 ~ 1776.8mm 设计产品尺寸，将适用于 90% 的东南区男性。

由上述计算过程可知，平均值是作为设计的基本尺寸，而标准差是作为设计的调整量。

当需得到某项人体测量尺寸 X_i 对应的百分率 P 时，可按下列步骤及公式求得

（1）求 Z

$$Z = \frac{X_i - \overline{X}}{S_D} \tag{11-4}$$

（2）百分率 P

$$P = 0.5 + s \tag{11-5}$$

式中，P 是尺寸小于等于 X_i 的人群占总体的百分比；s 是概率数值，可根据上面公式求得的 Z 值，在表 11-8 中查取。

例 11-2　已知女性 A 身高 1610mm，试求有百分之几的东北女性超过其高度。

解：由表 11-5 查得东北女性身高平均值 $\overline{X} = 1586\text{mm}$，标准差 $S_D = 51.8\text{mm}$。由上式求得

$$Z = \frac{1610 - 1586}{51.8} = \frac{24}{51.8} \approx 0.463$$

根据 Z 值查表 11-8 得 $s = 0.1772$（取近似值 0.177），由公式求得 P 值为

$$P = 0.5 + 0.177 = 0.677$$

结论：身高在 1610mm 以下的东北女性为 67.7%，超过女性 A 身高的东北女性则为 32.3%。

使用人体测量数据时应注意以下问题：

1）对供大多数人使用的设计一般应考虑让 90%、95% 或 99% 的人适合，只排除 10%、5% 或 1% 的人。排除的人数决定设计的后果及经济效果。

2）选择人体测量数据时，必须注意总人口的人体尺寸分布与各专业部门的人体尺寸分布的不同。另外，年龄、性别、地区、民族、职业等也是影响人体尺寸的因素。

3）人体尺寸随着年代变化而发生变化，而且呈代代增高的现象。使用人体尺寸时必须考虑测量年代，进行必要的修正。

表 11-8　正态分布表

Z	0	1	2	3	4	5	6	7	8	9
0.0	0.0000	0.0040	0.0080	0.0120	0.0130	0.0199	0.0239	0.0279	0.0319	0.0359
0.1	0.0398	0.0438	0.0478	0.0517	0.0557	0.0596	0.0636	0.0675	0.1714	0.0754
0.2	0.0793	0.0832	0.0871	0.0910	0.0948	0.987	0.1026	0.1064	0.1103	0.1141
0.3	0.1179	0.1217	0.1255	0.1293	0.31331	0.1368	0.1406	0.1443	0.1480	0.1517
0.4	0.1554	0.1591	0.1628	0.1664	0.1700	0.1736	0.1772	0.1808	0.1844	0.1879
0.5	0.1915	0.1950	0.1985	0.2019	0.2054	0.2088	0.2123	0.2157	0.2190	0.2224
0.6	0.2258	0.2291	0.2324	0.2357	0.2389	0.2422	0.2454	0.2486	0.2518	0.2549
0.7	0.2580	0.2612	0.2642	0.2673	0.2704	0.2734	0.2764	0.2794	0.2823	0.2852
0.8	0.2881	0.2910	0.2939	0.2967	0.2996	0.3023	0.3051	0.3078	0.3106	0.3133
0.9	0.3159	0.3186	0.3212	0.3238	0.3264	0.3289	0.3315	0.3340	0.3365	0.3389
1.0	0.3413	0.3438	0.3461	0.3485	0.3508	0.3531	0.3554	0.3577	0.3599	0.3621

（续）

Z	0	1	2	3	4	5	6	7	8	9
1.1	0.3643	0.3665	0.3686	0.3708	0.3729	0.3749	0.3770	0.390	0.3810	0.3830
1.2	0.3849	0.3869	0.3888	0.3907	0.3925	0.3944	0.3962	0.3980	0.3997	0.4015
1.3	0.4032	0.4049	0.4066	0.4082	0.4099	0.4115	0.4131	0.4147	0.4162	0.4177
1.4	0.4192	0.4207	0.4333	0.4236	0.4251	0.4265	0.4279	0.4292	0.4306	0.4319
1.5	0.4332	0.4345	0.4357	0.4370	0.4382	0.4394	0.4406	0.4418	0.4429	0.4441
1.6	0.4452	0.4463	0.4474	0.4484	0.4495	0.4505	0.4515	0.4525	0.4535	0.4545
1.7	0.4554	0.4564	0.4573	0.4582	0.4591	0.4599	0.4608	0.4616	0.4625	0.4633
1.8	0.4641	0.4649	0.4656	0.4664	0.4671	0.4678	0.4686	0.4693	0.4699	0.4706
1.9	0.4713	0.4719	0.4726	0.4732	0.4738	0.4744	0.4750	0.4756	0.4761	0.4767
2.0	0.4772	0.4778	0.4783	0.4788	0.4793	0.4798	0.4803	0.4808	0.4812	0.4817
2.1	0.4821	0.4826	0.4830	0.4834	0.4838	0.4842	0.4846	0.4850	0.4854	0.4857
2.2	0.34861	0.4864	0.4868	0.4871	0.4872	0.4878	0.4881	0.4884	0.4887	0.4890
2.3	0.34893	0.4896	0.4998	0.4901	0.4904	0.4906	0.4909	0.4911	0.4913	0.4916
2.4	0.4918	0.4920	0.4922	0.4925	0.4927	0.4929	0.4931	0.4932	0.4934	0.4936
2.5	0.4938	0.4940	0.4941	0.4943	0.4945	0.4946	0.4948	0.4949	0.4951	0.4952
2.6	0.4953	0.4955	0.4956	0.4957	0.4959	0.4960	0.04961	0.4962	0.4963	0.4964
2.7	0.4965	0.4966	0.4967	0.4968	0.4969	0.4970	0.4971	0.4972	0.4973	0.4974
2.8	0.4974	0.4975	0.4967	0.4977	0.4977	0.4978	0.4979	0.4979	0.4980	0.4981
2.9	0.4981	0.4982	0.4982	0.4983	0.4984	0.4984	0.4985	0.4985	0.4986	0.4986
3.0	0.4987	0.4987	0.4987	0.4988	0.4988	0.4989	0.4989	0.4989	0.4990	0.4990
3.1	0.4990	0.4991	0.4991	0.4991	0.4992	0.4992	0.4992	0.4992	0.4993	0.4993
3.2	0.4993	0.4993	0.4994	0.4994	0.4994	0.4994	0.4994	0.4995	0.4995	0.4995
3.3	0.4995	0.4995	0.4995	0.4996	0.4996	0.4996	0.4996	0.4996	0.4996	0.4997
3.4	0.4997	0.4997	0.4997	0.4997	0.4997	0.4997	0.4997	0.4997	0.4997	0.4998
3.5	0.4998	0.4998	0.4998	0.4998	0.4498	0.4998	0.4998	0.4998	0.4998	0.4998
3.6	0.4998	0.4998	0.4998	0.4999	0.4999	0.4999	0.4999	0.4999	0.4999	0.4999
3.7	0.4999	0.4999	0.4999	0.4999	0.4999	0.4999	0.4999	0.4999	0.0499	0.4999
3.8	0.4999	0.4999	0.4999	0.4999	0.4999	0.4999	0.4999	0.4999	0.4999	0.4999
3.9	0.5000	0.5000	0.5000	0.5000	0.5000	0.5000	0.5000	0.5000	0.5000	0.5000

二、人体尺寸数据的应用

只有在熟悉人体测量基本知识之后，才能选择和应用各种人体数据，否则有的数据可能被误读，如果使用不当，还可能导致严重的设计错误。另外，各种统计数据不能作为设计中的一般常识，也不能代替严谨的设计分析。因此，当设计中涉及人体尺度时，设计者必须掌握数据测量定义、适用条件、百分位的选择等方面的知识，才能正确应用有关数据。

（一）人体测量数据的运用准则

在运用人体测量数据进行设计时，应遵循以下几个准则：

（1）最大最小准则　该准则要求根据具体设计的目的，选用最小或最大人体参数。例如，人体身高常用于通道和门的最小高度设计，为尽可能使所有人（99%以上）通过时不发生撞头事件，通道和门的最小高度设计应使用高百分位身高数据；而操作力设计则应按最小操纵力准则设计。

（2）可调性准则　对与健康安全关系密切或减轻作业疲劳的设计应按可调性准则设计，即在使用对象群体的5%～95%可调。例如，汽车座椅应在高度、靠背倾角、前后距离等尺度上可调。

（3）平均性准则　虽然平均这个概念在有关人使用的产品、用具设计中不太合理，但诸如门拉手、锤子和刀的手柄等，用平均值进行设计更合理。同理，对于肘部平放高度设计，由于主要目的是能使手臂得到舒适的休息，故选用第50百分位数据是合理的，对于中国人而言，这个高度在14~27.9cm之间。

（4）使用最新人体数据准则　所有国家的人体尺度都会随着年代、社会经济的变化而不同。因此，应使用最新的人体数据进行设计。

（5）地域性准则　一个国家的人体参数与地理区域分布、民族等因素有关，设计时必须考虑实际服务的区域和民族分布等因素。

（6）功能修正与最小心理空间相结合准则　有关标准公布的人体数据是在裸体（或穿单薄内衣）、不穿鞋的条件下测得的，而设计中所涉及的人体尺度是在穿衣服、穿鞋甚至戴帽条件下的人体尺寸。因此，考虑有关人体尺寸时，必须给衣服、鞋、帽留下适当的余量，也就是应在人体尺寸上增加适当的着装修正量。所有这些修正量总计为功能修正量。于是，产品的最小功能尺寸可由下式确定

$$X_{\min} = X_a + \Delta_f \tag{11-6}$$

式中，$X_{\min}$是最小功能尺寸（mm）；X_a是第a百分位人体尺寸数据（mm）；Δ_f是功能修正量（mm）。

功能修正量随产品不同而异，通常为正值，但有时也可能为负值。通常用实验方法求得功能修正量，但也可以通过统计数据获得。对于着装和穿鞋修正量可参照表11-9中的数据确定。对坐姿和立姿作业而言，作业时身体不可能保持直立状态，因此有关作业姿势修正量的常用数据是：立姿时的身高、眼高数据减10mm，坐姿时的坐高、眼高数据减44mm。考虑操作功能修正量时，应以上肢前展长为依据，而上肢前展长是后背至中指尖点的距离，因而对操作不同功能的控制器应做不同的修正。例如，按钮开关可减12mm；搬动搬钮开关则减25mm。

表11-9　正常人着装和穿鞋修正量值

项　目	尺寸修正量/mm	修正原因
立姿高	25~38	鞋高
坐姿高	3	裤厚
立姿眼高	36	鞋高
坐姿眼高	3	裤厚
肩宽	13	衣
胸宽	8	衣
胸厚	18	衣
腹厚	23	衣
立姿臀宽	13	衣
坐姿臀宽	13	衣
肩高	10	衣（包括坐高3mm及肩7mm）
两肘间宽	20	
肩—肘	8	手臂弯曲时，肩肘部衣物压紧
臂—手	5	
叉腰	8	
大腿厚	13	
膝宽	8	
膝高	33	
臀—膝	5	
足宽	13~20	
足长	30~38	
足后跟	25~38	

另外，为了克服人们心理上产生的"空间压抑感""高度恐惧感"等心理感受，或者为了满足人们"求美""求奇"等心理需求，在产品最小功能尺寸上附加一项增量，称为心理修正量。考虑了心理修正量的产品功能尺寸称为最佳功能尺寸，计算式为

$$X_{\text{opm}} = X_{\text{a}} + \Delta_{\text{f}} + \Delta_{\text{p}} \qquad (11\text{-}7)$$

式中，X_{opm} 是最佳功能尺寸（mm）；X_{a} 是第 a 百分位人体尺寸数据（mm）；Δ_{f} 是功能修正量（mm）；Δ_{p} 是心理修正量（mm）。

心理修正量可用实验方法求得，一般通过被试者主观评价表的评分结果进行统计分析求得心理修正量。

（7）姿势与身材相关联准则　劳动姿势与身材大小要综合考虑，不能分开。例如，坐姿或蹲姿的宽度设计要比立姿的大。

（8）合理选择百分位和适用度准则　设计目标不同，选用的百分位和适应度也不同。常见设计和人体数据百分位选择归纳如下。

1）凡间距类设计，一般取较高百分位数据，常取第 95 百分位的人体数据。

2）凡净空高度类设计，一般取高百分位数据，常取第 99 百分位的人体数据以尽可能适应 100% 的人。

3）凡属于可及距离类设计，一般应使用低百分位数据。例如，涉及伸手够物、立姿侧向手握距离、坐姿垂直手握高度等设计皆属于此类问题。

4）座面高度类设计，一般取低百分位数据，常取第 5 百分位的人体数据。因为如果座面太高，大腿会受压使人感到不舒服。

5）隔断类设计，如果设计目的是保证隔断后面人的秘密性，应使用高百分位（第 95 或更高百分位）数据；反之，如果是为了监视隔断后的情况，则应使用低百分位（第 5 或更低百分位）数据。

6）公共场所工作台面高度类设计，如果没有特别的作业要求，一般以肘部高度数据为依据，常取第 5 百分位数据。

例 11-3　试设计适用于中国人使用的车船卧铺上下铺净空高度。

解： 车船卧铺上下铺净空高度属于一般用途设计。根据人体数据运用准则应选用中国男子坐姿高第 99 百分位数为基本参数 X_{a}，查表 11-3 可知，$X_{\text{a}} = 979\text{mm}$。衣裤厚度（功能）修正量取 25mm，人头顶无压迫感最小高度（心理修正量）为 115mm，则卧铺上下铺最小净间距和最佳净间距分别为

$$X_{\text{min}} = X_{\text{a}} + \Delta_{\text{f}} = (979 + 25)\text{mm} = 1004\text{mm}$$

$$X_{\text{opm}} = X_{\text{a}} + \Delta_{\text{f}} + \Delta_{\text{p}} = (979 + 25 + 115)\text{mm} = 1119\text{mm}$$

例 11-4　试确定适合中国男人使用的固定座椅座面高度。

解： 座椅座面高度属于一般用途设计。根据人体数据运用准则，座椅座面高度应取第 5 百分位的"小腿加足高"人体数据为基本设计数据，以防大腿下面承受压力引起疲劳和不舒适。查表 11-3 可知，$X_{\text{a}} = 383\text{mm}$，功能修正量主要应考虑两方面：一是鞋跟高的修正量，一般为 25 ~ 38mm，取 25mm；另一方面是着装（裤厚）修正量，一般为 3mm。即 $\Delta_{\text{f}} = (25 - 3)\text{mm} = 22\text{mm}$。座椅座面高度的设计不需考虑心理修正量，即 $\Delta_{\text{p}} = 0$。

因此，固定座椅座面高度的合理值应为

$$X_{\text{opm}} = X_{\text{a}} + \Delta_{\text{f}} + \Delta_{\text{p}} = (383 + 22 + 0)\text{mm} = 405\text{mm}$$

（二）人体各部分结构参数的计算

（1）由身高计算各部分尺寸　正常成年人人体各部分尺寸之间存在一定的比例关系，因而按正常人体结构关系，以站立平均身高为基数来推算各部分的结构尺寸是比较符合实际情况的。而且，人体的身高随着生活水平、健康水平等条件的提高而有所增长，如以平均身高为基数的推算公式来计算各部分的结构尺寸，能够适应人体结构尺寸的变化，而且应用也灵活方便。

根据 GB 10000—1988 的人体基础数据，推导出我国成年人人体尺寸与身高 H 的比例关系，如图 11-8 所示，该图仅供计算我国成年人人体尺寸时参考。由于不同国家人体结构尺寸的比例关系是不同的，因而该图不适用于其他国家人体结构尺寸的计算。又因间接计算结果与直接测量数据间有一定的误差，使用时应考虑计算值是否满足设计的要求。

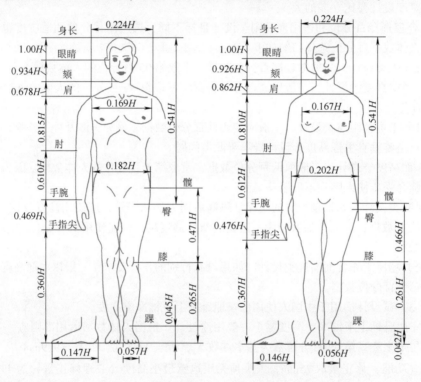

图 11-8　我国成年人人体尺寸的比例关系

（2）由体重计算体积和表面积　人体体积计算公式为

$$V = 1.015W - 4.937$$

式中，V 是人体体积（L）；W 是人体体重（kg）。

人体表面积可参照第八章人体表面积计算公式。

（三）身高尺寸在设计中的应用

人体尺寸主要决定人机系统的操纵是否方便和舒适宜人。因此，各种工作面的高度和设备高度，如操纵台、仪表盘、操纵件的安装高度以及用具的设置高度等，都要根据人的身高来确定。以身高为基准确定工作面高度、设备和用具高度的方法，通常是把设计对象分成各种典型类型，并建立设计对象的高度与人体身高的比例关系，以供设计时选择和查用。图 11-9 所示为以身高为基准的设备和用具的尺寸推算图，图中各代号的定义见表 11-10。

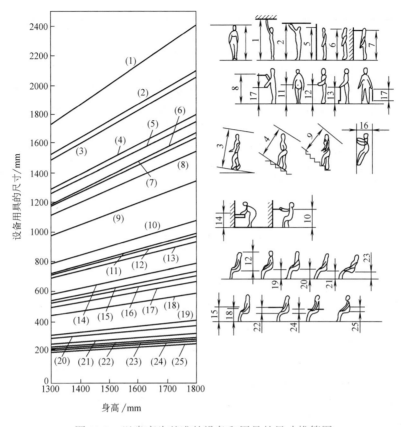

图 11-9　以身高为基准的设备和用具的尺寸推算图

表 11-10　设备及用具的高度与身高的关系

代号	定　义	设备高与身高之比
1	举手达到的高度	4/3
2	可随意取放东西的搁板高度（上限值）	7/6
3	倾斜地面的顶棚高度（最小值，地面倾斜度为 5°～15°）	8/7
4	楼梯的顶棚高度（最小值，地面倾斜度为 25°～35°）	1/1
5	遮挡住直立姿势视线的隔板高度（下限值）	33/34
6	直立姿势眼高	11/12
7	抽屉高度（上限值）	10/11
8	使用方便的搁板高度（上限值）	6/7
9	斜坡大的楼梯的天棚高度（最小值，倾斜度为 50°左右）	3/4
10	能发挥最大拉力的高度	3/5
11	人体重心高度	5/9
12	采取直立姿势时工作面的高度	6/11
12	坐高（坐姿）	6/11
13	灶台高度	10/19
14	洗脸盆高度	4/9
15	办公桌高度（不包括鞋）	7/17
16	垂直踏棍爬梯的空间尺寸（最小值，倾斜 80°～90°）	2/5
17	手提物的长度（最大值）	3/8

（续）

代号	定　　义	设备高与身高之比
17	使用方便的搁板高度（下限值）	3/8
18	桌下空间（高度的最小值）	1/3
19	工作椅的高度	3/13
20	轻度工作的工作椅高度①	3/14
21	小憩用椅子高度①	1/6
22	桌椅高差	3/17
23	休息用的椅子高度①	1/6
24	椅子扶手高度	2/13
25	工作用椅椅面至靠背点的距离	3/20

① 坐位基准点的高度（不包括鞋）。

复习思考题

1. 我国成年人身体尺寸分成西北，东南，华中，华南，西南，东北，华北六个区域，这对产品设计有何影响？

2. 某地区人体测量的均值 $\bar{X} = 1650$mm，标准差 $S_D = 57.1$mm，求该地区第 95、第 90 及第 80 百分位数。

3. 已知某地区人的足长均值 $\bar{X} = 264.0$mm，标准差 $S_D = 45.6$mm，求适用该地区 90% 的人们穿的鞋子的长度值。

4. 为什么说人体测量参数是一切设计的基础？

5. 如何选择百分位和适用度？

6. 为什么要进行功能修正量和心理修正量的确定？怎样确定？

思 政 案 例

第 11 章　运用人体测量技术，助力健康儿童计划

第十二章
作业空间设计

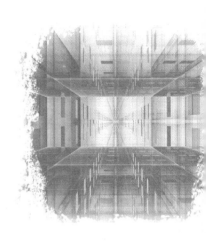

 ## 第一节　作业空间设计概述

一、作业空间设计的有关概念

作业空间是完成一个独立工作的三维空间。

1. 作业空间

人与机器结合完成生产任务是在一定的作业空间进行的。人、机器设备、工装以及被加工物所占的空间称为作业空间。为了设计方便，根据作业空间的大小以及各自的特点，可将其分为近身作业空间、个体作业场所和总体作业空间。

（1）近身作业空间　近身作业空间是指作业者在某一固定工作岗位时，考虑人体的静态和动态尺寸，在坐姿或立姿状态下，为完成作业所及的空间范围。近身作业空间包括三种不同的空间范围，一是在规定位置上进行作业时，必须触及的空间，即作业范围；二是人体作业或进行其他活动时（如进出工作岗位，在工作岗位进行短暂的放松与休息等）人体自由活动所需的范围，即作业活动空间；三是为了保证人体安全，避免人体与危险源（如机械传动部位等）直接接触所需的安全防护空间距离。

（2）个体作业场所　个体作业场所是指作业者周围与作业有关的、包含设备因素在内的作业区域，简称作业场所。例如，计算机、计算机桌、椅子及其所在的作业区域就构成一个完整的个体作业场所。与近身作业空间相比，作业场所更复杂些，除了作业者的作业范围，还要包括相关设备所需的场地。

（3）总体作业空间　总体作业空间是指多个相互联系的个体作业场所布置在一起构成总体作业空间。例如办公室、车间、厂房。总体作业空间不是直接的作业场所，它更多反映的是多个作业者或使用者之间作业的相互关系。

2. 作业空间设计

作业空间设计，从大的范围来讲，是指按照作业者的操作范围、视觉范围以及作业姿势等一系列生理、心理因素对作业对象、机器、设备、工具进行合理的空间布局，给人、物等确定最佳的流通路线和占有区域，提高系统总体可靠性和经济性。从小的范围来讲，就是合理设计工作岗位，以保证作业者安全、舒适、高效地工作。设计作业空间，主要是设计两个作业需求"距离"：一是"安全距离"，是为了防止碰到某物（一般是指较危险的东西）而设计的障碍物距离作业者的尺寸范围；二是"最小距离"，也就是确定作业者在工作时所必需的最小范围。

二、作业空间设计的一般要求

要设计一个合适的作业空间，不仅要考虑元件布置的造型与样式，还要顾及下列因素：操作者的舒适性与安全性；便于使用、避免差错，提高效率；控制与显示的安排要做到既紧凑又可区分；四肢分担的作业要均衡，避免身体局部超负荷作业；作业者身材的大小等。对大多数作业空间设计而言，由于要考虑身体各部分的关联与影响，从而必须基于功能尺寸做出设计。

（一）近身作业空间设计应考虑的因素

（1）作业特点　作业空间的尺寸大小与构成特点，必须首先服从工作需要，要与工作性质和工作内容相适应。例如，体力作业比脑力作业的作业空间大得多；高温作业比常温作业的作业空间大等。

（2）人体尺寸　在很多工作中，作业空间设计需要参照人体尺寸数据。特别是一些作业空间受限制的环境，人体尺寸更是作业空间的设计依据。在空间设计中，有的要以使用者总体的第95百分位数的人体尺寸为依据，如房门的宽度；有的要以使用者总体的第50百分位数或平均人体尺寸为依据，如工作台面的高低。

人体尺寸一般在不着装或只穿单衣条件下测量，而人们在工作中往往要穿工作服和防护服。这一点在作业空间设计时必须予以考虑。

（3）作业姿势　人们在工作中通常采用的姿势有三种，即坐姿、立姿和坐立交替结合姿势。采用不同的姿势需要占用的空间不同，如坐姿作业需要有容膝空间等。因而在设计时对操作者的作业姿势要有所考虑。

（4）个体因素　作业空间设计中还应考虑使用者的性别、年龄、体形和人种等因素。

（5）维修活动　在许多人机系统中，需要定期检修或更换机器部件。所以在工位设计和机器布置时应为维修机器的各种部件留出维修所必需的活动空间。

（二）作业场所布置原则

任何元件都可有其最佳的布置位置，它取决于人的感受特性、人体测量学与生物力学特性以及作业的性质。对于作业场所而言，因为显示器与控制器太多，不可能每一设施都处于其本身理想的位置，这时必须依据一定的原则来安排。从人机系统的整体来考虑，最重要的是保证方便、准确的操作。据此可确定作业场所布置的总体原则。

（1）重要性原则　即首先考虑操作上的重要性。最优先考虑的是实现系统作业的目标或达到其他性能最为重要的元件。一个元件是否重要往往根据它的作用来确定。有些元件可能并不频繁使用，但却是至关重要的，如紧急控制器，一旦使用就必须保证迅速而准确。

（2）使用频率原则　显示器与控制器应按使用的频率的大小依次排列。经常使用的元件应放在作业者易见易及的位置。

（3）功能原则　根据机器的功能进行布置，把具有相同功能的机器布置在一起，以便于操作者的记忆和管理。

（4）使用顺序原则　在设备操作中，为完成某动作或达到某一目标，常按顺序使用显示器与控制器。这时，元件则应按使用顺序排列布置，以使作业方便、高效，如起动机床、开启电源等。

在进行系统中各元件布置时，不可能只遵循一种原则。通常，重要性原则和使用频率原则主要用于作业场所内元件的区域定位阶段，而使用顺序原则和功能原则侧重于某一区域内各元件的布置。选择何种原则布置，往往是根据理性判断来确定的，没有很多经验可借鉴。福勒和威廉姆斯等（R. L. Fowler, W. E. Williams, et al., 1968）曾对按照上述四条原则布置的控制器仪表板的操作绩效进行过比较研究。他们在每块试验板上布设 126 个控制器和显示器，结果显示，完成相同操作任务时，按使用顺序原则布置控制器和显示器的仪表板所耗用的时间最少。图 12-1 所示为按照不同原则布置控制器和显示器的模拟作业时间来比较布置原则与作业执行时间的关系。当然，对无固定和无相对固定操作顺序的器物，是无法运用此原则的。

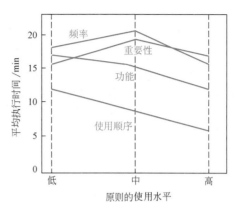

图 12-1　按照不同原则布置控制器和显示器的模拟作业时间来比较布置原则与作业执行时间的关系

（三）总体作业空间设计的依据

当多个作业者在一个总体作业空间工作时，作业空间的设计就不仅仅是个体作业场所内空间的物理设计与布置的问题，作业者不仅与机器设备发生联系，还和总体空间内其他人存在社会性联系。对生产企业来讲，总体作业空间设计与企业的生产方式直接相关。流水生产企业车间内设备按产品加工顺序逐次排列；成批生产企业同种设备和同种工人布置在一起。由此可见，企业的生产方式、工艺特点决定了总体作业空间内的设备布局，在此基础上，再根据人机关系，按照人的操作要求进行作业场所设计及其他设计。

总之，作业空间设计应以"人"为中心，首先考虑人的需求，为操作者提供舒适的作业条件，再把相关的设施进行合理的排列布置。作业空间设计内容比较多，本章主要介绍作业空间设计中的人体因素、不同性质作业场所的作业空间设计、不同作业姿势条件下的作业空间设计及座位设计。

第二节　作业空间设计中的人体因素

在进行作业空间设计时，要从实际出发，根据生产特点和使用对象的不同，来选择和应用人体因素的研究资料，以使作业者正确地认知信息，方便地操纵机器和工具，可靠地进行作业，从而降低劳动负荷，提高工作质量。这里将重点介绍与作业空间设计密切相关的人体因素。

一、人体测量学数据的运用

在作业空间设计时，人体测量数据的静态数据及动态尺寸都有其用处。针对不同情况还应不同对待（如不同年龄段、不同民族等），下面列出的数据运用步骤可作为设计参考：

1）确定对于设计至关重要的人体尺度（如座椅设计中人的小腿加足高、坐深等）。

2）确定设计对象的使用群体，以决定必须考虑的尺度范围（如成年女性或男性士兵及地域性群体差异等）。

3）确定数据运用原则。运用人体测量学数据时，可按照以下三种原则进行设计：

① 人体设计原则。即按照群体某特征的最大值或最小值进行设计。按最大值设计的例子如支承件强度；按最小值设计的例子如常用控制器的操纵力。

② 可调设计准则。对于重要的设计尺寸给出范围，使作业群体中的大多数能舒适地操作或使用，运用的数据为第5百分位数至第95百分位数，如高度可调的工作椅设计。

③ 平均设计原则，尽管"平均人"的概念是错误的，但某些设计要素按群体特征的平均值进行考虑是比较合适的。

4）数据运用准则确定后，如有必要，还应选择合适的数据定位群体的百分位。

5）查找与定位群体特征相符合的人体测量数据表，选择有关数据值。

6）如有必要，对数据做适当的修正。群体的尺寸是随时间变化而变化的，有时数据的测量与公布相隔好几年，差异会比较明显，所以应尽可能使用近期测得的数据。

7）考虑测量衣着情况。一般情况下，标准人体测量学数据是在裸体或少着装的情况下进行测量的，设计时，为了确定实际使用的作业空间，必须充分考虑着装的容限。

8）考虑人体测量学数据的静态和动态性质。作业域一般取决于作业者的臂长，但实际作业范围可以超出臂长所及区，因为其中包含肩部和身躯的运动。对于不同的方位和不同的高度，作业范围是不一样的。必须注意的是，功能尺寸是针对特定的作业而言的，所以即使作业性质的差异很小（如操纵力），不同作业也具有不同的作业姿势和所需的空间。

二、人体视野及所及范围

在空间设计中尤其是作业空间的布局设计中，除了应满足人的操作范围要求外，人的视觉特性也是重要的因素之一。在作业中大多数信息是通过视觉来传递的，因此，观察对象的位置、眼睛的高度和视野所及的范围，是作业空间设计中协调人机关系必须考虑的重要问题。

（一）视野

在水平面内的视野是：双眼视区大约在左右60°以内的区域，在这个区域里还包括字、字母和颜色的辨别范围，辨别字的视线角度为10°～20°；分辨字母的视线角度为5°～30°，在各自视线范围以外，字和字母模模糊糊，趋于消失。对于特定的颜色的辨别，视线角度为30°～60°。最敏锐的视力是在标准视线每侧1°的范围内。

在垂直平面的视野是：以标准视线水平为0°基准，则最大视区为视平线以上60°和视平线以下70°。颜色辨别界限为视平线以上30°，视平线以下40°。实际上人的自然视线是低于标准视线的，一般状态下，站立时自然视线低于水平线40°，坐着时低于水平线15°；在立姿松弛时，自然视线偏离标准线30°，在坐姿松弛时，自然视线偏离标准线38°。最佳观看展示物的视区在低于标准线30°的区域里。

作业者在操作时，其视野范围内不仅有操作对象，还有四周的作业环境，作业者在注视操作对象的时候，很容易受到环境的影响。所以实际视力范围小于上面所说的标准范围。在空间设计时，要充分考虑眼睛的适应性。

（二）主要视力范围

视力是眼睛分辨物体细微结构能力的一个生理尺度。正常人的视力范围比视野小一些。因为视力范围要求能迅速、清晰地看清目标细节的范围，所以只是视野的一部分。根据对物体视觉的清晰度，一般把视野分成三个主要视力范围区。

1）中心视力范围（直视区）。人们通常所说的视力，是指视网膜中心窝处的视力，又称为中心视力。中心视力范围为 1.5°~3°，其特点是对该区内的事物的视觉最为清晰。

2）瞬间视力范围。瞬间视力范围的视角为 18°，其特点是通过眼球的转动，在有限的时间内就能获得该区内物体的清晰形象。

3）有效视力范围。有效视力范围的视角为 30°，其特点是利用头部和眼球的转动，在该区内注视物体时，必须集中注意力方能有足够的清晰视觉。

有时，对被观察物体并不要求获得十分细致的清晰程度，所以注意力不必集中，视力也不紧张。此外，视力范围与被观察的目标距离有关。目标在 560mm 处最为适宜，低于 380mm 时会发生目眩，超过 760mm 时，细节看不清楚。当观察目标需要转动头部时，左右均不宜超过 45°，上下也均不宜超过 30°。

视力范围的大小还随着年龄、观察对象的亮度、背景的亮度以及两者之间亮度对比度等条件的变化而变化。

（三）眼高

人眼具有视觉特性，在目视工作中人眼的适应性至关重要。人眼适应性与人眼的高度及显示器、控制器的位置有关。显示器、控制器的配置应当满足人的视觉特性的要求。配置不当将引起作业者的视觉疲劳，从而导致作业的效率降低，安全和可靠性无法得到保障。

立姿眼高是从地面至眼睛的距离，在一般工业人口中，立姿眼高的范围约为 1470~1750mm。坐姿眼高是从座位面至眼睛的距离，其范围约为 660~790mm。两组数值均为正常衣着和身体姿势状态。这些尺寸是目视工作必须适应的眼高范围。

（四）视觉运动规律

1）眼睛沿水平方向运动比沿垂直方向运动快而且不易疲劳；一般先看到水平方向的物体，后看到垂直方向的物体。因此，很多仪表外形都设计成横向长方形。

2）视线的变化习惯于从左到右，从上到下和顺时针方向运动。所以仪表的刻度方向设计也应遵循这一规律。

3）人眼对水平方向尺寸和比例的估计比对垂直方向尺寸和比例的估计要准确得多，因而水平式仪表的误读率（28%）比垂直式仪表的误读率（35%）低。

4）当眼睛偏离视中心时，在偏离距离相等的情况下，人眼对左上限的观察最优，依次为右上限、左下限，而右下限最差。视区内仪表的布置应考虑这一点。

5）两眼的运动是协调的、同步的。在正常情况下不可能一只眼睛转动而另一只眼睛不动；在一般操作中，不可能一只眼睛视物而另一只眼睛不视物。因而通常都以双眼视野为设计依据。

三、工作体位

正确的作业体位可以减少静态疲劳，有利于提高工作效率和工作质量。因此，在作业空间设计时，应能保证在正常作业时，作业者具有舒适、方便和安全的姿势。

（一）决定工作体位和姿势的因素

操作者在作业过程中，通常采用坐姿、立姿、坐立交替相结合的姿势，也有一些作业采用跪姿和卧姿。在作业中使用良好的作业姿势可使作业者时刻处于轻松的状态。在确定作业姿势时，主要考虑以下因素：作业空间的大小和照明条件；作业负荷的大小和用力方向；作业场所各种仪器、机具和加工件的摆放位置；作业台高度及有没有容膝空间；操作时的起坐频率等。

尽量避免和减少的工作体位和姿势有：静止不动的立位，长时间或反复弯腰，身体左右扭曲或半坐位，经常一侧下肢承担体重，长时间双手或单手前伸等。

（二）主要工作体位

1. 坐姿

坐姿是指身躯伸直或稍向前倾（倾角为10°～15°），大腿平放，小腿一般垂直于地面或稍向前倾斜着地，身体处于舒适状态的体位。

坐姿作业具有以下特点：不易疲劳，持续工作时间长；身体稳定性好，操作精度高；手脚可以并用作业；脚蹬范围广，能正确操作。

人体最合理的作业姿势就是坐姿。对于以下作业应采用坐姿作业：精细而准确的作业；持续时间较长的作业；施力较小的作业；需要手、足并用的作业。

2. 立姿

立姿通常是指人站立时上体前屈角小于30°时所保持的姿势。立姿作业的优点及缺点如下：

（1）立姿作业的优点　可活动的空间增大；需经常改变体位的作业，立位比频繁起坐消耗能量少；手的力量增大，即人体能输出较大的操作力；减小作业空间，在没有坐位的场所，以及显示器、控制器配置在墙壁上时，立姿较好。

（2）立姿作业的缺点　不易进行精确和细致的作业；不易转换操作；立姿时肌肉要做出更大的功来支持体重，容易引起疲劳；长期站立容易引起下肢静脉曲张等。

对于需经常改变体位的作业；工作地的控制装置布置分散，需要手、足活动幅度较大的作业；在没有容膝空间的机台旁作业；用力较大的作业；单调的作业等，应采用立姿。

3. 坐、立交替

某些作业并不要求作业者始终保持立姿或坐姿，在作业的一定阶段，需交换姿势完成操作。这种作业姿势称为坐、立交替的作业姿势。采用这种作业姿势既可以避免由于长期立姿操作而引起的疲劳，又可以在较大的区域内活动以完成作业，同时稳定的坐姿可以帮助作业者完成一些较精细的作业。当然并不是所有作业都可以采用坐、立交替的作业姿势，它只适合一些特殊的作业，如作业中需要重复前伸超过41cm或高于15cm的操作等。

（三）人的行为特征

前面讨论的是人进行正常作业所必需的物理空间。实际上，人对作业空间的要求，还受社会和心理因素的影响。一般来说，人的心理空间要求大于操作空间要求。当人的心理空间要求受到限制时，会产生不愉快的消极反应或回避反应。因此，在作业空间设计时，必须考虑人的社会和心理因素。

低劣的作业场所设计会降低人机系统的作业效率，而作业空间设计者不考虑人与人之间的联系环节与作业者的社会要求，同样会影响作业者的效率、安全性与舒适感。

1. 个人心理空间

个人心理空间是指围绕一个人并按其心理尺寸要求的空间。通常把心理空间分为四个范围，即紧身区（亲密距离）、近身区（个人距离）、社交区（社交距离）、公共区（公共距离），如图 12-2 所示。表 12-1 所列为人际交往心理距离。紧身区是最靠近人体的区域，一般不容许别人侵入，特别是 150mm 以内的内层紧身区，更不允许侵入。近身区是同人进行友好交谈的距离。社交区是一般社交活动的心理空间范围。在办公室或家中接待客人一般保持在这一空间范围。社交区外为公共区，它超出个人间直接接触交往的空间范围。人际交往的距离除与个人心理因素有关外，还与亲密程度、性别、民族、季节和环境条件有关系。

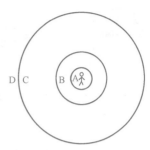

A—紧身区　　　　B—近身区
C—社交区　　　　D—公共区
图 12-2　人身空间区域

表 12-1　人际交往心理距离　　　　　　　　（单位：mm）

接触类型	心理距离
亲密距离	≤450
个人距离	>450 ~ 1200
社交距离	>1200 ~ 3500
公共距离	>3500 ~ 9000

近身空间还具有方向性。当干扰者接近作业者时，若无视线的影响，作业者的个人空间后面大于前面；若存在正面视线交错时，则前面大于后面。试验表明，受人直视或从背后接近被试者所造成的不安感，大于可视而非直视条件下的接近。例如，当有人从正面接近某个体时，在较远处该个体即会感到不安；而如果从其后部接近，在该个体已感知的情况下，感受到侵犯的距离会稍短些，从侧面接近时，感到不安的距离会更短。

人们对正面要求较大，而侧面要求较少。因此，有必要通过工作场所的布局设计，使工作岗位具有足够的、相对独立的个人空间，并预先对外来参观人员的通行区域做出恰当的规划。有些座椅的设计虽然考虑了人的舒适性和使用效率，但由于放置的位置和排列不当，总体使用效率并不高。例如，长排放置的多人座椅，中间不加分隔，即使落座者旁边有空位，人们通常也不愿意坐上去，如果加上扶手或隔开座椅，就可以提高座椅利用率。

影响个人空间大小的因素很多，如性别、环境、社会地位、地域等，在现代物质条件下，个人空间难以得到完全的满足，经常由于人员堵塞，使人们工作时难以处于良好的心理状态，影响了工作效率。近期研究所提出的解决办法是给个体一定的布置作业场所的自由，使其能按自己的意愿安排工作空间，建立自己的心理地域，避免与他人互相干扰。例如，隔间式办公场所的设计、玻璃门的设计等就是基于这一思想，既方便了工作，又满足了作业者的心理空间需求。

2. 人的捷径反应和躲避行为

人的捷径反应是指人在日常生活中，为了贪图方便，采用最便捷的途径，直接指向目标的行为倾向。例如，伸手取物往往直接伸向物品，穿越空地走直线等。当发生危险时，人类也有一些共同的躲避行为，如从众心理、左右躲避等行为。人的这种行为倾向在作业过程中常常是引起事故的原因。因此，在设计总体布局、通道、机器、堆放物时就应该提前考虑到。

第三节　作业姿势与作业空间设计

由于工业生产中的工作任务和工作性质不同，在人机系统中人的作业姿势也各不相同，一般分为坐姿、立姿和坐立姿交替三类。作业姿势不同，其作业空间设计具有不同特点。本节讨论这三种作业姿势的作业空间设计。

一、坐姿作业空间设计

坐姿作业是为从事轻作业、中作业且不要求作业者在作业过程中走动的工作而设计的作业姿势。坐姿作业空间设计主要包括工作台面、作业范围、容膝空间、椅面高度及活动余隙、脚作业空间的尺寸设计。

（一）工作面高度和宽度

坐姿工作面的高度主要由人体参数和作业性质等因素决定。从人体力学的角度来看，作业者小臂接近水平或稍微下倾放在工作台面上而上臂处于自然悬垂状态，是最适宜的操作姿势。所以，一般把工作面高度设计在肘部以下 50~100mm（轻作业，正常位置），但也要根据作业性质适当调整。例如，负荷较重时工作面的高度应低于正常位置 50~100mm，以避免手部负重，易于臂部施力；对于装配或书写这样的精细作业，作业台面高度要高于正常位置 50~100mm，使眼睛接近操作对象，便于观察。表 12-2 列出了坐姿作业时工作台面高度的推荐值。

表 12-2　坐姿作业时工作台面高度的推荐值　　　　　（单位：mm）

工 作 类 型	对男性的推荐高度	对女性的推荐高度
精密工作	900~1100	800~1000
轻作业	740~780	700~740
用力作业	680	650

工作台面宽度视作业功能要求而定。一般若单供靠肘之用，最小宽度为 100mm，最佳宽度为 200mm；仅当写字用时，最佳宽度为 400mm；工作面板的厚度一般不超过 50mm，以便保证大腿的容膝空间。

（二）作业范围

作业范围是作业者以立姿或坐姿进行作业时，手和脚在水平面和垂直面内所触及的最大轨迹范围。它分为水平作业范围、垂直作业范围和立体作业范围。其设计依据为动态和静态人体测量尺寸，同时，作业范围的大小受多种因素的影响，如手臂触及的方向、动作性质（如作业任务等）以及服装限制等。

（1）水平作业范围　水平作业范围是指人坐在工作台前，在水平面上方便地移动手臂所形成的轨迹。它包括正常作业范围和最大作业范围。正常作业范围是指上臂自然下垂，以肘关节为中心，前臂做回旋运动时手指所触及的范围；最大作业范围是指人的躯干前侧靠近工作面边缘时，以肩峰点为轴，上肢伸直做回旋运动时手指所触及的范围。图 12-3 所示为巴恩斯（Barnes）1963 年和法雷（Farley）1955 年测得的数据。斯夸尔斯（Squires）认为，在前臂由里侧向外侧做回转运动时，肘部位置发生了一定的相随运动，手指伸及点组成的轨迹不是圆弧线而是外摆线。

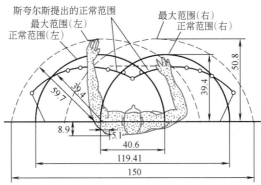

图 12-3 水平作业范围（单位：cm）

在正常作业范围内，作业者能够舒适愉快地工作。在最大作业范围内，静力负荷较大，长时间在此范围内操作，容易使人产生疲劳。

根据手臂的活动范围，作业空间的平面尺寸的设计原则如下：①按照 95% 的人满意原则。②将常使用的控制器、工具、工件放在正常作业范围之内。③将不常使用的控制器、工具放在正常范围和最大范围之间。④将特殊的、易引起危害的装置，布置在最大范围之外。

（2）垂直作业范围 从垂直平面看，人体手臂最合适的作业区域是一个近似梯形的区域，如图 12-4 所示，设计时应根据人体尺寸和图中所示范围决定作业空间。

（3）立体作业范围 立体作业范围指的是将水平和垂直作业范围结合在一起的三维空间。实际上，坐姿作业时，操作者的动作范围被限制在工作台面以上的空间范围，其作业范围为一立体空间，如图 12-5 所示。图 12-6 所示为坐姿立体空间作业范围。图中标示了手操作的近点、远点及最佳位置。

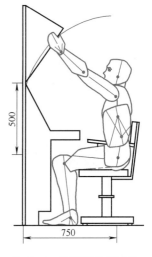

图 12-4 坐姿作业时手的垂直作业范围

图 12-5 坐姿上肢运动范围

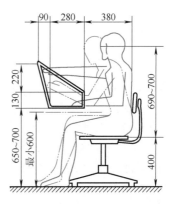

图 12-6 坐姿立体空间作业范围（单位：mm）

坐姿工作面的适宜高度往往与座椅的高度密切相关。当使用的工作面较大，操作者的腿必须伸入工作面下方时，设计时必须考虑到工作面的厚度和使用者大腿的厚度。要使工作面的高度至少可让使用者的大腿能够伸入工作面的下面，如图 12-7 所示。由于人们在身体尺寸上存在着个体差异，高度固定的工作面很难适应不同身材的人使用。若能把工作面和座椅的高度设计成可以调节的，就可以使这个问题得到较好的解决。

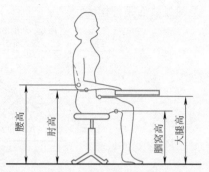

图 12-7　坐姿人体尺寸和工作面高度、座椅高度的关系示意图

（三）容膝、容脚空间

在坐姿工作台的设计过程中，还要考虑作业者在作业时腿脚都能有方便的姿势，因此，在工作台下部就要有足够的空间，这种在工作台下部容纳腿脚的区域称为容膝空间和容脚空间。表 12-3 给出了坐姿作业时的最小和最大的容膝空间尺寸，设计时可作为参考。

表 12-3　容膝空间尺寸　　　　　　　　　　　（单位：mm）

尺寸部位	最小尺寸	最大尺寸
容膝孔宽度	510	1000
容膝孔高度	640	680
容膝孔深度	460	660
大腿空隙	200	240
容腿孔深度	660	1000

（四）椅面高度及活动余隙

坐姿作业离不开座椅，因此设计坐姿作业空间要考虑座椅所需的空间及其人体活动需要改变座椅位置等余隙要求。

1）座椅的椅面高度一般略低于小腿高度，以便使全部脚掌着地支撑下肢重量，方便下肢移动，减小臀部压力，避免椅子前沿压迫大腿。

2）座椅放置空间的深度距离（台面边缘到固定壁面的距离），至少应在 810mm 以上，以便作业者起身与坐下时移动椅子。

3）座椅放置空间的宽度距离应保证作业者能自由地伸展手臂，座椅的扶手至侧面的距离应大于 610mm。

（五）脚作业空间

许多作业都需要由脚部的踏板配合完成，踏板设计不合理会直接影响操作者的舒适度和动作的准确性。与手相比，脚的活动精度差很多，但操作力较大，因此，脚作业空间一般范围较小。正常的脚作业空间位于身体前侧、坐高以下的区域。图 12-8 显示了脚偏离身体中心线左右各

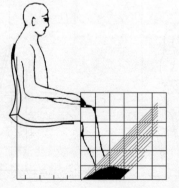

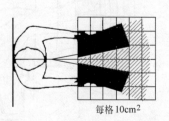

每格 10cm²

图 12-8　脚作业空间

15°范围内的作业空间示意图，深影区为脚的灵敏作业空间。

脚操纵器的空间位置直接影响脚的施力和操纵效率。对于蹬力较大的脚操纵器，其空间位置应考虑到施力的方便性，使脚和整个腿在操作时形成一个施力单元。因此，大、小腿间的夹角应在105°～135°范围内，以120°为最佳，如图12-9所示。

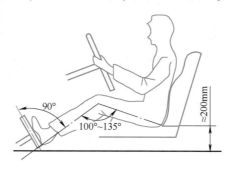

图12-9　蹬力较大的脚操纵器作业空间

对于蹬力较小的脚操纵器，大、小腿间的夹角应在105°～110°范围内，如图12-10所示。

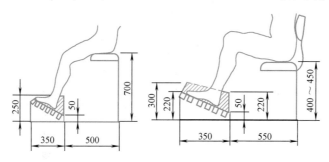

图12-10　蹬力较小的脚操纵器作业空间（单位：mm）

二、立姿作业空间设计

立姿作业空间设计主要包括工作台面、作业范围和工作活动余隙等的设计。

（一）工作台面高度

一般而言，人站立工作时较舒适的工作台面高度是比立姿肘关节高低1～5cm。我国男性站立时的平均肘高为102cm，女性为96cm，所以对男性较合适的站立时的工作台面高度应为92～97cm，女性为86～91cm。但是人们站立工作时工作台面的高度还要根据工作性质适当调整，比如精密的工作要求改善视力，应适当抬高工作台面的高度，重体力劳动要求较低的工作台面以便于手部使劲。图12-11所示为工作台面调整的高度。

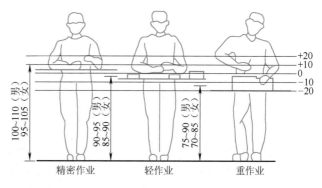

图12-11　工作台面调整的高度（单位：cm）

表 12-4 给出了西方国家推荐的不同工作类型立姿时的工作台面高度。

表 12-4　立姿工作时推荐的工作台面高度　　　　　　　（单位：cm）

工 作 类 型	对男性的推荐高度	对女性的推荐高度
精密工作	100 ~ 110	95 ~ 105
轻工作	90 ~ 95	85 ~ 90
重工作	75 ~ 90	70 ~ 85

由于我国人的平均身高比西方国家人的平均身高要低 5cm 左右，所以在采用上面的数据时应考虑到这一差异，否则采用的值可能偏高。

此外，立姿作业工作台面的高度与身高呈线性关系，如图 12-12 所示。

从理论上来讲在设计立姿作业工作台面高度时，稍高一点比稍低一点要好。因为如果工作台面高了，可以通过放一块脚踏板来解决。而如果工作台面太低了，则只能通过人弯腰来解决。实际工作中有时会遇到这类问题。例如，有的企业进口的设备，工人工作时感到工作台太高，只有放置脚踏板才能工作。

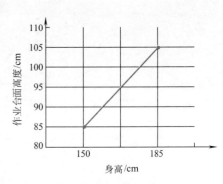

图 12-12　作业台面的高度与身高的关系

（二）作业范围

立姿水平作业范围与坐姿作业时基本相同，垂直作业范围要比坐姿的大一些，其中也分为正常作业范围和最大作业范围，同时有正面和侧面之分。具体如图 12-13 所示。最大可及范围是以肩关节为中心，臂的长度为半径（720mm），所画的圆弧；最大可抓取作业范围，是以 600mm 为半径所画的圆弧；最舒适的作业范围是半径为 300mm 左右的圆弧。身体前倾时，半径可增加到 400mm。垂直作业范围是设计控制台、配电板、驾驶盘和确定控制位置的基础。

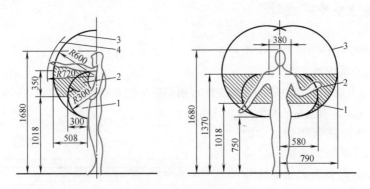

图 12-13　立姿作业的作业范围（单位：mm）
1—最舒适的作业范围　2—较有利的作业范围　3—最大抓取范围　4—最大可及范围

（三）工作活动余隙

立姿作业时，人的活动性较大，为保证作业者操作自由、动作舒展，必须使操作者有一定的活动余隙，并应尽量大一些，具体尺寸可参照表 12-5 设计。

表 12-5 立姿作业活动余隙设计参考尺寸　　　　　（单位：mm）

余 隙 类 型	最 小 值	推 荐 值
站立用空间（工作台至身后墙壁的距离）	760	910
身体通过的宽度	510	810
身体通过的深度（侧身通过的前后间距）	330	380
行走空间宽度	305	380
容膝空间	200	—
容脚空间	150×150	—
过头顶余隙	2030	2100

（四）立姿作业空间垂直方向布局设计

立姿作业空间在垂直方向可划分为 5 段，根据人体作业时的特点，不同高度上设计的作业内容不同，具体设计尺寸可参照表 12-6。

表 12-6 立姿作业空间垂直方向布局尺寸　　　　　（单位：mm）

控制器种类	推 荐 值
报警装置	1800
极少操纵的手控制器和不太重要的显示器	1600 ~ 1800
常用的手控制器、显示器、工作台面等	700 ~ 1600
不宜布置控制器	500 ~ 700
脚控制器	0 ~ 500

三、坐立姿交替作业空间设计

从生理学的角度来讲，一般推荐能够交替站着或坐着进行的工作，这是因为若一直站着，人的腿部的负荷过重，使人感到劳累，而总是坐着，人的运动量太小，易产生一些职业病。人在站着和坐着时对身体内部产生的压力是不同的，轮流站着和坐着工作，人体内的某些肌肉就像是轮流工作和休息一样。另外，许多学者认为，每次变换姿势都可以改善骨髓内营养的供应，这对人的身体也是有好处的。

在设计坐立交替的工作面时，工作面的高度以立姿作业时工作面高度为准，为了使工作面高度适合坐姿操作，需要提供较高的椅子。椅子高以68 ~ 78cm 为宜，同时一定要提供脚踏板，使人坐着工作时脚有休息的地方，否则人们很难工作持久。图 12-14 给出了坐立交替工位设计要求。

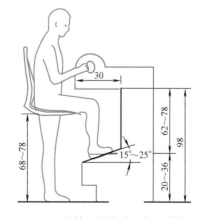

图 12-14　坐立交替工位设计要求（单位：cm）

四、其他作业姿势的作业空间设计

除了坐姿、立姿和坐立交替的作业外，还有许多特殊的要求限定了作业空间的大小，如环境、技术要求限定作业者的空间，或者一些维修工具的使用所要求的最小空间等，这些都是常遇到的作业空间设计问题。

1. 受限作业空间设计

受限作业是指作业者被限定在一定的空间内进行操作。虽然这些空间狭小，但设计时还必须要满足作业者能正常作业。为此，要根据作业特点和人体尺寸设计其最小空间尺寸。图 12-15 所示为一些常见的受限作业的空间尺寸。

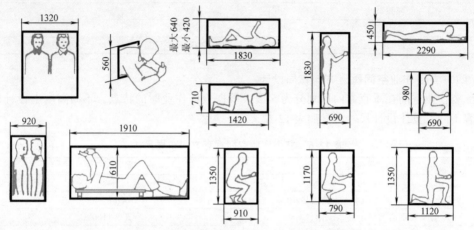

图 12-15　受限作业的空间尺寸（单位：mm）

为防止作业空间太小，一般以第 95 百分位数以上的人体数据为设计依据，并适当考虑穿着服装进行作业等因素的要求。

2. 维修空间设计

除了受限作业空间外，还一些作业环境过于狭小，人员根本无法进入，只能允许人的上肢和一些维修工具、机器零件进入。这种用于设备维修的空间尺寸主要由上肢、零件和维修工具的尺寸和活动余隙决定。具体的设计尺寸可参照图 12-16 和图 12-17。

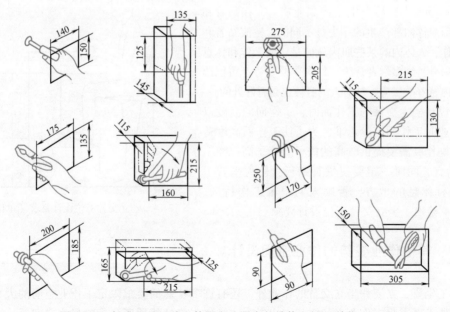

图 12-16　标准工具尺寸和使用方法限定的维修空间（单位：mm）

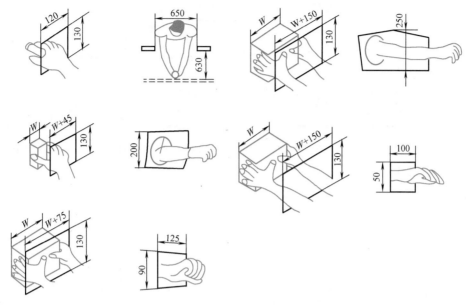

图 12-17 由上肢和零件尺寸限定的维修空间（单位：mm）

第四节 工作场所性质与作业空间设计

作业空间的设计不仅包括与人体密切接触的空间设计，还包括周围工作环境的设计，只有设计较好的工作场所，才能使人—机—环境协调一致，满足工作任务所提出的特定要求。而工作场所的设计与工作任务的性质密切相关，作业场所性质不同，其空间设计具有不同特点。

一、主要工作岗位的空间尺寸

（1）工作间 操作者的工作大多在工作间进行，为了使操作人员活动自如，避免产生心理障碍和身体损伤，要求工作地面积大于 $8m^2$，每个操作者的活动面积应大于 $1.5m^2$，宽度大于 $1m$。每个操作者的最佳活动面积为 $4m^2$。对于长时间在工作间工作的人员来说，其基本空间要求可参照表 12-7 中的数据。

表 12-7 基本空间要求 （单位：m^3）

作 业 者	工 作 空 间
坐姿工作人员	≥12
不以坐姿为主的工作人员	≥15
重体力作业者	≥18

（2）机器设备与设施间的布局尺寸 多台机器协同作业时，机器设备与设施布局间要保证足够的空间距离，其设计尺寸可参照表 12-8。此外，高于 2m 的运输线路需要有牢固的防护罩。

表 12-8　机器设备与设施布局间的尺寸　　　　　　　　　　　（单位：m）

间　距	设 备 类 型		
	小　型	中　型	大　型
加工设备间距	≥0.7	≥1	≥2
设备与墙、柱间距	≥0.7	≥0.8	≥0.9
操作空间	≥0.6	≥0.7	≥1.1

（3）办公室管理岗位和设计工作岗位　办公室管理岗位和设计工作岗位属于集体办公，应从生理和心理的角度考虑其空间设计，具体数据参考表 12-9。

表 12-9　办公室人员的空间尺寸

	面积/m²	活动空间/m³	高度/m
管理人员	≥5	≥15	≥3
设计人员	≥6	≥20	≥3

在集体办公条件下，还应尽量避免桌子面对面排列或顺序排列。图 12-18 所示为办公室桌椅的空间布置举例。

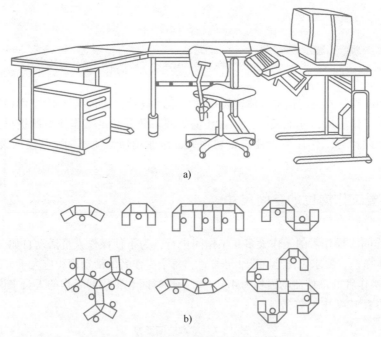

a)

b)

图 12-18　办公室桌椅的空间布置

二、辅助性工作场地的空间设计

（1）出入口　封闭的工作区域首先要有供人员和车辆日常通行的常规出入口。出入口的位置应保证畅通无阻，避免意外堵塞，其大小视具体使用情况而定。一般仅供人员出入的进

出口应大于 $810mm \times 2100mm$。封闭的工作场所还要有必要的应急出口，应急出口的设计既要保证人员的迅速撤离，又要考虑救援装备和防护服。应急出口的设计参考尺寸见表 12-10。

表 12-10　应急出口的设计参考尺寸　　　　　　　　（单位：mm）

出口形状	尺　　寸	
	最　　小	最　　佳
矩形	405×610	510×710
正方形（边长）	460	560
圆形（直径）	560	710

（2）通道和走廊　工作区域经常存在一条或几条通道和走廊，其中有主通道和辅助通道，在设计它们的高度、宽度和位置时，都应考虑到该区域预定的人流和物流的大小和方向。通道和走廊的设计应遵循最小空隙的原则。图 12-19 所示为各种情况下通道的空间尺寸。

为了保证作业者在通道和走廊上安全通行，其设计还要遵循下列原则。

1）通道和走廊应避免死角，在安排机器设备的工作场所，通道拐角的周围要保证视线良好，能看到周边情况。

2）用流程图等直观形式标示通道结构、流量等。

3）在地面、墙壁、顶棚等处设置导向标志。

4）通道内应避免工人随意挪动设备，避免无意间合电闸等不安全的活动。

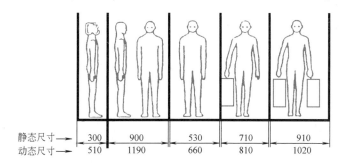

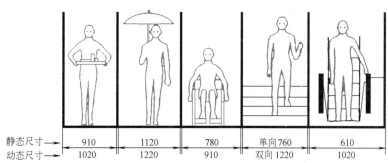

图 12-19　各种情况下通道的空间尺寸（单位：mm）

5）保证通道畅通，避免生产设备伸向通道，避免将门开向通道。

6）尽量设计双向通道，避免设计单向通道。

通道和走廊的最小空隙设计要求如图 12-20 所示。

（3）楼梯、梯子和斜坡道　楼梯和梯子是作业过程中的重要设施，许多工伤事故都是操作者从梯子上摔下来，这其中不全是由于操作者不慎引起的，一部分是由于设施太简陋或设计不当引起的。所以，好的楼梯或梯子的设计，是生产安全的重要保证。好的设计要求作业者减少踏错或为下跌者提供保持平衡的办法，具体设计原则如下：

1）楼梯。楼梯的坡度应设计为 $30° \sim 35°$ 左右，坡度在 $20°$ 以下应设计为坡道，$50°$ 以上应该使用梯子。其具体设计参数见表 12-11。

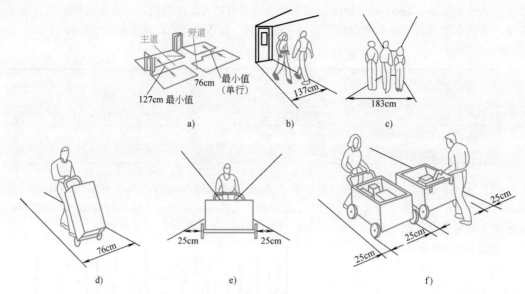

图 12-20　通道和走廊的最小空隙设计要求

a）主道与旁道　b）两人通行　c）三人并肩　d）双轮手推车　e）货车两侧留间隙　f）两辆货车通行间隙

表 12-11　楼梯的设计参数

坡　　　度	踏步高度/mm	踏脚板深度/mm
30°	160	280
35°	180	260
40°	200	240
45°	220	220
50°	240	200

　　为防止在楼梯上滑跌，踏板上应设计防滑面，一般用金属条、硬橡胶等，还要注意清理积水、积雪，时常养护。楼梯的边缘还要设计扶手栏杆，高度一般为 900～1000mm，扶手宽度或直径应小于 50mm，以便抓握。楼梯的踏板和扶手以及周围的墙壁色彩还要搭配合理，使作业者视线集中，避免错觉。

　　2）梯子。常用的梯子有移动式和固定式两种，固定的梯子一般设计有扶手，称为登梯，其坡度为 50°～75°之间。移动的梯子一般可折叠，使用时应使其坡度大于 70°，以免出现滑移。梯子的坡度决定其踏步高度和踏板深度，坡度越大，踏板越浅，而踏步高度也越大，具体尺寸可参考楼梯的设计参数。

　　3）斜坡道。斜坡道是在作业区域连接两个不同高度作业面的地面通道，经常用于装卸货物、运输重物等。斜坡道的设计要考虑人的力量和安全性，一般对于手推车和运货车，坡度不能超过 15°，无动力时设计道要缓一些。坡道也要设计防滑表面，并在两边安装扶手，搬运设备还要设计制动装置。

　　（4）平台和护栏

　　1）平台。在生产中，经常需要将作业人员升至一定高度进行作业，这时就需要建立围绕工作区域或在工作区域的相关部分建立连续工作面，这种工作面称为平台。平台的设计要求负荷要大于实际负荷，并与相邻工作设备表面的高度差小于 50mm，平台的尺寸应大于 910mm×700mm，空间高度大于 1800mm，此外，还要在平台面板四周装踢脚板，高度应大于 150mm。

2）护栏。当作业者的工作平台高于地面 200mm 时，或为保证作业者远离危险部位，都应该设计合理的护栏以保证作业者的安全，如图 12-21 所示。护栏的尺寸设计一般根据第 95 百分位数来设计，扶手的高度一般大于 1050mm，立柱间距应小于 1000mm，横杆间距应小于 380mm，扶手的直径以 30～75mm 为宜。护栏设计除了设计栏杆自身的间距外，还要设计栏杆与防护物间的距离，其距离关系如图 12-22 所示。

 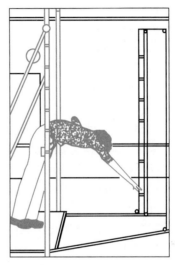

图 12-21 护栏的合理设计

护栏与防护物间的距离

障碍物高度
A=200
B=180
C=160
D=140
E=120
F=100

图 12-22 护栏与防护物的距离关系（单位：cm）

三、工位器具的设计

工位器具是生产中不可缺少的设备，用来放置零件、原材料或在制品等，工位器具的尺寸直接影响作业空间的布置。

（一）工位器具的选用

工位器具按其用途可分为通用和专用两种：通用的工位器具一般适用于单件小批生产；

专用的工位器具一般适用于成批生产。

工位器具按其结构形式可分为箱式、托板式、盘式、筐式、吊式、挂式、架式和柜式等。选用方法如下：①原材料毛坯等不需隔离放置的工件可选用箱式和架式。②大型零部件等可选用托板式。③小工件、标准件等可选用盘式。④需要酸洗、清洗、电镀或热处理的工件可选用筐式。⑤细长的轴类工件可选用吊挂式、架式。⑥贵重及精密件如工具、量具可选用柜式。

（二）工位器具设计要求

1）周转运输首先应考虑工件存放条件、使用的工序和存放数量，需防护部位及使用过程残屑和残液的收集处理等，并要求利用周转运输和现场定置管理。

2）应使工件摆放条理有序，并保证工件处于自身最小变形状态，需防止磕砸划伤的部位应采用加垫等保护措施。

3）应便于统计工件数量。

4）要减少物件搬运及拿取工件的次数，一次移动工件数量要多，但同时应对人体负荷、操作频率和作业现场条件加以综合考虑。

5）依靠人力搬运的工位器具应有适当的把手和手持部位。

6）重量大于25kg或不便使用人力搬运的工位器具应有供起重的吊耳、吊钩等辅助装置，需用叉车起重的应在工位器具底部留有适当的插入空间。起吊装置应有足够的强度并使其分布对称于重心，以便起重抬高时按正常速度运输不至于发生倾覆事故。

7）应保证拿取工件方便并有效地节省容器空间。应按拿取工件时的手、臂、指等身体部位的伸入形式，留出最小入手空间。

8）工位器具的尺寸设计要考虑手工作业时人的生理和心理特征及合理的作业范围。

9）对需要身体贴近进行作业的工件器具，应在其底部留有适当的放脚空间。

10）工位器具不得有妨碍作业的尖角、毛刺、锐边、凸起等，需堆码放置时应有定位装置以防滑落。带抽屉的工位器具在抽屉拉出一定行程的位置应设有防滑脱的安全保险装置。

（三）工位器具的使用和布置要求

1）放置的场所、方向和位置一般应相对固定，方便拿取，避免因寻找而产生走路、弯腰等多余动作。

2）放置的高度应与设备等工作面高度相协调，必要时应设有自动调节升降高度的装置，以保持适当的工作面高度。

3）堆码高度应考虑人的生理特征、现场条件、稳定性和安全。

4）带抽屉的工位器具应根据拉出的状态，在其两侧或正面留出手指、手掌和身体的活动距离。

5）为便于使用和管理，应按技术特征用文字、符号或颜色进行编码或标识，以利于识别。

6）编码或标识应清晰鲜明，位置要醒目，同类工位器具标识应一致。

 ## 第五节　座椅设计

如今，人们坐着工作的时间越来越多了。据统计，目前工业发达国家坐着工作的人数已大大超过了站着工作的人数，甚至有人把20世纪称为人从站立动物变成坐着动物的世纪。而座椅成了人们在工作中使用最多、最久的一个"工具"。因此，座椅和工作台的合理设计在当今社会越来越重要，一个设计不良的座椅和工作台，会引起各种疾病，轻者背部、肩颈肌肉酸痛，重者引起局部损伤、腿部血液循环等问题。所以，为作业者提供舒适的椅子，可以大大减轻人们的疲劳程度，提高劳动生产率。近年来人们对座椅的设计进行了大量的研究，本节将讨论如何合理设计座椅。

一、座椅设计的重要性

坐着工作尽管能减少人体体力消耗，但也使人一天的运动量大大减少，从而带来许多问题。如长期坐着会使人的腹肌松弛，行动变得迟缓，也影响到人的消化和呼吸功能，但最常见的问题是由于长期坐着不动而带来的肌骨疼痛。表12-12列出了在瑞典对246个办公室工作人员进行的一项问卷调查的结果。从表中可以看出坐着工作带来的疼痛区域是广泛的，涉及人体从头到脚几乎各个部位，其中以腰疼最为严重。56%的人抱怨他们曾感到过腰疼。

表 12-12　坐着办公人员的抱怨

部　位	百分比（％）
头疼	14
脖子疼或肩膀疼	24
腰疼	56
大腿疼	19
膝盖和小腿疼	29

为什么坐着工作看起来舒服，而又有这样高比例的抱怨呢？这是因为坐着工作时，人的脊椎的压力发生了根本的转变。

图12-23给出了在站立时和坐下时人的脊椎的形状。在站立时，人的脊椎相对直一些，向前凸（见图12-23a）。坐下时人的脊椎后凸（见图12-23b），而且腰椎以下要承受较大的压力。

试验表明［纳切森（Nachemson）测出的数据］，在坐、立两种不同姿势下，人的第三节腰椎与第四节腰椎之间的压力，以站立时的压力为100％，则直着坐时，压力为140％，弯着身子坐下时，压力为190％，增加了近一倍。

人的脊椎在短时间内能够承受高于空手直立时身体所产生的压力值。问题是坐着工作的人长年累月地使脊椎超负荷运行。由于尚不知道的原因，脊椎之间的脊椎盘慢慢地失去了弹性，功能开始下降，在严重的情况下，脊椎盘之内的液汁甚至被挤出脊椎盘，使脊椎的功能彻底丧失。而不正确的坐姿、不合适的椅子更加快了这种速度，这使得许多科学家开始投身于座椅的研究。

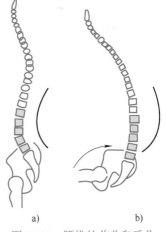

a)　　　　　　　b)

图 12-23　腰椎的前凸和后凸

a）腰椎的前凸　b）腰椎的后凸

坐姿在很大程度上受座位制约。人只有坐在一个设计合理的座位上，才能保持正确的坐姿。一个设计不当的座椅，不仅达不到省力、舒适和提高工效的目的，而且还会引起腰部和背部疲劳，严重的形成椎间盘突出症。由此可见，座椅设计优劣对人体健康和工效都有重要影响。

二、座椅的基本类型和结构

设计有靠背和扶手的坐具一般称为座椅。座椅用途广泛，一切正式场合和比较固定的座位都使用座椅。座椅按其使用目的，主要分为以下三类：

（1）专用工作椅　为了一定工作要求而设计的座椅。例如，汽车座椅、办公室座椅、学生课桌椅等都是专用工作椅。

（2）多用座椅　不是为某种固定工作设计而是可供多种场合使用的座椅。例如，餐厅、会议室使用的座椅。

（3）休息椅　专供休息用的座椅，如沙发、躺椅等。

工作座椅必须具有主要构件：座面、腰靠和支架。其主要结构形式如图 12-24 所示。

座椅的主要参数（见表 12-13）是根据我国成年人人体尺寸确定的，并考虑到使用者穿鞋和着冬装的因素，座椅的主要参数见表 12-13。

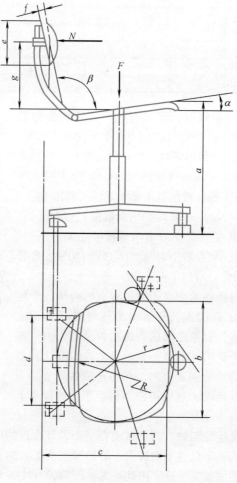

图 12-24　座椅的基本结构

表 12-13　座椅的主要参数　　　　　　　　　（单位：mm）

参　数	符　号	数　值
坐高	a	360～480
坐宽	b	400
坐深	c	380
腰靠长	d	330
腰靠宽	e	250
腰靠厚	f	40
腰靠高	g	165～210
圆弧半径	R	550
倾覆半径	r	195
椅面倾角	α	3°～4°
靠背倾角	β	110°

三、座椅设计要求

1. 座椅设计原则

1）座椅的尺寸应与使用者的人体尺寸相适应。因此在设计座椅前，首先要明确设计的座椅供谁使用。要把使用群体的人体尺寸测量数据作为确定座椅设计参数的重要依据。

2）应尽可能使就坐者保持自然的或接近自然的姿势，并且要使使用者可以不时变换自己的坐姿。

3）应符合人体生物力学原理。座椅的结构与形态要有利于人体重力的合理分布，有利于减轻背部与脊柱的疲劳与变形。

4）应使使用者活动方便，操作省力，舒适。

5）牢固、稳定，防止坐者倾翻、滑倒。

2. 座椅主要部分的设计要求

（1）椅面高度　椅面高度一般是指椅面至地面的高度。如果座位上放置软衬垫。应以人就坐时垫面至地面的距离作为椅面高度。椅面高度应设计得比"小腿加足高"略低一点，避免就坐者的大腿紧压在椅面前缘上，椅面前缘以低于小腿加足高 5cm 左右为宜，或者以座椅使用者群体"小腿加足高"的第 5 百分位数值作为参照，使椅面高度稍低于这一测量值。这样可以避免腿短的人坐着时足碰不着地面。根据我国人体尺寸的测量数据，成年人使用的座椅，座椅面离地高度不宜超过 40cm。

（2）深度与宽度　座椅的深度要设计成使人的腰背自然地倚靠在靠背上时椅面前缘不会抵到小腿。设计座椅深度一般以"臀膝距"尺寸作为参考。取第 5 百分位数的 3/4 作为设计依据。这样，可使短腿者就坐时能倚着靠背而不会使膝部压在椅缘上。按照我国成年人的人体尺寸测量数据，工作用椅深度取 35～40cm 为宜。为了使座椅深度能适合各种身材的人使用，最好把座椅靠背设计成前后可以调节的。

座椅宽度要按大身材人的体宽尺寸设计。一般以女性成年人臀部测量的第 95 百分位数测量值作为设计座椅宽度的依据。我国成年人使用的座椅，座椅面宽度不宜小于 40cm。对左右连接排列成行的座椅，要适当增大宽度，这时应参照坐姿"两肘间宽"的第 95 百分位数进行设计，不宜小于 50cm。

（3）座椅面倾角　不同用途的座椅，椅面倾角应有不同的要求。供休息用的座椅，椅面一般后倾 20°左右。音乐厅、演讲厅、会议室等场合使用的座椅，椅面可设计成后倾 5°~ 15°。办公座椅的椅面倾角，一般以后倾 3°左右为宜。

（4）靠背　设置靠背的目的是使人坐着工作或休息时，把身体的一部分重力压在靠背上，以减轻脊柱尤其是腰椎部的负荷，同时能使脊柱保持自然的弯姿，产生轻松省力的感受。靠背能否具有上述功能，主要取决于它的形状、倾角和高低尺寸三个因素。

1）靠背尺寸。靠背按其高度尺寸可以分为四类：低靠背、中靠背、高靠背和全靠背。

① 低靠背只支撑腰部，因而又称为腰靠。低靠背一般取上下高 15~25cm，左右宽 30~40cm。腰靠的位置最好放置在第 3 和第 4 腰椎部上下。因为坐姿作业时脊柱的这部分最容易疲劳。在双手运动范围较大的操作椅上使用低靠背最为合适。

② 中靠背除了低靠背具有的支撑腰部的功能外，还可支撑到胸椎下半部。其上下高度可取 40cm 左右。中靠背座椅使人的腰背部受到一定支撑，比较省力，因此适用面较广。教室、会议室、办公室用椅常采用这种靠背。

③ 高靠背指高度达到肩部的靠背。高靠背座椅由于其形状可设计成与脊柱自然弯度相似，坐起来特别省力，因此广泛用于办公室、休息室、电影院、音乐厅等场合。

④ 高靠背加上头部位置就成了全靠背。这种设计常应用于飞机机舱、长途客车以及躺椅等主要供休息用的座椅设计中。

2）靠背角。靠背角指靠背与椅面的夹角。靠背角的大小对坐姿和脊柱、背肌的负荷程度有重要影响。一般认为座椅的靠背角可在 95°~110°范围内选取。办公用椅以 100°左右为宜，阅读用椅则以 101°~104°为最好，休息用椅的最佳范围为 105°~110°，甚至还可以大一些。

3）靠背形状。如前所述，人的脊柱有几个向前向后的自然弯曲，靠背形状要设计成与脊柱的自然弯曲状相适应。脊柱腰椎段是承受上体重量的关键部位，它呈较大的前凸弯曲形状。靠背应在腰椎倚靠的部位适度隆起，使人靠在上面时能与腰椎段的自然弯曲状恰贴，并使上体前倾。从事桌面操作时，不可使腰椎段后凸，以免腰椎间盘产生过度压力。

（5）扶手　扶手有用来放置手臂、起坐时的扶持及分隔座位、防止与相邻者碰触的作用。扶手高度以就坐者上臂下垂时的肘部高度或略低于肘部高度为宜；扶手宽度不应小于 10cm。

（6）坐垫　设置坐垫的主要目的是使坐者的体重压力能较均匀地分布在椅面上。坐骨隆起部分范围很小，坐着时，这部分及其外包的皮肉首先抵触到座位面。若座位面是平的硬质材料做的，身体的大部分重量就压在这个部分，久坐后自然容易使这个部位引起麻木、酸痛的感受。若座位面上放置一个设计得当的坐垫，就可使体重压力比较均匀地分布在臀部较大的范围，如图 12-25 所示。这是比较理想的体重压力分布。要达到这一分布状态，就需要按照臀部骨盆肌肉的形态特点设计坐垫。图 12-26 所示为一个显示器终端用椅设计的实例。

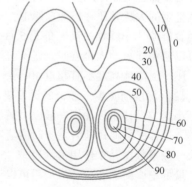

图 12-25　用从坐骨结节至外周的等压线表示臀区合乎理想的体重分布（单位：g/cm²）

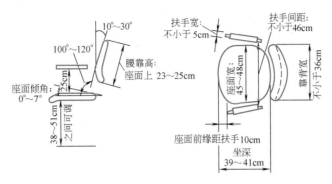

图 12-26 显示器终端用椅的尺寸范围

四、日本 Okamura 冈村公司的 Repiroue 座椅设计案例

目前，全球办公室的工作姿势基本上都是坐姿。然而，长期坚持同样的姿势对身体是一种沉重的负担，并且可能产生各种各样的问题，尤其是对坐姿作业者产生健康损害。据日本厚生劳动省 2008 年报告称，超过 68.6% 的上班族感觉到身体疲劳，具体症状包括：视疲劳、颈部和肩部僵硬以及背部疲劳和疼痛等。其中，视疲劳的有 90.8%，颈部和肩部僵硬的有 74.8%，背部疲劳和疼痛的有 26.9%。调查结果显示这些症状是由被调查的上班族白天超过 1/3 或更多的时间处于不良姿势造成的。

针对上述上班族作业姿势问题，大原纪念劳动科学研究所于 2014—2015 年通过试验对比研究了坐姿、坐立交替和立姿三种作业姿势对计算机作业人员的疲劳影响。研究得到如下结论：

1) 与持续的立姿和坐姿计算机作业相比，坐立交替姿势的计算机作业通过改变作业姿势可以使作业者身体的负荷被分散，更不容易疲劳。

2) 与持续的立姿和坐姿作业相比，坐立交替的作业能够有效地防止作业人员脚部水肿。

3) 影响注意力集中的睡意会严重影响工作效率，甚至造成失误和事故。坐立交替作业与单纯的坐姿或立姿作业相比，能够有效地抑制睡意，提升工作效率。

4) 与坐姿作业相比，立姿作业和坐立交替作业能够有效地减轻腰部的疼痛症状。

日本杏林大学医学部古河良彦教授在 2015 年的研究中探究了增加立姿作业对作业人员身体的影响，得到如下结论：

1) 与持续坐姿作业相比，立姿作业期间作业人员身体的活动指数（运动指数）下降，睡眠的质量得到提升。

2) 立姿作业能够减少心理和生理不良反应。立姿期间，对作业人员的疲劳感、不安感、抑郁感、饮食不振、失眠压力等项目调查的总分值低于坐姿期间。

3) 即使是在周末，坐立交替作业的作业人员工作活力比持续坐姿作业也有显著的提高。

同年，日本东京大学医学部附属医院的松平浩教授在研究中指出膝盖处呈 130°，座面角度呈 10°，骨盆倾斜角度约 5°时的半站姿势能够减轻身体受到的作用力，称这一坐姿为理想坐姿，如图 12-27 所示。理想坐姿时，椅座前倾接近站姿，使得脊柱成自然的 S 形，保持脊柱正常的生理弯曲。由于左右脚底和髋骨三个作用点受到支撑，坐姿作业者的骨盆也处于稳定状态。与立姿相比，脚部受到的作用力更少，体重的 70% 作用于座面，30% 作用于脚底，体重在坐者坐于椅面上的臀部和足底之间均匀分布，坐者的感觉尤为舒适。

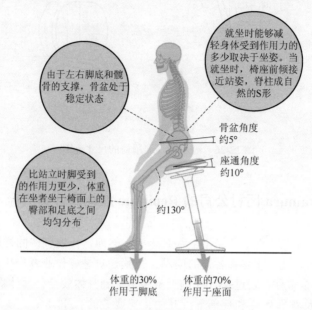

图 12-27　松平浩研究指出的理想坐姿

日本 Okamura 冈村公司根据理想坐姿的相关研究，提出一种新的工作姿势——"Perching"，即半立姿。这种姿势比完全的坐姿，骨盆受到的作用力更小；较完全的立姿而言，腿部疲劳也相对较小。冈村公司研发了一种特殊的座椅来达到半立姿的实现，并命名为"Repiroue"（在日本命名为"Pirouetto"），如图 12-28 所示。

Repiroue 座椅汲取了"坐姿"和"立姿"两者的优势，支持半立姿作业姿势，具有以下优点：

1）全方位转动。坐垫可以向前后左右各个方向转动。

2）高度调节。为了适应各种体型的坐者，座面高度可以在 565～815 mm 范围内任意调节。

3）圆形升降操作杆。冈村公司设计了独特的圆形升降操作杆，方便坐者从各个方向自由地操作。

4）稳定性。座面采用凹形设计，坐时骨盆容易被固定，保持稳定的姿态。

5）方便性。座面采用圈形设计，坐者可以从各个方向就坐。

图 12-28　Repiroue 座椅设计（单位：mm）

6）便移性。座椅毛重 16kg，可被轻松地搬起并布置在各个位置。

冈村公司除了创造性地设计了 Repiroue 座椅之外，还设计了智能升降电动桌——Swift，如图 12-29 所示。Swift 具有如下特点：

1）一步操作升降到合适的高度。桌面上下升降范围为 560～1250mm，可根据工作要求

图 12-29　Swift 智能升降电动桌

任意设定高度。此外，当桌面高度下降到 720mm 处时会停顿一下，以方便操作者及时调整。

2）桌沿采用瀑布式设计。为减轻对手腕的压力，Swift 的桌沿封边做了下斜处理，即使站立办公也不会感觉手腕受到压迫。

3）防撞安全保护装置。Swift 将电梯的防挤压装置用于桌面升降的设计之中，在上下调节过程中，如果桌面碰到障碍物会立刻停止并反弹约 30mm，防止挤伤使用者手指等意外情况的发生。

Repiroue 座椅因其创造性地提出"半立姿"这一作业姿势，一上市便受到用户的极大好评，在市场上取得了较大的成功。将 Repiroue 座椅与 Swift 智能升降电动桌配合使用，能够灵活地调整工作面以及座椅的高度，消除因作业姿势引起的疲劳症状，提升作业效率。

复习思考题

1. 什么是作业空间？什么是近身作业空间？
2. 试述作业空间设计的含义。
3. 试述作业空间设计的一般要求。
4. 试述作业场所布置的原则。
5. 试述总体作业空间设计的依据。
6. 视觉运动的规律是什么？
7. 坐姿作业的特点有哪些？
8. 坐姿作业空间设计的内容有哪些？
9. 立姿作业空间设计的内容有哪些？
10. 试述坐立姿交替作业空间的设计要求。

思 政 案 例

第 12 章　合理设计作业空间，保障员工安全、健康和舒适

第十三章
人机系统

第一节　人机系统概述

一、人机系统含义

　　系统是由相互作用、相互依存的要素（部分）组成的、具有特定功能的有机整体。或者说系统是具有特定功能的、相互间具有有机联系的许多要素所构成的一个整体。整体系统又可以分为子系统，子系统是整体系统的组成部分，整体系统与子系统之间既有相对性又有统一性。

　　人机系统是由相互作用、相互依存的人和机器两个子系统构成的，且能完成特定目标的一个整体系统。人机系统中的人是指机器的操作者或使用者；机器的含义是广义的，是指人所操纵或使用的各种机器、设备、工具等的总称。人机系统是通过人的感觉器官和运动器官，与机器的相互作用、相互依存来完成某一特定生产过程的。例如，人骑自行车、人驾驶汽车、人操纵机器、人控制自动化生产、人使用计算机等都属于人机系统的范畴。人机系统是为了实现人类的目的而设计的，也由于能满足人类的需要而存在。因此，所谓的人机系统，乃至系统内的组成单元，都不过是人类某种能力的扩大，或是依据人类的指示而执行一定的功能或机能。

二、人机系统基本模式

　　人机系统的基本模式由人的子系统、机器的子系统和人机界面所组成，如图 13-1 所示。人的子系统可概括为 S-O-R（感受刺激—大脑信息加工—做出反应）；机器的子系统可概括为C-M-D（控制装置—机器运转—显示装置）。在人机系统中，人与机器之间存在着信息环路，人机具有相互传递信息的性质。系统能否正常工作，取决于信息传递过程能否持续有效地进行。

三、人机系统的类型

　　人机系统分类方式多种多样，有些很简单，有些极复杂。下面主要介绍以下三种分类方法：

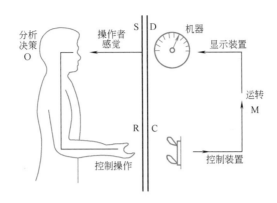

图 13-1　人机系统的基本模式

1. 按有无反馈控制分类

反馈是指系统的输出量与系统的输入量结合后重新对系统发生作用。人机系统按有无反馈控制分类，可分为闭环人机系统和开环人机系统两种类型。

（1）闭环人机系统（Closed-Loop Systems）　闭环人机系统又称为反馈控制人机系统，其特点是：系统的输出直接作用于系统的控制。若由人来观察和控制信息的输入、输出和反馈（如在普通车床上加工工件，再配上质量检测构成反馈），则称为人工闭环人机系统；若由自动控制装置来代替人的工作（如利用自动车床加工工件，人只起监督作用），则称为自动闭环人机系统。

（2）开环人机系统（Open-Loop Systems）　开环人机系统的特征是：系统中没有反馈回路，系统输出不对系统的控制发生作用，所提供的反馈信息不能控制下一步的操作。即系统的输出对系统的控制作用没有直接影响，如操纵普通车床加工工件，就属于开环人机系统。

2. 按系统自动化程度分类

人机系统按系统自动化程度分类，可分为人工操作系统、半自动化系统和自动化系统。

（1）人工操作系统　人工操作系统中包括人和一些辅助机械及手工工具。该系统由人供给系统所需动力并控制整个操作过程；机械和工具只能增强人的力量和提供工作条件，不具备动力，如钳工锉削、木工手工用锯锯木、手工造型等。即人直接把输入转变为输出，如图13-2a 所示。

（2）半自动化系统　这种系统中人作为生产过程的控制者，操纵具有动力的机具设备，人也可能为系统提供少量的动力，对系统做某些调整或简单操作。在闭环系统中反馈的信息，经人的处理成为进一步操纵机器的依据，这样不断地反复调整，保证人机系统得以正常运行，如图13-2b 所示。凡是人操纵具有动力的设备均属于这种系统，如操纵各种机床加工零件，驾驶汽车、火车等。

（3）自动化系统　这类系统中，机器完全代替了人的工作，机器本身是一个闭环系统，它能自动地进行信息接收、储存、处理和执行，人只起监督和管理作用，如图13-2c 所示。人的具体功能是起动、制动、监控、编程、维修和调试等。为了安全运行，系统必须对可能产生的意外情况设有预报及应急处理的功能。

值得注意的是，这种系统初期投资大，非大量生产采用它是不经济的。所以不应脱离现实的技术、经济条件而过分追求自动化，把本来一些适合于人操作的功能也自动化了，其结果可能会引起系统费用升高、可靠性和安全性下降。

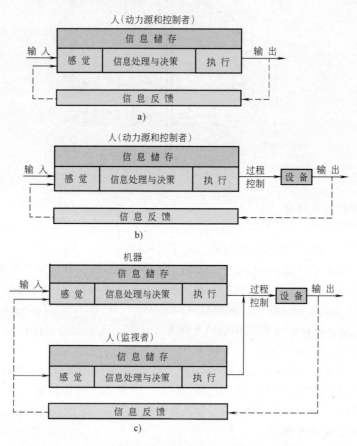

图 13-2　三种类型人机系统

a）人工操作系统　b）半自动化系统　c）自动化系统

3. 按人与机结合方式分类

人机系统按人与机结合方式可分为人机串联，人机并联和人机串、并联混合三种方式，如图 13-3 所示。

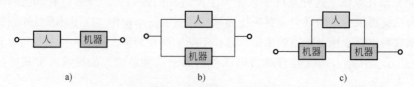

图 13-3　人与机的结合方式

a）人机串联　b）人机并联　c）人机串、并联混合

（1）人机串联　在人机串联系统中，人机连环串接，人与机任何一方停止活动或发生故障，都会使整个系统中断工作，如图 13-3a 所示。人和机的特性相互增强、相互干扰。一方面，人的长处通过机可以增大；另一方面，人的缺点也会通过机被扩大。人必须与机器相互

作用才能输出，人工操作系统及部分半自动化系统中一般采用这种结合方式。

（2）人机并联　人与机的结合方式如图 13-3b 所示。人、机两者可以相互取代，具有较高的可靠性。作业时人间接介入工作系统，人的作用以监视、管理为主，手工作业为辅。这种结合方式，人与机的功能互相补充，自动化系统中多采用这种人机结合方式。当系统运行正常时，机器自动运转，人只起监视和遥控作用；当系统运行异常时，机器由自动变为手动，人机结合方式由并联变为串联。

（3）人机串、并联混合　这种结合方式多种多样，实际上都是人机串联和人机并联的两种方式的综合，往往同时兼有这两种方式的基本特性，如一个人同时监管多台有前后顺序且自动化水平较高的机床，一个人监管流水线上多个工位等，如图 13-3c 所示。

第二节　人机系统设计思想与程序

一、人机系统设计思想的发展

人机系统设计是把解决系统的安全、高效、经济问题，特别是有关人的效能、安全和身心健康问题等作为设计目标，从功能分析入手，合理地将系统的各项功能分配给人和机器，从而达到系统的最佳匹配。

随着社会的发展和技术的进步，人机系统设计思想也在不断地发展和变化。

最早的设计思想是让人来适应机器。即先设计好机器，再根据机器的运行要求来选拔和培训人员。

随着机器运行速度的加快和机械化、自动化程度的提高，人的能力已远远不能适应机器的要求，原来的设计思想已越来越显示出其不足，从而产生了设计中考虑人的因素，让机器适应人的设计思想。即根据人的特性，设计出最符合人操作的机器设备、器具，最醒目的显示器，最方便使用的控制器，使设计的机器尽可能地代替人的工作等。这一设计思想的局限性是没有在机器和人中间进行合理的功能分配，而让机器或人承担了其不擅长的工作，最终导致人机系统没能发挥最优功能。

当人们认识到机器适应人这一设计思想的局限性时，自然就出现了人与机器相互适应的系统设计思想。系统设计思想集前述思想之大成，将系统的整体价值作为系统设计所追求的目标，从功能分析入手，在一定的技术和经济水平条件下合理地把系统的各项功能分配给机器和人，从而达到系统的最佳匹配。

人机系统设计不是单一专业领域工作者所能胜任的，它应由工程技术人员、人类学家、心理学家、人机工程学家等共同协作完成，或者应用上述领域知识共同完成。重要的是必须在系统设计初期参与设计，充分考虑人的因素，反映人的需要。

二、人机系统设计程序

人机系统设计分析的内容和程序可用下述模型（见图 13-4）来描述。这一模型特别适用于没有以往经验可以借鉴的全新系统的设计。通常，系统设计不会只是涉及单一专业领域的知识,因此需要由工程学、生理学、心理学、人因工程学等多方知识共同来完成系统设计。下面就该模型的主要环节进行分析。

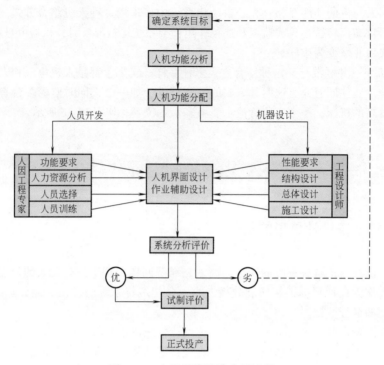

图 13-4 人机系统设计分析过程

(一) 人机系统的目标

任何一个系统都有自己特定的目标,即完成特定功能的目标。因此,在设计一个系统时,首先必须确定它作为一个整体所体现的目标,然后再讨论为达到该目标,系统应该具备什么样的功能。用户对设计者提出的要求和市场信息有时是不充分的、笼统的。设计者必须分析清楚该系统(任务)的性质、使用范围;分析当前技术发展水平和趋势;分析要完成该系统应提出哪些设计要求及实现的可能性;分析制造成本及周期等。

例如,要设计或开发一个生产系统,首先应该确定生产系统的目标是制造目标市场所需要的产品。为了达到这一目标,生产系统应具备什么样的功能呢?我们可以从目标市场消费者对产品的需求入手来进行分析。消费者对产品有各种各样的要求,归结起来可分为:品种、款式、质量、数量、价格、服务、交货日期。但是不同的消费者对同一种产品在要求上往往有很大的差异。例如,有的追求款式新颖,有的希望产品经久耐用并有良好服务,有的对价格是否便宜很介意,有的则不惜高价只求迅速交货。另外,在竞争异常激烈的市场条件下,企业为争夺市场常常会根据消费者的不同需求采用市场细分化的营销策略,此时企业不仅要求自己的产品能满足消费者对上述七方面的需求,而且还要求自己的产品要具有一定特色以满足目标市场提出的特殊要求。消费者需求和企业竞争战略对产品的要求,都要依靠生产系统制造出的产品来实现。生产系统应具有继承性、创新性和弹性,并在此基础上保证低成本、高质量及按期交货的要求。

（二）人与机器的功能分析

1. 人机特性比较

设计和改进人机系统，首先必须考虑人和机器各自的特性，根据两者的长处和弱点，确定最优的人机功能分配。表 13-1 为人与机器的特性对照表。

表 13-1　人与机器的特性对照表

能力种类	机器的特性	人的特性
信息接收	物理量的检测范围广，而且正确 可检测如电磁波等一些人不能检测的物理量 能够在视觉范围以外用红外线和电磁波工作	具有与认知有直接联系的检测能力，凭感官接收信号，不易理解，易出偏差 具有味觉、嗅觉和触觉 视觉范围有一定限制，能够识别物体的位置、色彩和物体的移动
信息处理	按预先编程可快速、准确地处理数据。记忆正确并能长时间储存，调出速度快 能连续进行超精密的重复操作和按程序常规操作，可靠性较高 对处理液体、气体和粉状体等比人优越，但处理柔软物体则不如人 计算速度快，能够正确地进行计算，但不会修正错误 图形识别能力弱 能进行多通道的复杂动作	具有抽象、归纳能力以及模式识别、联想、发明创造等高级思维能力。善于积累经验并运用经验判断 超精密重复操作易出差错，可靠性较低 可通过获取视觉、听觉、位移和重量感等信息控制运动器官灵活地操作 计算速度慢，常出差错，但能巧妙地修正错误 图形识别能力强 只能单通道
信息交流与输出	与人之间的信息交流只能通过特定的方式进行 能输出极大的和极小的功率，但不能像人手那样进行精细的调整 专用机械的用途不能改变，只能按程序运转，不能随机应变	人与人之间很容易进行信息交流，组织管理很重要 10s 内能输出 1.5W，以 0.15kW 的输出能连续工作一天，并能进行精细的调整 通过教育训练，有多方面的适应能力，有随机应变能力，但改变习惯定型比较困难
学习归纳能力	学习能力较差，灵活性差 只能理解特定的事物	具有很强的学习能力，能阅读和接受口头指令，灵活性很强 能从特定的情况推出一般结论，即具有归纳思维能力
持续性、可靠性和适应性	可连续、稳定、长期运转，也需要适当的维修保养 可进行单调的重复性作业 与成本有关。设计合理的机器对设定的作业有很高的可靠性，但对意外事件则无能为力 特性是固定不变的，不易出错，如出错不易修正	易疲劳，很难长时间保持紧张状态，需要休息、保健和娱乐 不适于从事负荷刺激小、单调乏味的作业 在紧急事件突发的情况下，可靠性差。可靠性与动机、责任感、身心状态、意识水平等心理和生理条件有关 有个体差异，与经验有关，容易出差错，但易修正错误
环境	能适应不良环境条件，可在放射性、有毒气体、粉尘、噪声、黑暗、强风暴雨等恶劣环境和危险环境下工作	要求环境条件对人安全、健康、舒适，但对特定环境能较快适应
成本	包括购置费、运转和保养维修费 如果不能使用，也只失去机器本身的价值	包括工资、福利和教育培训费 如果发生事故，可能失去宝贵的生命

2. 人优于机器的功能

1）在感知觉方面，人的某些感官的感受能力比机器优越。例如，人的听觉器官对音色的分辨力以及嗅觉器官对某些化学物质的感受性等，都优于机器。

2）人能运用多种通道接收信息。当一种信息通道有障碍时可用其他通道补偿。而机器只能按设计的固定结构和方法输入信息。

3）人具有高度的灵活性和可塑性，能随机应变，采用灵活的程序。人能根据情境改变工作方法，能学习和适应环境，能应付意外事件和排除故障。而机器应付偶然事件的程序是非常复杂的。因此，任何高度复杂的自动系统都离不开人的参与。

4）人能长期大量储存信息并能随时综合利用记忆的信息进行分析和判断。

5）人具有总结和利用经验、除旧创新、改进工作的能力。而机器无论多么复杂，只能按照人预先编排好的程序工作。

6）人能进行归纳推理。在获得实际观察资料的基础上，归纳出一般结论，形成概念，并能创造发明。

7）人的最重要特点是有感情、意识和个性，具有能动性，能继承人类历史、文化和精神遗产。人在社会生活中，受到社会的影响，有明显的社会性。

3. 机器优于人的功能

1）机器能平稳而准确地运用巨大动力，其功率、强度和负荷的大小可随需要而定。而人受身体结构和生理特性的限制，可使用的力量较小。

2）机器动作速度快，信息传递、加工和反应的速度快。

3）机器的精度高，产生的误差可随机器精度的提高而减小。而人的操作精度不如机器，对刺激的感受也有限。

4）机器的稳定性好，可终日不停地重复工作，不会降低效率，不存在疲劳和单调问题。人的工作易受身心因素和环境条件等影响，因此在感受外界作用和操作的稳定性方面不如机器。

5）机器的感受和反应能力一般比人高，如机器可以接收超声波、辐射、微波、电磁波和磁场等信号；还可以做出人做不到的反应，如发射电信信号、发出激光等。

6）机器能同时完成多种操作，而且可以保持较高的效率和准确度。人一般只能同时完成1~2项操作，而且两项操作容易相互干扰，难以持久地进行。

7）机器能在恶劣的环境条件下工作，如在高压、低压、高温、低温、超重、缺氧、辐射、振动等条件下，机器可以很好地工作，而人则无法耐受。

（三）功能分配

1. 人机功能分配应考虑的问题

所谓人机功能分配，是指在人机系统中，为了充分发挥人与机器各自的特长，互补所短，恰当地分配人机任务，以达到人机系统整体的最佳效能与总体功能。

人机功能分配必须建立在对人和机器功能特性充分分析比较的基础上。随着科学技术的发展，在人机系统中，人的工作将逐渐由机器来替代，从而使人逐渐从各种不利于发挥人的特长的工作岗位上得到解放。在人机系统设计中，对人和机器进行功能分配，主要考虑的是系统的效能、可靠性和成本。功能分配也称为划定人机界限，通常应考虑以下问题。

1）人与机器的性能、负荷能力、潜力及局限性。

2）人进行规定操作所需的训练时间和精力限度。

3）对异常情况的适应性和反应能力的人机对比。

4）人的个体差异的统计。

5）机器代替人的效果和成本。

2. 人机功能分配的原则

（1）比较性原则　比较性原则是通过比较分析来决定顺序的原则。要使整个系统效能最优，人机应达到最佳匹配。由于人和机器各有特长和局限性，所以人机之间应当彼此协调，相互补充。当某一功能需要人机配合完成时，则表明这一功能的分析尚需更细的层次分解。比较性原则是在比较分析人与机器特性的基础上确定各个功能的优先分配。

（2）剩余性原则　把尽可能多的工作分配给机器完成，其余部分分配给人完成，这就是剩余性原则。剩余性原则可以和比较性原则结合使用。

（3）宜人性原则　宜人性原则是指要使人的工作负荷适中，使人保持警觉，利用人的心理特征，同时不要让人长时间无事可做，使工作敏感性降低，还要密切注意人的劳动负荷，使操作者不会在完成作业后过于疲惫。

（4）经济性原则　经济性原则是指从经济（系统研制、生产制造和使用运行的总费用）角度考虑，再决定将系统的某一功能分配给人或机器。深入分析各项功能的费用是经济性原则的基础，使决策者能够判断使用人更经济还是使用机器更经济。

（5）弹性原则　弹性原则的基础是根据人的能力在不同环境、时间下的变化，随时调整系统的功能分配决策，使功能分配更合理，达到更好的实现效果。该原则包括两方面的含义：一是由人自己决定参与系统行为的程度；二是由机器操作者的负荷和任务的难易来决定系统功能的分配。

3. 功能分配过程

人机系统功能分配贯穿在系统分析、设计、验证和评估的每个阶段，它必须和系统研制过程的各个环节紧密结合。在设计初期，人和机器很难分配到一个完整功能。在主系统和分系统层次，人与机需要共同完成大部分功能，因而主系统和分系统的功能需要更为细致的分层，达到将每个功能完全分配给人或机器的系统分解层次。

整个过程分为以下四个步骤：

（1）首先将明确与指定的功能进行分配　对明确分配给人或机器的功能以及分配受到法律和政策限制的功能进行分配，可能产生以下三种分配结果：

1）分配给人。由于决策的掌握或控制功能等原因，把功能强制分配给人。

2）分配给机器。由于规则条例、环境因素、人的功能达不到作业要求等原因，把功能强制分配给机器。

3）无结果。由于缺少可行技术支持、自动化系统可靠性不高、运用自动化系统代价太大、操作者不接受该自动化系统等原因造成的无法实现自动化系统的情况，或由于人的能力达不到功能要求、人的费用、人的可靠性不能满足要求等原因造成无法实现某些功能命令分配给人的情况，都会出现不可接受功能命令的情况，这时功能分配的决策则按以下三个步骤继续进行：

（2）应用比较性原则进行分配　应用比较性原则，并运用运筹学的决策空间和决策矩阵图的方法提出有效性系统评价。将人与机器的特性进行比较，通过对效能、速度、可靠性和技术可行性等方面做出功能优劣的评估。通过评估得到一个复数值，这个复数值将落在决策矩阵图的某一区域，依此可以决定将功能分配给人或机器。

（3）运用经济性原则进行分配　从利益与费用的角度来考虑某项功能的分配，同时用投入产出比的分析方法来考虑分配给人或机器哪个更省费用。但是，该分析决策有可能更改前一条分配原则所做出的决策。

（4）应用情感与认知考虑分配决策　由于前两条分配决策把人作为机器比拟的部件来对待，在做决策时仅仅考虑作业的有效性、利益和代价，而忽略了人的功效特征。人与机器不同，其完成工作的前提是某些要求首先被满足，所以，应当从人的情感与认知支持等方面来考虑分配决策。

上述人机功能分配中，对于分配给人的功能要做一定的作业分析，以确定任务是否恰当。步骤（2）～（4）的功能分配策略是相互独立的，无法同时满足时，需要决策者结合实际情况，对其做出的功能分配决策进行权衡，确定最终的功能分配方案。

（四）设计与评价

1. 人机界面设计

人机系统中，人与机器之间存在一个相互作用的"界面"，所有的人与机器的交流都发生在这个界面上，一般称为人机界面，是人机关系非常重要的环节。机器通过人机界面传递给人有关的运行信息，而人又是通过它来操纵或控制机器。因此应合理地设计各种各样的显示器和控制器，以适合人的操作要求和人的视觉、听觉等要求。

2. 人因工程学设计

对机具进行人因工程学设计，使机具适应人的特性，保证人使用时得心应手。其过程主要包括显示器和控制器的选择与设计、作业空间设计、作业辅助设计等，同时，根据系统对人体的功能要求，制定人员选择和培训计划。并要为提高人机系统的可靠性采取具体对策。

3. 系统评价

系统评价就是试验该系统是否具备完成既定目标的功能，并进行安全性、舒适性及社会性因素的分析、评价。对系统评价时具体应注意：人与机器的功能分配和组合是否正确；人的特性是否充分考虑和得到满足；能适用的人员占人群的多大百分位；作业是否舒适；是否采取了防止人因失误的措施等。

三、人机系统设计步骤

根据以上对人机系统设计的分析，可以看出，人机系统设计的步骤如下。

1）明确系统的目的和条件。

2）进行人和机器的功能分析。

3）进行人和机器的功能分配。

4）对系统或机器进行设计。

5）对系统进行分析评价。

详细的人机系统设计步骤见表13-2。

表 13-2 人机系统的设计步骤

系统开发的各阶段	各阶段的主要内容	人机系统设计中应注意的事项	人因工程专家的设计任务举例
明确系统的重要事项	确定目标	主要人员的要求和制约条件	对主要人员的特性、训练等有关问题进行调查和预测
	确定使命	系统使用上的制约条件和环境上的制约条件 组成系统中人员的数量和质量	对安全性和舒适性条件进行检验
	明确适用条件	能够确保的主要人员的数量和质量，能够得到的训练设备	对精神、动机的影响进行预测
系统分析和系统规划	详细划分系统的主要事项	详细划分系统的主要事项	设想系统的性能
	分析系统的功能	对各项设想进行比较	设计系统的轮廓及其分布图
	系统构思的发展（对可能的构思进行分析评价）	系统的功能分配 与设计有关的必要条件，与人员有关的必要条件功能分析 主要人员的配备与训练方案的制订	对人机功能分配和系统功能的各种方案进行比较研究 对各种性能的作业进行分析 调查、决定必要的信息显示与控制的种类
	选择最佳设想和必要设计条件	人机系统的试验评价设想 与其他专家组进行权衡	根据功能分配预测所需人员的数量和质量以及训练计划和设备 提出试验评价方法 设想与其他子系统的关系和准备采取的对策
系统设计	预备设计（大纲的设计）	设计时应考虑与人有关的因素	准备适用的人因工程数据
	确定设计细则	设计细则与人的作业的关系	提出人因工程设计标准 关于信息与控制必要性的研究与实现方法的选择和开发 作业性能的研究 居住性的研究
	具体设计	在系统的最终构成阶段，协调人机系统 操作和保养的详细分析研究（提高可靠性和维修性） 设计适应性高的机器 人所处空间的安排	参与系统设计最终方案的确定 最后决定人机之间的功能分配 使人在作业过程中，信息、联络、行动能够迅速、准确地进行 对安全性的考虑 防止作业者工作热情下降的措施 控制面板的配置 空间设计、人员和机器的配置 决定照明、温度、噪声等环境条件和保护措施
	人员的培养计划	人员的训练和器材配备计划 与其他专家小组的折中方案	决定使用说明书的内容和式样 决定系统运行和保养所需的人员数量和质量，以及设备和训练计划

（续）

系统开发的各阶段	各阶段的主要内容	人机系统设计中应注意的事项	人因工程专家的设计任务举例
系统的试验和评价	规划阶段的评价模型制作阶段原型、最终模型缺陷诊断、修改的建议	人因工程学试验评价根据试验数据的分析、作业分析等反馈修改设计	设计图样阶段的评价模型或操纵训练用模拟装置的人机关系评价确定评价标准（试验法、数据种类、分析法等）对安全性、舒适性、工作热情的影响评价机械设计的变动、使用程序的变动、人的作业内容的变动、人员素质的提高、训练方法的改善、对系统规划的反馈
生产	生产		
运行	运行、维护		

南非 20E 型电力机车驾驶室人机系统设计

南非 20E 型机车为双流制四轴交流传动货运电力机车，电力机车驾驶室人机系统设计流程主要涉及以下几个方面：①系统目标定义。②初步设计。③人机界面设计。④辅助设计。⑤系统人因验证。其中阶段 1 为驾驶室人机系统设计提供理论模型以及验证评估框架；阶段 2、阶段 3 和阶段 4 同时进行并与整车其他子系统设计相互协调，涉及结构、工艺、材料、人机工程验证等多方面因素，电力机车驾驶室人-机-环境系统是一个多方设计人员共同参与研究设计的系统；阶段 5 是进行设计验证与分析的阶段，目的是对原有设计评估验证以更好地满足业主需求。

（1）系统目标定义　操纵台组成作为驾驶室人机系统的重要子系统，是司乘人员与机车直接交互的关键组成，该组成应具备操控舒适、操作简便、设备维护良好等人性化特性。因此，在设计过程中，应从造型、工艺、材质、色彩等多方面进行分析、设计、评估与验证。

首先，考虑到新车型与传统车型的关联性，新型机车采用单一驾驶室设计结构，主、辅驾驶员共同驾驶机车的方式。其次，对驾驶室人机系统相关部件安装方式以及检修维护习惯沿用 19E 型传统电力机车方式或进行优化设计，使驾驶员能尽快熟悉新机车的驾驶方式与驾驶环境。再次，应采用新技术、新工艺、新装饰材料等满足驾驶室对噪声、照度、温度等环境的要求，从而提高司乘人员的驾驶舒适度，提升驾驶员作业区域专业化、规范化水准。

（2）初步设计　在进行初步设计的过程中主要对主、辅驾驶员在有限的驾驶室空间内能够拥有良好通过性、操作便捷性等进行设计分析（见图 13-5）。最大限度地使驾驶室内相关的设备布置能够良好地统一结合起来。

根据对驾驶室空间人机分析与评估来制订相应的驾驶室工业设计解决方案，如图 13-6 所示。对驾驶室人机系统造型采用流线型设计；对人机系统色彩进行优化设计；对相关设备部件进行区域化、系列化布置，对整体人机系统各部件采用轻量化设计处理等。

（3）人机界面设计　驾驶室主操纵台是司乘人员在驾驶机车时作业最为频繁的区域，是人机对话的窗口，是驾驶室人机系统设计的关键。

1）人机分析。对于新型机车主操纵台的设计，确定操纵台面板的原则是在不转动头部的状态下能看清机车运行过程中的主要仪表显示信息，保持专注的驾驶状态；明确驾驶员在驾驶机车过程中能够方便地运用手臂进行机车的驾控操作；对于机车驾驶室主操纵台全包厢形式，驾驶员的可通过区域也是分析的一个重要方面。

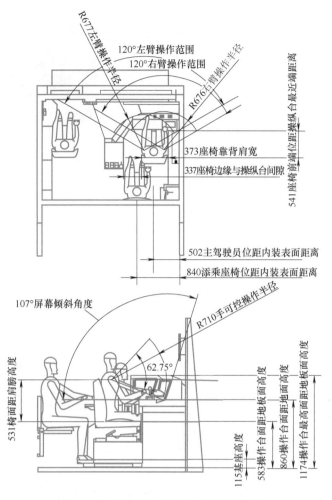

图 13-5 驾驶室空间人机系统分析数据

图 13-6 初步设计

2）功能分区。由于主操纵台是对机车组成的几大系统进行控制的平台，为了给司乘人员提供高效、舒适的驾驶环境，驾驶室人机设计对主操纵台进行了功能区域划分，进行作业区域模块化设计，降低司乘人员误操控的可能性（见图 13-7）。

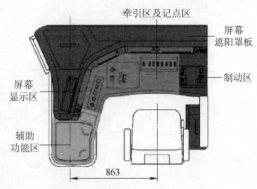

图 13-7　操纵台功能分区设置

（4）辅助设计　机车驾驶室人机系统应该给司乘人员传递舒适、专业、高效的设计理念，通过将工业设计造型、色彩设计方法引入到驾驶室人机系统设计，从而将设备布置、工艺要求、材料选择等有机结合起来。20E 型机车驾驶室内装采用亚光冰蓝色，明度高，低反光率的油漆既能够满足驾驶室光线的环境要求，又能防止司乘人员眼睛疲劳。主操纵台面板采用亚光铅灰色和亚光信号黑，明度低的油漆能够使工作屏幕和按钮更加凸显，确保操控的即时、准确。整体色彩设计明暗结合，有区分又整体协调。

（5）校核验证　操纵台人机系统设计的验证通过 Delmia 人机工程分析仿真软件进行，将目标司乘人员群体的人体参数（第 5 百分位至第 95 百分位）输入到 Delmia 人机工程分析仿真软件中，重点考量司乘人员作业区域设置是否科学合理，包括操控区域的便捷性，视野是否符合标准，司乘人员疲劳强度分析等，如图 13-8 所示。

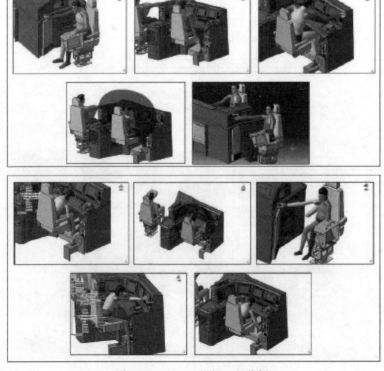

图 13-8　Delmia 人机工程分析

通过 Delmia 人机工程仿真软件分析得知目标人群均可轻松地碰触到位于驾驶员前方的控制部件，位于驾驶员前方的显示屏幕也处于驾驶员正常视野范围内，并且司乘人员的视野可以在规定的距离内看到轨道上布置的信号灯等设备，对于需要进行操作保护的部件，如紧急制动按钮、车长阀等需要调整自身才能够碰触到，从而避免误操作情况发生。驾驶室主操纵台最终工业设计效果图如图 13-9 所示。

图 13-9　最终工业设计效果图

 # 第三节　人机系统评价概述

一、评价的概念

所谓评价，一般是指按照明确目标测定对象的属性，并把它变成主观效用（满足主体要求的程序）的行为，即明确价值的过程。对人机系统设计进行评价，就是查明设计方案对于预定目标的"价值"及"效用"。一个设计方案的价值不是绝对的，而总是相对于一定要求的，所以必须通过相对预定目标来评价。因此，进行评价时，要从明确目标开始，通过评价目标导出评价要素，并对其功能、特性和效果等属性进行科学测定，最后由测定者根据给定的评价标准和主观判断把测定结果变成价值，供决策者参考。

评价一般不能以单个因素作为目标来进行，必须考虑多个因素即多个目标来评价，即多目标评价问题。评价方法一般分为定性评价和定量评价两种。

在实际评价中，一般是定性评价和定量评价并用，因为定性是定量的基础。特别是在人机系统设计评价中，由于许多目标不易用数量表示，只能定性描述，故定性评价显得更为重要。

二、评价目的与原则

（一）评价目的

评价可以是对现有的人机系统进行评价，以便使有关人员了解现有系统的优缺点，为今后改进人机系统提供依据；也可是对人机系统规划和设计阶段的评价，通过评价，使在规划和设计阶段预测到系统可能占有的优势和存在的不足，并及时改进。

因此，人机系统设计的评价目的是：根据评价结果，对系统进行调整，发扬优点，改善薄弱环节，消除不良因素或潜在危险，以达到系统的最优化。

（二）评价原则

在人机系统评价过程中，要注意以下原则：

1）评价方法的客观性。评价的质量直接影响决策的正确性，为此要保证评价的客观性。应保证评价数据的可靠性、全面性和正确性，应防止评价者的主观因素的影响，同时对评价结果应进行检查。

2）评价方法的通用性。评价方法应适应评价同一级的各种系统。

3）评价指标的综合性。指标体系要能反映评价对象各个方面的最重要的功能和因素，这样才能真实地反映被评对象的实际情况，以保证评价不出现片面性。

三、评价指标的建立

评价的第一步是设定评价指标，由此可导出评价要素，并可按其评价结果设计方案。评价指标一般都有多个，可概括为以下三个主要方面的内容：

1）技术评价指标。评价方案在技术上的可行性和先进性，包括工作性能、整体性、宜人性、安全性和使用维护等。

2）经济评价指标。评价方案的经济效益包括成本、利润、实施方案的费用和市场情况等。

3）环境评价指标。方案的环境评价包括内部环境评价和外部环境评价。其中，内部环境评价包括是否有益于改善光照、温度、湿度、粉尘、通风、振动、噪声、放射线、有毒有害物质等环境；外部环境评价包括是否有益于人的文化技术水平的提高，是否有利于人的审美观点提高等。

四、评价指标体系

（一）评价指标体系的建立原则

建立指标体系时，应注意下列原则：

（1）系统性原则　指标体系应尽可能完备，应能全面地反映被评价对象的综合情况，特别不能忽略重要的因素，以保证综合评价的全面性。

（2）独立性原则　进行评价时所依据的各个指标，必须是相互独立的，即对一个指标的价值的措辞，不影响其他指标的价值，要尽量避免指标间的过分包含问题。

（3）可测性原则　各个指标的特性应简单明确，尽可能定量地表达，至少也要用文字定性地具体表达，收集方便，计算简单。

（4）重点性原则　重要方面的指标设置得密些、细些，次要方面的指标设置得稀些、粗些。

（二）评价指标体系

评价指标体系是由确定的评价目标直接导出的。建立评价指标体系（要素集）是逐级逐项落实总目标的结果。因为要与价值相对应，所以全部要素都用"正"方式表达。例如，"噪声低"而不是"声音响"；"省力"而不是"费力"；"易识别"而不是"难识别"等。

评价前需要将总目标分解为各级分目标，直至具体、直观为止。在分解过程中，要注意使分解后的各级分目标与总目标保持一致，分目标的集合一定要保证总目标的实现。所以，一个较高目标层次的分目标应当只与后继的较低目标层次上的一个目标相连接。这样分层次使设计者易于判断自己是否已列出全部对判断有重大影响的分目标。同时，由此还较易估计这些分目标对于需要评价方案的总价值的重要性。然后由复杂度最低的目标层次中的分目标导出评价要素。

图 13-10 所示为人机系统设计评价指标（要素）体系。其中，宜人性、安全性、环境舒适性都是从人因工程角度对系统进行设计和评价的，而整体性、技术性、经济性也与人因工程思想的应用有直接关系。

（三）权系数的确定

在评价体系中，各项评价指标的重要程度是不一样的。在建立评价指标（要素）时，必须弄清它们对于一个方案的总价值的重要性。评价指标的重要性一般通过权系数来表示，权系数大

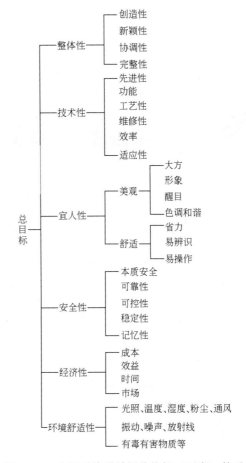

图 13-10 人机系统设计评价指标（要素）体系

者，意味着重要性程度高，反之则低。为了便于计算，一般取各级评价指标的权系数 g_i 之和为 1。求权系数的方法很多，如专家评议法、层次分析法、模糊数学法等，也可由经验或用判别表法列表计算等多种方法求出。

判别表（见表 13-3）法是将评价指标的重要性两两比较，同等重要的各给 2 分；某一项比另一项重要者则分别给 3 分与 1 分；某一项比另一项重要得多，则分别给 4 分与 0 分，并将比较的给分填入表中。

表 13-3　重要程度判别计算表

被比者 比较者	A	B	C	D	k_i	$g_i = k_i \bigg/ \sum_{i=1}^{n} k_i$
A		1	0	1	2	0.083
B	3		1	2	6	0.250
C	4	3		3	10	0.417
D	3	2	1		6	0.250
重要程度排序 C＞B，D＞A					$\sum_{i=1}^{n} k_i = 24$	$\sum_{i=1}^{n} g_i = 1.0$

各评价指标的权系数为

$$g_i = k_i \Big/ \sum_{i=1}^{n} k_i \qquad\qquad (13\text{-}1)$$

式中，g_i是评价指标的权系数；k_i是各评价指标i的总分；n是评价指标数。

当评价指标数目较多时，比较时应冷静、细致，否则会引起混乱，陷入自相矛盾的境地。

第四节 人机系统分析评价方法

人机系统分析评价方法有很多，下面介绍几种常用的、具有人因工程特点的评价方法。

一、连接分析法

连接分析评价法，也称为链式分析法，是一种对人、机器、过程和系统进行评价的简便方法，它用"连接"来表示人、机器之间的关系。

1. 连接及其表示方法

连接是指人机系统中，人与机器、机器与机器、人与人之间的相互作用关系。因此相应的连接形式有：人—机连接、机—机连接和人—人连接。人—机连接是指作业者通过感觉器官接收机器发出的信息或作业者对机器实施控制操作而产生的作用关系；机—机连接是指机器装置之间所存在的依次控制关系；人—人连接是指作业者之间通过信息联络，协调系统正常运行而产生的作用关系。由于工作时所利用的感觉特性不同，连接还可以分为视觉连接、听觉连接、控制连接等。按连接性质，人机系统的连接方式主要有两种，即对应连接和逐次连接。

（1）对应连接 对应连接是指作业者通过感觉器官接收他人或机械装置发出的信息或作业者根据获得的信息进行操纵而形成的作用关系。例如，操作人员观察显示器后进行操作。这种以视觉、听觉和触觉来接收指示形成的对应连接称为显示指示型对应连接。操作人员得到信息后，以各种反应动作操纵控制器而进行的连接称为反应动作型对应连接。

（2）逐次连接 人在作业过程中，需要多次逐个地连续动作才能达到目的，这种由逐次动作达到一个目的而形成的连接称为逐次连接。例如，内燃机车驾驶员起动列车的操作过程。

按人、机器的各种关联特征还可将连接分为操作连接、语言连接和行走连接等。

2. 连接分析法的应用程序

用连接分析法来分析人机系统，分析操作者与设备之间的配置情况，一般可按下列程序进行。

（1）绘制连接分析图 运用特定的符号把人机系统中的操作者、设备以及它们之间的关系用连接关系图表示出来。连接分析中，一般用圆、矩形分别表示操作者和设备，用细实线表示操作连接，用虚线表示听觉连接，用点画线表示视觉连接，如图 13-11 所示（图中有四台设备和四个人，用矩形表示设备，用圆形表示操作者）。

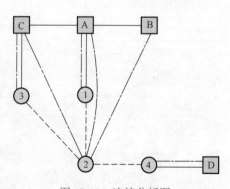

图 13-11 连接分析图

（2）确定各连接的重要度和频率　各连接的重要度和频率可根据调查统计和经验确定其分数值。一般用四级记分，即"极重要"和"频率极高"者为4分；"重要"和"频率高"者为3分；"一般"和"一般频率"者为2分；"不重要"和"频率低"者为1分。

（3）计算综合评价值（连接值）　将连接的重要度分值与其频率分值分别相乘，其乘积即为综合评价值，以此评价人机系统各连接设计的优劣。在连接分析图中，两个要素之间的关系一般以综合评价值表示，如图13-12中连线上的小圆圈中的数字；也有的直接在连线上描述频率得分和重要度得分，如图13-14所示。综合评价值高者应布置在最佳区（如操作连接应处于人的最佳作业范围，视觉连接应处于人的最佳视区，听觉连接使人的对话或听觉显示信号声最清楚，行走连接应使行走距离最短等）。

图13-12所示为某企业由3个人5台设备组成的人机系统连接分析图。人机之间连接值参照上述内容理解。

（4）优化　运用优化原则重新调整各要素位置，使人机及空间得到合理配置。通常的优化原则如下。

1）操作人员与其操纵装置的连线尽可能不交叉，以免在操作过程中互相干扰、碰撞。该原则适合分析多工种、多人协同工作，并考虑空间位置配合的场合。图13-13所示为4人协同作业，分别与A、B、C、D、E、F、G 7个控制器发生关系。

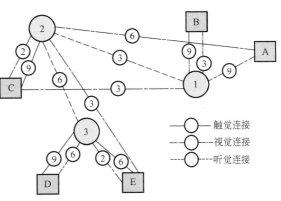

图13-12　某企业人机系统连接分析图

从图13-13a中可看出，其位置安排不合理，操作时人员的行走路线有交叉，十分不便，有的行走路线过长。图13-13b所示为改进后的位置，克服了上述缺点。

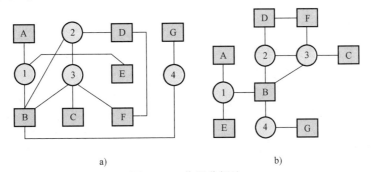

a)　　　　　　　　　　　　　　　　b)

图13-13　作图分析法

a) 原来的位置安排　b) 改进后的位置安排

2）按综合评价值大小布置。操作人员之间的距离应按评价值大小，由近而远安排，操作者和多个机具之间也按同一原则布置。

图13-14所示为船长、领航员（绘测团）、舵手以及无线电报务员之间的关系（用作图法表达）。图中P为船长，N为领航员，W为报务员，H为舵手，B为绘图板，C为罗盘仪，S为舵轮，R为电台。在操作链上标出了重要度和频率。方框为重要度，三角为使用频率。该图的布置是较为合理的。另外，图13-15所示为对图13-12按照综合评价值大小进行改进后的布置。

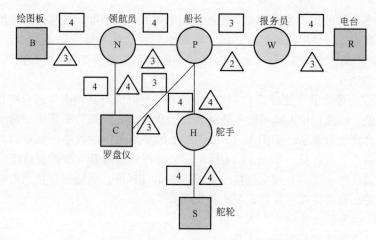

图 13-14　船长、领航员、舵手及报务员之间的关系

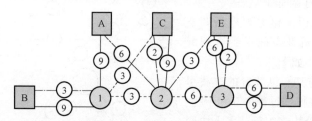

图 13-15　改进后的连接配置

3）按感觉特性配置系统的连接。视觉连接和触觉连接应配置在操作者前面，听觉显示可不受此限制，但也应遵守综合评价值高就近布置的原则。

4）作业空间的大小，应符合安全空间的要求，危险作业区和危险作业点应加隔离。

二、操作顺序图分析法

1. 操作顺序图法的含义及符号

操作顺序图分析法也称为运营图法或 OSD 法（Operational Sequence Diagraming），该方法的特征与工业工程中所用的工作系统分析不同，它重视信息、决策和动作三个要素之间的关系，是将由"信息—意志决定—动作"组成的作业顺序用图式表示以分析操作者的反应时间和人机系统可靠性的方法。操作顺序图的一般符号见表 13-4。用○表示接收信息，□表示动作，▽表示传递信息。

表 13-4　操作顺序图的一般符号

符　号	含　义	说　明
⬡（六角）	操作者意志决定	
□（方形）	动作（控制操作）	单线符号是手动操作
▽（三角）	传递信息	双线符号是自动操作
○（圆圈）	接收信息	

（续）

符 号	含 义	说 明
▭（半圆）	储存信息	
■（全涂）	没有行动或没有信息	
◪（半涂）	由于系统噪声或系统失误产生的部分不准确信息或不当操作	

2. 操作顺序描述

（1）简单作业顺序描述　操作者看到信号灯亮就揿按钮的操作顺序如图 13-16 所示，图 13-16a 表示以作业者为对象来描述，图 13-16b 表示以系统为对象来描述。

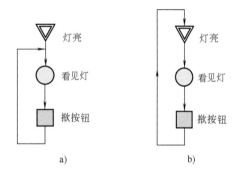

图 13-16　外部信息、接收信息和行动的作业顺序

a）以作业者为对象来描述　b）以系统为对象来描述

（2）存在误操作的作业顺序描述　人操作失误时的操作顺序图如图 13-17 所示。在图 13-17a 中，信号灯亮，看到信号灯而揿按钮是正确作业顺序；信号灯亮但作业者没看见，于是没有揿按钮，这也属于操作失误。图 13-17b 表示信号灯未亮，但误以为灯亮了就揿按钮而出现的错误。

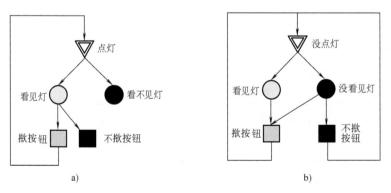

图 13-17　人操作失误时的操作顺序图

a）有信息显示　b）无信息显示

3. 操作顺序图法应用

将操作顺序图法扩展，引入时间要素可进行反应时间分析。如图 13-18 所示，在纵轴上加入了时间值，图 13-18a 表示操作者 A 对灯亮立刻做出反应，但动作反应迟缓；而图 13-18b

表示操作者 B 对光信号反应迟缓，但撤按钮的动作时间比操作者 A 短。图 13-19 所示为加进概率值后的操作顺序图，这种图主要应用在人机系统的功能分配或系统的可靠性计算等方面。

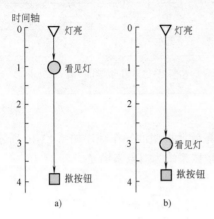

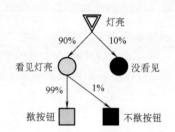

图 13-18　加进时间轴的操作顺序图
a）操作者 A　b）操作者 B

图 13-19　加进概率值的操作顺序图

三、校核表评价法

校核表评价法亦称为检查表法，是一个较为普遍的初步定性的评价方法，该方法既可用于系统评价，也可用于单元评价。

1. 校核表编制方法

编制校核表应根据评价对象和要求有针对性地进行，要尽可能地系统和详细。校核表应由人因工程人员、管理人员、生产技术人员和有经验的操作人员共同编制，并通过实践检验不断修改，使之不断完善。具体要求如下：

1）从人、机器、环境要求出发，利用系统工程方法和人因工程的原理编制，将系统划分成单元，便于集中分析问题。

2）以各种规范、规定和标准等为依据。

3）要充分收集有关资料、市场信息和同类或类似产品的信息。

4）校核表的格式有提问式、叙述式，有的可以打分。表 13-5 是提问式校核表的格式。

表 13-5　提问式校核表的格式

单 元 名 称	检查项目内容	回　　答		备　　注
		是	否	

2. 人机系统分析校核表

人机系统分析校核表是指对整个人机系统（包括人、机器、环境）进行检查。由于篇幅所限，这里仅介绍其中几个主要部分的检查内容，供评价参考。

（1）信息显示

1）作业操作能得到充分的信息指示吗？

2）信息数量合适否？

3）作业面的亮度能否满足视觉的判断要求及进行作业所要求的照明标准？

4）警报指示装置是否配置在引人注意的地方？

5）仪表控制台上的事故信号灯是否位于操作者的视野中心？

6）标志记号是否简洁？意思是否明确？

7）信号和显示装置的种类和数量是否符合信息的特性？

8）仪表的安排是否符合按用途分组的要求？排列次序是否与操作者的认读次序相一致？是否符合视觉运动规律？是否避免了因调节或操纵手把时遮挡视线？

9）最重要的仪表是否布置在最有利的视区内？

10）显示仪表与控制装置在位置上对应关系如何？

11）能否很容易地从仪表板上找出所需要的仪表？

12）仪表刻度能否十分清楚地分辨？

13）仪表的精度符合读数精度要求吗？

14）刻度盘分度的特点不同，能否引起读数误差？

15）根据指针是否能容易地读出所需要的数字？指针运动方向符合习惯要求吗？

16）音响信号是否受到噪声干扰？必要的会话是否受到干扰？

（2）操纵装置

1）操纵装置是否设置在手易达到的范围内？

2）需要进行快而准确的操作动作时是否易于操作？

3）操纵装置是否按不同功能和不同系统分组？

4）不同的操纵装置在形状、大小、颜色上是否有区别？

5）操作极快、使用频繁的操纵装置是否用按钮？

6）按钮的表面大小、揿压深度、表面形状是否合理？

7）手控操纵机具的形状、大小、材料是否与施力大小相符合？

8）从生理上考虑，施力大小是否合理？是否有静态施力状态？

9）脚踏板是否必要？是否有坐姿操作脚踏板？

10）显示装置与操纵装置是否按使用顺序原则、使用频率原则和重要性原则安排？

11）能用复合的操纵装置（多功能的）吗？

12）操纵装置的运行方向是否与预期的功能和被控制的部件运动方向一致？

13）操纵装置的设计是否满足协调性（适应性或兼容性）的要求（即显示装置与操纵装置的空间位置协调性，运动上的协调性和概念上的协调性）？

14）紧急停车装置设置的位置是否合理？

15）操纵装置的布置是否能保证操作者以最佳体位进行操作？

（3）作业空间

1）作业地点是否足够宽敞？

2）仪表及操纵机构的布置是否便于操作者采取方便的工作姿势？能否避免长时间保持站立姿势？能否避免出现频繁的前屈弯腰？

3）如果是坐姿工作，是否有放脚的空间？

4）从工作位置和到眼睛的距离来考虑，工作面的高度是否合适？

5）机器、显示装置、操纵装置和工具的布置是否能保证人的最佳视觉条件、最佳听觉件和最佳触觉条件？

6）是否按机器的功能和操作顺序安排？

7）设备布置是否考虑到进入作业姿势及退出作业姿势的充分空间？

8）设备布置是否注意到安全和交通问题？

9）大型仪表板的位置是否能满足作业人员操纵仪表、巡视仪表和在控制台前操作的空间尺寸？

10）危险作业点是否留有足够的退避空间？

11）操作人员进行操作、维护、调节的工作位置在坠落基准面2m以上时，是否在生产设备上配置供站立的平台和护栏？

12）对可能产生渗漏的生产设备，是否设有收集和排放设施？

13）地面是否平整，不出现凹凸？

14）危险作业区和危险作业点是否隔离？

（4）环境要素

1）作业区的环境温度是否适宜？

2）全区照明与局部照明之比是否适当？是否有忽明忽暗、频闪现象？是否有产生眩光的可能？

3）作业区的湿度是否适宜？

4）作业区的粉尘怎样？

5）作业区的通风条件怎样？强制通风的排风能力及其分布位置是否符合规定的要求？

6）噪声是否超过卫生标准？采用的措施有效否？

7）作业区是否有放射性物质？采用的措施有效否？

8）电磁波的辐射量怎样？是否有防护措施？

9）是否有出现可燃、有毒气体的可能？监测装置是否符合要求？

10）原材料、半成品、工具及边角废料放置可靠否？

11）是否有刺眼或不协调的颜色存在？

校核表法在实际中有广泛的应用，如某企业利用校核表法对车间的人机系统进行评价，挖掘出现场光线布置不合理、重要控制器位置没有位于操作人员视野正中、操作人员站立作业时间过长等问题，对发现的问题进行改善后，工作人员工作8h后的自觉疲劳程度明显下降，人机系统的安全性也得到了提高。

四、工作环境指数评价法

（一）空间指数法

如果工作空间过分窄小，环境很嘈杂，就会对工作效率和作业疲劳产生很大的影响。因此，为了评价人与机器、人与人、机器与机器等相互位置安排，以便做出各种改进，引入空间指数法判断空间状况。该法中所用的各种指标，大多数都是作为狭小空间内有效地布置机器设备的研究基准，如船舶，特别是潜水艇的空间布置常用这方法来评价。

1. 密集指数

所谓密集指数，是指作业空间对操作者作业活动范围的限制程度。表13-6是由查乃尔与托克特对密集指数进行的分级。密集指数共分4级，最好的状况为3，最差的为0。另外，也有反过来分配密集指数的。

表 13-6 密集指数表

指 数 值	密 集 程 度	典 型 事 例
3	能舒适地进行作业	在宽敞的地方操作机床
2	身体的一部分受到限制	在无障碍空间的工作台上工作
1	身体的活动受到限制	在高台上仰姿作业
0	操作受到显著限制，作业相当困难	维修化铁炉内部

2. 可行性指数

可行性指数用来评价通道及入口的通畅程度，它也分为 4 级，见表 13-7。当然，表中有关数值只是作为一个基本标准。在实际作业环境设计中，可行性指数的选择与作业场所中的作业者数目、出入频率、是否可能发生紧急状态造成堵塞及可能后果有关。另外，不同的衣着状态，也影响指数选择。

表 13-7 可行性指数表

指 数 值	入口宽度/mm	说 明
3	>900	可两人并行
2	600~900	一人能自由通行
1	450~600	仅可一人通行
0	<450	通行相当困难

（二）可视性指数

可视性指数是评价作业场所的能见度和判别对象（显示器、控制器、黑板等）的能见状况的评价值，一般分 3~4 个水平段来评定。

可视性指数用于评价作业场所及判别对象的能见状况，有照度、亮度、对比度等指标，不同的作业场所和作业性质应有不同的控制标准。判别对象的能见状况与判别对象的空间布置是否在人的有效视区范围内和视线是否遇到障碍物有关。根据人的视觉特征，有效视区为视水平线左右各 30°和仰角 10°、俯角 30°的立体角内。

在剧场或电影院中座椅的安排，一方面要注意前后的宽敞空间，另一方面要注意能使观众看舞台或银幕不受影响。1966 年 11 月 17 日日本《读卖新闻》刊登一则消息，日本东京新宿区议会的豪华建筑在未使用之前就迫不得已地需要改造，原因是区议会的会场旁听视线有问题。会场的第五层是议员代表席，第六层是旁听席，而旁听者共 87 名，无论坐在哪一个旁听席位上都看不见主席台上的提问者、理事等人的面容，当然更看不见主席台上的议事席了，仅仅能看到的是坐在主席台上最高座位上（离台面 1.8m）的议长的上部，设计者说这一错误是由于"施工人员没有按照设计图对六层第一排外围栏台进行施工"。原来主管区议会的一些人听了别人的意见，认为原来的设计容易造成东西从外围栏台上掉下去，想改成向席位内倾的形式，而没有考虑视线，结果这种改变造成了前述后果。

（三）会话指数

会话指数是指房间中会话能够达到的通畅程度，它以考虑噪声、距离等因素评出一个数值作为基准，该基准能达到两人之间自由地进行一般会话的水平。

某些环境中，为了衡量噪声对会话通畅程度的影响，一般会采用会话妨害度 SIL（Speech Interference Level）。它是指在某种噪声条件下，人在一定距离下的讲话声强度必须达到多少才能使会话通畅；或者是指在某一强度下的讲话声，噪声必须降低到多少才能使会话通畅。

谈话距离与会话妨害度（SIL）之间的关系见表 13-8。

表 13-8　谈话距离与 SIL 之间的关系

语言干扰级 /dB	最大距离/m	
	正　常	大　声
35	7.5	15
40	4.2	8.4
45	2.3	4.6
50	1.3	2.4
55	0.75	1.5
60	0.25	0.84
65	0.20	0.5
70	0.13	0.26

（四）步行指数

步行指数是指人在作业时来回走动的距离总和。不必要的联系或者操作工具安置得不适当，都会使距离增多，指数上升。

五、海洛德分析评价法

分析评价仪表与控制器的配置和安装位置对人是否适当，常用海洛德法（Human Error and Reliability Analysis Logic Development，HERALD），即人的失误与可靠性分析逻辑推算法。按海洛德法规定，先求出人们在执行任务时成功与失误的概率，然后进行系统评价。人的最佳视野如图 13-20 所示，水平视线上下各 15°的正常视线的区域是最不易发生错误而易于看清的范围。因此，在该范围内设置仪表或控制器时，误读率或误操作率极小；离该范围越远，则误读率与误操作率越大。因此，在海洛德法中规定了包含有上述不可靠概率的劣化值。

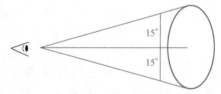

图 13-20　人的最佳视野

根据人的视线，把向外的区域每隔 15°划分为一个区域，在各个扇形区域内规定相应的劣化值 D_e，见表 13-9。例如，30°的劣化值为 0.001。

如果显示控制板上的仪表安置在 15°以内最佳位置上，其劣化值 D_e 则为 0.0001 ~ 0.0005。如果将该仪表安置在 80°的位置上，则其劣化值就增加到 0.003。在配置仪表时，应该研究如何使其劣化值尽量地小。有效作业概率为

$$P = \prod_{i=1}^{n} (1 - D_{ei}) \tag{13-2}$$

式中，P 是有效作业概率；D_{ei} 是各仪表放置位置对应的劣化值。

表 13-9　区域与 D_e 值

区　域	D_e 值	区　域	D_e 值
0° ~ 15°	0.0001 ~ 0.0005	45° ~ 60°	0.0020
15° ~ 30°	0.0010	60° ~ 75°	0.0025
30° ~ 45°	0.0015	75° ~ 90°	0.0030

例如，仪表室显示控制板装有 6 种仪表，其中有 5 种仪表在水平视线 15°以内，有 1 种仪表装在水平视线 50°的位置上，求操作人员有效作业概率 P。求解方法为：5 种仪表都在水平视线 15°以内，从表中可查得 D_{ei} 值为 0.0001；在 50°位置上的 1 种仪表的 D_{ei} 值为 0.0020。操作者能有效完成工作的概率为

$$P = (1-0.0001) \times (1-0.0001) \times (1-0.0001) \times (1-0.0001) \times (1-0.0001) \times$$
$$(1-0.0020) = 0.9999 \times 0.9999 \times 0.9999 \times 0.9999 \times 0.9999 \times 0.9980 = 0.9975$$

如果监视面板的人员除了主操作人员外，考虑到宽裕率，还配备辅助人员，这时该系统的可靠性概率 R 可以用式（13-3）计算，即

$$R = \frac{\left[1-(1-P)^n\right] \times (T_1 + PT_2)}{T_1 + T_2} \tag{13-3}$$

式中，P 是操作者有效作业概率；n 是主操作和辅助操作的人数；T_1 是辅助人员修正主操作人员的潜在差错而进行行动的宽裕时间，以百分比表示；T_2 是辅助人员剩余时间的百分比。

在上例中，$P = 0.9975$，$n = 2$，$T_1 = 60\%$（估计），$T_2 = 100\% - 60\% = 40\%$。则 R 为

$$R = \frac{\left[1-(1-0.9975)^2\right] \times (60 + 0.9975 \times 40)}{40 + 60} = \frac{0.9999 \times 99.90}{100} = 0.9989$$

用海洛德法可进一步分析各种仪表和功能，表 13-10 列出了 3 种指示仪表与不同使用功能之间的对应关系，其数值为不同类型仪表在完成不同功能时的劣化值。

表 13-10　各种类型仪表与使用功能组合的 D_e 值

功　　能	指针运动式	刻度盘运动式	数　字　式
读书用	0.0010	0.0010	0.0005
检查用	0.0005	0.0020	0.0020
调节用	0.0005	0.0010	0.0005
追踪用	0.0005	0.0010	0.0020
合计	0.0025	0.0050	0.0050

从表 13-10 可以看出，指针运动式 4 种功能为最优。如果知道仪表属于哪种类型及其使用功能，由表 13-10 可查得相应的 D_e 值，就能准确地进行评价。

六、系统仿真评价法

所谓系统仿真评价法，就是根据系统分析的目的，在分析系统各要素性质及其相互关系的基础上，运用人机工程学建模分析软件建立能描述系统结构或行为过程的仿真模型，据此进行试验或定量分析，以获得正确决策所需的各种信息，即通过人机工程学仿真软件对设计的人机系统进行建模，通过建模来模拟系统的运行情况。系统仿真评价法是一种现代计算机科技与实际应用问题结合的先进评价方法。

系统仿真评价法与其他方法相比具有以下特点：

1）相对于大多数方法的定性分析，系统仿真评价法能够得到具体的数据，尤其适合对几种不同的设计方案进行评价。

2）相对于实际投产后再进行评价，系统仿真评价法的成本更低，而且仿真可以自行控制速度，对运行时间较长的系统更为适合。

3）系统仿真评价法的应用面广，针对不同的人机系统有不同的仿真模块，而且是研究的热门，各种专业化的仿真软件源源不断地被开发出来。

4）系统仿真评价法对于建模数据的要求较高，数据的准确度与评价结果的准确度息息相关，所以保证数据的真实尤为重要。

5）系统仿真评价法对于评价人员的要求较高，不光需要其具有人机工程学知识基础，还需要有一定的仿真能力。

系统仿真评价法是现今人机系统评价方法研究的前沿，感兴趣的同学可以了解一下相关的人机系统仿真软件。常用的人因工程仿真软件有 Jack、HumanCAD、ErgoMaster 等。

Jack 是一种基于桌面的集三维仿真、数字人体建模、人因工效分析等功能于一体的高级人机工程仿真软件。Jack 软件具有丰富的人体测量学数据库，完整的人机工效学评估工具以及强大的人体运动仿真能力，在虚拟体与虚拟环境匹配的动作分析应用十分有效。

HumanCAD 人体运动仿真软件主要用于人体体力作业的动态、静态模拟和分析。它拥有多个作业工具和环境组件模块。场景逼真、实用，可以对运动和作业过程中的躯干、四肢、手腕等部位的空间位置、姿势、舒适度、作业负荷、作业效率等数据进行采集和分析，在世界范围的研究领域被广泛使用。

ErgoMaster 包括工效学分析、风险因素识别、训练、工作及工作场所的重新设计。不要求用户具备高深的计算机知识。用户可自定义生成多种报告及进行分析。软件还提供了完善的在线帮助及详细的操作说明。可应用于解除任务、重复任务、非自然的体态分析，办公室工效学等许多领域中。

下面的例子是应用 Jack 软件对某汽车外饰件厂车间内推车和人构成的人机系统的改善评价。

某汽车外饰件厂保险杠制造车间的主要作业流程由注射、去毛刺、涂漆、检验、抛光五道工序组成，各工序间工件的传送由推车完成。推车在去毛刺、检验和抛光三个手工操作工序中又充当操作台。当前推车的结构问题是造成车间物流过程问题的主要原因，这些问题包括车间物流瓶颈、工人劳动强度大、工件容易碰划伤等。

小车由支架、主框架和活动轮构成，长 2.2m，宽 1m，高 1m。小车装载工件的数量和机器生产的一次下线工件数量不符，造成节拍混乱。在小车上作业的操作员身高为 1.65 ~ 1.75m，小车高度在操作人员腰部左右。平放于小车支架上的工件距离工人视线太远，而外饰件加工有较高的精细性要求，所以工人操作时需要弯腰 45° ~ 60°。工件的长度超过车的宽度，所以在对工件两端作业时，工人需要抬起工件才能完成。根据人因工程健康、高效、舒适等原则，人在现有小车上作业，极易造成腰部疲劳和损伤，疲劳度严重影响工作效率。

为了使机器加工和手工加工的节拍一致及减少流转时的拥堵，减小小车的尺寸，设计小车一次放置两个工件，为了预防运输过程中工件的碰撞，将支架方向水平旋转 90°，车长比工件稍长一些，设计车长为 1.7m。

为了消除工人的弯腰动作，将小车高度增高。根据人体数据使用规则，由工厂操作员的身高范围计算得到肩臂最佳工作范围重合高度在 1.09 ~ 1.36m，设计小车高度为 1.2m。

工件厚度为 0.3 ~ 0.4m，为使两个工件平行放置时互不接触，设计小车宽为 0.9m。

观察记录操作人员各工序的动作，利用模特法（MOD 法）对工作进行分解，计算动作时间。利用 Jack 软件进行现有、改进后两种小车的作业仿真（见图 13-21），分析操作人员腰部以上各部位的力矩，具体数据见表 13-11（仿真应用关节示意图如图 13-22 所示）。

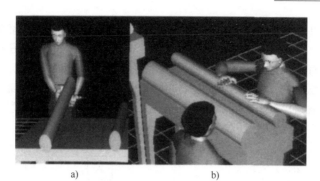

a)   b)

图 13-21   Jack 仿真图

a）现有小车上作业   b）改进后小车上作业

标号	关节名称
1	寰枕关节
2	下颈部关节
3	（左）肩关节
4	（右）肩关节
5	（左）肘关节
6	（右）肘关节
7	（左）腕关节
8	（右）腕关节
9	（左手）拇指关节
10	（右手）拇指关节
11	（左手）食指关节
12	（右手）拇指关节
13	脊柱t2t1-t12t11关节
14	脊柱11t12关节
15	脊柱t2t1-t5t4关节
16	腰关节

图 13-22   仿真应用关节示意图

表 13-11   小车修改前后操作员上半身力矩比较表

关 节 名 称	上身力矩/N·m	
	现 有 小 车	改善后小车
（左）肩关节	2.45	0.31
（右）肩关节	1.40	0.62
（左）肘关节	0.55	0.27
（右）肘关节	0.73	0.27
（左）腕关节	0.12	0.06
（右）腕关节	0.19	0.06
脊柱 15 – 14 关节	9.49	3.65
脊柱 14 – 13 关节	6.44	2.80
脊柱 t2 – t1 关节	1.55	2.69

通过力矩对比可以看出，在旧小车上，工人频繁且大幅度地弯腰，导致背部脊柱的三个关节力矩大小不均衡，分别为9.49N·m、6.44N·m、1.55N·m。不均衡的力矩容易造成脊柱疲劳损伤。其他对称部位（如左右手）的关节力矩大小亦相差很大。而在改善后的小车上，关节受力均衡性及大小方面均有明显的改善。背部力矩均衡，对称部位如左右手轴和左右手腕的力矩基本相等。均衡地用力可以使操作人员减缓疲劳感，降低受到伤害的可能性。

复习思考题

1. 什么是系统？什么是人机系统？
2. 简述人机系统设计思想的发展。
3. 简述人机系统设计程序。
4. 人机功能分配的原则是什么？
5. 简述人机系统评价的目的及原则。
6. 人机系统评价目标通常包括哪些？
7. 人机系统的评价方法有哪些？
8. 图13-23所示为一作业室初始平面布置示意图，连接方式为行走连接。试将布置方式简化，以减少操作人员行走距离。
9. 图13-24所示为两个人机混合系统，系统中人的可靠度 $R_H = 0.99$，机器的可靠度 $R_M = 0.9$。试求两系统的可靠度 R_s，并比较其高低。

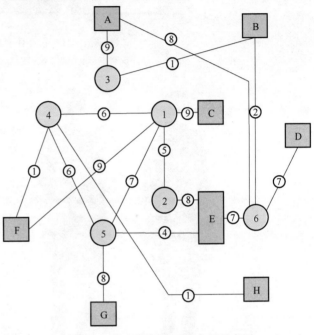

图13-23　作业室初始平面布置示意图

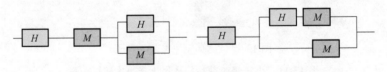

图13-24　两个人机混合系统

思政案例

第13章　不断创新人机系统设计，提升我国装备作战效能

第十四章
人机界面设计

第一节　人机界面概述

　　在人机系统中，存在着一个人与机器相互作用的"面"，所有的人机信息交流都发生在这个面上，通常称为人机界面。人机界面的问题自20世纪初就引起了人们的重视，在军事和大型工业领域，人们发现很多重大的事故均源于人机界面设计不当，许多经验和教训都表明，人机界面设计得不合理将导致操作人员的操作失误，降低系统运行的安全性，甚至造成重大事故，同时还会对操作人员造成生理或心理上的伤害，许多职业病也都源于不合理的操作环境或作业姿势。

　　在人机界面上，向人呈现机械运转状态的仪表或器件称为显示器，供人操纵机器运转的装置或器件称为控制器。对机器来说，控制器执行的功能是输入，显示器执行的功能是输出。对人来说，通过感受器接收机器的输出效应（如显示器所显示的数值）是输入；通过运动器操纵控制器，执行人的意图和指令则是输出。如果把感受器、中枢神经系统和运动器作为人的三个要素，而把机器的显示器、机体和控制器作为机器的三个要素，并将各要素之间的关系用图表示出来，称为人机界面三要素基本模型，如图14-1所示。

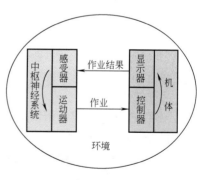

图14-1　人机界面三要素基本模型

　　人机界面设计主要是指显示器、控制器以及它们之间的关系的设计，应使人机界面符合人机信息交流的规律和特性。由于机器的物理要素具有行为意义上的刺激性质，必然存在最有利于人的反应刺激形式，所以人机界面的设计依据始终是系统中的人。

第二节　显示器设计

　　在人机系统中，按人接收信息的感觉通道的不同，可将显示器分为视觉显示、听觉显示和触觉显示等。其中以视觉和听觉显示应用最为广泛，触觉显示是利用人的皮肤受触压或运动刺激后产生的感觉向人们传递信息的一种方式，除特殊环境外，一般较少使用。三种显示方式传递的信息特征见表14-1。

表14-1　三种显示方式传递的信息特征

显 示 方 式	传递的信息特征	显 示 方 式	传递的信息特征
视觉显示	1. 比较复杂、抽象的信息或含有科学技术术语的信息、文字、图表、公式等 2. 传递的信息较长或需要延迟的信息 3. 需用方位、距离等空间状态说明的信息 4. 以后有可能被引用的信息 5. 所处环境不适合听觉传递的信息 6. 适合听觉传递，但听觉负荷已很重的场合 7. 不需要急迫传递的信息 8. 传递的信息常需同时显示、监控	听觉显示	1. 较短或无须延迟的信息 2. 简单且要求快速传递的信息 3. 视觉通道负荷过重的场合 4. 所处环境不适合视觉通道传递的信息
		触觉显示	1. 视、听觉通道负荷过重的场合 2. 使用视、听觉通道传递信息有困难的场合 3. 简单并要求快速传递的信息

一、仪表显示设计

（一）仪表的类型及特点

仪表是显示装置中用得最多的一类视觉显示器，按其认读特征可分为两大类：数字式显示仪表和刻度指针式仪表。

数字式显示仪表是指直接用数码来显示有关参数或工作状态的装置，如各种数码显示屏，机械、电子式数字计数器，数码管等。其特点是显示简单、准确，可显示各种参数和状态的具体数值，对于需要计数或读取数值的作业来说，这类显示装置有认读速度快、精度高、不易产生视觉疲劳等优点。

刻度指针式仪表是指用模拟量来显示机器有关参数和状态的视觉显示装置。其特点是显示的信息形象化、直观，使人对模拟值在全量程范围内所处的位置一目了然，并能给出偏差量，对于监控作业效果很好。刻度指针式仪表按其功能又可分为以下四种：

（1）读数用仪表　读数用仪表的刻度指示各种状态和参数的具体数值，供操作者读取数值，如高度表、时速表、煤气表等。

（2）检查用仪表　使用检查用仪表一般不是为了获取准确数值，而是检查仪表的指示是否偏离正常位置，当偏离时要及时处理。警戒用仪表也属于检查用仪表。它用于检查指示的状态是否处在正常范围之内。指示的范围一般分为正常区、警戒区和危险区，当仪表指示进入警戒区或危险区时，需及时进行处理。

（3）追踪用仪表　追踪操纵是动态控制系统中最常见的操纵方式之一，目的是通过手动控制，使机器系统按照人所要求的动态过程或者按照客观环境的某种动态过程去工作，如追踪和瞄准运动中的目标就是一种追踪工作。

（4）调节用仪表　调节用仪表主要用于指示操纵调节的量值，而不是指示机器系统的状态，如收音机上的调频显示装置就是这类仪表。

（二）刻度盘设计

1. 刻度线高度

刻度线分为长刻度线、中刻度线和短刻度线，其高度与视距有关，如图14-2所示。伍德森（W. E. Woodson）提出的视距与刻度线高度的关系见表14-2。

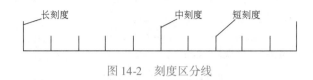

图14-2 刻度区分线

表14-2 视距与刻度线高度

视距/m	刻度线高度/mm		
	长 刻 度 线	中 刻 度 线	短 刻 度 线
<0.5	5.6	4.1	2.3
0.5 ~0.92	10.2	7.1	4.3
0.92~1.83	19.8	14.3	8.7
1.83~3.66	40.0	28.4	17.3
3.66~6.10	66.8	47.5	28.8

2. 刻度线的宽度与间距

伍德森建议：长刻度线宽度应在0.89mm以上，中刻度线宽度应在0.76mm以上，短刻度线宽度在0.64mm以上。各刻度线的间距应在1.143mm以上。

刻度线之间的间距要适当。太小不便于视读，当小于1mm时，视读误差明显增大；而太大又不经济。刻度线的数量由精度而定。长刻度线之间的小刻度在9条以内，视距在330~710mm时，一般长刻度的间距取12.7mm以上，短刻度的间距为1mm以上。伍德森建议，短刻度线宽度至少为刻度间距的25%。

最大视距为 L（mm）时，刻度线间距的最小尺寸可参考下列公式：

长刻度线间距：$L/50$mm　　　短刻度线间距：$L/600$mm

3. 刻度标数进级和递增方向

刻度盘的数字进级方法和递增方向，对提高判读效率、减少误读有重要作用。数字进级方法可参考美国海军研究结果，见表14-3。一般应采用表中"优"的进级法，在不得已的情况下才使用"可"，绝对禁止使用"差"的进级法。

表14-3 刻度标数进级法

优					可					差			
1	2	3	4	5	2	4	6	8	10	3	6	9	12
5	10	15	20	25	20	40	60	80	100	4	8	12	16
10	20	30	40	50	200	400	600	800	1000	1.25	2.5	5	7.5
50	100	150	200	250						15	30	45	60

数字递增方向的一般原则是：顺时针方向为增加；从左向右的方向为增加；从下向上的方向为增加。

4. 字符形状和大小

仪表刻度盘的汉字、字母和数字等统称为字符。字符的形状、大小等影响判读的效果。字符的形状应简明、醒目、易读，多用直角与尖角形，以突出各个字符的形状特征，避免相互混淆。汉字推荐采用宋体或黑体，不宜采用草体、小写字母和美术体字符。

字符的大小应根据视距而定。一般使用的字符高度可参考表14-4。也可根据下式求得

$$H = \frac{L}{200}$$

式中，H 是字符高度（cm）；L 是视距（cm）。

表 14-4　字符高度与视距　　　　　　　　　　（单位：cm）

视　距	字 符 高 度
<50	0.25
50~90	0.50
90~180	0.90
180~360	1.80
360~600	3.00

字符的其他尺寸可根据高度（H）确定，如图14-3所示。字符之间最小间距为 $1/5H$；单词或数值之间的最小间距为 $2/3H$。字符的宽度为 $2/3H$；笔画的宽度为 $1/6H$。

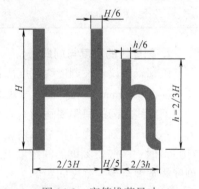

图 14-3　字符推荐尺寸

5. 刻度直径

圆形仪表的刻度直径与视距和刻度数有关。视距较远或刻度数较多，则必须适当加大仪表直径。默雷尔推荐的圆形仪表最佳直径，如图14-4所示。图中 D 为仪表刻度直径，I 为最大刻度数，仪表最小直径为 2.5cm。当视距为6m，刻度数为300时，从图中可查到仪表直径 D 应为128.6cm。

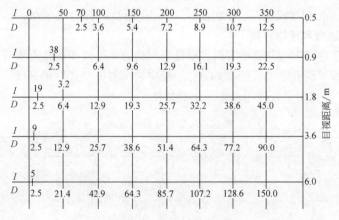

图 14-4　圆形仪表最佳直径（单位：cm）

6. 刻度标数

为了更好地认读，仪表刻度必须标有数字。指针运动式仪表标数应直排，指针固定（刻

度盘移动）式仪表标数则应辐射定向排列；最小刻度可不标数，最大刻度必须标数；指针在刻度盘内，如有空间，则标数应在刻度的外侧；指针在刻度盘外，标数应在刻度的内侧；开窗式的窗口应能显示出被指示数字及前后相邻的数字；对于表面运动的小开窗仪表，其数码应按顺时针排列。当窗口垂直时，标数安排在刻度的右侧。当窗口水平时，标数安排在刻度的下方，并且都使字头向上；不做多圈使用的圆形仪表，最好在刻度全程的头和尾之间断开，其首尾的间距以相当于一个大刻度间距为宜。刻度标数优劣比较如图 14-5 所示。

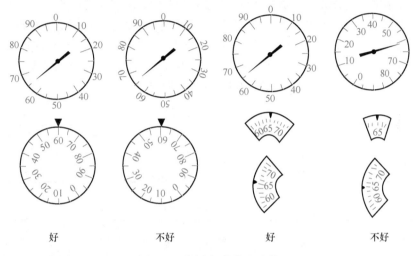

图 14-5　刻度标数优劣比较

（三）仪表的指针

指针是指针式仪表的重要组成部分，所有这类仪表的读数或状态显示，都是由指针来指示的。因此，指针的设计是否符合人的视觉特性，将直接影响仪表认读的速度和准确性。

指针的形状要简洁、明快、有明显的指示性形状，指针由针尖、针体和针尾构成，常用的指针形状如图 14-6 所示。

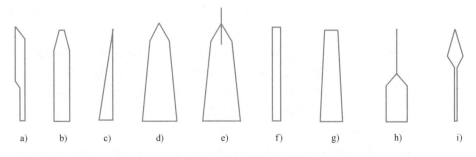

图 14-6　常用的指针形状

指针的针尖宽度设计是比较重要的，一般来说，针尖的宽度应与刻度标记的宽度相同。如果大、中、小三级刻度标记的宽度不相等时，针尖应与小刻度标记的宽度相同。需要特别注意的是，针尖宽度不得小于小刻度标记的宽度，否则指针在仪表面上移动时不易看清。对于需要内插读数的刻度，指针尖部的宽度不能大于小刻度标记的宽度，否则会降低内插读数的速度。如果是针体覆盖在刻度标记上的仪表，为避免针体的遮挡影响读数，针体的宽度应不大于刻度间距；不是这种形式的仪表，针体的宽度一般不受限制，视结构因素而定。针尾主要是起平衡重量的作用，故其宽度由平衡要求而定。

指针的长度和颜色的设计也不可忽视。对于指针不应遮挡刻度标记的仪表，针尖应距刻度标记 2mm 左右；对于覆盖刻度标记的窄条形指针，其长度不应超过大刻度标记。指针的颜色应与刻度盘的颜色有明显的区别和对比，但指针与刻度标记、数码的颜色应尽可能协调。

（四）仪表的颜色

指针式仪表的颜色设计，主要是盘面、刻度标记和数码、字符以及指针的颜色匹配问题。它对仪表的造型设计、仪表的认读有很大影响。为了精确地判读，指针、刻度线、字符及刻度盘的颜色应有鲜明的对比，选择最清晰的配色，避免模糊的配色。研究表明，清晰的配色见表 14-5，模糊的配色见表 14-6。在实际工作中，由于黑白两种颜色的对比度较高，且符合仪表的习惯用途，因此常用这种搭配作为表盘和数字的颜色。

表 14-5 清晰的配色

顺 序	1	2	3	4	5	6	7	8	9	10
底 色	黑	黄	黑	紫	紫	蓝	绿	白	黑	黄
被衬色	黄	黑	白	黄	白	白	白	黑	绿	蓝

表 14-6 模糊的配色

顺 序	1	2	3	4	5	6	7	8	9	10
底 色	黄	白	红	红	黑	紫	灰	红	绿	黑
被衬色	白	黄	绿	蓝	紫	黑	绿	紫	红	蓝

二、信号显示设计

（一）信号显示特征

视觉信号是指由信号灯产生的视觉信息，目前已广泛应用于飞机、车辆、航海、铁路运输及仪器仪表板上。其特点是面积小、视距远、引人注目、简单明了，但负载信息有限，当信号太多时，信号显示会显得杂乱，并相互干扰。

信号装置主要有两个作用：其一是指示性的，即引起操作者的注意，或指示操作，具有传递信息的作用；其二是显示工作状态，即反映某个指令、某种操作或某种运行过程的执行情况。例如，飞机着陆时，飞行员判断飞机的高度有困难，必须借助信号灯的显示，此时地面人员控制信号灯，使其显示飞机着陆过程中的正确下滑状态。

在大多数情况下，一种信号只用来指示一种状态或情况。例如，运行信号灯只指示某一机件正在运行；警戒信号灯则用来指示操作者注意某种不安全的因素；故障信号灯则指示某一机器或部件出了故障等。要利用灯光信号来很好地显示信息，就应按人因工程学的要求来设计信号灯。

信号灯以灯光作为信息载体，在设计上涉及光学原理和人的视觉特性，在实践上是比较复杂的。这里仅从人因工程学的角度出发，介绍信号灯设计所依据的主要原则。

（二）信号灯的形状和颜色

信号灯的形状应简单、明显，与它所代表的含义应有逻辑上的联系，以便于区别。如用

"→"表示方向；用"×"表示禁止；用"!"表示警觉、危险；用较快的闪光表示快速，用较慢的闪光表示慢速等。

信号灯经常使用颜色编码来表示某种含义和提高可辨性，如红色的含义是禁止、停止、危险警报和要求立即处理的指示；黄色的含义是注意和警告；绿色的含义是安全、正常和允许运行；蓝色的含义是指令和必须遵守的规定；白色表示其他状态等。使用颜色过多可能造成混淆和错认，一般不应超过 10 种。下面是 10 种颜色不易混淆的优劣次序：黄、紫、橙、浅蓝、红、浅黄、绿、紫红、蓝、粉黄。上述次序主要是根据颜色之间相互不混淆的程度决定的，并不表示它们单独呈现时的清晰度。选用时应按所需颜色依次选用。有关安全色的含义及用途可参照 GB 2893—2008《安全色》。

（三）信号灯的亮度和环境

信号灯必须清晰、醒目，并保证必要的视距。信号的可察觉亮度随背景亮度而变化，即察觉效率随着与背景对比度增加而提高。一般能引起人注意的信号灯，其亮度要高于背景亮度两倍，同时背景以灰暗无光为好。但信号灯的亮度又不能过大，以免造成眩光的影响。对于远距离观察的信号灯，必须保证满足较远视距的要求，而且应保证在日光、天空光和恶劣气候条件下的清晰度。

利用闪光信号较之固定信号更能引起人们的注意。闪光频率一般可用 0.67 ~ 1.67Hz。与背景亮度对比较差时或信息紧急时可适当提高闪光频率。由于闪光信号容易对其他信号或工作带来干扰，所以应尽量少用，只有在必须引起注意的情况下才使用。闪光方式可采用明灭、明暗或似动式等。

信号灯显示往往受到视觉环境干扰的影响。例如，信号灯与路灯、广告灯等距离越近，越难视认。设置信号灯背面板是减少视觉干扰的一个主要措施。可通过改进背面板的颜色、大小、形状和设置方式等，提高对信号灯的视认效果。

三、荧光屏显示设计

（一）荧光屏的显示特征

随着信息技术的不断发展，采用荧光屏来显示信息的场合越来越多，如电视屏幕、计算机显示屏、示波器及雷达等。使用荧光屏显示信息有其独特的优点，可以在其上显示图形、符号、文字以及实况模拟，既能做追踪显示，又能显示动态画面，并且随着这方面软硬件技术的不断进步，它将在人—机间的信息交换中发挥更为重要的作用。

（二）目标状态对显示的影响

1. 亮度

目标的亮度越高，越易觉察，但是当目标亮度超过 34.3cd/m² 时，视敏度不再有较大的改善，所以目标亮度不宜超过 34.3cd/m²。为了在屏面上突出目标，屏面的亮度不宜调节到最亮，选择合适的亮度，工作效率才能最优。

2. 呈现时间

当目标呈现时间在 0.01 ~ 10s 范围时，目标的视见度随呈现时间的增大而提高；当呈现时间大于 1s 时，视见度提高的速度减慢；当呈现时间大于 10s 时，视见度只有很小的提高。通常目标呈现时间为 0.5s 时，已可满足视觉辨别的基本要求；呈现时间为 2 ~ 3s 时，视觉辨别效果最佳，但占用时间太长，影响工作效率。

3. 余辉

目标余辉是指目标物消失后，目标光点在屏面上的停留时间，一般为 3~6s。当扫描周期缩短时，余辉积累效应可改进余辉的能见度，提高视觉效率，周围照度则以 1lx 时为最佳。

4. 目标的运动速度

运动的目标比静止的目标易于察觉，但难以看清，因此人的视敏度与目标运动速度成反比。当目标的运动速度超过 80°/s 时，已很难看清目标，视觉效率大幅下降，表 14-7 列出了视敏度与目标运动状态的关系。

表 14-7　视敏度与目标运动状态的关系（单位：mm）

目标运动速度/(°/s)	静　　止	20	60	90	120	150	180
视敏度/(1/视角)	2.04	1.95	1.84	1.78	1.63	0.90	0.94

5. 目标的形态

屏面上目标大则易辨认，但占据的空间也大，通常在 3 倍视距下，屏面字符直径 1cm，笔画宽与字高比为 1:8~1:10。目标形状优劣次序为：三角形、圆形、梯形、正方形、长方形、椭圆形、十字形。当干扰光点强度较大时，方形目标优于圆形目标，目标的颜色也会影响辨别效果，目标采用红色（波长 631nm）或绿色（波长 521nm）时，视觉辨别效率与白色目标相似，但红色目标易引起视觉疲劳，计算机的荧光屏上绝大多数都用绿色作为目标。蓝色（波长 467nm）的辨别效果较差，因为蓝色会较大地改变视觉调节功能。

6. 目标与背景的关系

目标的视见度受制于目标与背景的亮度对比：当亮度对比值高于目标与背景亮度对比的可见阈值时，目标才能从背景中分辨出来。在屏面亮度为 0.3~34cd/m² 时，亮度对比阈值一般随屏面亮度而线性增加，在屏面亮度为 68.6cd/m² 时，亮度对比达到最大阈值的 90%。因此，68.6cd/m² 被用来作为屏面亮度的最佳值。

荧光屏面以外的照明并不是越暗越好，而是与屏面亮度一致或稍低时，目标察觉、识别和追踪的效率高。另外，当环境亮度超过屏面亮度时，视觉工作效率受到明显的不利影响。周围照明颜色与目标颜色应有清晰对比。此外，荧光屏的明度不宜亮到影响对周围环境的观察。

（三）屏面的形状与尺寸

屏面有矩形和圆形两种，屏面坐标也相应有直角坐标和极坐标。从目标观察和定位工作效率来看，直角坐标优于极坐标。常用的是方形屏面直角坐标，如计算机显示屏和数控机床显示屏等。

屏面的大小与视距有关。一般视距的范围是 500~700mm，此时屏面的大小以在水平和垂直方向对人眼形成不小于 30°的视角为宜。PC 常用屏面的尺寸（对角线长）为 300~350mm，也有用到 508mm 以上的屏面，但采用大屏面时，只能适宜远距离观察。一般情况下，最佳屏面尺寸，应根据显示目标的大小、观察精度以及分辨率等因素综合考虑确定。

荧光屏面的大小和位置直接影响人的识别和认读，因此是设计中的重要问题，不能忽视。屏面大小对于出现在屏面上不同象限的目标辨别效率具有不同的影响。在视距 710mm 的情况下，屏幕面积较小者（如直径为 178mm 的雷达屏面），外圈目标的辨别效率较高；而屏幕面积较大时（如直径为 356mm），则内圈目标的辨别效率较高。在一般工作台（视距为 355~710mm）条件下，多数人认为雷达屏面以直径 127~178mm 为佳。例如，飞机上使用的雷达屏幕，其直径为127mm（视距为762mm），相当于9°视角的大小。而在560～710mm视距下，用于一般文字处理、办公自动化、商业等领域的计算机显示器，屏幕大小为356mm为宜；而用于工程设计、图形图像处理、虚拟现实技术、视频处理等领域的计算机显示器，宜采用432～508mm对角线长的高分辨率屏幕。

荧光屏的屏面位置，应按最佳观察角进行设计，即屏面应与观察者的视线垂直，以便操作者观察。其视距最好处于710mm左右，太远或太近均不理想。对于特殊的大屏幕，视距可按实际情况增大。图14-7所示为操作者与荧光屏总体布置的关系。

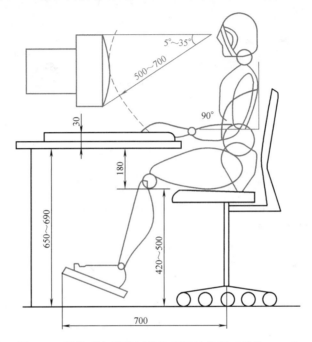

图14-7　操作者与荧光屏总体布置的关系（单位：mm）

四、标志符号设计

（一）标志符号的特征和要求

标志符号是直接提供信息的视觉显示之一，它广泛应用于交通、工程、生产、服务、信息通信、公共场所及家庭生活等领域。这种信息显示独具特点，利用鲜明的图形表示某种含义，促使人们迅速正确地做出判断，形式简单、方便、灵活，可以长期使用，不受文化知识和语言差异的限制。

设计或选择标志符号的最基本要求就是要使人们容易理解其含义。具体要求包括：必须考虑使用目的和使用条件，采用与其含义相一致的图形；可利用颜色、形状、图形、符号、文字进行编码，以提高辨别速度和准确性；不得使用过分抽象或人们难以接受的图形，应采用人的知觉图形，以便于记忆，减少认识时间；尽量用图形符号代替文字说明，以减少判读时间，使用简便；尽量使用国际通用的标志符号；与显示器和控制器有关的标志符号，要合理区分和布置，符合操作者的心理和动作特征；避免环境背景产生视觉干扰。

（二）标志符号的知觉因素

设计标志符号要符合人的知觉特点：

（1）形与基分明　标志符号要鲜明醒目，清晰可辨。为此标志符号设计必须形与基分明，即标志符号突出于背景，使它与背景有较大的反差，如图14-8a所示。

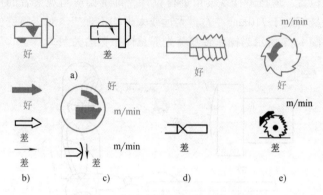

图14-8　标志符号的知觉因素示例

（2）边界明显　标志符号应有明显的边界线。实心粗线比点线或细线边界更为有效，如图14-8b所示。按一般惯例，应使用不同的线条描述不同功用或状态。动态标志用实心体符号表示，运动或活动部件用轮廓线表示。

（3）封闭　封闭图形符号能加强知觉过程，如图14-8c所示。

（4）简明　标志符号应设计得简单明了。表示不同事物的标志符号都应有利于理解其含义，如图14-8d所示。

（5）完整　应尽可能使标志符号成为一个整体，如当实心符号与轮廓图一起使用时，把实心符号放在轮廓图里面，就能加强整体感，如图14-8e所示。

（三）标志符号的应用

图形和符号在产品上的应用，有利于操作者迅速观察和辨认，提高操作者操作的准确性和工作效率，同时提高信息传递的速度。例如，汽车驾驶员，在工作时，既要集中注意观察路面情况，同时也要注意驾驶室各种显示信息。这样对驾驶室内显示信息的观察时间有时只是一瞬间，也就是驾驶员要在这一瞬间了解所需信息，由于图形和符号显示的信息量大，便于驾驶员直观地获取显示信息。同时图形符号的设计艺术性，也能提升产品的精神功能。图14-9所示为汽车上使用的图形符号。

随着经济技术向全球化方向发展，工业产品必须突破各国之间的文化障碍。由于图形符号的认知受到本土文化的影响较少，同时也随着图形符号的国际标准化，这些图形符号将成为一种世界性语言，如图14-10所示为电子产品上使用的部分图形符号。

（四）标志符号的文字信息

文字在传递信息中具有重要作用。文字本身是一种特殊的标志符号，同时又可作为图形标志符号中的一种信息编码。文字作为一种指令信息，在不能使用其他信息显示形式时应用。在实际应用中，有时对文字会产生误解，使信息传递失效，工作可能出错，甚至付出很大代价。其原因是使用文字时存在着意义含混、信息不全、信息冗长及易于产生误解等问题。因此，文字信息应按以下原则进行设计：

图 14-9　汽车上使用的图形符号

图 14-10　电子产品上使用的部分图形符号

（1）信息明确完整　要避免含义模糊、容易引起歧义或多解的文字信息。信息要完整，否则会导致含义不清，文字冗长可能使信息被误解。

（2）使用短句子　由于人们处理信息的能力有限，如果句子长，认读时容易忘记句子前部分内容，或掺入自己的想法。另外认读时自行断句，又可能出现错误而曲解了原意。因此，应尽可能用一个动词的短句代替复合句。

（3）使用主动句　对同一意义的信息，使用主动句比使用被动句更易于理解和记忆。

（4）使用肯定句　对相同意义的信息，使用肯定句表达比使用否定句表达更容易理解。在有的句子中，虽然没有"不""非""没有"等否定词，但具有否定含义的词如"下降""更差""减少"等，也会增加理解难度。

（5）使用易懂文字　应使用人们熟悉易懂的文字组句，使人们迅速理解信息。

（6）按时序组句　如果信息中包括活动的若干步骤，就应按照完成工作的先后顺序组成系列指令。

五、听觉显示设计

由于人的听觉具有反应快、能感知方向、感知信息的范围广、不受照明条件和物体障碍的限制等特点，而且还具有强迫人注意的特点，因此，声音传示信息的应用范围很广。随着电子语音技术的发展，听觉传示的应用领域将会进一步扩大。

听觉显示装置传递的信息，其载体——声波应在人耳能感知的范围内。各种音响报警装置、扬声器和医生的听诊器均属于听觉显示装置，超声探测器、水声探测器等是声波装置，而不属于听觉显示装置。听觉显示装置分为两大类：一类是音响及报警装置；另一类是言语显示装置。

（一）音响及报警装置

1. 蜂鸣器

它是音响装置中声压级最低，频率也较低的装置。蜂鸣器发出的声音柔和，不会使人紧张或惊恐，适用于较宁静的环境，常配合信号灯一起使用。作为指示性听觉显示装置，提醒操作者注意，或指示操作者去完成某种操作，也可用作指示某种操作正在进行。汽车驾驶员在操纵汽车转弯时，驾驶室的显示仪表板上就有一个信号灯亮和蜂鸣器鸣笛，显示汽车正在转弯，直至转弯结束。蜂鸣器还可作报警器用。

2. 铃

因铃的用途不同，其声压级和频率有较大差别。例如，电话铃声的声压级和频率只稍大于蜂鸣器，主要是在宁静的环境下让人注意。而用作指示上下班的铃声和报警器的铃声，其声压级和频率就较高，可在有较高强度噪声的环境中使用。

3. 角笛和汽笛

角笛的声音有吼声（声压级 90～100dB、低频）和尖叫声（高声强、高频）两种。常用作高噪声环境中的报警装置。

汽笛声频率高，声强也高，较适合于紧急事态的音响报警装置。

4. 警报器

警报器的声音强度大，可传播很远，频率由低到高，发出的声音富有调子的上升和下降，可以抵抗其他噪声的干扰，特别能引起人们的注意，并强制性地使人们接受。它主要用作危急事态的报警，如防空警报、救火警报等。

（二）言语显示装置

人与机器之间也可用言语来传递信息。传递和显示言语信号的装置称为言语显示装置，如麦克风和扬声器等受话器就是言语显示装置。经常使用的言语传示系统有无线电广播、电视、电话、报话机和对话器及其他录音、放音的电声装置等。

用言语作为信息载体，优点是可使传递和显示的信息含意准确、接收迅速、信息量较大等；缺点是易受噪声的干扰。在设计言语显示装置时应注意以下几个问题：

1. 言语的清晰度

用言语（包括文章、句子、词组以及单字）来传递信息，在现代通信和信息交换中占主导地位。言语信号的要求是言语清晰。言语显示装置的设计首先应考虑这一要求。在工程心理学和传声技术上，一般用清晰度作为言语的评定指标。所谓言语的清晰度是指人耳对通过它的言语（音节、词或语句）中正确听到和理解的百分数。言语清晰度可通过标准的清晰度测试词表来进行测量，若听对的语句或单词占总数的20%，则该听觉显示器的言语清晰度就是20%。对于听对和未听对的记分方法有专门的规定，此处不做叙述。表14-8是言语清晰度（室内）与主观感觉的关系。由此可知，设计一个言语显示装置，其言语的清晰度必须在75%以上，才能正确显示信息。

表 14-8　言语的清晰度评价

言语清晰度（%）	人的主观感觉
96	言语听觉完全满意
85～96	很满意
75～85	满意
65～75	言语可以听懂，但非常费劲
65 以下	不满意

2. 言语的强度

言语显示装置输出的语音，其强度直接影响言语清晰度。当语音强度增至刺激阈限以上时，清晰度的百分数逐渐增加，直到差不多全部语音都被正确听到的水平；强度再增加，清晰度百分数基本保持不变，直到强度增至痛阈为止，如图14-11所示。研究结果表明，语音的平均感觉阈限为25～30dB（即测听材料可有50%被听清楚），而汉语的平均感觉阈限是27dB。

从图14-11可以看出，当言语强度达到130dB时，受话者将有不舒服的感觉；达到135dB时，受话者耳中即有发痒的感觉；再高便达到了痛阈，将有损耳朵的机能。因此言语显示装置的言语强度最好在60～80dB。

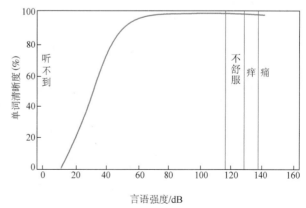

图 14-11　言语强度与清晰度的关系

3. 噪声对言语传示的影响

当言语显示装置在噪声环境中工作时，噪声将影响言语显示的清晰度。研究表明，当噪声声压级大于 40dB 时，对言语信号有掩蔽作用，从而影响言语显示的效果。

（三）听觉显示装置的选择原则

1. 音响显示装置的选择原则

在有背景噪声的场合，要把音响显示装置和报警装置的频率选择在噪声掩蔽效应最小的范围内，使人们在噪声中也能辨别出音响信号。

对于引起人们注意的音响显示装置，最好使用断续的声音信号；而对报警装置最好采用变频的方法，使音调有上升和下降的变化，更能引起人们注意。另外，报警装置最好与信号灯一起使用，组成视、听双重报警信号。

要求音响信号传播距离很远和穿越障碍物时，应加大声波的强度，使用较低的频率。

在小范围内使用音响信号，应注意音响信号装置的多少。当音响信号装置太多时，会因几个音响信号同时显示而互相干扰、混淆，遮掩了需要的信息。这种情况下可舍去一些次要的音响装置，而保留较重要的，以减小彼此间的影响。

2. 言语显示装置的选择原则

需要显示的内容较多时，用一个言语显示装置可代替多个音响装置，且表达准确，各信息内容不易混淆。

言语显示装置所显示的言语信息，表达力强，较一般的视觉信号更有利于指导检修和故障处理工作。同时，言语信号还可以用来指导操作者进行某种操作，有时会比视觉信号更为细致、明确。

在某些追踪操纵中，言语显示装置的效率并不比视觉显示装置差，如飞机着陆导航的言语信号，船舶驾驶的言语信号等。

在一些非职业性领域中，如娱乐、广播、电视等，采用言语显示装置比音响装置更符合人们的习惯。

第三节　控制器设计

人通过显示器获得信息之后，需要通过运动系统将大脑的分析决策结果传递给系统，从而使其按人预定的目标工作。控制器是人用以将信息传递给机器，或运用人的力量来开动机器，使之执行控制功能，实现调整、改变机器运行状态的装置。

控制器是人机系统的重要组成部分，也是人机界面设计的一项重要内容，控制器的设计是否得当，直接关系到整个系统的工作效率、安全运行以及使用者操作的舒适性。控制器的设计必须符合人因工程的要求，也就是说，必须考虑人的心理、生理、人体解剖和人体机能等方面的特性。

控制器设计的主要内容包括控制器外形、大小、位置、运动方向、运动范围、操纵力以及操作过程的宜人性等。

一、控制器的分类

控制器的分类方法很多：按操纵控制器的身体部位的不同，控制器分为手动控制器和脚动控制器；按控制器功能的不同，控制器可分为开关类控制器、转换类控制器、调节类控制器、紧急开关类控制器；按控制器运动类别的不同，控制器又可分为旋转控制器、摆动控制器、按压控制器、滑动控制器和牵拉控制器，表 14-9 为按控制器运动类别划分的控制器。各类控制器的形状如图 14-12 所示。常用控制器的特征比较见表 14-10。

表 14-9 按控制器运动类别分类

基本类型	运动类别	举例	说明
旋转控制器	旋转	曲柄、手轮、旋钮、钥匙等	控制器可以做360°以下旋转
近似平移控制器	摆动	开关杆、调节杆、拨动式开关、脚踏板等	控制器受力后，围绕旋转点或轴摆动，或者倾倒到一个或数个其他位置。通过反向调节可返回到起始位置
平移控制器	按压	按钮、按键、键盘等	控制器受力后，在一个方向上运动。在施加的力被解除之前，停留在被压的位置上。通过反弹力可回到起始位置
	滑动	手闸、指拨滑块等	控制器受力后，在一个方向上运动，并停留在运动后的位置上，只有在相同方向上继续向前推或者改变方向，才可使控制器做返回运动
	牵拉	拉环、拉手、拉钮	控制器受力后，在一个方向上运动。回弹力可使其返回起始位置，或者用手使其在相反方向上运动

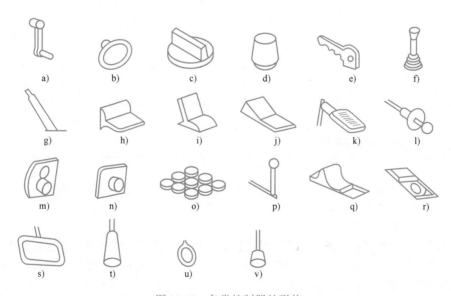

图 14-12 各类控制器的形状

a）曲柄 b）手轮 c）旋塞 d）旋钮 e）钥匙 f）开关杆 g）调节杆 h）杠杆电键 i）拨动式开关
j）摆动式开关 k）脚踏板 l）钢丝脱扣器 m）按钮 n）按键 o）键盘 p）手闸
q）指拨滑块（形状传递） r）指拨滑块（摩擦传递） s）拉环 t）拉手 u）拉圈 v）拉钮

表 14-10　常用控制器的特征比较

特　　征	控制器种类									
	离 散 调 节					连 续 调 节				
	旋转选择开关	拇指轮	手按钮	脚按钮	肘节开关	连旋旋钮	拇指轮	手轮	曲柄	踏板	手柄
能形成大力	—	—	—	—	—	否	否	是	是	是	是
将控制器置位需要的时间	中至快	—	非常快	快	非常快	—	—	—	—	—	—
推荐的控制位置（置位）数目	3~24	3~24	2	2	2~3	—	—	—	—	—	—
控制器的位置和操作的空间要求	中	小	小	大	小	小至中	小	大	中至大	大	中至大
偶发起动的可能性	低	低	中	高	中	中	高	高	中	中	高
控制运动的理想限度	270°	—	0.3cm×3.8cm	1.3cm×10.2cm	120°	无限	180°	±60°	无限	小	±45°
编码的有效性	好	差	中至好	差	中	好	差	中	差	差	好
视觉辨认置位的有效性	中至好	好	差	差	中至好	中至好	差	差至中	差	差	中至好
非视觉辨认置位的有效性	中至好	差	中	差	好	差至好	差	差至中	差	差至中	差至中
从众多同类控制器中读取某一控制器确定置位的有效性	好	好	差	差	好	好	差	差	差	差	好
与同一行中的同类控制器同时操作的有效性	差	好	好	差	好	差	好	差	差	差	好
作为组件控制器的一部分的有效性	中	中	好	差	好	好	好	好	差	差	好

二、控制器的设计要求

控制器种类繁多，但它们仍有许多共同的设计要求，下面简要介绍控制器的编码、外形结构、操纵阻力以及偶发起动等。

（一）控制器的编码

在具有多个控制器的系统中，为了提高控制器的可分辨性，应对控制器进行编码。编码方式主要有：形状、位置、大小、颜色和标记等。每一种编码方式都有优点和缺点，往往把它们组合起来使用，以弥补各自的不足。

在控制器编码方式中，颜色和标志编码方式是通过视觉来辨认的；形状、位置和大小编码方式可通过视觉和触觉或动觉来辨认。在人机系统中，操作者主要使用视觉从显示器上接收大量的信息。因此，在视觉高负荷条件下，对于主要视线范围以外的控制器，采用多重感觉编码，对提高控制器的可分辨性，保证系统安全和高效率，具有特别重要的意义。

选择编码方式主要考虑以下因素：操作者使用控制器的任务要求；辨认控制器的速度和准确性；需要采用编码方式的控制器数目；可用的控制板空间；照明条件；影响操作者感觉和辨认能力的因素等。

1. 形状编码

形状编码是将不同功能的控制器，设计成不同的形状及表纹，便于操作者辨认，不易发生混淆。它是一种容易被视觉特别是触觉辨识的编码方式。采用形状编码应注意：

1）控制器的形状与它的功能有逻辑上的联系，以便于形象记忆，詹金斯（W. O. Jenkins）研究了飞机上 22 种特殊形状的手动控制器，图 14-13 是其中的 9 种。例如，起落架控制器形状与其功能相联系，在紧急情况下，可大大减少因错误操作而造成的飞行事故。

2）控制器的形状应能在不用视觉（见图 14-14）或有必要戴手套的情况下（见图 14-15），凭触觉也可分辨清楚。图 14-14 所示旋钮的形状编码，在图 14-14a、图 14-14b、图 14-14c 之间不易混淆，图 14-14d 适合定位指示调节。

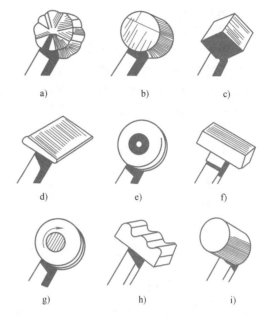

图 14-13　飞机控制器形状编码图

a）增加器　b）混合器　c）化油器　d）起落副翼　e）起落架
f）熄火器　g）动力节流器　h）转速器　i）反向动力器

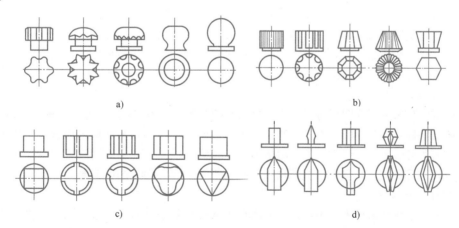

图 14-14　旋钮的形状编码

a）多倍旋转旋钮　b）圆形、多边形旋钮　c）部分旋转旋钮　d）定位指示旋钮

图 14-15 所示为适合于不同情况的识别效果好的用于形状编码的旋钮。其中图 14-15a 适用于做 360°以上的连续转动或频繁转动，钮偏转角度位置不具有重要的信息意义；图 14-15b 适用于旋转调节范围不超过或极少超过 360°的情况，钮偏转角度位置可提供重要信息；

图 14-15c 适用于旋转调节范围不宜超过 360° 的
情况，钮偏转角度位置可提供重要信息，如用
以指示刻度或状态。

2. 位置编码

位置编码是通过位置安排的不同来识别控
制器的一种方式。控制器可按视觉定位，也可
盲视定位，后者是指操作者即使不直接注视控
制器也能正确操作，控制器之间需有更大的间
距。位置编码应遵循以下原则：控制器位置分
布，可按其功能组合排列；使控制器与显示器
具有相对应的位置；同一种控制器放在相同区
域上，各区之间用位置、形状、颜色、标记等
加以区分；重要的控制器放在人肢体最佳活动
范围内。

3. 大小编码

大小编码是通过控制器的尺寸大小不同来
识别控制器的一种方式。这种编码可以为视觉
和触觉提供信息，但人仅凭触觉识别大小的能
力很低。如对圆形旋钮，若做相对辨认，大旋
钮的直径至少要比小旋钮大 20%；若做绝对辨
认，一般只用 2~3 种大小不同的控制器。因
此，大小编码往往与形状编码等组合使用。

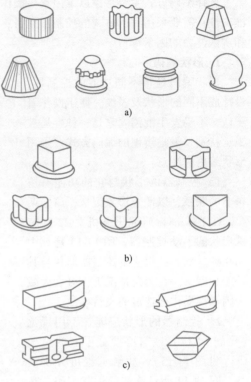

图 14-15　三类用于形状编码的旋钮

4. 颜色编码

颜色编码是利用颜色不同来识别控制器的一种方式。颜色编码特别有利于视觉搜索作业。
但人对颜色的识别能力有限，一般不超过 10 余种，颜色过多容易混淆，不利于识别。常用的
颜色有红、橙、黄、绿、蓝等。颜色编码一般不单独使用，往往与形状、位置、大小编码组
合使用。同时应考虑与照明条件相匹配以及色调、明度与彩度三者的关系。

5. 标记编码

标记编码是通过标注图形符号或文字来识别控制器的一种方式。在控制器的上面或旁边，
用符号或文字标明其功能，有助于提高识别效率。若标注图形符号，应采用常规、通用的标
志符号，简明易辨；若标注文字，应通俗易懂，简单明了，尽量避免用难懂的专业术语。使
用标记编码，需要一定的空间位置和良好的照明条件，标记必须清晰可辨。

6. 操作方法编码

操作方法编码是通过来自不同操作方法产生的运动觉差异来识别控制器的一种方式。这
种编码很少单独使用，而是作为与其他编码组合使用时的一种备用方式，以证实控制器最初
的选择是否正确。它不能用于时间紧迫或准确度高的控制场合。为了有效地使用这种编码，
需要使每个控制器的动作方向、移动量和阻力等有明显区别。

（二）控制器的外形结构

控制器的大小与其使用目的和使用方法有密切关系。控制器的尺寸设计不仅
应与操作者的身体部位尺寸相适应，而且还必须考虑操作者的操作方式。对于手

动控制器，不同的操作方式要求不同的控制器尺寸。图 14-16 所示为手操纵控制器的六种方式。例如，用手指指尖推压的按钮，操纵力是通过手指施加于控制器的，其直径至少应与手指指尖等宽（约 10mm）。需要用手握住进行操纵的手柄，其直径过小，容易引起肌肉过度紧张；直径过大，则手难以握牢。实验结果表明，手柄直径为 50mm 时，手和手柄的接触面积以及握力的发挥都是最为理想的。

　　控制器的形状应便于人使用，有利于人对控制器的施力。对于手动控制器，其形状设计应考虑手的生理特点。由于指球肌、大鱼际肌和小鱼际肌是手掌上肌肉最丰富的部位，是手部的天然减振器，而掌心是肌肉最少的部位，指骨间肌则是布满神经末梢的部位，如图 14-17a 所示。因此，手柄形状应使手柄被握住的部位与掌心和指骨间肌之间留有空隙，以改善掌心和指骨间肌集中受力状态，保证手掌血液循环良好，神经不受过强

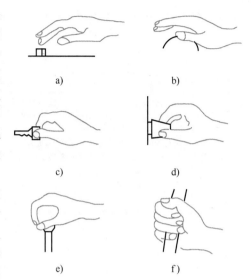

图 14-16　手操纵控制器的方式
a）手指接触　b）手接触　c）双指捏住
d）三指捏住　e）手抓住　f）手握住

压迫。图 14-17b 中的 Ⅰ、Ⅱ、Ⅲ 三种形状的手柄，适用于用力持续时间较长的操作；Ⅳ、Ⅴ、Ⅵ 三种形状的手柄适用于瞬间操作或施力不大时的操作。

　　此外，控制器的形状设计，应使在操纵控制器的过程中，手腕与前臂尽可能在纵向形成一条直线，即保持手腕的挺直状态，避免手腕弯曲。对于使用手指指尖按压的控制器，其按压面的形状应呈凹形；而使用手掌按压的控制器，其按压面的形状则应呈凸形，使之适合于指尖和手掌的操作。控制器的形状影响到抓握和操纵控制器的姿势，不合理的姿势容易引起肌肉疲劳或增加操作难度。因此，控制器形状应该有利于舒适、方便和灵活操作。

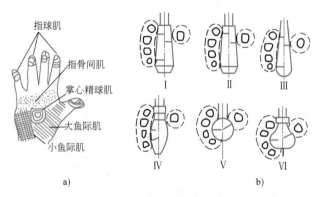

图 14-17　手掌生理特点与手柄形状
a）手掌生理特点　b）手柄形状

（三）控制器的阻力

　　控制器应有一定的操作阻力。操作阻力的作用在于提高操作的准确性、平稳性以及向操作者提供反馈信息，以判断操纵是否被执行，同时防止控制器被意外碰撞而引起的偶发起动。因而控制器应根据操作要求选择适宜的阻力。

　　控制器的操作阻力主要有静摩擦力、弹性阻力、粘滞阻力和惯性四种，其特性列于表 14-11 中。关于控制器的阻力水平，很难规定某个最大值。因为操作阻力的大小与控制器的类型、安装位置、使用频率、持续时间、操作方向等因素有关。阻力最大值显然应该在大多

数操作者的用力能力范围之内。操作阻力也不能过小，最小阻力应大于操作者手脚的最小敏感压力，防止由于动觉反馈差引起误操作。控制器的最小操作阻力可参见表14-12。

表14-11　控制器的阻力特性

阻力类型	特　　　性	使用举例
摩擦力	运动开始时阻力最大，此后显著降低，可用以减少控制器的偶发起动。但控制准确度低，不能提供控制反馈信息	开关、闸刀等
弹性阻力	阻力与控制器位移距离成正比，可作为有用的反馈源。控制准确度高，放手时，控制器可自动返回零位，特别适用于瞬时触发或紧急停车等操作，可用以减少控制器的偶发起动	键盘等
粘滞阻力	阻力与控制运动的速度成正比。控制准确度高、运动速度均匀，能帮助稳定地控制，防止控制器的偶发起动	活塞等
惯性	阻力与控制运动的加速度成正比，能帮助稳定地控制，防止控制器的偶发起动。但惯性可阻止控制运动的速度和方向的快速变化，易引起控制器调节过度，也易引起操作者疲劳	调节旋钮等

表14-12　控制器的最小操作阻力

控制器类型	最小阻力/N
手动按钮	2.8
脚动按钮	5.6（脚停留在控制器上） 17.8（脚不停留在控制器上）
扳动开关	2.8
旋转选择开关	3.3
旋钮	0～1.7
曲柄	9～22
手轮	22
手柄	9
脚踏板	417.8（脚不停留在控制器上） 4.5（脚停留在控制器上）

（四）控制器的偶发起动

在操作过程中，由于操作者的无意碰撞、牵拉控制器或外界振动等而引起的控制器的偶发起动，即在不必要的时候意外地驱动了控制器。为了避免控制器被无意碰撞或牵拉而引起的意外驱动，造成伤人事故，在设计控制器时，应考虑如下防范措施：

1）将控制器安装在控制板的凹槽内。

2）在控制器上加保护罩。

3）将控制器安装在不易被碰撞的位置。

4）使控制器的运动方向向着最不可能发生意外用力的方向。

5）操作者必须连续做两种操作运动，才能使控制器起动，而后一种操作运动与前一种操作运动的方向不同，以此将控制器锁定在位置上。

6）一组控制器必须按正确的顺序操作时才能被起动，使控制器彼此之间具有连锁作用。

7) 适当增大控制器的操作阻力。

三、主要控制器的设计

控制器的设计要充分满足操作者在产品使用过程中能安全、准确、迅速、舒适地操作。因而设计时应充分考虑操作者的体形、生理、心理特征以及人的能力限度，使控制器的形状、大小等符合人因工程的要求。

（一）手动控制器的设计

由于手的动作精确、灵活，因此，控制器的操纵大多由手来完成。常用的手动控制器有旋钮、按钮、扳动开关、控制杆等，其设计应符合手的人体测量学、生物力学和生理学等方面的特性，并可引用国家标准 GB/T 14775—1993《操纵器一般人类工效学要求》。

1. 旋钮

旋钮是用手指的拧转来进行操作的一种手动控制器。根据功能可分为三类，如图 14-15 所示。根据形状又可分以下几种：

1）圆形旋钮。这种旋钮多呈圆柱状或圆锥台状。钮帽边缘有各种槽纹。常用于需要连续旋转一圈或一圈以上，定位精度要求不高的场合，如图 14-18a 所示。

2）多边形旋钮。这种旋钮一般用于不需连续旋转，旋转定位精度不高，调节范围不足一圈的地方，如图 14-18b 所示。

3）指针式旋钮。这种旋钮可具有 3～24 个控制位置，调节范围不足一圈。在调节过程中，刻度盘不动，通过旋转指针形状的钮，确定旋钮的旋转位置，如电表上的调节旋钮，其特点是读数定位迅速，如图 14-18c 所示。

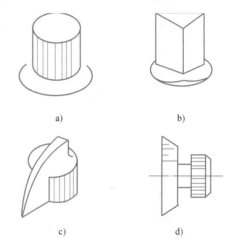

图 14-18　旋钮形状

a）圆形　b）多边形　c）指针式　d）转盘式

4）转盘式旋钮。它与指针式旋钮具有相同的功能。它与指针式旋钮的不同点仅在于，它是以指针不动而转动刻度盘来达到预定控制位置的，如图 14-18d 所示。

旋钮的大小应使手指和手与其轮缘有足够的接触面积，便于手捏紧和施力以及保证操作的速度和准确性。因此，旋钮的直径不宜太小，也不宜太大，一般以 5cm 为最佳。为了使手操纵旋钮时不打滑，常把手操作部分的钮帽做成各种齿纹，以增强手的握执力。

2. 按钮

按钮也称为按键、揿钮，按钮通过手指或工具按压进行操作。按钮按外表面形状可分为圆柱形、方形、椭圆形和其他异形等；按用途可分为代码钮（包括数字与符号钮）、功能钮和间隔钮三种；按接触情况可分为接触式和非接触式，如光电开关等。

按钮是仅在一个方向操作的控制器，其尺寸主要根据人的手指端尺寸确定。用拇指操作的按钮，其最小直径建议采用 19mm；用其他手指尖操作的按钮，其最小直径建议采用 10mm。按钮的尺寸应按手指的尺寸和指端弧形设计，方能操作舒适。图 14-19a 所示为外凸弧形按钮，操作时手的触感不适，只适用于小负荷而操作频率低的场合。按钮的端面形式以中凹型为优，如图 14-19d 所示，它可增强手指的触感，便于操作，这种按钮适用于较大操作力的场合。按钮应凸出面板一定的高度，过平不易感觉位置是否正确，如图 14-19b 所示。各按钮之间应有一定的间距，否则容易同时按下，如图 14-19c 所示。按钮适宜的尺寸可参考图 14-19e。对于排列密集的按钮，宜做成图 14-19f 所示的形式，使手指端触面之间相互保持一定的距离。

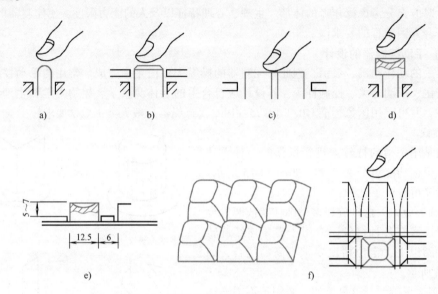

图 14-19　按钮的形式和尺寸（单位：mm）

3. 扳动开关

图 14-20 所示为扳动开关。扳动开关一般只有开和关两种功能，但可分为两种控制位置（开和关）和三种控制位置（关—低速—高速）。对于有两种控制位置的扳动开关，其角位移量 α 最小为 30°、最大为 120°。对于有三种控制位置的扳动开关，其角位移量 α 最小为 18°、最大为 60°。扳手直径 d 为 3～25mm、长度 L 为 12.5～50mm。操作阻力，对于小开关为 2.8～4.5N，大开关为 2.8～11N。

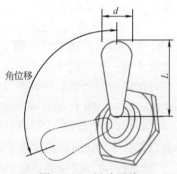

图 14-20　扳动开关

4. 控制杆

控制杆是一种需要用较大的力操纵的控制器。控制杆的运动多为前后推拉，左右推拉或做圆锥运动，因而需要占用较大的操作空间。控制杆的长度根据设定的位移量和操纵力决定。当操纵角度较大时，控制杆端部应设置球状手把。球状手把用指尖抓住时，其直径为 12.5mm，用手握住时，其直径为 12.5～25mm，最大不超过 75mm。控制杆的操纵角度以 30°为宜，一般不超过 90°。控制杆的最小操作阻力，用手指操作时为 3N，用手操作时为 9N。控制杆的支点应在手腕处，这样可使操作时手腕得到休息。对于需要用力较大的控制杆，为了便于施力，立姿作业时手把的位置应与肩同高，坐姿作业时应与肘同高，并应在操作者的臀部和脚部设置支撑，如图 14-21 所示。

（二）脚动控制器的设计

脚动控制器不如手动控制器的用途广泛。对于重要的、关键性的控制一般不用脚，因为人们总是认为脚比手的动作缓慢而不准确。但是，有时经过训练的脚跟手的效率一样高。在控制器的操作中，往往手是最容易超负荷的，所以若能合理地使用脚，就可以减轻手的负担。脚动控制器主要有脚踏板、脚踏钮等。当操纵力较小时，且不需要连续控制，宜选择脚踏钮。如需要较大操纵力，要求提供相当的速度时，多使用脚踏板。脚动控制器常见的有冲压机开关、加工机械的脚踏控制装置、汽车的刹车踏板等。除非在特殊情况下，一般立姿作业不宜使用脚动控制器。在坐姿作业场合，使用两个以上脚动控制器是不合适的，因为易产生疲劳而造成控制失误。

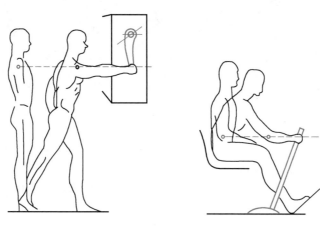

图 14-21　控制杆的手把位置

1. 脚踏板

脚踏板的形式可分为直动式、摆动式和回转式（包括单曲柄和双曲柄），如图 14-22 所示。

直动式脚踏板有以鞋跟为转轴和脚悬空两种。以鞋跟为转轴的踏板，如汽车的油门踏板，如图 14-23 所示。脚悬空的踏板，如汽车的制动踏板，这种脚踏板的位置有 3 种，图 14-24a 表示坐位较高，小腿与地面夹角很大，脚的下压力不能超过 90N；图 14-24b 表示坐位较低，小腿与地面夹角较图 14-24a 小，此时脚的蹬力不能超过 180N；图 14-24c 表示坐位很低，此时小腿较平，一般蹬力能达到 600N。

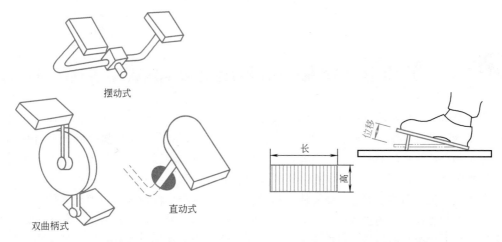

图 14-22　脚踏板的形式　　　　　　　图 14-23　以鞋跟为转轴的踏板

由图14-24可知，脚踏板与座位保持适宜的位置关系，有利于人向踏板施力。当需要大的操纵力时，踏板的安装高度应与座椅面同高或略低于座椅面。踏板的设计参数：长度为75～300mm，宽度为25～90mm，一般操作时的行程为13～65mm，穿靴操作时的行程为25～65mm，最小操作阻力见表14-12。

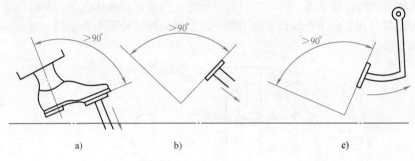

图14-24　脚悬空踏板

2. 脚踏钮

脚踏钮与按钮具有相同的功能。可用脚尖或脚掌操纵，踏压表面应有纹理，应能提供操作反馈信息。脚踏钮的设计尺寸如图14-25所示，最小操作阻力参见表14-12。

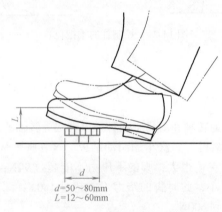

$d=50～80mm$
$L=12～60mm$

图14-25　脚踏钮的设计尺寸

第四节　控制—显示组合设计

通常显示器与控制器是联合使用的，因此，对于显示器和控制器的设计，不仅应使各自的性能最优，而且应使它们彼此之间的配合最优。这种控制器与显示装置之间的配合称为控制—显示相合性。它包括两方面的内容：其一是控制器与显示器在空间位置关系上的配合一致，即控制器与其相对应的显示器在空间位置上有明显的联系；其二是控制器与显示器在运动方向上的一致，即控制器的运动能使与其对应的显示器产生符合人的习惯模式的运动，控制与显示的相合性与人的机能特性、信息加工的复杂性和人的习惯模式有关，其中人的习惯因素影响最大。控制器与显示器相合性好，可减少信息加工和操作的复杂性；可缩短人的反应时间，提高人的操作速度，尤其是在紧急情况下，要求操作者非常迅速地进行操作时可减少人为差错，避免事故的发生。

一、控制—显示比

控制—显示比是控制器与显示器位移大小的比例关系，即控制器的位移量与与之相对应的显示器位移量之比（C/D），位移量可以是直线距离（直线型刻度盘的显示量、操纵杆的移动量等），也可以是旋转角度和圈数（圆形刻度盘的指针显示量、旋钮的旋转圈数等）。可用控制—显示比来表示系统的灵敏度，如图 14-26 所示。微小的控制器位移可引起大的显示位移，即 C/D 值小，表明系统的灵敏度高；而大的控制位移只引起小的显示位移变化，即 C/D 值大，表明系统的灵敏度低。

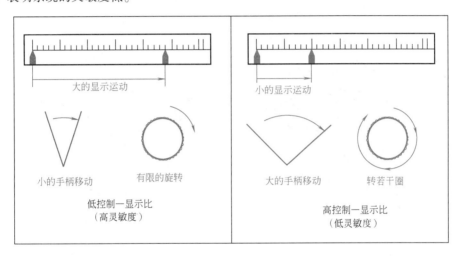

图 14-26　控制—显示比

在控制—显示界面中，人们对于控制器的调节有两种形式，即粗调和精调。在选择 C/D 比时，需考虑两种调节形式。在图 14-27 中可以看到，随着 C/D 比的下降，粗调所需时间急剧下降，而精调正好与之相反。因此，在粗调的时候，希望 C/D 比小一些，而精调的时候，则希望 C/D 比大一些。例如，用旋钮选择收音机频道时，如果 C/D 比高，即精调（或微调）旋钮，将会用很长的时间慢慢搜寻到所需频道。反之，

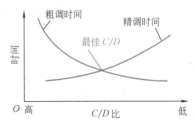

图 14-27　粗、精调时间与 C/D 比的关系

C/D 比小，即粗调，会很快地搜索到所需频道，但却容易过调。因此收音机的频道选择一般是粗、精调两个旋钮，先快速找到所需频道，再精调其收听质量。

一般来说，人机界面上的控制—显示系统具有精调和粗调两种功能。C/D 比的选择应考虑精调和粗调的时间，最佳的 C/D 比则是两种调节时间曲线相交处。这样可以使总的调节时间降到最低，如图 14-27 所示。

最佳的 C/D 比受许多因素的影响。例如，显示器的大小、控制器的类型、观察距离以及调节误差的允许范围等。最佳 C/D 比往往是通过实验得出的，没有一个理想的计算公式。

二、控制—显示的空间相合性

控制器与显示器空间位置的合适与否直接影响系统的效率。恰帕尼斯等人于 1959 年曾用煤气炉的四个灶眼作为显示器，以煤气开关作为控制器，研究了控制器与显示器的空间相合性。他们共试验了四种不同的位置配置关系，如图 14-28 所示。实验结果如下：图 14-28a 所示方式，由于煤气灶眼排列顺序和煤气开关具有位置上的直观对应关系，故在 1200 次试验中，没有发生控制错误；图 14-28b 和图 14-28c 所示方式发生错误次数分别为 76 次和 116 次；而图 14-28d 所示方式由于控制器与显示器之间位置关系混乱，发生错误次数最多，达 129 次。平均反应时间也与错误数的顺序完全一致，即图 14-28a 所示方式反应时间最短，图 14-28d 所示方式反应时间最长。由此可见，控制与显示在空间上相合，可减少发生操作错误的次数，缩短操作时间，对提高操作质量有明显效果。

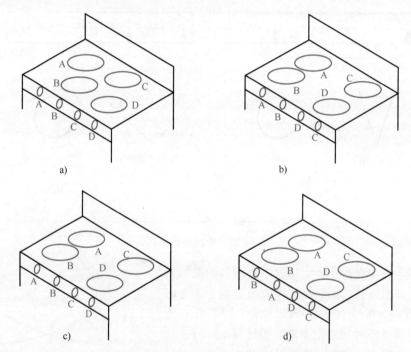

图 14-28 恰帕尼斯实验中使用的灶眼和开关位置的四种排列

三、控制—显示的运动相合性

根据人的生理与心理特征，人对控制器与显示器的运动方向有一定的习惯定势。如顺时针旋转或自下而上，人自然认为是增加的方向。例如，顺时针旋转收音机的开关旋钮，其音量增大，逆时针旋转，音量减小，直至关闭；顺时针转动汽车方向盘，汽车向右转弯，逆时针转动，汽车向左转弯，即右旋右转，左旋左转等。显然，控制器的运动方向与显示器或执行系统的运动方向在逻辑上一致，符合人的习惯定势，即控制—显示的运动相合性好，对于提高操作质量、减轻人的疲劳，尤其是对于防止人紧急情况下的误操作，具有重要的意义。

图 14-29 所示为控制器与显示器运动相合性的示例。

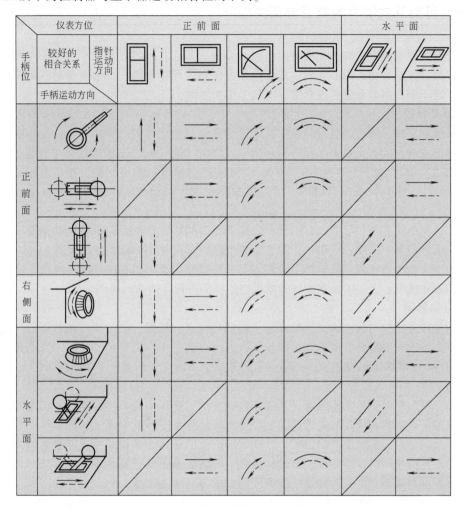

图 14-29　控制—显示的运动相合性

 第五节　可交互式屏幕的界面设计

　　随着信息技术的飞速发展，计算机、手机等设备普遍应用于人们的工作和日常生活中。人机界面设计也不仅仅局限于传统的显示器、控制器等物理界面的设计，电子商务网站、手机 APP 等可交互式屏幕的界面设计逐步成为人机交互界面设计的重要组成部分。人们在使用该类产品的过程中，不仅希望能够有效地完成任务目标，更期望交互界面能尽可能地为他们提供一个轻松、愉快、友好的操作环境，满足用户的情感体验需求。由于人机交互界面设计效果会直接影响用户体验，进而影响用户浏览和产品购买。因此，可交互式屏幕的交互界面设计就成为人机交互系统设计的重要内容，有关界面设计原则、方法及用户体验测量等方面的问题也就成为人因工程领域有关人机交互设计方向的前沿科学问题。

一、可交互式屏幕的交互界面类型

可交互式屏幕的交互界面类型主要包含命令语言界面、问答式对话界面、菜单界面、数据输入界面、查询界面、图形界面、直接操作界面和多媒体界面。由于读者对各种交互界面类型有一定了解，本部分就重点介绍以下几个交互界面：

1. 菜单界面

菜单界面是将系统可以执行的命令以阶层的方式显示出来的一个界面，让用户在一组以菜单项的形式显示的项目表中选择需要的选项，例如，Microsoft Word 2003 菜单栏位于标题栏下方，由"文件""编辑""视图""格式""表格""窗口"和"帮助"等组件组成。在菜单界面系统中，用户只要在有限的一组菜单选项中进行识别和选择就可以得到交互系统的响应。

菜单界面的优点是：易学性，用户不必接受专门的培训，不必记忆复杂的命令和语法就可以方便地选择某个选项；模块化，便于生疏型用户学习使用；结构化，允许使用对话管理工具；便于支持出错处理。菜单界面的缺点是：只能完成预定的系统功能；降低了高频度操作任务的工作速度；占用了较多的屏幕显示空间；需要较快的显示速率。

2. 查询界面

查询界面是用户与数据库交互的媒介，是用户定义、检索、修改和控制数据的工具。用户使用查询界面时不需要借助程序设计知识，因而方便了用户的使用。目前，查询界面在因特网中的应用非常广泛，如百度、谷歌等各种搜索引擎的主页面都属于查询界面。

3. 图形界面

目前，图形界面是最常用的可交互式屏幕的人机交互界面类型。传统的人机交互界面建立在字符型文本显示和键盘输入的基础上，随着高分辨率图形显示系统和计算机图形技术的发展，以及鼠标器等定位设备的出现，形成了基于图形显示技术和鼠标器加键盘模式的图形界面。图形界面使用窗口、菜单、图标、按钮、对话框等图形界面元素作为人机对话的基本构件，已经被越来越多的人机操作系统所采用，成为目前主流的人机交互界面。目前流行的图形界面可以概括为 WIMP，其中 W 表示 Window（窗口），I 表示 Icon（图标），M 表示 Menu（菜单）或 Mouse（鼠标），P 表示 Pointer（点设备）或 Popup Menu（弹出式菜单）。

图形界面的优点：与传统命令行交互界面相比，用户只需要辨认而不需要记忆系统命令，从而大大降低了用户的记忆负荷。图形界面的主要缺点：需要占用较大的屏幕空间，并在人机交互过程中极大的依赖视觉和手动控制的参与。

4. 多媒体界面

在多媒体界面出现之前，人机交互界面只由静态的文本和图片构成。随着多媒体技术的发展，引入了动画、音频、视频等动态媒体参与交互界面设计，大大丰富了计算机表现信息的形式，拓宽了计算机输出的带宽，提高了用户接收信息的效率。例如，目前在银行中普遍使用的自动存/取款机除了有文本和图形两种媒体方式外，还有音频指导用户操作和动画的方式来模拟真人服务，同时具有触摸和键盘两种信息的输入方式，大大提高了用户的使用效率。

二、可交互式屏幕的交互界面设计内容

从程序设计的角度来看，交互界面设计在工作流程上可以分为需求分析、交互设计和视

觉设计三个部分。

1. 需求分析

（1）用户特征及需求调查 可交互式界面的需求通常不像客观的功能需求那样明确，其与用户的主观因素联系紧密。因此，需要首先调查用户自身的特征，再针对性地整理其界面需求。可用的调查方法有很多，比如数据挖掘、焦点小组、深度访谈、卡片排序等。

（2）用户角色及其优先级的定位 根据获取的用户特征和需求，将能够代表某种用户特征且便于统一描述特定需求的众多用户个体的集合定义为用户角色，并赋予各用户角色的界面需求以不同的优先级。

（3）任务分析 根据各角色用户的优先级，平衡其界面需求的矛盾，确定界面设计的目标和功能，对实现功能所需要的任务进行结构化的分析，客观描述任务与其子任务的层次体系，制定出人机界面的整体架构。在结构设计中，目录体系的逻辑分类和语词定义是用户易于理解和操作的重要前提。基于纸质的低保真原型，可提供用户测试并进行完善。

2. 交互设计

（1）界面流程设计 对用户与界面交互的流程进行逻辑行为设计，保证界面功能需求的实现，具体表现为各页面间的流转关系。

（2）交互方式设计 通过视觉、听觉等进行合理的信息展现和反馈设计，比如导航方式。

（3）界面布局设计与原型设计 根据统一设计的交互方式，对各具体界面进行划分，合理组织界面内容，并设计框线图以及高保真原型。

3. 视觉设计

界面视觉设计即人机交互图形化用户界面设计，简称 GUI（Graphical User Interface）。准确来说，GUI 就是界面产生用户视觉体验和互动操作的部分。GUI 设计是在结构设计的基础上，参照目标群体的心理模型和任务达成进行视觉设计，视觉设计要达到用户愉悦使用的目的。界面设计包括桌面、视窗、单一文件界面、多文件界面、标签、菜单、图标和按钮八大部分的设计。具体设计时会涉及色彩、字体、布局等要素。视觉设计的要求如下：

1）界面清晰明了，允许用户定制界面。

2）减少短期记忆的负担。让计算机帮助记忆。例如，UserName、Password、IE 进入界面地址均可以让计算机记住。

3）依赖认知而非记忆，如对打印图标的识别。

4）提供视觉线索、图形符号的视觉刺激。

5）提供默认（Default）、撤销（Undo）、恢复（Redo）的功能。

6）提供界面的快捷方式。

7）尽量使用真实世界的比喻。例如，电话、打印机的图标设计，尊重用户以往的使用经验。

8）完善视觉的清晰度，图片、文字的布局和隐喻清晰明了。

9）交互界面协调一致。

10）同种功能使用相同的图标。

11）色彩与内容。整体交互界面不超过 5 个色系，尽量少用红色、绿色。近似的颜色表示近似的意思。

三、可交互式屏幕人机交互界面设计原则

针对人机交互界面设计，不同学者提出了不同的设计原则。其中，最经典的包括：施奈德曼（Shneiderman）教授的八大黄金定律、诺曼（Norman）的设计原则和尼尔森（Nielsen）的十个"可用性"原则。

1. 施奈德曼教授的八大黄金定律

（1）谨守做到一致性　常用的界面图形应用于不同的交互系统中应该具有相同或相似的功能。在同一应用程序中，应拥有相似的页面布局、信息显示方式和一致的操作序列；在提示、菜单和求助屏幕中必须产生相同的术语；必须自始至终使用一致的命令。例如，在Office的不同软件中，左上角都有"文件"的菜单选项。

（2）让经常操作的用户有快捷方式可用　对于需要经常使用的功能，用户希望减少对话的次数和增加对话的步幅。对有经验的经常性用户可以设置合适的缩简符、特殊键、隐含命令和宏指令，提高交互效率。例如，〈Ctrl + C〉进行复制、〈Ctrl + V〉进行粘贴。

（3）提供有意义的信息反馈　对用户的操作应有信息反馈，对常用的和一小部分动作，反馈可以不过分要求；而对不常用的和大部分的动作，反馈是很重要的。

（4）设计产生闭合的对话动作序列　对于人机界面的任何一个应用都应该形成有开始、中间和结尾的组合，信息反馈可以让用户时刻了解系统的运行状态和自己操作的正确性。例如，当打印动作完成时，系统应清楚地向用户显示"打印完成"之类的提示语。

（5）提供预防错误以及处理简易失误的方法　尽可能保证系统不会出现严重的错误，然而系统发生错误是不可避免的，因此系统应能容忍错误的产生，并且提供简单的容易理解的处理错误的手段。例如，用户不需要重新键入整个命令，而只需要修改错误的部分。

（6）容许简易的复原动作　系统如果存在可逆的操作功能可以缓解用户的焦虑心理，因为用户知道错误可以被克服，因此可以鼓励用户对不熟悉的选择项进行探索。可逆的单位可以是单个操作、日期输入或者一个完整的操作组。例如，Office软件中的〈Ctrl + Z〉即为撤销上一步操作的快捷键。

（7）支持用户类型的主控感受　支持内部控制的人机交互系统，可以使用户成为动作的创造者而不是反应者。乏味的数据输入序列，不能够或很难获得必要的信息，以及不能产生希望的动作等，都会使用户产生忧虑和不满足感。有经验的操作员强烈地希望他们能改变系统和系统对他们动作的反应，提高人机交互效率和自身的成就感。

（8）减小短期记忆负担　由于短期记忆中人类认知资源的有限性，需要保持交互界面显示简单，加强多页显示，降低窗口移动频率，对代码、字符数字和动作序列安排足够的训练时间。在需要填写命令行相关信息时，应该提供联机存取命令句法形式、缩写符、代码和其他信息。

2. 诺曼的设计原则

诺曼提出了常见的六项设计原则：可视性、回馈、限制、对应关系、一致性和预示性。其中，回馈、限制、一致性分别与施奈德曼提出的第3、5、1条黄金定律的内容是相同的，下面针对可视性、对应关系和预示性做进一步阐释。

可视性原则是指人机界面的功能可以很明确地呈现给用户了解，如Office软件中的新建、打开、保存的使用方法及其所在的位置关系都是相对应的，这样用户可以在使用过程中轻易

实现这些功能。

对应关系原则是指控制与产生效果之间的对应关系，如键盘上的上下指示键可以用来实现屏幕上光标的上下移动。

预示性原则是指系统的属性能让用户知道如何使用它，如鼠标上面的按键表示这是可以"按压"的。

3. 尼尔森的十个"可用性"原则

尼尔森从可用性的角度提出了人机交互界面设计的十项原则。其中大部分的设计原则与施奈德曼教授的八大黄金定律和诺曼提出的设计原则存在相似性，只有"审美观与简化的设计"和"帮助与文件索引"是在进行交互界面可用性设计时，需要特别考虑的原则。

审美观与简化的设计原则是指界面设计时应避免提供不相关或不需要的信息，不相关或不需要的信息会降低主要信息的显眼度；帮助与文件索引原则是指界面设计应提供容易检索且便于用户逐步学习的辅助信息，任何系统都必须有说明文件，并且这类信息应该很容易被找到，以帮助用户完成工作。

四、可交互式屏幕的交互界面开发过程

可交互式屏幕的交互界面开发过程比较复杂，在交互界面设计过程中，必须把用户、界面以及系统的使用性能结合到人机交互界面的分析、设计和评估中。以典型的软件界面设计开发为例，人机交互界面设计流程如下：

1. 调查用户的界面要求和环境

由于判断一个系统的优劣，在很大的程度上取决于未来用户的使用评价。因此，在系统开发的最初阶段，尤其要重视系统人机界面部分的用户需求，必须尽可能广泛地向系统未来的各类直接或潜在用户进行调查，也要注意调查人机界面涉及的硬、软件环境。

2. 用户特性分析

调查用户类型，定性或定量地测量用户特性，了解用户的技能和经验，预测用户对不同界面设计的反响。

3. 任务分析

从人和计算机两方面入手，进行系统的任务分析，并划分各自承担或共同完成的任务，然后进行功能分解，制定数据流图，并勾画出任务网络。

4. 建立界面模型

描述人机交互的结构层次和动态行为过程，确定描述模型规格的说明语言的形式，并对该形式语言进行具体的定义。

5. 任务设计

根据来自用户特性和任务分析的界面规格需求说明，详细分解任务动作，并分配给用户或计算机或两者共同承担，确定适合于用户的系统工作方式。

6. 环境设计

确定系统的硬、软件支持环境带来的限制，甚至包括了解工作场所、向用户提供的各类文档要求等。

7. 界面类型设计

根据用户特性以及系统任务和环境，制定最为适合的界面类型，包括确定人机交互任务

的类型，估计能为交互提供的支持级别和复杂程度。

8. 交互设计

根据界面规格需求说明和对话设计准则以及所设计的界面类型，进行界面结构模型的具体设计，考虑存取机制，划分界面结构模块，形成界面结构详图。

9. 屏幕显示和布局设计

首先制定屏幕显示信息的内容和次序，然后进行屏幕总体布局和显示结构设计，其内容包括：

1）根据主系统分析，确定系统的输入和输出内容、要求等。

2）根据交互设计，进行具体的屏幕、窗口和覆盖等结构设计。

3）根据用户需求和用户特性，确定屏幕上显示信息的适当层次和位置。

4）详细说明在屏幕上显示的数据项和信息的格式。

5）考虑标题、提示、帮助、出错等信息。

6）用户进行测试，发现错误和不合适之处，进行修改或重新设计。

然后，在上述屏幕总体布局和显示结构设计完成的基础上，进行屏幕美学方面的细化设计，包括为吸引用户的注意所进行的增强显示的设计。例如，采取运动（闪烁或改变位置），改变形状、大小、颜色、亮度、环境等特征（如加线、加框、前景和背景反转），增加声音等手段；使用颜色的设计；关于显示信息、使用略语等的细化设计等。

10. 帮助和出错信息设计

决定和安排帮助信息和出错信息的内容，组织查询方法，并进行出错信息、帮助信息的显示格式设计。

11. 原型设计

原型设计包括人机界面的软件开发设计，更多地使用了快速原型工具和技术。由于界面质量优劣更多的是依赖于用户的评价，因此在人机界面设计中，开发人员在经过初步系统需求分析后，用较短时间、较低代价开发出一个满足系统基本要求的、简单的、可运行的人机界面系统。该人机界面系统可以向用户演示系统功能或供给用户使用，让用户进行评价，提出改进意见，进一步完善系统的需求规格和系统设计。快速原型方法的核心是定义用户需求，进行原型开发，用户进行评估，修改系统需求，再开发设计的反复迭代过程。

12. 界面测试和评估

开发完成的系统界面必须经过严格的测试和评估。评估可以使用分析方法、实验方法、用户反馈以及专家分析等方法。可以对界面客观性能进行测试（如功能性、可靠性、效率等），或者按照用户的主观评价（用户满意率）及反馈进行评估，以便尽早发现错误，改进和完善系统设计。

五、可交互式屏幕的交互界面设计的评价体系

人机交互界面评价体系包含两个主要的要素：交互界面评价指标和交互界面评价方法，它们结合起来形成了完整的界面评价体系。

（一）交互界面设计的评价指标

人机交互界面评价指标主要来源于交互界面的设计原则。虽然不同类型、功能的交互界面设计原则不同，但不同交互界面设计原则之间存在共性，通过采用分层次的分类方法，将

不同的交互界面设计原则整合成一套界面设计的评价指标。界面设计的评价指标主要分为两个方面：视觉指标和交互指标。

1. 视觉指标

视觉指标是指交互界面的美观性，和谐的画面色彩，形象的三维图案，得体的文字将营造一个使用户感到舒适的交互环境。影响交互界面美观性的指标包括交互界面布局、交互界面颜色的种类、配色方案。

（1）界面布局　拥挤的屏幕让人难以理解，因而难以使用。已有实验结果表明屏幕总体覆盖度不应超过40%，而分组覆盖度不应超过62%。界面布局不应太拥挤，也不能太松散。除了总体覆盖度，文字和控件的对齐方式、界面采用的分辨率等也是该项指标需要定义的内容。

（2）颜色种类　颜色种类不能过多也不能少。过多的颜色使人感觉界面凌乱，没有重点；过少的颜色又使界面显得单调。在交互界面设计的定义阶段可以定义当前交互界面合理的颜色种类数量。

（3）配色方案　交互界面设计中一项重要内容就是色彩设计。交互界面显示的信息应该有利于人进行信息识别、搜索以完成相应的任务。因此，界面的背景色与文字信息之间的色调最好选择对比色。例如，搜狐、网易、凤凰等网站背景色都是浅色调（近乎白色），文字选择的是黑色或深蓝色，而白色与蓝色、黑色都是对比色，这样的配色使要显示的信息特别醒目，容易快速识别信息。此外，对于导航栏，为了使其从众多信息中显示出来，通常选择红色背景白色字。而红色和白色也是对比色。由于绿色、黄绿、蓝绿等是不易引起疲劳的色调，因此可在背景色或文字色彩方面优先选择。此外还要注意所选择色彩的彩度和明度，以达到界面色彩亮度柔和、清晰的目的。

2. 交互指标

交互指标是指人机交互过程的影响因素和反映人机交互效率的评价指标，主要包含一致性、易用性、反馈性、系统柔性、系统容错率和系统反应效率。

（1）一致性　一致性可以分为内部一致性和外部一致性。内部一致性指人机系统内的界面保持相互一致，即对于相同或相似的功能，界面风格应相同或基本相同；外部一致性指与用户熟悉的其他用户界面相一致。一致性好的人机界面能够减少用户熟悉和学习的时间，降低他们记忆的负担。

（2）易用性　易用性包含操作的经济性和易学习性。操作的经济性可以减少不必要的用户交互，方便数据输入，对于需要输入的数据尽可能保持默认值；操作的易学习性是指操作界面的设计应该尽量符合用户的操作认知，降低用户的学习负荷。

（3）反馈性　反馈性可以描述为两个方面，一方面是用户能根据系统反馈感知到自己所处的位置以及系统进行的处理；另一方面是用户在使用中遇到困难时可以通过帮助与提示获得及时、有效的帮助。

（4）系统柔性　系统柔性主要包含三个方面：个体适应性、环境适应性和用户的控制性。个体适应性指用户可以调整系统以适应自己的偏好的能力；环境适应性指系统对环境变化的适应能力，如交互界面支持软硬件的数量、界面系统移植的难易程度等；用户控制性指人机交互过程中，用户在任意时刻中断、取消、暂停和继续系统任务的能力。

（5）系统容错率　系统容错率是指防止用户错误操作的能力和承受用户操作失误的能力。一个容错率较强的交互系统除了需要有较强的容错机制、鲁棒性技术外，在交互界面上应该具有错误的预防机制，例如，在用户交互界面上提供各种避免用户操作错误的提示及各种错误信息的分析。

（6）系统反应效率　系统反应效率可以描述为用户交互过程使用的时间资源。交互界面操作过程与功能实现之间要准确快速，使用户尽快实现操作需求。

（二）交互界面评价方法

人机交互界面设计效果评价主要集中于对界面可用性方面的评价。目前，交互界面的可用性评价方法有很多，大致可以分为主观评价方法和客观评价方法。

其中，主观评价方法包含启发式评价、访谈法、认知走查法、可用性评价等。

（1）启发式评价　启发式评价是由专家使用一组称为启发式原则的可用性规则作为指导，评定用户界面元素是否符合这些原则。启发式评价由于不涉及实际用户，所以面临的实际限制很少，但是启发式评价对评估人员有很高的要求，往往需要较长时间的训练才能成为专家。

（2）访谈法　访谈可以看作是有目的的与用户对话的过程。依据评估目标、待解决的问题等，可以采用非结构化的开放式访谈、结构化的访谈或问卷调查进行交互界面可用性评价，其主要缺点是难以确定合适的访谈内容和用户回答的真实性。

（3）认知走查法　认知走查法是模拟用户在人机对话各个步骤采用的求解过程，以判断用户能否根据目标和对操作的记忆正确地选择下一个操作。认知走查法的优点是不需要用户参加，但是缺点是工作量大，比较费时。

（4）可用性评价　可用性评价是通过观察和测试用户在被控制的环境中，使用系统完成任务的过程来评价交互界面易用程度的一种技术。可用性评价主要包括：易学性、有效性、容错性、满意度。

交互界面可用性的客观评价方法主要包括历史记录法、直接观测法、眼动追踪技术、脑电 EEG 测量方法和生理测量法等方法。

（1）历史记录法　历史记录法是指系统在后台记录一段时间内用户的交互活动，如不同交互对象的使用频率、错误发生的频率、任务完成的时间等，从而直接诊断出用户的行为特征和系统的交互特征，这一方法对用户是透明的。

（2）直接观测法　直接观测法是指评测者直接以录音、扫描等方式把用户的交互行为信息以多种媒体形式记录下来。这种记录形式对用户是有侵扰的，可能导致结果的偏差。

（3）眼动追踪技术　眼动仪可以客观地记录评测者在使用交互界面过程中的眼球运动轨迹，通过收集到的眼动数据反映评测者的注意力资源分配，依据不同眼动指标的含义，结合评测者的主观感受综合评测交互界面设计的优劣。眼动仪是目前主要的能够定量衡量交互界面设计水平的工具，特别是在网页布局优化设计中具有重要应用。

（4）脑电 EEG 测量方法　通过脑电 EEG 系统测量用户在使用交互界面完成某任务过程中的脑电 EEG 指标变化情况，来反映交互界面设计质量。

（5）生理测量法　常见的用于测定交互界面可用性的生理测量仪器是多通道生理测量设备。生理测量法主要用于用户使用交互界面的生理信号测量，常用的方法和指标包括皮肤电（GSR）、肌电（EMG）、脑电（EEG）、心率（HR）、心率变异性（HRV）、血压、呼吸、血容量等。

六、案例分析

本案例选取有代表性的电子商务网站，以网上购物这一常见任务为研究对象，采用主观问卷、眼动追踪技术、多通道生理测量技术对用户的情感体验进行测量，分析用户在不同电子商务网站上完成购物任务时的主观情感体验数据、眼动数据、生理数据以及用户对于网站的行为意图数据，通过对数据的分析处理，比较不同网站的设计质量差异。

1. 实验设计

（1）实验网站的选择　选择中国消费者比较熟悉的服装类电子商务网站作为研究对象。通过聚类分析，从现有的88个服装类B2C电子商务网站中，选择在首页及交互设计要素上有明显差异的4个网站（分别为网站1、网站2、网站3、网站4）作为实验材料。

（2）被试者的选择　31名志愿者参与本次实验（16名男性，15名女性）。年龄在19岁到35岁之间，平均年龄22.9岁，标准差1.77。所有被试者对服装类网站的购物流程都基本了解，可对服装类网站做出评价。对本次实验所用网站保证被试者都未接触过。

（3）实验设备及量表　本实验采用SMI公司的RED桌面遥测式眼动仪和BIOPAC公司的MP150型16通道多导生理记录仪［包括MP150主机，肤电（GSR）、体表温度（SKT）、呼吸频率（RSP）等生理信号采集模块以及Acqknowledge软件］。主观情感体验的测量采用Mehrabian和Russell（1974）开发的PAD情感量表（-4 ~ +4的九级语义差异量表），行为意图的测量采用Donovan和Rossiter（1982）所开发的接近—规避趋势量表（1 ~ 7的七级李克特量表）。若用户对网站有接近趋势，有可能花更多的时间来浏览网站，若用户对网站有规避趋势，有可能离开这个网站到另外一个网站。

2. 实验过程

主要过程概括如下：首先呈现实验指导语，描述实验情境和实验任务。然后呈现第一个网站，被试者完成购物后退出。之后，被试者根据购物体验在电脑上依次填写PAD情感体验量表和接近—规避趋势量表，填写完毕后休息5min恢复到安静状态。后续3个网站按同样顺序完成实验过程。4个实验用网站以及量表中的项目均随机呈现。

3. 实验数据处理与分析方法

被试者的生理指标数据使用Acqknowledge 4.1软件导出，眼动数据和量表数据用BeGaze 2.5软件导出。首先使用Amos 7.0软件，采用验证性因子分析中的最大似然估计对量表的有效性进行验证。然后，采用SPSS 18.0进行下述分析：

1）采用重复测量的方差分析对4个网站的接近趋势数据进行分析。

2）为了确定本研究中不同的网站是否会激发不同的情感反应，选取在接近趋势得分平均值上具有最大差异的2个网站进行进一步的分析。

4. 实验结果

（1）4个网站的接近趋势比较　购物任务中4个网站的接近趋势评估得分的平均值和标准差见表14-13。

表14-13　购物任务中4个网站的接近趋势评估得分的平均值和标准差

网 站 名 称	接 近 趋 势	
	均　　值	标 准 差
网站1	2.72	0.99
网站2	3.97	1.48
网站3	4.81	1.29
网站4	4.66	1.09

Mauchly 球形检验结果表明其不满足球形假设（$p = 0.031$）。因此，采用 Greenhouse-Geisser 校正方法对结果进行校正。重复测量的方差分析表明网站类型对接近趋势有显著的主效应 [$F(3,90) = 18.68$，$\eta^2 = 0.38$，$p < 0.001$]。由表 14-13 可知，被试者在网站 3 上有较高的接近趋势，而在网站 1 上有较低的接近趋势。

（2）在不同网站购物时三方面情感体验指标的比较 选取接近趋势具有最大差异的网站 1 和网站 3 进行比较。

1）主观情感体验指标比较。表 14-14 显示了在不同网站完成购物任务时的主观情感体验指标数据配对样本 T 检验的结果。由表 14-14 可见，当显著性水平为 0.05 时，被试者在网站 3 上的愉悦度显著大于网站 1，而唤醒度显著小于网站 1。从网站设计要素来看，网站 3 顺畅的购物流程、商品明细页面的合理设计都有助于激发用户的愉悦感并保持一定的唤醒水平；而网站 1 由于操作不方便，且无法将商品放入购物车，无法激发用户的愉悦感，但是实验过程中还需要被试者完成购物任务，在网页界面设计水平一般的情况下，被试者需要投入更多的注意资源以完成购物任务，表现为被试者的唤醒度较高。

表 14-14　不同网站完成购物任务时主观情感体验指标比较

主观情感体验指标	网站 1		网站 3		t	df	p
	M	SD	M	SD			
愉悦度	-0.69	1.57	0.33	1.51	5.65	30	<0.001
唤醒度	1.81	1.28	1.77	1.23	4.74	30	<0.001

2）眼动指标比较。表 14-15 为用户在不同网站购物时的眼动指标配对样本 T 检验的结果。

表 14-15　在不同网站完成购物任务时的眼动指标比较

眼动指标	网站 1		网站 3		t	df	p
	M	SD	M	SD			
平均瞳孔直径/px	13.21	1.87	14.34	2.01	7.27	29	<.001
注视次数/count	664.15	347.30	434.33	200.98	3.27	29	0.003
平均注视持续时间/ms	227.09	48.46	214.23	57.90	1.87	29	0.072
眨眼次数/count	36.74	19.69	18.52	10.04	4.44	29	<.001
平均眨眼持续时间/ms	3435.44	2070.69	3595.20	1484.91	-0.37	29	0.713
眼跳次数/count	514.45	258.85	332.48	168.22	3.01	29	0.005
平均眼跳持续时间/ms	52.44	17.54	55.84	25.01	-1.03	29	0.311
平均眼跳幅度（°）	5.70	2.22	5.71	2.47	-0.02	29	0.986
平均眼跳速度/(°/s)	82.73	9.87	79.67	11.88	1.27	29	0.214

由表 14-15 可见，当显著性水平为 0.05 时，被试者在两个网站上的平均瞳孔直径、注视次数、眨眼次数、眼跳次数有显著的差异。被试者在网站 1 上的平均瞳孔直径小于网站 3 上的相应值。被试者在网站 1 上的注视次数、眨眼次数、眼跳次数大于网站 3 上的相应值。其他眼动指标在两个网站之间无显著的差异。由于愉悦的刺激会引起瞳孔的扩张，所以用户在愉悦度较高的网站 3 进行购物操作时的平均瞳孔直径要比愉悦度较低的网站 1 大。从网站设计要素来看，这可能与网站 3 符合用户需求的导航设计、标签式的商品明细页面设计有关。相反，网站 1 比网站 3 具有更高的注视次数、眼跳次数、眨眼次数。注视次数较高可能与网站 1 比较差的可用性有关，网站 1 的子导航设计让用户很难快速地找到所需类别，所以需要

多次注视，在不同的注视点之间转换导致眼跳次数也较高。这样用户需要注视更多的信息来完成购物任务，这可能激发不愉悦的情感。研究表明，眨眼次数随着任务难度的增加而增加。被试者在网站 1 上很难找到所需类别的服装，并且，在线客服悬浮窗使得被试者很难将选中的商品加入购物车，这些都会引起被试者的思考或困惑，使其完成购物任务的难度增加，从而增加眨眼次数，诱发不愉悦的情感。

3）生理指标比较。将完成购物任务时诱发的生理反应数据与休息时的生理反应数据的差值作为完成购物任务时所增加的生理反应，以比较不同网站所诱发的生理反应是否会有差异。将增加的 GSR、SKT 和 RSP 值分别记为 ΔGSR、ΔSKT 和 ΔRSP。表 14-16 显示了在网站 1 和网站 3 上完成购物任务时的生理数据配对样本 T 检验结果。

表 14-16　在不同网站完成购物任务时的生理指标比较

生 理 指 标	网站 1		网站 3		t	df	p
	M	SD	M	SD			
ΔGSR 平均值/umho	1. 29	1. 16	1. 21	1. 18	-0. 11	29	0. 917
ΔSKT 平均值/℉	0. 81	2. 43	0. 71	2. 56	0. 46	30	0. 611
ΔRSP 平均值/BPM	2. 11	6. 45	1. 41	6. 27	0. 72	29	0. 476

由表 14-16 可知，当显著性水平为 0.05 时，被试者在网站 1 和网站 3 购物时的生理指标值并无显著差异。

5. 结论

1）在不同网站上购物时，用户情感体验的差异主要表现在主观情感体验指标和眼动指标上。在不同网站上存在显著差异的眼动指标有平均瞳孔直径、注视次数、眨眼次数和眼跳次数。上述具有显著差异的情感测量指标可以用来反映不同网站交互界面的设计水平。

2）用户在网站上完成购物任务时皮肤电反应、皮肤温度以及呼吸频率都会增加。但是这些生理指标值在不同的电子商务网站之间未表现出显著差异。

复习思考题

1. 什么是人机界面？人机界面设计的内容与依据是什么？
2. 显示器有哪几种形式？并简述各自的应用特点。
3. 在设计言语显示装置时应注意哪些问题？
4. 控制器为何要进行编码？简述常用编码方式的优缺点。
5. 简述控制器偶发起动的原因与防范措施。
6. 什么是控制—显示相合性？它有何重要意义？
7. 什么是控制—显示（C/D）比？设计时应如何选择 C/D 比？
8. 什么是累积损伤疾病？常见的累积损伤疾病有哪些？它与哪些因素有关？
9. 与手有关的累积损伤疾病有哪些？
10. 简述手握式工具设计的原则。

思 政 案 例

第 14 章　人机界面设计中应遵守职业道德

第十五章
劳动安全与事故预防

安全是人类生存、生产、生活和发展过程中永恒的主题。人类的大量活动都是为了保护自己、避受侵害。侵害人类安全的灾祸分为自然灾祸和人为灾祸两种。例如，地震、洪水等都是自然灾祸，而人类相互间的斗争，如国家和民族间的战争、生活和工作中发生的各种事故等都属于人为灾祸。事故对于人类的危害更为常见和广泛。虽然事故的发生常常难以预测和不易防止，具有突发性和偶然性，但并非毫无规律可循，只要在思想上重视、行动上谨慎、工作中细心，便可避免许多事故。要防止事故的关键还在于控制事故的源头。本章主要介绍事故及其产生原因，事故分析及事故的预测与预防等内容。

 第一节　事故及其危害

一、危险、安全与事故的含义

（一）危险与安全的含义

1. 危险

危险是可能导致事故的状态，或事故的前提条件，或发生事故的必要条件。危险是显在的或潜在的条件，其发生可导致意外事故。也就是说，危险是任何可以导致人员伤害、疾病、死亡的或导致设备的损伤或损失的实际或潜在的状况。危险的定义在性质上是定性的，它体现了损害的可能性而并非必然性，一般用危险性来表示。危险性是指某种危险源导致事故发生、造成人员伤亡或财物损失的可能性。危险性通常以概率形式表达。

一般地，危险性包括危险源导致事故的可能性和一旦发生事故造成人员伤亡或财物损失的后果严重程度两个方面的问题。在定量地描述危险源的危险性时，采用危险度作为指标，一般认为

$$危险度 = 危险源导致事故的概率 \times 事故后果严重度$$

2. 安全

传统的安全定义是指不发生导致人身伤害、职业病、死亡或引起设备或财产损失，或危害环境的状态或条件。

现在认为，世界上没有绝对安全的事物，任何事物中都包含不安全的因素，具有一定的

危险性，安全只是一个相对的概念。

因此，所谓安全，就是没有超过允许限度的危险。也就是发生导致人身伤害、职业病、死亡或引起设备、财产损失，或危害环境的危险没有超过允许的限度。这里的"允许的限度"是人们用来判别安全与危险的基准。这个定义充分体现了从量变到质变的原理。

设 S 代表安全性，D 代表危险性，则应有

$$S = 1 - D$$

（二）事故的含义

事故是指人在实现其目的的行动过程中，突然发生的、迫使其有目的的行动暂时或永久终止的一种意外事件。

换言之，事故是在生产或生活中人们不期望发生的导致人员伤害、死亡，导致设备、财产损失和破坏，以及环境危害的偶然事件（随机事件）或突发事件。

事故有生产事故和非生产事故之分，这里主要讨论生产事故。生产事故是指企业在生产过程中突然发生的、伤害人体的、损害财务的、影响企业生产的意外事件。

二、事故的特性

事故同其他任何事物一样，也具有自己的特性，只有了解了事故的特性，才能预防事故、减少损失。事故的特性主要包括：事故的因果性，事故的偶然性和必然性，事故的潜在性和预测性。

（1）事故的因果性 事故的因果性是指一切事故的发生，都是事故原因相互作用的结果。并且多数事故的原因都是可以认识的。有的事故，由于受现有科学技术水平所限，可能暂时分析不出原因，但实际上原因是客观存在的，绝不会缘无故地发生事故。

（2）事故的偶然性和必然性 事故具有偶然性和突发性的特点，在一定条件下可能发生、也可能不发生，是随机事件，即事故的偶然性。

事故的因果性又表明事故有其发生的必然性。长时期构成事故发生的条件，就必然会造成事故的发生。

由于事故有偶然性，故不易掌握它的所有规律。但事故又具有必然性，在一定范畴内用一定的科学仪器或手段，可以找出其规律性。这就是认识事物的规律性，从偶然中找出必然。明白这一点，对研究事故发生的规律具有重要意义。

（3）事故的潜在性和预测性 事故在未发生之前，似乎一切都处于"正常"和"平静"状态，但并不是不发生事故。相反，此时事故正处于孕育和生长阶段。这就是事故的潜在性。

正是事故有孕育和生长的过程，在这个过程中，必然有某些信息出现，这正是事故的预测性。

根据事故的潜在性和预测性，人们可以通过各种渠道和手段在系统中取得信息，再经过综合分析判断，就能预测其发生的可能性。这种分析判断可以是以人们对事故的知识、对过去的事故所积累的经验为基础的，也可以是以安装在现场的在线监测装置（如煤矿井下的安全监测系统）为基础的。

三、事故的危害

事故对于人类的危害是常见的和广泛的。众所周知，发生事故后，或造成人员伤害、死亡，或导致设备、财产损失和破坏，或危害环境，对个人、家庭、社会都会带来巨大危害。

就我国来说，安全生产的基础比较薄弱，国家安全生产监督管理总局通过完善安全生产监管体制机制，落实安全生产责任制、大力加强安全监管监察队伍建设等一系列措施，使各类生产事故发生数量逐年下降，但各类事故总次数和死亡总人数还是处于较高水平，尤其是重特大事故频发且危害严重，安全生产形势依然严峻复杂。

国家安全生产监督管理总局局长杨焕宁 2017 年 1 月 16 日在全国安全生产工作会议上指出，2016 年，全国发生各类生产安全事故 6 万起、死亡 4.1 万人，同比分别下降 5.8% 和 4.1%；发生较大事故 750 起、死亡 2877 人，同比分别下降 7.3% 和 9.1%；发生重特大事故 32 起、死亡 571 人，同比分别下降 15.8% 和 25.7%。从行业看，重庆永川、黑龙江七台河、内蒙古赤峰发生了 3 起煤矿重特大事故。此外，以往安全形势平稳的电力行业发生 2 起重特大事故，煤矿重特大事故同比增加 1 倍多；渔业船舶、工贸、建筑业事故总量上升。从地域看，事故总量居前三位的是广东、江苏、浙江三个东部沿海省份，较大以上事故最多的是云南、四川两个西部省份，4 起特别重大事故均发生在中西部地区。这些事故的危害十分巨大，给全国十余万个家庭带来苦难。上述情况反映了当前我国安全生产状况仍未跨过问题多、危害重的阶段，反映了经济情况的变化和经济社会发展不平衡对安全生产的影响，也暴露出安全工作中的问题和不足。

职业病的危害也是不容忽视的。根据国家卫生和计划生育委员会连续五六年公布的数据显示，尘肺病已成为中国职业病中最严重的病种。在所有职业病中，尘肺病占 90%，在尘肺病患者中，农民占 90%。据统计，目前中国尘肺病报告人数超过 72 万人，其中 62% 在煤炭行业，煤矿是尘肺病高发区。患有尘肺病的农民基本都丧失了劳动力、贫病交加、缺医少药，处境极其悲惨，死亡率高达 22.04%。由于死者均为中青年人，很多家庭破裂，已成为较大的社会问题。更严重的是，每年还新增尘肺病农民患者 2 万多人。此外，由于尘肺病属于职业病，并未纳入新农合报销范畴，患者无法负担高昂的医疗费，给自身的健康和家庭生活带来沉重的负担。因此，必须从生产过程中在粉尘控制和个体防护等方面采取措施，确保现场作业人员的身体健康。

 ## 第二节　人机系统的安全性分析与评价

一、系统安全分析

系统安全分析是从安全的角度对人—机—环境系统中的危险因素进行的分析，它通过揭示可能导致系统故障或事故的各种因素及其相互关系来查明系统中的危险源，以便采取措施消除或控制它们。系统安全分析是实现系统安全的重要手段，是系统安全评价的基础。

系统安全分析的目的是查明危险源以便在系统运行期间内控制或消除危险源。

1. 系统安全分析的内容

系统安全分析通常包括对以下内容的调查分析：

1）可能出现的初始的、诱发的及直接引起事故的各种危险源及其相互关系。

2）与系统有关的环境条件、设备、人员及其他有关因素。

3）利用适当的设备、规程、工艺或材料控制或消除某种特殊危险源的措施。

4）对可能出现的危险源的控制措施及实施这些措施的最好方法。

5）对不能消除的危险源失去或减少控制可能出现的后果。

6）一旦对危险源失去控制，为防止伤害和损害的安全防护措施。

2. 系统安全分析方法

近年来，随着系统工程学科的发展，人们已经开发研究了数十种系统安全分析方法，可适应于不同的系统安全分析过程。在进行系统安全分析时，并不需要全部使用这些方法，也不是多使用一些方法就会使分析结果更精确、更有效。关键是看对于特定的环境和条件，使用哪一种方法更能有效地消除或控制危险性。

虽然系统安全分析方法很多，但在危险源的辨识中常用的方法主要有以下几种。

1）检查表法（Checklist）。

2）预先危害分析（Preliminary Hazard Analysis，PHA）。

3）故障类型和影响分析（Failure Model and Effects Analysis，FMEA）。

4）危险性和可操作性研究（Hazard and Operability Analysis，HAZOP）。

5）事件树分析（Event Tree Analysis，ETA）。

6）事故树分析（Fault Tree Analysis，FTA）。

7）因果分析（Cause-Consequence Analysis，CCA）。

二、事故树分析法

（一）概述

事故树也称为故障树，是一种描述事故因果关系的有方向的"树"，是安全系统工程中重要的分析方法之一。它能对各种系统的危险性进行识别评价，既适用于定性分析，又能进行定量分析。具有简明、形象化的特点，体现了以系统工程方法研究安全问题的系统性、准确性和预测性。事故树作为安全分析评价和事故预测的一种先进的科学方法，已得到国内外的公认和广泛采用。

事故树是从结果到原因描绘事故发生的有向逻辑树，是用逻辑门连接的树图。事故树分析法是一种图形演绎方法，在对系统分析时，围绕系统不希望发生的失效事件进行层层深入的分析，直至追踪到引起失效事件发生的全部最根本的原因为止。

（二）分析步骤

事故树分析大致分为9个步骤，分析人员可根据具体问题灵活掌握，根据要分析的系统的特点、统计数据及人力和物力条件，选择其中几个步骤。如果事故树规模很大，可借助计算机进行。事故树分析的步骤如下：

（1）确定所要分析的系统 确定系统中所包含的内容及其边界范围，明确影响系统安全的主要因素。

（2）熟悉系统 详细了解系统状态及各种参数，绘出工艺流程图或布置图。

（3）调查系统发生的事故 调查所要分析的系统过去和现在所发生过的各类事故，收集国内外同类系统曾发生过的所有事故，找出本系统事故发生的规律，设想给定系统可能要发生的事故。

（4）确定顶上事件 所谓顶上事件就是要分析的对象事件。对于某一确定的系统，可能发生多种事故，但究竟以哪一种事故作为分析的对象呢？一般来说要确定那些易于发生且后果严重的事故作为事故树分析的顶上事件。

（5）调查原因事件 从人、机、环境出发调查与事故有关的所有原因事件和各种因素。

（6）绘制事故树图　采用规定的符号，从顶上事件起，一级一级找出直接原因事件，按其逻辑关系，绘制出事故树图。

（7）定性分析　按事故树结构，利用布尔代数化简事故树，求出事故树最小割集或最小径集，分析基本事件的结构重要度，根据定性分析的结论，确定预防事故发生的措施。

（8）定量分析　确定引起事故发生的各基本事件的发生概率［基本事件的发生概率包括系统的单元（部件或元件）故障概率及人的失误概率等，在计算时，往往用基本事件发生的频率来代替］，标在事故树上，并计算出顶上事件发生的概率。将计算结果与统计分析结果进行比较，若两者不符，则需重新考虑绘制事故树是否正确，即检查基本原因事件是否找全，上下层事件之间的逻辑关系是否正确，以及各基本事件的发生概率是否估计得过高或过低，直至两者相符。根据顶上事件发生的概率情况，进一步计算出各基本事件的概率重要度和临界重要度。其中，概率重要度表示某基本事件发生概率的变化引起顶上事件发生概率的变化程度；临界重要度则表示某基本事件发生概率的变化率引起顶上事件发生概率的变化率，它从敏感度和概率双重角度衡量各基本事件的重要程度。

（9）进行安全评价　根据损失率的大小评价该类事故的危险性。

目前我国事故树分析一般都考虑到第7步进行定性分析为止，也能取得较好效果。

（三）事故树编制

1. 事故树符号及含义

事故树符号由事件符号、逻辑门符号和转移符号组成。事件符号用来表示具体事件；逻辑门符号表示事件之间逻辑联系的作用，这是事故树分析的特点和优点；转移符号的作用是表示部分树的转入和转出。常用的绘制事故树的基本符号见表15-1。

表15-1　事故树基本符号

名 称		符 号	符号的含义
事件符号	矩形符号		它表示顶上事件或中间事件。顶上事件是所分析系统不希望发生的事件，它位于故障树的顶端；中间事件是位于顶上事件和基本事件之间的事件。两者都是需要往下分析的事件
	圆形符号		它表示基本原因事件，即基本事件，是不能再往下分析的事件，故位于事故树的底部
	菱形符号		有两种意义：一种是表示省略事件，即没有必要详细分析或原因不明确的事件；另一种是表示二次事件，如由原始灾害引起的二次灾害，即来自系统之外的原因事件
	房形符号		表示正常事件，是系统正常状态下发生的正常事件。有的也称为激发事件，如电动机运转等
逻辑门符号	与门	A B_1 B_2	表示只有所有输入事件 B_1、B_2 都发生时，输出事件 A 才发生。换句话说，只要有一个输入事件不发生，则输出事件就不发生。对于若干个输入事件也是如此
	或门	A B_1 B_2	表示输入事件 B_1、B_2 中任一个事件发生时，输出事件 A 发生。换句话说，只有全部输入事件都不发生，输出事件才不发生。对于若干个输入事件也是如此
	条件与门	A a B_1 B_2	表示输入事件 B_1、B_2 不仅同时发生，而且还必须满足条件 a，才会有输出事件 A 发生，否则就不发生。a 是输出事件 A 发生的条件，而不是事件

（续）

名 称		符 号	符号的含义
逻辑门符号	条件或门		表示输入事件 B_1、B_2 至少有一个发生，且在满足条件 a 的情况下，输出事件 A 才发生
	限制门		表示当输入事件 B 满足某种给定条件 a 时，直接引起输出事件 A 的发生，否则输出事件 A 不发生
转移符号	转出符号		表示这个部分树由此转出，并在三角形内标出对应的数字，以表示向何处转移
	转入符号		转入符号连接的地方是相应转出符号连接的部分树转入的地方。三角形内标出从何处转入，转出转入符号内的数字——对应

2. 事故树的编制

事故树的编制方法一般分为两类，即人工编制和计算机辅助编制。人工编制事故树的常用方法是演绎法，它是通过人的思考来分析顶上事件是怎样发生的。在编制时首先要确定顶上事件，找出直接导致顶上事件发生的各种可能的因素或因素的组合，也就是中间事件，在顶上事件与直接导致其发生的中间事件之间，根据其逻辑关系相应地绘制逻辑门。然后依此方法再对每个中间事件进行分析，找出导致其发生的直接原因，逐级向下演绎，直到不能分析的基本事件为止。这样就得到了用基本事件符号表示的事故树。下面举几个事故树的例子：

1）煤矿井下斜巷运输事故的事故树，如图15-1所示。

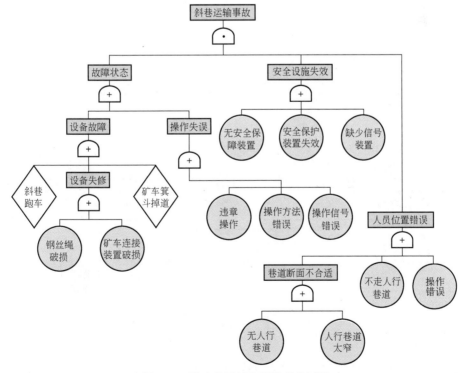

图 15-1　煤矿井下斜巷运输事故树图

2）砂轮伤害事故的事故树，如图 15-2 所示。

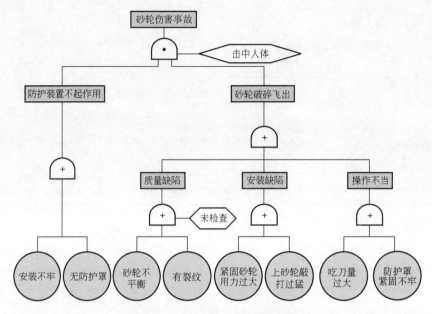

图 15-2　砂轮伤害事故的事故树图

3）锅炉结垢事故的事故树，如图 15-3 所示。

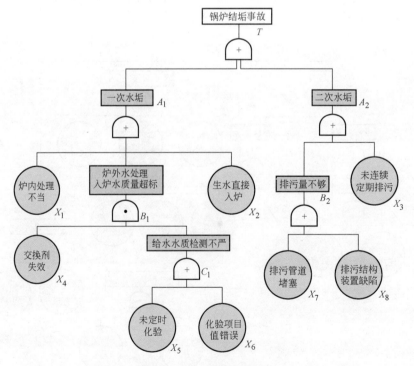

图 15-3　锅炉结垢事故树图

（四）布尔代数运算法则及事故树的数学表达式

1. 布尔代数运算法则

在事故树分析中常用逻辑运算符号（·，+）将各个事件连接起来，此连接式称为布尔代数表达式。在求最小割集时，要用布尔代数运算法则化简代数式。这些法则见表15-2。

表 15-2　布尔代数运算法则

名　称	运　算　法　则	备　注
结合律	$A + (B + C) = (A + B) + C$	
	$A \cdot (B \cdot C) = (A \cdot B) \cdot C$	
分配律	$A \cdot (B + C) = A \cdot B + A \cdot C$	
	$A + (B \cdot C) = (A + B) \cdot (A + C)$	
交换律	$A \cdot B = B \cdot A$	
	$A + B = B + A$	
互补律	$A \cdot A' = 0$	A'是反 A
	$A + A' = 1$	
等幂律	$A \cdot A = A$	
	$A + A = A$	
吸收律	$A \cdot (A + B) = A$	
	$A + A \cdot B = A$	
德·摩根律（对偶法则）	$(A \cdot B)' = A' + B'$	用它将事故树变为成功树
	$(A + B)' = A' \cdot B'$	
对合律	$(A')' = A$	

2. 事故树的数学表达式

为了进行事故树定性、定量分析，需要建立数学模型，写出它的数学表达式。把顶上事件用布尔代数表示，并自上而下展开就可得到布尔表达式。

例如，某事故树如图15-4所示。

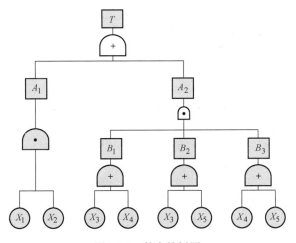

图 15-4　某事故树图

该事故树的结构函数表达式为

$$T = A_1 + A_2 = A_1 + B_1 B_2 B_3 = X_1 X_2 + (X_3 + X_4)(X_3 + X_5)(X_4 + X_5)$$
$$= X_1 X_2 + X_3 X_3 X_4 + X_3 X_4 X_4 + X_3 X_4 X_5 + X_4 X_4 X_5 + X_4 X_5 X_5 + X_3 X_3 X_5 + X_3 X_5 X_5 + X_3 X_4 X_5$$

（五）最小割集的概念和求法

（1）最小割集的概念 能够引起顶上事件发生的最低限度的基本事件的集合称为最小割集。换言之，如果割集中任一基本事件不发生，顶上事件就绝不发生。一般割集不具备这个性质。例如，本事故树中 $\{X_1, X_2\}$ 是最小割集，$\{X_3, X_4, X_3\}$ 是割集，但不是最小割集。

（2）最小割集的求法 利用布尔代数化简法，将上式归并、化简。

$$T = X_1 X_2 + X_3 X_3 X_4 + X_3 X_4 X_4 + X_3 X_4 X_5 + X_4 X_4 X_5 + X_4 X_5 X_5 + X_3 X_3 X_5 + X_3 X_5 X_5 + X_3 X_4 X_5$$
$$= X_1 X_2 + X_3 X_4 + X_3 X_4 X_5 + X_4 X_5 + X_3 X_5 + X_3 X_4 X_5 = X_1 X_2 + X_3 X_4 + X_4 X_5 + X_3 X_5$$

得到 4 个最小割集 $\{X_1, X_2\}$、$\{X_3, X_4\}$、$\{X_4, X_5\}$、$\{X_3, X_5\}$。

（六）最小割集的作用

最小割集可表示系统的危险性，每个最小割集都是顶上事件发生的一种可能渠道。最小割集的数目越多，越危险。最小割集的作用具体如下：

1）表示顶上事件发生的原因。事故发生必然是某个最小割集中几个事件同时存在的结果，求出事故树全部最小割集，就可掌握事故发生的各种可能，对掌握事故的规律，查明事故的原因大有帮助。

2）一个最小割集代表一种事故模式。根据最小割集，可以发现系统中最薄弱的环节，直观判断出哪种模式最危险，哪些次之，以及如何采取预防措施。

3）可以用最小割集判断基本事件的结构重要度，计算顶上事件概率。

三、安全评价

人机系统的安全性评价是以实现人机系统安全为目的，应用安全系统工程原理和方法，对人机系统中存在的危险因素、有害因素进行辨识与分析，判断系统发生事故和职业危害的可能性及其严重程度，从而为制定防范措施和管理决策提供科学依据。

（一）安全评价意义

安全评价从技术带来的负效应出发，对产生的损失和伤害的可能性、影响范围、严重程度及应采取的对策措施等方面进行分析、论证和评估。其意义如下：

1）有助于政府安全监督管理部门对企业的安全生产实行宏观控制。

2）有助于安全投资的合理选择。

3）有助于保险公司对企业灾害实行风险管理。

4）有助于提高企业的安全管理水平。安全评价对企业安全管理有以下好处：

① 使安全管理由事后处理变为事先预测、预防，使安全管理科学化。

② 使安全管理由纵向单一管理变为全面系统管理，使安全管理全面化、统一化。

③ 使安全管理由经验管理变为目标管理，使安全管理标准化。

（二）安全评价的基本原理

由学科的层次结构可知，任何一种方法都应有基本理论作指导。安全评价虽然方法、手段繁多，且评价系统的属性、特征及事件的随机性千变万化，各不相同，究其思维方式却是一致的，都是在统一理论的指导下进行的。对此，就要研究和探讨安全评价的基本原理。

安全评价有以下四个基本原理：相关性原理、类推原理、惯性原理、量变到质变原理。

1. 相关性原理

任何事物的发展变化都不是孤立的，都与其他事物的发展存在或多或少的相互影响、相互制约、相互促进的关系。研究、分析各个系统之间的依存关系和影响程度就可以探求其变化的特征和规律，并可以预测其未来状态的发展变化趋势。

事故和导致事故发生的各种原因之间存在着相关关系，表现为依存关系和因果关系；危险因素是原因，事故是结果，事故的发生是由许多因素综合作用的结果。分析各因素的特征、变化规律、影响事故发生和事故后果的程度以及从原因到结果的途径，揭示其内在联系和相关程度，才能在评价中得出正确的分析结论，采取恰当的对策措施。

例如，煤矿瓦斯爆炸事故是由沼气积聚达到爆炸体积分数、氧气体积分数大于 12% 和存在引爆火源三个因素综合作用的结果，而这三个因素又是由沼气逸出多或沼气易于积聚、通风不良、检查失误、安全装置失效或管理不当、有电气火花、撞击摩擦火花、自燃火源等一系列因素造成的。爆炸后果的严重程度又和沼气体的浓度、数量、是否引起煤尘爆炸、引起火灾及是否会产生二次爆炸等因素有着密切的关系。在评价中需要分析这些因素的因果关系和相互影响程度，并定量地加以评述。

2. 类推原理

许多事物在发展变化上常有类似的地方。利用事物之间表现形式上存在某些相似之处的特点，有可能把先发展事物的表现过程类推到后发展事物上去，从而对后发展事物的前景做出预测。这就是类推原理，是人们经常使用的一种逻辑思维方法。可以看出，这实际是一种预测技术。类推在人们认识世界和改造世界的活动中，有着非常重要的作用；在安全生产、安全评价中，同样有着特殊的意义和重要的作用。

例如，颤振曾是空气动力学中的一个难题，由于飞机的机翼在高速飞行中会产生颤振现象（一种有害的振动），飞行越快，机翼的颤振越强烈，甚至造成机翼折断，发生机毁人亡的空难悲剧。为了克服在高速飞行时飞机机翼产生的颤振问题，开始，许多科学家和试验人员做过种种试验，花费了很多的精力和时间试图解决它，最终均以失败告终。后来，在观察蜻蜓飞行时，从蜻蜓的翅膀上获得了灵感：蜻蜓之所以能够灵活自如有效地控制翅膀的颤振，是因为在它的半透明翅膀的前缘有一块加厚的色素斑（称为"翼痣"或"翼眼"），这就是蜻蜓在快速飞行时不受颤振困扰的原因所在，因为翼痣有很好的消振功能。这是蜻蜓经过长期的进化，在三亿年前就获得的一种功能。如果将翼痣去掉，蜻蜓飞行时就变得荡来荡去。实验证明蜻蜓翼痣的角组织使蜻蜓飞行时消除了颤振。于是，人们就依此类比，模仿蜻蜓，在飞机机翼末端的前缘装上了类似的加厚区，以便消除颤振。果然，颤振现象竟奇迹般地克服了，由此而产生的空难也就避免了。

3. 惯性原理

任何一种事物的发展与其过去的行为都是有联系的。过去的行为不仅影响到现时，还会影响到未来。这表明任何事物的发展都有时间上的延续性，这种延续性称为惯性。利用惯性可以建立各种类型的趋势外推预测模型，从过去事故的发展规律来预测未来事故的发展趋势。

系统的惯性是系统内部因素之间互相联系、互相作用而形成的一种状态趋势，是系统的内部因素决定的。只有当系统是稳定的，其内在联系和基本特征才可能延续下去，该系统所表现的惯性发展结果才基本符合实际。内部"质量"的改变可以改变其惯性，外部环境即"外力"不能改变其惯性，但能使惯性运动加速或减速甚至改变方向。例如，加大安全监督检查的力度，可以使事故的惯性运动速度减慢，但不能从根本上改变其惯性。但如果通过

"外力"能改变内部因素，就能改变系统的惯性。例如，增加安全投资，改善安全设施等"外力"可以改变内部因素的"质量"，从而能改变系统的惯性。

4. 量变到质变原理

任何一个事物在发展变化过程中都存在着从量变到质变的规律。在一个系统中，许多有关安全的因素也都一一存在着量变到质变的规律。因此，在安全评价时，考虑各种危险、有害因素对人体的危害，以及采用评价方法进行等级划分等，均需要应用量变到质变的原理。

（三）安全评价方法

安全评价方法是对系统的危险因素、有害因素及其危险、危害程度进行分析、评价的方法。目前，国内外已开发出数十种评价方法，每种方法都有自己的特点，适用范围和应用条件都有较强的针对性。综合分析这些评价方法，可分为两大类：定性安全评价和定量安全评价。

1. 定性安全评价

定性安全评价是借助于对事物的经验、知识、观察及对发展变化规律的了解，科学地进行分析、判断的一类方法。运用这类方法可以找出系统中存在的危险、有害因素，进一步根据这些因素从技术上、管理上、教育上提出对策措施加以控制，达到系统安全的目的。定性安全评价不对危险性进行量化处理，只做定性比较。它是目前应用最广泛的安全评价方法。

目前应用较多的定性安全评价方法有：安全检查表（SCL）、事故树分析（FTA）、事件树分析（ETA）、危险度评价法、预先危险性分析（PHA）、故障类型和影响分析（FMEA）、危险性可操作研究（HAZOP）、如果……怎么办（what…if）、人的失误（HE）分析等。

2. 定量安全评价

定量安全评价是根据统计数据，按有关标准，应用科学的方法构造数学模型，对危险性进行量化处理，并确定危险性的等级或发生概率的一类评价方法。

目前定量安全评价主要有以下两种类型：

（1）可靠性安全评价法　可靠性安全评价法也称为概率法，它是以可靠性、安全性为基础，查明系统中的隐患，计算出其损失率、有害因素的种类及其危害程度，然后再与国家规定的或社会允许的安全值（安全标准）进行比较，从而来确定被评价系统的安全状况。这种方法需要一定的数学基础，计算较复杂，也较难掌握。常用的方法有：①事故树分析。②事件树分析。③模糊数学综合评价法。④层次分析法。⑤格雷厄姆—金尼法。⑥机械工厂固有危险性评价方法。⑦原因—结果分析法。

（2）指数法或评分法　它是以物质系数为基础，采取综合评价的危险度分级方法。它通过计算危险（或安全）的分数来确定安全状况。这种方法计算较容易，但精度稍差。常用的方法有：①美国陶氏化学公司（Dow Chemical Company）的"火灾、爆炸危险指数评价法"。②英国帝国化学公司蒙德部的"火灾、爆炸、毒性指标法"。③日本劳动省的"六阶段法"。④单元危险指数快速排序法。

第三节　事故产生的原因

事故产生的原因是多方面的、复杂的，可以从不同角度分析事故原因。目前世界上代表性的事故致因理论有十几种，如"人因失误论"认为一切事故都是由人的失误造成的；"能量转移论"认为生物体受伤害的原因只能是某种能量的转变;"综合论"认为事故是由人的不安全行为和物的不安全状态综合作用的结果;"多米诺骨牌论"认为伤害是由五因素的事件链造成的。五因素事件链是:社会环境和管理欠缺→人为的过失→不安全动作或机械、物质危害→意外事件→人身伤亡的事件。在这里选用具有一定代表性的美国国家航空航天局(NASA)在分析事故原因及对策时所使用的4M法,即从人、设备、环境与媒介、管理四个方面进行分析。

一、人因失误

近年来,由于人机系统大型化、复杂化,人的失误成为发生事故的主要原因。

（一）人因失误的含义

在某一具体的人机系统中,人因失误是指人实际完成的职能与系统已设定的应该完成的职能之间发生偏差,从而对系统的目标、构造、模式、运行发生影响,使之逆转运行或遭受破坏。人因失误主要包含以下五种情况:

1）未执行分配给他的职能。

2）错误地执行了分配给他的职能。

3）执行了未赋予他的份外职能。

4）按错误的程序或错误的时间执行了职能。

5）执行职能不全面。

人因失误一方面影响系统的安全性,另一方面影响系统的可靠性。它是造成系统故障与性能不良、可靠性降低的原因,也是诱发事故的主要因素。

由于人的行为具有多变、灵活、机动的特性,实际生产中的人因失误表现多种多样。根据对各类生产操作活动进行分析,人因失误的表现大致分为以下几个方面:

1）操作错误,忽视安全、警告。

2）人为造成安全装置失效。

3）使用不安全设备。

4）手代替工具操作。

5）物体（指成品、半成品）存放不当。

6）冒险进入危险场所。

7）攀坐不安全位置,在起吊物下作业。

8）机器运转时加油、修理、检查、调整、焊接、清扫等。

9）有分散注意力的行为。

10）在必须使用个人防护用品、用具的场合中忽视使用,或穿不安全装束。

11）对易燃、易爆危险品处理错误。

（二）人因失误分类

人因失误分类对于判明差错原因以及采取对策都是非常必要的。人因失误通常有以下几种分类方法:

1. 按作业要求分类

1）遗漏差错。遗漏了必须做的事情或任务、步骤。

2）代办差错。把规定的任务做错了。

3）无关行动。在工作中导入无关的、不必要的任务或步骤。

4）顺序差错。把完成任务的顺序做错了。

5）时间差错。没有按规定的时间完成任务。

2. 按发生人因失误的工作阶段分类

（1）设计失误　设计失误是发生在设计阶段的人因失误。例如，在电梯设计中没有设置超负荷限制器，致使电梯超载坠落人员伤亡的事故发生。

（2）操作失误　操作失误是指操作者在作业操作中违反安全操作规程的不安全行为。

（3）检查或监测差错　检查或监测差错是指发生在检查、检验、监视、控制等作业工作中的人因失误。

（4）制造失误　制造失误是指影响产品加工质量的人因失误。

3. 按人体因素和环境因素分类

1）操作者个人特有的因素造成的人因失误，如操作者个人心理状态、生理素质、教育、培训、知识、能力、积极性等因素影响造成的人因失误。

2）环境因素造成的人因失误。例如，机器、设备、设施、器具、环境条件、作业方式、作业空间、车间的组织与管理等因素造成的人因失误。

4. 按大脑信息处理程序分类

（1）认知、确认失误　认知、确认失误是指从接收外界信息到大脑感觉中枢认知过程所发生的失误。

（2）判断、记忆失误　判断、记忆失误是指从判断状况并在运动中枢做出相应行动决定到发出指令的大脑活动过程所发生的人因失误。

（3）动作、操作失误　动作、操作失误是指从大脑运动中枢发出动作指令到动作完成过程中所发生的人的误操作。

（三）人因失误产生的原因

1. 生理方面的原因

人体各功能系统和各机能器官及生理节奏等生物体活动规律、人体的疲劳特性等，都可能成为发生人因失误的生理方面原因。除此之外，人的大脑的生理活动规律，特别是大脑意识水平，对人体的行为和人因失误的影响尤其不可忽视。

根据大脑活动规律，可以提出以下三个重要观点。

1）大脑意识水平是不断变化的。大脑意识水平随人体活动的需要而改变，随大脑活动规律而变化。根据马克沃斯（N. H. Mackwoth）1950 年的实验结果表明，30min 是精神持续活动的变化点，30min 后注意力下降，即"30min 效应"。所以，在一般情况下，第Ⅲ层次维持时间在 15～30min。8h 工作日中，处于状态Ⅲ的意识水平不会超过 2～3h。一般工作中，大脑的意识水平在Ⅱ～Ⅲ之间，并以Ⅱ状态为主。遗憾的是在Ⅱ层次下，人常常表现为心不在焉和不注意。

2）大脑意识水平与人因失误发生概率直接相关。

3）大脑生理机能的潮汐节奏。大脑的生理机能是有一定规律的。实验表明，人的意识水平在早晨 6 点钟为最低，向正午接近时逐渐提高，到正午时分达到最大值，随后慢慢下降，从晚上 10 点到第二天早上 6 点连续下降，早上 6 点达到最低。由此可见，在晚上 10 点钟以后至第二天清晨大脑活动水平处于低潮时期，所以，夜班中进行需要高度注意力集中的作业时，必须考虑到这段时间是人体可靠性较低的时期，也是容易出现人因失误的时期。

2. 心理方面的原因

（1）注意的心理特性

1）不注意与注意。表面看来，许多事故好像是由作业者不注意引起的。因此，分析错误和事故时，人们往往把"不注意"作为一个重要因素来考虑。其实"不注意"是结果而不是原因，分析它发生的真正原因才是重要的。不注意是在保持注意的状态中发生并混同其中的一种反应。对同一客体，不注意与注意在时间上不是同时的，实际上这是一种对信息的选择反应。不注意是由于主体对客体的另一种信息保持了注意，而形成的一种复杂选择反应结果，或者说不注意是注意方向的转移。注意受到信息的性质和个人生理、心理活动水平的影响，具有不稳定性及转移性。人们一般不会有意识地造成不注意，所以与其说不注意是事故的原因，不如说不注意是某种原因的结果，应研究并消除造成不注意的原因与条件。

2）注意的强弱和范围。注意的强弱也称为注意的紧张度或强度，注意的范围也称为注意的广度。两者的作用是对立的，即注意的紧张度越高，注意广度越小；反之，注意的范围越广，注意的紧张度越低。从安全生产作业要求来看，必须具有适当的注意紧张度和广度。另外，注意的选择性、注意的稳定性和注意的分配性等心理特性对产生人因失误也均有重要影响。

（2）主观臆测 所谓主观臆测，是指个人无根据地推测所做的随意性判断。这种臆测作为指令，也是发生人因失误的重要原因。但是人们常常做这种主观臆测判断，尤其在下列情况下更易于发生：

1）急于求成。例如，想尽快完成工作，或想尽快横穿马路等，在愿望强烈或心情焦躁的时候容易发生这种臆测。

2）缺乏知识。个人所获得和掌握的信息和知识不准确或不完全的时候，自我想当然的或随意性的行动。

3）片面经验。由于过去的某次或某些行为取得了成功，把过去的经验作为先入为主的成见，以为过去成功了，现在还会成功地重复过去的行为。

4）侥幸心理。侥幸心理是指按照自己的愿望需要而做出的随意性判断。伤害事故是一种小概率事件，一次或多次不安全行为不一定会导致伤害。于是，一些职工根据采取不安全行为也没有受到伤害的经验，认为自己运气好，不会出事故，或者得出了"这种行为不会引起事故"的结论。针对职工存在的侥幸心理，应该通过安全教育使他们懂得"不怕一万，就怕万一"的道理，自觉地遵守安全规程。

5）省能心理。人总是希望以最小的能量消耗取得最大的工作效果，这是人类在长期生活中形成的一种心理习惯。省能心理表现为嫌麻烦、怕费劲、图方便，或者得过且过的惰性心理。由于省能心理作祟，操作者可能省略了必要的操作步骤或不使用必要的安全装置而引起事故。在进行工程设计、制定操作规程时要充分考虑职工由于省能心理而采取不安全行为问题。在日常安全管理中要利用教育、强制手段防止职工为了省能而产生不安全行为。

6）逆反心理。在一些情况下个别人在好胜心、好奇心、求知欲、偏见或对抗情绪等方面心理状态下，产生与常态心理相对抗的心理状态，偏偏去做不该做的事情，产生不安全行为。

（3）心理环境 人在很熟悉的环境里，往往不注意外界环境状态的变化，因此造成误认事故是常有的。例如，在很熟悉的路上走路，考虑费思索的事，对出现的红色信号或警笛等可能完全不注意。有时，对行动者来说，可认为行动的环境不是真实的环境，而转化成心理的、非现实的环境。特别是在焦躁的精神状态下，进行不很重要的附带作业的时候，这个作业就有可能变得非现实化。所谓"有经验的人，往往大意"，就是对作业现象、行动环境没有沉着冷静地观察，把环境转化成心理环境，对客观上的物理的危险等没有引起注意，产生了一切没问题的麻痹思想，按照以往习惯去行动，容易产生事故。

（4）急迫时的行动　在急迫的时候，容易不冷静、不合理、不系统地考虑事物，不假思索、直观地去判断事物，比较固执，不容易改变想法。这样的态度会影响到行动，容易发生错误。紧急、不安、焦躁和愤怒等情绪状态都会有上述的表现。

（5）忘却意图　行动开始时，有某种意图在支配。当其意图比较弱的时候，在行动中的其他意图会起主要支配作用，原来的意图被忘却了，引起作业顺序发生混乱。例如，日常生活中常发生的换错了衣服，忘了拿钱包上街之类的事。

（6）其他心理因素　人们在生活和生产作业中，经常会出现一些心理状态活动。例如，过度紧张和过分松弛；省略行为和近道反应；焦躁反应和单调作业。这些都会导致人因失误。

3. 人的作业姿势和动作方面原因

（1）姿势　正确的姿势有利于动作的控制，如登高作业等，即使连续工作时间不长，也会在主观上对身体位置的感觉降低，因此自觉姿势不正确及改正姿势都是困难的。工作时，需特别注意所利用的脚下位置，使姿势不受束缚，动作要有意识、有控制。

（2）非主要意识动作　像步行那样的习惯动作，可以认为是非主要意识的动作，即不是明确的有意识的动作，几乎是反射性地、机械地进行。人的意识中心在处理当前的重大问题或处于某种情绪状态时，常常会踏入凹处、绊倒或踏上斜坡使平衡失调。需要存在非主要意识行动时，必须制定保证非主要意识动作进行的条件。

（3）场面行动　在我们活动的场所，如果在某个方向上有相当强烈的欲求的话，人们往往会不顾前后左右，而向该方向立即行动，这种行动称为场面行动。人在通常情况下，通过充分考虑，观察好对象，自觉地有选择进行行动。但是在特殊情况下，如有危机情况，被场面力、对象力所吸引，采取相排斥的形式，行动上被对象所把握，几乎意识不到自身具有的其他性质以及所处的状态。可以认为这是造成误认、错觉现象，导致事故的一个条件。

4. 社会和工作环境方面的原因

来自社会的压力会分散注意力而导致事故。这些"压力"包括工作变更、换了领导、婚姻、恋爱、生育、死亡、分离、疾病以及时间紧迫、上司催促等。

温度、湿度、照明、噪声、粉尘、振动等物理环境条件，应在作业者适宜范围内。不良的物理环境易使作业者疲劳、引起意识水平下降，反应能力降低而增加人因失误频率。例如，夏季温度偏高，人易瞌睡，注意力降低，容易发生操作错误和事故。另外，寒冷使手脚活动迟钝或感觉迟钝，也容易发生错误和事故，如爬高时，易引起姿势或动作不稳。

5. 作业能力方面的原因

一个系统对操作者的要求必须在操作者作业能力限度内，否则工作负担过重会增加出现错误的可能性。这种负担过重表现在许多方面：

1）系统要求操作者做普通人做不到的事。例如，要求工人对淹没在高噪声中的信号做出反应，或要求操作者使出普通人难以使出的力。

2）系统可能是为精心选择或严格训练的人设计的，而不是为实际上使用该系统的人设计的，因而使操作者负担过重。

3）系统要求操作者对过多的输入信号应答，或要求操作者操纵过多的控制器，或要求操作者过于迅速地做出反应，而使作业者感到力不从心，负担过重。

6. 设施和信息方面的原因

当人们必须在权宜的条件下工作，或者得不到准确信息时，更可能发生错误。许多错误是在没有适当设施情况下进行工作或不准确的信息传递情况下发生的。下面列出易使操作者发生操作失误的相关方面原因：

1）信号的形态和含义难以区分，显示手段的变化难以识别。

2）相关的显示装置分散布置，显示方向与操作方向不一致，操作工具的形态难以识别，尺寸设计不当。

3）设备布置缺乏充裕的空间，作业者作业空间狭小。

4）装置和作业设计得易使作业者产生人因失误。

除此而外，人因失误与作业者个性也有关系。例如，作业者的知识、经验不足，道德品质较差，对社会和群体的适应性不好，协调合作精神差，法纪观念淡薄等也会增加人因失误的可能性。

二、设备因素

机械设备是人机系统的重要组成部分，设备的设计、防护、布置等方面的问题也是诱发事故的重要原因。

（1）设备存在设计缺陷　在人机系统中，人与机共同完成工作。设备和系统是由人去控制、操作和使用的，因此，机器、设备的设计必须考虑人的生理心理特点。在实际生产中，常常由于显示器、控制器设计不合理而使操作者误读信息，错误操纵控制器，出现人因失误，进而导致事故。另外，显示器的指针指示方向与控制器操作方向及被控系统的操作运动方向不一致，且与人的习惯相违背，致使操作者意识混乱而引起错误，尤其在出现紧急情况时，错误率更高。所以，控制器、显示器及被控系统运动方向的一致性非常重要。

（2）防护、保险、信号等装置缺乏或有缺陷　防护装置是用屏护方法使人体与生产中危险部分相隔离的装置。出于缺乏防护装置，操作者操作时可能接触到机器的运转部分；加工碎屑飞出的地方；机器设备上容易被触及的导电部分；高温部分和辐射热处；可能使人坠落、跌伤的地方等，造成事故。保险装置是自动消除生产中由于整个设备或个别部件发生事故和损坏而引起人身危险的装置。有的是一次性使用，如熔体、自断销等；有的是多次使用，如安全阀、卷扬限制器等。通常一些系统由于缺乏必要的保险装置或对现有的保险装置维护不当，影响了保险装置的准确性和可靠性，从而出现了人身伤亡事故。信号装置是利用各种信号警告危险的装置，引起人们注意，及时采取预防措施。信号的效果取决于人的注意力和对信号的了解。信号装置一般分为颜色信号、音响信号和指示仪表三类。各种信号必须在危险出现之前发出。在实际运行中，常常发生操作者由于辨别不清颜色信号、听不清声信号或看不清仪表信息，而没有及时识别危险，导致事故发生。

（3）设备布置不合理、不安全　生产作业现场设备布置不合理、不安全，也可能诱发事故。例如，与易发生危险的设备距离过近，没超出安全距离；设备布置过密，作业者缺乏必要的作业空间；相关的显示装置布置过于分散，控制器布置得不便确认和控制等。

三、环境因素

作业环境好坏对人因失误的发生率也有密切影响。常见的不良环境包括：

1）自然环境的异常，即岩石、地质、水文、气象等的恶劣变异。

2）作业现场不良的微气候、噪声、振动、照明、粉尘等条件，一方面导致作业者疲劳、烦恼，引起意识水平下降、反应能力降低而增加事故发生率；另一方面影响作业者正确感知信息的能力，酿成错误判断而导致事故。

3）外界的无关刺激达到一定程度，会引起作业者无意注意，以使注意对象转移而造成事故。

4）作业现场的媒体不完备、不清晰，也易导致事故。例如，非正常作业或无作业指导书；没有紧急通话的规定用语；工程施工等非固定作业中所使用的指示或标志不能使人在一般的意识水平下注意到等。

四、管理因素

企业事故率高低与企业领导对安全管理的重视程度及管理体制是否健全密切相关。

1）企业领导不重视安全生产工作，安全管理组织机构不健全，目标不明确，责任不清楚，检查工作不落实，专职人员责任心不强。

2）安全工作方针、政策不落实，法规制度不健全，安全工作计划不切实际。

3）安全管理信息交流不通畅，缺乏必要的交流制度和交流渠道。

4）缺乏必要的职业适应性检查和培训。

5）对临时作业、非正常作业、特殊及危险作业和夜班作业管理不善。

6）车间作业环境和作业秩序杂乱，设备及安全装置管理不善，使用不当。

第四节 事故预测与预防

一、事故预测方法

预测是指预测者根据有关的历史资料和现实资料（新情报），运用适当的方法和技巧，对研究对象的未来状态进行科学的分析、估算和推断，并对预测结果进行验证评价和应用的活动过程。也就是说，预测是人们对客观事物发展变化的一种认识和估计。

事故预测也称为安全性预测，是对系统将来的安全状况进行的预测。人们通过对已经发生的伤亡事故的分析、研究，弄清了事故发生机理，掌握了事故发生、发展规律，就可以对伤亡事故在未来发生的可能性及发生的趋势做出估计和判断。

伤亡事故预测包括事故发生可能性预测和事故发生趋势预测。伤亡事故发生可能性预测是对某种特定的伤亡事故能否发生、发生的可能性如何等进行的预测，它为采取具体预防事故措施，防止事故发生提供了依据。伤亡事故发生趋势预测是根据事故统计资料对未来事故发生趋势的宏观预测，主要为制定安全管理目标、制定安全工作规划或做出安全决策提供依据。在此重点介绍伤亡事故发生趋势预测。

尽管伤亡事故的发生受人员素质、设备因素、环境因素及企业管理水平等诸多因素影响，其发生机理非常复杂，然而大量的统计资料表明，伤亡事故发生状况及其影响因素是一个密切联系的整体，并且这个整体具有相对的稳定性和持续性。于是，我们可以舍弃对各种影响因素的详细分析，在统计资料的基础上从整体上预测伤亡事故发生情况的变化趋势。

常用的伤亡事故发生趋势预测方法有回归预测法、指数平滑法、灰色系统预测法、卡尔曼滤波器预测法等。在此只介绍灰色系统预测法。

灰色系统理论是我国著名学者邓聚龙教授在 1982 年创立的一门新兴横断学科，它以"部分信息已知，部分信息未知"的"小样本""贫信息"不确定性系统为研究对象，通过对"部分"已知信息的生成、开发，提取有价值的信息，实现对系统运行规律的正确认识和确切描述，并据此进行科学预测。通常，我们把内部信息已知的系统称为白色系统；把信息未知的或非确知的系统称为黑色系统；而把信息不完全确知的系统称为灰色系统，也就是系统中既含有已知的信息，又含有未知的或非确知的信息。灰色系统的基本特征是构成系统的因素有些是清楚的，而另一些则不太清楚，于是系统既不"白"也不"黑"，呈"灰色"。在研究伤亡事故发生机理时发现，有些事故原因及其对事故发生的作用很清楚，有些则不清楚。因此，可以借助灰色系统理论来研究。

1. 数据生成

灰色系统的一个基本观点是把一切随机变量都看作是在一定范围内变化的灰色量。根据灰色系统理论，处理灰色量不是采用通常的数理统计方法，而是采用数据生成的方法来寻求其中的规律性。灰色系统数据生成方式有如下三种：

1）累加生成。通过数据列中各数据依次累加得到新的数据列。累加前的数据列称为原数据列，累加后生成的数据列称为生成数据列。

2）累减生成。通过数据列中各数据相减得到新的数据列。累减是累加的逆运算。

3）映射生成。除了累加和累减之外的其他生成方式。

在伤亡事故发生趋势预测中主要采用累加生成的方式进行数据处理。

设有原始数据列 $x^{(0)}$

$$x^{(0)} = [x^{(0)}(k) \mid k = 1,2,3,\cdots,n] = [x^{(0)}(1), x^{(0)}(2), x^{(0)}(3),\cdots, x^{(0)}(n)]$$

把第一个数据项 $x^{(0)}$（1）加到第二个数据项 $x^{(0)}$（2）上，得到生成数据列的第二个数据项 $x^{(1)}$（2）；把生成数据列的第二个数据项 $x^{(1)}$（2）加到第三个数据项 $x^{(0)}$（3）上，得到生成数据列的第三个数据项 $x^{(1)}$（3）。依此类推，得到生成数据列 $x^{(1)}$

$$x^{(1)} = [x^{(1)}(1), x^{(1)}(2),\cdots, x^{(1)}(3)]$$

显然，生成数据列 $x^{(1)}$ 与原始数据列 $x^{(0)}$ 之间有如下关系

$$x^{(1)}(k) = \sum_{i=1}^{k} x^{(0)}(i) \tag{15-1}$$

经过累加生成得到的生成数据列比原始数据列的随机波动性减弱了，内在的规律性显现出来了。

2. 建立灰色模型

对于生成数据列 $x^{(1)}$ 可以建立白化形式的微分方程，称为一阶灰色微分方程，记为 $GM(1,1)$，即一阶一个变量的微分方程

$$\frac{\mathrm{d}x^{(1)}}{\mathrm{d}t} + ax^{(1)} = u \tag{15-2}$$

其中 a 和 u 是待定参数。

该方程的解为

$$\hat{x}^{(1)}(k+1) = \left(x^{(1)}(1) - \frac{u}{a} \right) e^{-ak} + \frac{u}{a} \tag{15-3}$$

该式称为时间反应方程。记参数列为 $\hat{a}$

$$\hat{a} = \begin{pmatrix} a \\ u \end{pmatrix} \quad \text{或} \quad \hat{a} = (a, u)^{\mathrm{T}} \tag{15-4}$$

可以利用最小二乘法求解 $\hat{a}$

$$\hat{a} = (B^{\mathrm{T}}B)^{-1}B^{\mathrm{T}}y_n \tag{15-5}$$

式中，

$$B = \begin{pmatrix} -\dfrac{1}{2}\left[x^{(1)}(1) + x^{(1)}(2) \right] & 1 \\ -\dfrac{1}{2}\left[x^{(1)}(2) + x^{(1)}(3) \right] & 1 \\ \vdots & \vdots \\ -\dfrac{1}{2}\left[x^{(1)}(n-1) + x^{(1)}(n) \right] & 1 \end{pmatrix} \tag{15-6}$$

$$y_n = \left[x^{(0)}(2), x^{(0)}(3), \cdots, x^{(0)}(n) \right]^{\mathrm{T}}$$

3. 后验差检验

为检验按灰色模型预测的可信性，需要进行后验差检验。

原始数据列的实际数据的平均值 $\bar{x}$ 和方差 S_1^2 分别为

$$\bar{x} = \frac{1}{n} \sum_{k=1}^{n} x^{(0)}(k) \tag{15-7}$$

$$S_1^2 = \frac{1}{n} \sum_{k=1}^{n} \left[x^{(0)}(k) - \bar{x} \right]^2 \tag{15-8}$$

把第 k 项数据的原始数据值 $x^{(0)}(k)$ 与计算的估计值 $\hat{x}^{(0)}(k)$ 之差 $q(k)$ 称为第 k 项残差

$$q(k) = x^{(0)}(k) - \hat{x}^{(0)}(k) \tag{15-9}$$

则整个数据列所有数据项的残差的平均值 $\bar{q}$ 和方差 S_2^2 分别为

$$\bar{q} = \frac{1}{n} \sum_{k=1}^{n} q(k) \tag{15-10}$$

$$S_2^2 = \frac{1}{n} \sum_{k=1}^{n} \left[q(k) - \bar{q} \right]^2 \tag{15-11}$$

通过计算后验差比值 C 和小误差频率 P 来进行后验差检验。

（1）后验差比值　按定义，后验差比值为

$$C = \frac{S_2}{S_1} \tag{15-12}$$

后验差比值 C 越小越好。C 小则意味着 S_2 小而 S_1 大，即尽管原始数据很离散，按灰色模型计算的估计值与实际值很接近。

（2）小误差频率　按定义，小误差频率 P 为残差与残差平均值之差小于给定值 $0.6745S_1$ 的频率

$$P = P\{ |q(k) - \bar{q}| < 0.6745S_1 \} \tag{15-13}$$

小误差频率 P 越大越好。根据后验差比值 C 和小误差频率 P 可以综合评价模型的精度，

见表 15-3。

表 15-3　后验差精度等级

精 度 等 级	小误差频率 P	后验差比值
好	>0.95	<0.35
合格	>0.8	<0.5
勉强	>0.7	<0.65
不合格	≤0.7	≥0.65

4. 建立残差模型

如果经过后验差检验发现根据原始数据列建立的灰色模型不合格，可以建立残差模型对原模型修正。

对累加生成的数据列的数据项计算残差

$$q^{(1)}(k) = x^{(1)}(k) - \hat{x}^{(1)}(k)$$

组成残差数据列 $q^{(1)}$

$$q^{(1)} = \left[q^{(1)}(1), q^{(1)}(2), q^{(1)}(3), \cdots, q^{(1)}(n_1) \right] \tag{15-14}$$

一般只用部分残差（而不是全部残差）建立残差模型，即 $n_1 < n$。

将残差数据列进行累加生成，得到残差累加生成数据列，建立一阶微分方程

$$\frac{\mathrm{d}q^{(1)}}{\mathrm{d}t} + a_1 q^{(1)} = u_1 \tag{15-15}$$

该方程的解为

$$\hat{q}^{(1)}(k+1) = \left[q^{(1)}(1) - \frac{u_1}{a_1} \right] \left[\mathrm{e}^{-a_1(k+1)} - \mathrm{e}^{-a_1 k} \right]$$

$$\hat{q}^{(1)}(1) = q^{(1)}(1) \tag{15-16}$$

把残差估计值加到生成数据列的对应项上，得到修正后的模型。一般地，从保证预测精度考虑，只对生成数据列的最后几个数据项进行修正。设对生成数据列的第 m 项以后的数据项修正，则修正后的第 $k+1$ 项的估计值 $\hat{x}(k+1)$ 为

$$\hat{x}(k+1) = \left[x^{(0)}(1) - \frac{u}{a} \right] + \frac{u}{a} + \left[q^{(1)}(m) - \frac{u_1}{a_1} \right] \left[\mathrm{e}^{-a_1(k-m+1)} - \mathrm{e}^{-a_1 k} \right], k > m$$

$$\hat{x}(k+1) = \left[x^{(0)}(1) - \frac{u}{a} \right] + \frac{u}{a} + q^{(1)}(m) \tag{15-17}$$

下面举例说明灰色系统法的应用。

例 15-1　某矿某年 3 ~ 7 月份的轻伤事故情况见表 15-4。

表 15-4　轻伤事故情况

月　份	3 月	4 月	5 月	6 月	7 月
轻伤人次	26	29	31	33	34

该例中，原始数据列为

$$x^{(0)}(i) = \{26, 29, 31, 33, 34\}$$

累加生成数列为

$$x^{(1)}(i) = \{26, 55, 86, 119, 153\}$$

$$y_n = [x^{(0)}(2), x^{(0)}(3), \cdots, x^{(0)}(n)]^{\mathrm{T}} = \{29, 31, 33, 34\}^{\mathrm{T}}$$

$$\boldsymbol{B} = \begin{pmatrix} -\dfrac{1}{2}(26+55) & 1 \\[2mm] -\dfrac{1}{2}(55+86) & 1 \\[2mm] -\dfrac{1}{2}(86+119) & 1 \\[2mm] -\dfrac{1}{2}(119+153) & 1 \end{pmatrix} = \begin{pmatrix} -40.5 & 1 \\ -70.5 & 1 \\ -102.5 & 1 \\ -136 & 1 \end{pmatrix}$$

根据式（15-5），得

$$\hat{\boldsymbol{a}} = (\boldsymbol{B}^{\mathrm{T}}\boldsymbol{B})^{-1}\boldsymbol{B}^{\mathrm{T}}\boldsymbol{y}_n = \left[\begin{pmatrix} -40.5 & -70.5 & -102.5 & -136 \\ 1 & 1 & 1 & 1 \end{pmatrix} \begin{pmatrix} -40.5 & 1 \\ -70.5 & 1 \\ -102.5 & 1 \\ -136 & 1 \end{pmatrix} \right]^{-1}$$

$$\cdot \begin{pmatrix} -40.5 & -70.5 & -102.5 & -136 \\ 1 & 1 & 1 & 1 \end{pmatrix} \begin{pmatrix} 29 \\ 31 \\ 33 \\ 34 \end{pmatrix}$$

$$= \begin{pmatrix} 35612.75 & -349.5 \\ -349.5 & 4 \end{pmatrix}^{-1} \begin{pmatrix} -11366.5 \\ 127 \end{pmatrix}$$

$$= \begin{pmatrix} 0.00019703706 & 0.0172161127 \\ 0.0172161127 & 1.754257848 \end{pmatrix} \begin{pmatrix} -11366.5 \\ 127 \end{pmatrix}$$

$$= \begin{pmatrix} -0.05317542959 \\ 27.10380169145 \end{pmatrix}$$

所以有

$$a = -0.05317542959 \approx -0.0532$$

$$u = 27.10380169145 \approx 27.1038$$

$$\frac{u}{a} = -509.470$$

本例中，$x^{(0)}(1) = 26$

所以有

$$\hat{x}^{(1)}(k+1) = \left(x^{(1)}(1) - \frac{u}{a}\right)\mathrm{e}^{-ak} + \frac{u}{a}$$

$$= (26 + 509.470)\mathrm{e}^{0.0532k} - 509.470$$

$$= 535.470\mathrm{e}^{0.0532k} - 509.470$$

即，本例的事故预测公式为

$$\hat{x}^{(1)}(k+1) = 535.470\mathrm{e}^{0.0532k} - 509.470$$

为了得到原始数列的预测值，需要将生成数列的预测值做累减还原为原始值，即根据下式求得

$$\hat{x}^{(0)}(k) = \hat{x}^{(1)}(k) - \hat{x}^{(1)}(k-1)$$

生成数列的预测值、原始数列的还原值分别见表 15-5 和表 15-6。

表 15-5 生成数列的预测值与误差检验

k	$x^{(1)}(k+1)$	$\hat{x}^{(1)}(k+1)$	$q(k+1)$
0	26	26	0
1	55	55.26	-0.26
2	86	86.12	-0.12
3	119	118.66	-0.34
4	153	152.98	-0.02

表 15-6 原始数列的还原值与误差检验

k	$x^{(0)}(k)$	$\hat{x}^{(0)}(k)$	$q(k)$
1	26	26	0
2	29	29.26	-0.26
3	31	30.86	0.14
4	33	32.54	0.46
5	34	34.32	-0.32
平均值	30.6	30.596	-0.004

数据方差和残差方差分别为

$$S_1^2 = \frac{1}{5}\left[(26-30.6)^2 + (29-30.6)^2 + (31-30.6)^2 + (33-30.6)^2 + (34-30.6)^2\right] = 8.24$$

$$S_2^2 = \frac{1}{5}\left[(0-0.004)^2 + (-0.26-0.004)^2 + (0.14-0.004)^2 + (0.46-0.004)^2 + \right.$$
$$\left. (-0.32-0.004)^2\right] = 0.080224$$

后验差比值为

$$C = \frac{S_2}{S_1} = \frac{\sqrt{0.080224}}{\sqrt{8.24}} = 0.0987$$

小误差频率 $\quad P = P\{|q(k) - \bar{q}| < 0.6745 S_1\} = P\{|q(k) - 0.004| < 1.9362\}$
$$|q(1) + 0.006| = |0 - 0.004| = 0.004$$
$$|q(2) + 0.006| = |-0.26 - 0.004| = 0.264$$
$$|q(3) + 0.006| = |0.14 - 0.004| = 0.136$$
$$|q(4) + 0.006| = |0.46 - 0.004| = 0.456$$
$$|q(5) + 0.006| = |-0.32 - 0.004| = 0.324$$

所以 $P = 1$。

根据 $P > 0.95$ 和 $C < 0.35$ 的评价标准（见表 15-3），本例题的预测结果的评价等级为"好"。

采用 $\hat{x}^{(1)}(k+1) = 535.470 e^{0.0532k} - 509.470$ 可对 8 月的轻伤事故进行预测。

$$\hat{x}^{(1)}(k+1) = \hat{x}^{(1)}(5+1) = 535.470 e^{0.0532 \times 5} - 509.470 = 189.18$$

$$\hat{x}^{(0)}(6) = \hat{x}^{(1)}(6) - \hat{x}^{(1)}(5) = 189.18 - 152.98 = 36.20$$

即根据预测，如果不能采取更有效的事故预防措施的话，下一月份的轻伤事故将是 36 人次。

二、事故预防

在防止人因失误和预防事故方面，人类已积累了丰富的经验，提出了许多行之有效的办法，并且这方面的研究工作还在不断发展中。下面就介绍几种针对不同事故致因理论而提出的事故预防对策：

（一）根据4M法理论提出的事故预防对策

通过对人因失误与事故产生的原因进行分析，发现无论是人因失误，还是事故的发生都离不开人、机器设备、环境及管理等各因素。人因工程学认为，引起错误的环境与引起事故的环境有着一致性，所有的事故都是以错误开始的。把防止人因失误和预防事故的对策归纳合并起来，并从人因工程学角度分析，分别从人的因素方面、机器设备方面、作业环境方面和管理方面提出对策。

1. 人的因素方面的对策

这里所说的人的因素，不仅指个人的因素，同时也包括与个人工作有关的其他人的因素。工作时的人际关系很重要，没有同心协力的合作，就难以执行命令、指示和联络动作。

1) 要创造一种和睦、严肃的车间安全气氛。不放过任何违反规程和工作错误之类的事。要相互注意，防止出现不使用劳动保护用具等违反规程的事，防止不安全行为；对于不熟练的操作者，在进行操作之前，要报告自己的行动，如果有错误，指挥者要加以纠正，从而防止错误；开展班组活动，进行安全分析，有异常现象能够预知，并研讨对策。

2) 重视危险物的处理。对作业者进行安全教育，使作业者意识到危险物发生事故的严重后果，并在行动上慎重，要注意遵守安全操作规程，认真操作。

3) 提高危险作业时的防范意识水平。

4) 提高预知危险的能力。要不断扩大和充实安全教育内容，分析研究大量事故案例，使作业者知道自己所从事的作业中隐藏着哪些危险，曾经有过什么样的事故，有过怎样的后果，如何能及时发现异常现象和事故隐患，相应的对策是什么，等等。通过案例教育，提高每一位作业者安全分析和预知危险的能力。还可以使用安全检查表进行检查监督。

5) 要防止在集中精力从事作业时由于意外事件的插入而产生失误。尤其在进行危险作业时，这种意外事件的插入可能造成伤害事故，所以，应设置监督人员，以确保作业者的安全。

6) 紧急事态时的对策。由于紧急状态下大脑的意识水平低，思维能力下降，误操作概率上升，极易发生事故。因此，对于非常事件、突发事件等紧急事态，应预先制定对策，并进行反复训练。以便一旦发生紧急事态就能做出条件反射式的对策行动，避免事故发生。

2. 机器设备方面的对策

1) 要根据人体特性来设计机器设备或系统。显示器的信号要适合人的生理、心理特征，以减少因信息传递混乱而引起人因失误；控制装置要操作简便、省力；充分利用人的习惯性，提高计量仪表及监控器显示的可视认性，对于紧急操作部件可采用醒目色彩或规定的安全标志，使其易于识别，防止误操作。设备的大小、高度、视野要符合人体尺寸要求。

2) 设备或系统设计，要贯彻"简单"的设计原则，以便减少和防止差错和事故。为了便于迅速采取应变对策，紧急事态控制装置可采用"一触即关闭"的结构方式。要设置必要的信息反馈系统和报警系统。

3）合理安排显示器、控制器。为了保证作业者迅速、准确地判断显示装置显示的信息，应充分考虑视觉特性；合理利用感觉系统的信息接收方式，并合理分配各自的信息容量；适当运用色彩、形状编码，使控制器易于区分、并能醒目地标识其状态，以便在任何情况下，都能做出准确的判断和迅速地操作；合理安排显示器与控制器的布局，以便于信息的处理和交换。

4）对于重要的设备或系统，可以使用联锁（闭锁）装置、故障安全装置、自动安全装置等安全性设计的方法，确保安全。

5）通过设置防护装置把人与生产中危险部分隔离。对管道的高热部分、机器的运转部分、机器设备上容易触及的导电部分及可能使人坠落、跌伤的地方等，可根据用途和工作条件不同，设置防护罩、防护网、围栏、挡板等，使防护装置的形式、大小与机器设备被隔离部分完全适应，不妨碍生产操作，不得随意拆卸。

6）科学设计信号装置。颜色信号必须色彩鲜明，容易辨认；音响信号必须高于工作环境的噪声；指示仪表必须准确、清晰。信号装置必须定期检查维护。

7）有缺陷的设备、工具及时修理或更换。

3. 作业环境方面的对策

1）从人的因素出发，改善作业环境。把微气候、照明、噪声条件及作业和休息时间控制在适宜的水平，使作业者能在精力旺盛和意识集中的条件下作业，避免发生事故。

2）根据人的特点创造适宜的作业条件。为作业者创造适合感觉器官和运动器官的作业条件，达到易看、易听、易判断、易操作、极少干扰和在舒适姿势下进行作业。

3）开展文明生产，作业场所实行定置管理。工作现场的原材料、半成品、产品等整洁、定置摆放，工具、备品备件合理存放，安全通道通畅，工作地有足够的作业空间。

4）危险牌示和识别标志。危险牌示要设在显明易见的地方，文字简明，含义明确，字迹鲜明易认。识别标志常使用清晰、醒目的颜色，标记形象使人一目了然。

5）绿化、净化车间、厂区环境。

6）对于非正常作业，要事先制定作业指导书，其中要写明预定的方法以及不能实行时所应采取的对策；应明确紧急通话时的有效方式或规定用语，防止出现令人听不懂的用语而耽误时间；工程施工等非固定作业中所使用的指示或标志要色彩醒目，图示清晰，易于感知。

4. 管理方面的对策

（1）加强组织领导　包括：其一，企业领导要重视安全生产工作，进一步落实国家监察、经济主管部门的行政管理和群众监督三结合的管理体制，建立企业安全管理与财产保险和安全咨询相结合的新结构。在企业财产保险方面，安全咨询机构应同保险公司结合起来，并受其委托，对投保企业进行系统安全分析与危险度评价，评价合格的企业能从减少保险费率和提高发生损失的赔偿费而得到利益，对于危险度大，基本安全条件不具备，评价不合格的企业，则对其增加保险费率和减少赔偿费，这样就使企业安全工作的好坏同经济效益挂钩，而且这样做，也使企业安全工作提高了地位，充分发挥安全技术人员的积极性。其二，进一步完善安全工作方针、政策、法规、制度，建立必要的安全信息交流制度和交流渠道，保证信息通畅。

（2）职业选择和培训　科学技术进步使许多职业发生了本质的变化，个体在生理、心理特点方面的不足，可能导致严重事故。因此对某些有特殊要求的职业，必须从身体条件和心理素质上进行严格的挑选和适应性训练。

1）职业选择。企业应根据岗位、工种特点，对求职者所应具备的必要的知识、技能、能力、性格等进行考核，选择合适的人员。例如，日本科学警察研究所编制的驾驶适应性检查，包括两方面内容，笔试和仪器测试。这些测试可以得出有无发生事故可能性及其程度的综合判定值，以及与容易发生事故有关因素特性的判定值。实践表明这些特性的判定值具有非常高的有效性和可靠性。通过职业适应性检查，可选择适合相应职业的人员，以提高作业人员的可靠性，减少人因失误，避免事故伤亡。

2）职业训练。汽车驾驶员的选择表明，如果进行严格的职业选择，真正符合条件的人员并不多，实际选择时，就业人员的选择标准往往随之降低。因此，必须对入选人员进行培训，其中包括操作培训、技术培训、能力培训和安全培训等。通过对有关事故的原因及情况进行理论分析及模拟训练，可以训练其对紧急情况做出正确反应的能力。

（3）安全教育 安全教育是防止和减少事故的重要环节，它与改善劳动条件，改善安全防护措施相辅相成。安全教育包括安全生产的思想教育、劳动保护知识教育、劳动纪律教育、安全技术知识和规程教育、典型经验和事故教训教育等。安全教育不应使作业者产生恐惧心理，应使其建立杜绝事故的信心，使作业者养成遵守操作规程的习惯，以及相互监督、相互检查的责任感，随时消除不安全的隐患。为保证安全教育不走过场，行之有效，必须根据不同教育对象，采用多层次、多途径、多形式进行，对新入厂实习人员实行三级教育（入厂教育、车间教育、岗位教育）。入厂教育旨在介绍企业内的危险地点和防护知识；车间教育旨在介绍车间内的危险地点和必须遵守的规定，以及典型事例；岗位教育侧重于各个岗位的工作性质、职业范围、操作规程、安全防护品的正确使用。对生产中的要害部门，如锅炉房、压气房、变电室、主控室必须严格管理。对工作中易出事故的工种，如司机、电工等，进行专门的安全技术培训，严格考核，合格后才能上岗。对在岗的作业者，要防止麻痹思想，采取班前、班后开安全会、安全日、安全技术交流会、事故现场会、安全教育陈列展览、放映安全教育影片以及安全操作自我检查等形式，进行常备不懈的教育。关键岗位应开展危险预知训练，提高作业者对危险的辨识能力。

（4）作业管理 包括：采用行政和经济手段，推行各工种的标准化作业，减少人因失误；建立必要的操作标准监督岗，让工人之间、上下级之间相互督促执行操作标准；合理安排作息时间，积极采取保健措施，消除作业人员的疲劳；按规定实行加班作业，禁止连续加班和患病坚持工作；减少单调作业时间或对单调作业进行改进，减少单调作业引起的失误；制定各种措施，提高工人的工作积极性。

总之，企业应重视人的因素，掌握人的特性，利用和发展人的能力潜力，把人—机—环境系统作为一个整体，深入开展系统安全分析和事故预测的技术活动和教育，分析系统内各因素之间相互联系和彼此作用的规律，不断提高安全意识和自觉性，改善设备与作业环境条件，充分依靠和发挥物质与技术力量，加强科学管理，努力防止人因失误，把事故损失降到最低程度。

（二）根据"能量转移论"提出的事故预防对策

能量转移论认为事故是由能量的转移或意外释放造成的。其预防对策是防护能量逆流于人体。

防护能量逆流于人体的方法大致分为以下 12 个方面：

1）限制能量或分散风险。如限制行车速度；规定矿井照明用低压电；限制一次运输量和仓库的储存量；限制一次同时起爆的炸药量；降低运输时限制速度和载重量等。

2）用较安全的能源取代危险性大的能源。如用水力采煤取代爆破，应用二氧化碳灭火剂代替四氯化碳等。

3）防止能量蓄积。如控制爆炸性气体（如瓦斯）的体积百分比、溜井放矿尽量不要放空（减少和释放势能）等。

4）控制能量释放。采用保护性容器，使有害的能量保持在有限的空间内（如耐压氧气罐、盛装辐射性同位素的专用容器）。

5）延缓能量释放。如采用安全阀、逸出阀、吸收振动装置等。

6）开辟释放能量的渠道。如煤矿井下接地电线、抽放煤体中的瓦斯、预先疏干溶洞地下水以及通过局部通风装置抽排炮烟等。

7）设置屏障。如防冲击波的消波室、消声器、防爆棚以及原子防护屏等。

8）在人、物与能源之间设屏障。如防护罩、防火门、密闭门、防水闸墙等。

9）在人与物之间设置屏障。如安全帽、安全鞋、手套、口罩等个体防护品等。

10）提高防护标准。如采用双重绝缘工具、低电压回路、连续监测和远距离遥控等。

11）改善效果及防止损失扩大。如改变工艺流程、变不安全流程为安全流程、搞好急救等。

12）防止外力造成的危险。如采场的跨度、暴露的空间一定要根据地压的大小确定。

一定量的能量集中于一点要比它作用面大而铺开所造成的伤害程度更大。因此，可以通过延长能量释放时间或使能量在大面积内消散的方法来降低其危害的程度；需要保护的人和物应远离能量释放的地点，以此来控制由于能量转移而造成的事故。

（三）根据"综合论"提出的事故预防对策

海因里希把造成人的不安全行为和物的不安全状态的主要原因归结为以下四个方面：

（1）不正确的态度　即个别职工忽视安全，甚至故意采取不安全行为。

（2）技术知识不足　即缺乏安全生产知识、缺少经验或操作技术不熟练。

（3）身体不适　生理状态或健康状况不佳，如听力、视力不良，疾病，反应迟钝，醉酒或其他生理机能障碍。

（4）工作环境不良　工作场所照明、温度、湿度或通风不良，强烈的噪声、振动，物料堆放杂乱，作业空间狭小，设备、工具缺陷等不良的物理环境，以及操作规程不合适、没有安全规程及其他妨碍贯彻安全规程的事物。

针对这4个方面的原因，海因里希提出了以下三种对策，以避免产生人的不安全行为和物的不安全状态：①工程技术方面的改进。②说服教育。③人事调整与惩戒。

这就是3E原则，即

1）Engineering——工程技术。运用工程技术手段消除不安全因素，实现生产工艺、机械设备等生产条件的安全。

2）Education——教育。利用各种形式的教育和训练，使职工树立"安全第一"的思想，掌握安全生产所必需的知识和技能。

3）Enforcement——强制。借助于规章制度、法规等必要的行政乃至法律的手段约束人们的行为。

复习思考题

1. 名词解释：安全、事故、系统安全分析。

2. 简述系统安全分析的基本内容。

3. 安全评价的目的、意义及其基本原理分别是什么？

4. 事故树分析的基本程序是什么？

5. 如何进行事故树分析的结构重要度分析？

6. 简述事故产生的原因。

7. 简述运用灰色系统理论进行事故预测的步骤。

8. 建筑工地经常出现各类事故，从脚手架上坠落是施工现场发生较为频繁、后果严重的事故。这里假设建筑施工不包括搭、拆脚手架，同时"从脚手架上坠落"也不包括脚手架倒塌坠落。在对施工现场、作业情况、机械设备、人员配备了解清楚以后，画出"施工人员从脚手架上坠落死亡"事故树。

思 政 案 例

第 15 章　杜绝人为失误，保障现场作业安全

参 考 文 献

[1] Mark S Sanders, Ernest J McCormick. 工程和设计中的人因学 [M]. 7 版. 北京：清华大学出版社，2002.

[2] 郭伏，杨学涵. 人因工程学 [M]. 沈阳：东北大学出版社，2001.

[3] 朱祖祥. 人类工效学 [M]. 杭州：浙江教育出版社，1994.

[4] 丁玉兰. 人机工程学 [M]. 2 版. 北京：北京理工大学出版社，2000.

[5] 沈荣芳. 中国人类工效学学会简介 [J]. 人类工效学，1995，1（1）.

[6] 杨学涵. 管理工效学 [M]. 沈阳：东北工学院出版社，1988.

[7] 王恒毅. 工效学 [M]. 北京：机械工业出版社，1994.

[8] 常全忠，胡德辉，宋江山. 生理学 [M]. 上海：第二军医大学出版社，2005.

[9] 郭争鸣，冯志强. 生理学 [M]. 北京：人民卫生出版社，2005.

[10] 孙林岩. 人因工程 [M]. 北京：中国科学技术出版社，2001.

[11] 吴清才，金星国. 人体热平衡的生物物理分析 [J]. 中华航空航天医学杂志，1999，10（1）：58-61.

[12] 袁旭东，甘文霞，黄素逸. 室内热舒适性的评价方法 [J]. 湖北大学学报（自科科学版），2001，23（2）：139-142.

[13] 徐丽芬，黄晓因. 一种空气相对湿度算法及其编程 [J]. 中国农业气象，2004，25（2）：9-11.

[14] 李创，任荣明. 涤纶织物密度与衣内微气候关系研究 [J]. 现代纺织技术，2002，10（4）：33-34.

[15] 张振，邹贻权. 生态建筑的技术实现 [J]. 工业建筑，2003，33（6）：28-32.

[16] 王宝军. 服装及服装材料保温功效的研究. http：//www.fzxk.com/1300/1301-5/wq1.htm.

[17] Oborne D J. Ergonomics at work [M]. New York：Wiley，1987.

[18] 冯冶家，周前祥. 航天工效学 [M]. 北京：国防工业出版社，2003.

[19] 刘志坚. 工效学及其在管理中的应用 [M]. 北京：科学出版社，2002.

[20] 张富丽. 热防护服的微气候冷却系统综述 [J]. 中国个体防护装备，2002（3）：29-30.

[21] 刘忠玉，邱传伟，林雅玲. 高温作业人员心电图分析 [J]. 中国工业医学杂志，2002，15（4）：210-210.

[22] 李勇勤，谢秀红. 高温作业分级应用探讨 [J]. 中国职业医学，2003，30（6）：59-59.

[23] 庞志兵，易华辉，陈志伟，等. 低温条件下高炮作业工效研究 [J]. 人类工效学，2003，9（4）：38-40.

[24] 朱祖祥. 工业心理学 [M]. 杭州：浙江教育出版社，2001.

[25] 宫六朝. 设计色彩 [M]. 石家庄：花山文艺出版社，2002.

[26] 张宪荣，张萱. 设计色彩学 [M]. 北京：化学工业出版社，2003.

[27] 蔡建安，张文艺. 环境质量评价与系统分析 [M]. 合肥：合肥工业大学出版社，2003.

[28] 刘惠玲. 环境噪声控制 [M]. 哈尔滨：哈尔滨工业大学出版社，2002.

[29] 马大猷. 噪声控制学 [M]. 北京：科学出版社，1987.

[30] 王毅，刘晓滨. 北京市高架道、桥交通噪声状况调查与对策研究 [J]. 中国环境监测，1999，15（2）：47-50.

［31］ 王季卿. 高架道路声屏障的设计与实效［J］. 噪声与振动控制，2001，21（6）：7-13.

［32］ 张国高. 我国室内空调至适温度标准的研制［J］. 工业卫生与职业病，1986，（1）：25-28.

［33］ 大岛正光. 疲劳研究［M］. 同文书院，1979.

［34］ 林喜男. 人间工学［M］. 日本规格协会，1981.

［35］ 彭聃龄. 普通心理学［M］. 北京：北京师范大学出版社，2004.

［36］ 贝斯特. 认知心理学［M］. 黄希庭，等译. 北京：中国轻工业出版社，2000.

［37］ 王甦，汪安圣. 认知心理学［M］. 北京. 北京大学出版社，2004.

［38］ 廖建桥. 脑力劳动负荷与效率［M］. 武汉：华中理工大学出版社，1996.

［39］ 袁修干，庄达民. 人机工程［M］. 北京：北京航空航天大学出版社，2002.

［40］ 廖建桥. 脑力负荷及其测量［J］. 系统工程学报，1995，10（3）：120-123.

［41］ 董明清，马瑞山，程宏伟，等. 双重任务脑力负荷的心理生理学评定［J］. 中华航空航天医学杂志，1997，8（3）：138-143.

［42］ 廖建桥. 人在多项任务中的业绩及脑力负荷［J］. 心理学报，1995，27（4）：356-362.

［43］ 杨治良. 实验心理学［M］. 杭州：浙江教育出版社，1998.

［44］ 王金华. 军事工效学［M］. 北京：国防大学出版社，1997.

［45］ 郭青山，汪元辉. 人机工程设计［M］. 天津：天津大学出版社，1994.

［46］ 曹琦，等. 人机工程设计［M］. 成都：西南交通大学出版社，1988.

［47］ 马江彬. 人机工程学及其应用［M］. 北京：机械工业出版社，1993.

［48］ 刘东明，孙桂林. 安全人机工程学［M］. 北京：中国劳动出版社，1993.

［49］ 柯达公司"人的因素"研究组. 人类工效学［M］. 卢煊初，李广燕，等译. 北京：中国轻工业出版社，1990.

［50］ 朗格. 袖珍工效学数据汇编［M］. 黄金凤，译. 北京：中国标准出版社，1985.

［51］ D J 奥博尼. 人类工程学及其应用［M］. 岳从凤，等译. 北京：科学普及出版社，1988.

［52］ 汪应洛. 工业工程手册［M］. 沈阳：东北大学出版社，1999.

［53］ 浅居喜代治. 现代人机工程学概论［M］. 刘高送，译. 北京：科学出版社，1992.

［54］ 何存道. 道路交通心理学［M］. 合肥：安徽人民出版社，1989.

［55］ 田亘. 人间工学［M］. 恒星社厚生阁，1981.

［56］ 张汝果. 航天医学工程基础［M］. 北京：国防工业出版社，1991.

［57］ 国家安全生产监督管理局. 安全评价［M］. 北京：煤炭工业出版社，2003.

［58］ 宁宣熙，刘思峰. 管理预测与决策方法［M］. 北京：科学出版社，2009.

［59］ 陈宝智，王金波. 安全工程［M］. 天津：天津大学出版社，1999.

［60］ 王金波，陈宝智，徐竹云. 系统安全工程［M］. 沈阳：东北工学院出版社，1992.

［61］ 汪元辉. 安全系统工程［M］. 天津：天津大学出版社，1999.

［62］ 王继成. 现代工业设计技术与艺术［M］. 上海：中国纺织大学出版社，1996.

［63］ 曹庆贵. 煤矿安全评价与安全信息管理［M］. 徐州：中国矿业大学出版社，1993.

［64］ 臧吉昌. 安全人机工程学［M］. 北京：化学工业出版社，1996.

［65］ 饶培伦. 人因工程［M］. 北京：中国人民大学出版社，2013.

［66］ 马如宏. 人因工程［M］. 北京：北京大学出版社，2011.

［67］ 丁玉兰，程国萍. 人因工程学［M］. 北京：北京理工大学出版社，2013.

［68］ 李再长，黄雪玲，李永辉，等. 人因工程［M］. 2 版. 台北：华泰文化事业股份有限公司，2011.

［69］ 许胜雄，彭游，吴水丕. 人因工程［M］. 4 版. 台中：沧海书局，2010.

［70］ 王天博，郭伏，吕伟，等. 基于足底压力和表面肌电测量技术的制造企业工作鞋鞋垫评价研究

[J]. 人类工效学，2016，22（5）：13-19.

[71] 完颜笑如，庄达民. 飞行员脑力负荷测量与应用［M］. 北京：科学出版社，2014.

[72] 魏景汉，罗跃嘉. 事件相关电位原理与技术［M］. 北京：科学出版社，2010.

[73] 赵仑. ERPs 实验教程［M］. 南京：东南大学出版社，2010.

[74] 吕玉桦，石小飞，刘珊渡，等. 我国 0 ~ 6 岁儿童血铅水平及流行特征分析［J］. 实用预防医学，2015，22（2）：149-154.

[75] 沈艳，郑永前. JACK 虚拟技术在车间作业设备优化中的应用［J］. 工业工程与管理，2009，14（5）：54-58.

[76] 郭庆龙，高楠，李鹏飞. 南非 20E 型电力机车司机室人机系统设计［J］. 电力机车与城轨车辆，2015，38（2）：33-35.

[77] 郭伏，操雅琴，丁一，等. 基于多模式测量的电子商务网站情感体验研究［J］. 信息系统学报，2013，12（2）：24-36.

[78] 康立刚. 发电厂双曲线自然通风冷却塔的噪声治理［J］. 中国环保产业，2007，（07）：49-51.

[79] United States National Institute for Occupational Safety and Health. NIOSH Pocket Guide to Chemical Hazards［J］. Morbidity & Mortality Weekly Report，1991，40（21）：354-355.

[80] Buysse D J，Reynolds C F，Monk T H，et al. Quality Index：A new instrument for psychiatric practice and research［J］. Psychiatry Res，1989，28（2）：193-213.

[81] Yang Y S，Yao Z Q，Zeng Y，et al. Investigation on Correlation between ECG Indexes and Driving Fatigue［J］. Machinery Design & Manufacture，2002，8（5）：94-95.

[82] Guo W Z，Guo X M，Wan X M. Fatigue Analysis System with HR and HRV as Indexes［J］. Chinese Medical Equipment Journal，2005，26（8）：111-112.

[83] Watson P J，Booker C K，Main C J，et al. Surface Electromyography in the Identification of Chronic Low Back Pain Patients：The Development of The Flexion Relaxation Ratio［J］. Clinical Biomechanics，1997，12（3）：165-171.

[84] Jurell K C. Surface EMG and fatigue［J］. Physical Medicine & Rehabilitation Clinics of North America，1998，9（4）：933.

[85] Cifrek M，Medved V，Tonković S，et al. Surface EMG Based Muscle Fatigue Evaluation in Biomechanics［J］. Clinical Biomechanics，2009，24（4）：327-340.

[86] Strimpakos N，Georgios G，Eleni K，et al. Issues in Relation to the Repeatability of and Correlation between EMG and Borg Scale Assessments of Neck Muscle Fatigue［J］. Journal of Electromyography & Kinesiology，2005，15（5）：452-465.

[87] Fu R，Wang H. Detection of Driving Fatigue by Using Noncontact EMG and ECG Signals Measurement System［J］. International Journal of Neural Systems，2014，24（3）：145-160.

[88] Fu R，Hong W，Yang Z，et al. An Analysis on EMG and ECG Signals for Driving Fatigue Detection Based on Wearable Sensor［J］. Qiche Gongcheng/Automotive Engineering，2013，35（12）：1143-1148.

[89] Estryn Behar M，Bi V D H，Group N S. Effects of Extended Work Shifts on Employee Fatigue，Health，Satisfaction，Work/Family Balance，and Patient Safety［J］. Work，2012，41（6）：4283-4290.

[90] Geiger Brown J，Trinkoff A. Is it time to pull the plug on 12-hour shifts［J］. Journal of Nursing Administration，2010，40（3）：100-102.

[91] Luck S J. An Introduction to the Event-Related Potential Technique［M］. Cambridge：MIT Press，2005.

[92] Kahneman D. Attention and effort［M］. Englewood Cliffs，N J：Prentice-Hall，1973.

［93］ Murata, Matsunaga, Enokihara, et al. Resonant Electrode Guided-wave Electro-optic Phase Modulator Using Polarization-reversal Structures ［J］. Electronics Letters, 2005, 41 (8)：497-498.

［94］ Duchowski A T. Eye Tracking Methodology：Theory and Practice ［M］. New York：Springer-Verlag, 2007.

［95］ Mehrabian A, Russell J A. An Approach to Environmental Psychology ［M］. Cambridge：MIT Press, 1974.

［96］ Dalal N P, Quible Z, Wyatt K. Cognitive Design of Home Pages：An Experimental Study of Comprehension on the World Wide Web ［J］. Information Processing and Management, 2000, 36 (4)：607-621.

［97］ Cyr D, Head M, Larios H. Color Appeal in Website Design within and across Cultures：A Multi-method Evaluation ［J］. International Journal of Human-Computer Studies, 2010, 68：1-21.

［98］ Morisaki H, Östman L, Haapakangas A, et al, The Effect of Moderately High Temperature on Work Performance and Comfort in Office Environment-Laboratory Experiment with Wider Range of Cognitive Tasks：Proceedings of Healthy Buildings, July 8-12, 2012 ［C］. Australia：Curron Associates, 2013.

［99］ Hsu C Y. Effects of Ambient Illumination, Work-break Schedule, and Text Characteristics on Performance of Using an Electronic Book ［J］. International Journal of Industrial Ergonomics, 2010, 20 (1)：11-18.

［100］ Bleier M, Riess C, Beigpour S, et al. Color constancy and non-uniform illumination：Can existing algorithms work：Computer Vision Workshops, 2011 IEEE International Conference, 2011 ［C］. Span：Curran Associates, 2012.

［101］ Yoo W G, Kim M H. Effect of Different Seat Support Characteristics on the Neck and Trunk Muscles and Forward Head Posture of Visual Display Terminal Workers ［J］. Work, 2010, 36 (1)：3-8.

［102］ Birren, Faber. Color and Human Response ［J］. Color Research & Application, 2010, 8 (2)：75-81.

［103］ Pham K, Garcia Hansen V, Isoardi G. Appraisal of the Visual Environment in an Industrial Factory：A Case Study in Subtropical Climates ［J］. Journal of Daylighting, 2016, 3 (2)：12-26.

［104］ Che M C, Liu C C, Lin F M. Using Ryodoraku Measurement to Evaluate the Impact of Environmental Noise on Human Physiological Response ［J］. Indoor and Built Environment, 2012, 21 (2)：241-252.

［105］ Hansen C H, Snyder S D, Clark R L. Active Control of Noise and Vibration ［J］. Journal of Vibration and Acoustics, 2012, 109 (3)：9-11.

［106］ Franklin B A, Brook R, Iii C A P. Air Pollution and Cardiovascular Disease ［J］. Current Problems in Cardiology, 2015, 40 (5)：207-238.

［107］ Jerrett M, Burnett R T, Ma R. Spatial Analysis of Air Pollution and Mortality in Los Angeles ［J］. American Journal of Respiratory and Critical Care Medicine, 2013, 188 (5)：593.

［108］ Balogh I, Ohlsson K, Nordander C. Precision of Measurements of Physical Workload during Standardized Manual Handling Part III：Goniometry of the Wrists ［J］. Journal of Electromyography & Kinesiology Official Journal of the International Society of Electrophysiological Kinesiology, 2009, 19 (5)：1005-1012.

［109］ Hansson G A, Balogh I, Ohlsson K. Physical Workload in Various Types of Work：Part II. Neck, Shoulder and Upper arm ［J］. International Journal of Industrial Ergonomics, 2010, 40 (3)：267-281.

［110］ Omary A Y A. Flexible Man to Machine System for Remote Access Applications ［J］. Asian Journal of Information Technology, 2010, 9 (3)：117-122.

[111] Kazuhiro Kosuge, Yoshio Fujisawa, Toshio Fukuda. Control of a Man-machine System Interacting with the Environment [J]. Advanced Robotics, 2012, 8 (4): 427-441.

[112] Yang J H, Liu M. Stability and Bifurcation Analysis of Man-machine System with Time Delay [J]. Chinese Quarterly Journal of Mathematics, 2012, 27 (2): 196-203.

[113] Huang K, Petkovsek S, Poudel B, et al. A Human-computer Interface Design Using Automatic Gaze Tracking: Signal Processing (ICSP), 2012 IEEE 11th International Conference, Beijing, October 21-25, 2012 [C]. Washington: IEEE Computer Society, 2013.

[114] Hirshfield L M, Bobko P, Barelka A. Using Noninvasive Brain Measurement to Explore the Psychological Effects of Computer Malfunctions on Users during Human-computer Interactions [J]. Advances in Human-Computer Interaction, 2014, (2): 2.

[115] Zhu W, Wei J, Zhao D. Anti-nuclear Behavioral Intentions: The Role of Perceived Knowledge, Information Processing, and Risk Perception [J]. Energy Policy, 2016, 88: 168-177.

[116] Mizuno T, Sakai T, Kawazura S, et al. Measuring Facial Skin Temperature Changes Caused by Mental Work-Load with Infrared Thermography [J]. Ieej Transactions on Electronics Information & System, 2016, 136 (11): 1581-1585.

[117] Ding Y, Liu R D, Xu L, et al. Working Memory Load and Automaticity in Relation to Mental Multiplication [J]. Journal of Educational Research, 2017, 110 (5): 1-11.

[118] Bharati P, Itagi S, Megeri S N. Anthropometric Measurements of School Children of Raichur (Karnataka) [J]. Journal of Human Ecology, 2005, 18 (3): 177-179.

[119] Sangha J K, Pandher A K, Kochhar A. Anthropometric Profile and Adiposity in the Obese Punjabi Children and their Parents [J]. Journal of Human Ecology, 2017, 19 (3): 159-162.

[120] Stockdale G W, Cheng A. Finding Design Space and a Reliable Operating Region Using a Multivariate Bayesian Approach with Experimental Design [J]. Quality Technology & Quantitative Management, 2009, 6 (4): 391-408.

[121] Zhang W. Design and Implementation of Multi-core Support for an Embedded Real-time Operating System for Space Applications [J]. American Journal of Education, 2015, 101 (2): 116-139.

《人因工程学》 （第2版） （郭伏 钱省三主编）

信 息 反 馈 表

尊敬的老师：

您好！感谢您多年来对机械工业出版社的支持和厚爱！为了进一步提高我社教材的出版质量，更好地为我国高等教育发展服务，欢迎您对我社的教材多提宝贵意见和建议。另外，如果您在教学中选用了《人因工程学》第2版一书，我们将为您免费提供配套的课件，您可以登录机械工业出版社教育服务网（www.cmpedu.com）下载。

一、基本信息

姓名：_____ 性别：____ 职称：_____ 职务：_____

邮编：_____ 地址：_____

任教课程：_____ 电话：____—_____ （H） _____（O）

电子邮件：_____ 手机：_____

二、您对本书的意见和建议

（欢迎您指出本书的疏误之处）

三、您对我们的其他意见和建议

请与我们联系：

100037 机械工业出版社·高等教育分社·经济管理教材策划部 收

Tel：010—8837 9539

Fax：010—6899 7455

E-mail：cmppy@163.com